• 高等学校电子信息类专业精品教材

MCS-51 系列单片机及其应用

（第 5 版）

孙育才　孙华芳　著

U0350142

东南大学出版社
· 南京 ·

内 容 提 要

　　本书第 5 版对前几版进行了全面的总结,在保持原有的风格和特点的基础上做了进一步的调整和补充,使全书内容更加充实、完整,更符合学习和教学环节。

　　全书共分 9 章,前 6 章着重于硬件结构、功能特点、基本原理、基本概念的阐述,后 3 章阐述程序设计、外部功能扩展、开发与应用,结合应用举例,重点讲解应用和设计。论述较前版更加清晰,通俗易懂,重点突出,理论与应用紧密结合,实用性强。

　　本书适合广大科技工作者阅读,也适合作为各大专院校单片机课程教学用书,还可作为各类选修课和培训班等的主选教材。

图书在版编目(CIP)数据

　　MCS—51 系列单片机及其应用(第 5 版)/孙育才,
孙华芳著. —5 版. —南京:东南大学出版社,2012.6(2018.1 重印)
　　ISBN　978-7-5641-2287-4

　　Ⅰ①. M… 　Ⅱ.①孙… 　②孙… 　Ⅲ.①单片机—
高等学校—教材　Ⅳ.①TP368.1

　　中国版本图书馆 CIP 数据核字(2010)第 107920 号

MCS—51 系列单片机及其应用(第 5 版)

著　　者	孙育才　孙华芳
责任编辑	张　煦
出版人	江建中

出版发行	东南大学出版社
社　　址	南京市四牌楼 2 号(邮编:210096)
网　　址	http://www.seupress.com
印　　刷	南京玉河印刷厂
制　　版	南京理工大学资产经营有限公司
开　　本	787mm×1092mm　1/16
印　　张	22.75
字　　数	582 千
版　　次	2012 年 6 月第 5 版　2018 年 1 月第 4 次印刷
书　　号	ISBN　978-7-5641-2287-4
印　　数	109501—110500 册
定　　价	36.00 元

第 5 版前言

20 世纪 80 年代中期,国内开始掀起了学习、应用单片机的热潮,《MCS-51 系列单片微型计算机及其应用》一书,于 1987 年首次在国内正式出版发行,恰好适应了全国广大科技工作者学习、应用单片机技术的急切需要。因而深受广大读者的欢迎,成为广大科技工作者人手一册的畅销书。

为了适应全国各大专院校开设单片机课程的需要,于 1987 年进行了第 2 版的修订,1997 年进行了第 3 版的修订,2004 年又进行了第 4 版的修订。

本书自 1987 年首次在国内出版发行以来,至今已有 20 多个年头了,中间进行了 3 次大的修订,紧紧跟随着单片机开发与应用不断发展的步伐。并于 2006 年荣获华东地区大学出版社第七届优秀教材、学术专著二等奖和江苏省第十届优秀图书奖二等奖。承蒙全国广大读者的厚爱,本书已成为广大科技工作者学习、开发与应用单片机的必备用书,全国各大专院校单片机课程的首选教材,致使本书一直畅销、经久不衰。值此再版之际,再次向广大读者、广大师生们致以最诚挚的谢意,谢谢!

近几年来,尽管单片机技术发展飞快,高档的 16 位、32 位单片机相继推向市场,但整个应用领域的 80%~90%仍青睐 8 位字长的单片机,这是因为 8 位单片机已完全能满足他们对应用功能的需求。所以,8 位字长的单片机始终是整个应用领域的主流机种。需要是一切发展的强大动力。

MCS-51 系列单片机,由于功能强、系统结构合理、理论与技术完整、应用灵活等诸多特点,深受广大用户欢迎。另外,因其系统性强,理论与技术完整,也非常适合课堂教学。近年来,Intel 公司已将 MCS-51 系列单片机的内核技术知识产权转让给很多家国际著名的单片机生产厂商,如 PHILIPS、ATMEL、LG 等,厂商们各自结合自己的特色推出适合目标市场的产品,从而又大大推动了 MCS-51 技术的发展,但基本内核技术不变,均与 MCS-51 相兼容,MCS-51 成为国际经典!

MCS-51 系列单片机具有系统结构完整、典型、灵活,通用性强,指令丰富、功能强,计算机技术系统化,理论与应用紧密结合,外部配套器件丰富,接口简单等诸多独特优点,不仅应用领域广阔,而且非常适合课堂教学,加上教学设备、开发实验环境均配套齐全,为课堂教学,提高教学质量创造了有利条件。学好了 MCS-51 系列单片机原理与应用技术,等于掌握了单片机核心技术,为学习其他不同类型的单片机打下了坚实的基础。MCS-51 系列单片机的技术优势还将在今后较长时期内保持下去。

本书作者从上世纪 80 年代初,也就是国内单片机开发、应用初期,就积极投身到单片机的教学、开发应用和科研工作中,一直担任全国单片机学会常务理事,曾多次负责承办全国单片机学术与展示大会,为我国单片机技术的开发、应用与发展倾注了很大的精力和热情。结合自己长期从事单片机教学实践与开发应用的经验,广泛吸取了国内外许多资源与精华,全力编著好本书及其多次再版,奉献给广大师生与读者。

本书自第4版修订至今,又已是8个年头了。本次在前4版的基础上,结合近年来新的发展,进行了以下几方面的修订:

1. 首先对前几版的结构、编排与内容进行了全面、仔细的查阅与整理,在继续保持原版的构思、风格与特点的基础上作了较大的调整、修改与补充,使之更具有严谨的科学性、实践性和正确性,更符合学习和认识规律,更符合教学系统性和规律要求。

2. 为了能更好地便于读者的学习、理解和掌握,对全书的文字叙述进行了全面的审阅和梳理,使之文理通顺易懂、说理明白透彻、重点突出、层次分明,进一步提高了文学水平与图表质量。

3. 单片机是一门应用性技术,重在应用。因此,在本次修订中进一步加强了理论联系实际,强调实际应用。对每一个重要技术原理、概念,均配以应用实例,示范实际应用技术与方法,以提高读者的实际应用能力。另外,增加和强化了如何开展单片机应用系统的实际开发、设计、调试等技术环节,以提高实际应用设计的能力,加快从学习到设计的进程。

4. 随着单片机的广泛应用,特别是嵌入式单片机测控系统,对应用系统的可靠性要求越来越突出,因此,在本次修订中增强了可靠性要求和相关内容。另外,近年来单片机技术发展迅速,本版修订时同时增加了部分新的信息和内容,使本书能一直跟上单片机技术不断发展的步伐!

本书自出版发行以来,经过多次修订再版,共发行了20多个年头。这在科技书中很是不易,决心趁第5版修订之机,尽最大努力铸就高质量、高水平的经典著作,以此答谢广大读者的厚爱!

为了尽力做好本次修订工作,邀约王荣兴(高级工程师)、孙华芳(应用工程师)共同参与整个修订工作的全过程。特邀南京航空航天大学纪宗南高级工程师共同商讨修订大纲、内容提要等,特致以衷心感谢!

尽管我们在修订过程中作了很大努力,但因文学功底、技术水平所限,有疏漏、不足之处,敬请广大读者、同行批评指正!

孙育才

于2012年3月

目　　录

1 绪 论

本章简述单片机的诞生、现状与发展。使读者了解单片机的发展历史过程及其广泛应用的重要意义。单片机最早、而且最广泛地应用于嵌入式系统中。正确理解嵌入式应用系统的基本概念及其广泛含义,以及与单片机的密切关系。

1.1 单片机的诞生、现状及其发展

20 世纪 70 年代中期是 8 位微型计算机发展的极盛时期,随着大规模集成技术的飞速发展,为了满足更广泛的实时测控应用的需要,从当时的微型计算机家族中诞生出一个新的分支——单片微型计算机。由于它主要应用于测控系统,所以国际上统称为微控制器。它以体积小、价格低廉、功能完善、面向实时测控系统为特征;打破了典型微型计算机按逻辑功能划分单晶芯片的传统体系结构概念;以不求规模大、力争小而全为宗旨,在一块单晶芯片上集成了构成一台计算机的主要元件:中央处理器(CPU)、运算器(ALU)、存储器(RAM、ROM)、I/O 端口以及其他功能元件。这样,一块单晶芯片就构成了一台具有一定功能的计算机,故称为单片微型计算机,现规范统称单片机。为此,在本版书中一律采用规范用语:单片机。

1976 年 9 月,美国 Intel 公司研制的 MCS-48 单片机问世,它成为跨时代的里程碑。它标志着大规模集成技术和计算机技术的伟大成就:首先在一块单晶芯片上集成了一台具有一定功能的微型计算机。其后针对不同应用领域的需要,研制出多种相兼容的机型,组成了MCS-48 系列单片机。

MCS-48 系列单片机的出现,轰动了全世界的电子业,从而美国等各大公司纷纷推出自己的单片机,多种型号的单片机纷纷应运而生。

1980 年,Intel 公司在总结了 MCS-48 系列单片机的基础上推出了技术更趋完善、功能更强的 8 位高档 MCS-51 系列单片机。随着集成和计算机技术的极大发展,MCS-51 系列单片机在工艺上、结构上、功能上均有了很大的改进和提高,如运算速度的提高、存储容量的扩大,特别是体系结构上的灵活性,即既可单片应用,又可外部进行功能扩展,从而可以满足各种不同应用场合、领域的不同需要。

由于单片机的广泛应用,极大地促进了工业技术的自动化、智能化的发展,深受广大应用领域的欢迎、产生了极大的市场需求,因而国际上很多公司均相继推出各有特色的、新的8 位高档单片机,其中较有影响的有 Motorola、Zilag、ATMEL、Microchip、TI、Rokwel、NEC、LG 等公司的产品,现在市场上推出的各种类型的单片机有上百余种,其中大部分为专用或专用于某一应用领域,而只有 MCS-51 系列单片机最具通用性,适用领域最为广泛。

20 世纪末,Intel 公司已先后将 8051 单片机的内核技术转让给世界 20 多个半导体生产

厂家,如美国的 ATMEL、Dallas 公司,荷兰的 PHILIPS 公司,韩国的 LG 公司,以及中国的无锡微电子科研中心、华邦电子等。各家公司纷纷结合自己的特点,各自推出与 8051 兼容的、又各具特色的高档 8 位单片机系列。因此,学好了 MCS-51 系列单片机的基本原理及其应用技术,就可很方便地选择多种与 MCS-51 系列兼容的,又各具特色及其功能的单片机进行开发、应用。

为了能满足高层次应用的需要,Intel 公司于 1983 年推出了功能极强的 16 位 MCS-96 系列单片机。尽管其功能很强,经实际应用发现其内部硬件结构不尽如人意,且市场并不看好,因此在不久即告停产。目前只有少数新出版的单片机书中,还在继续介绍 MCS-96(98) 系列单片机。

在 MCS-96(98) 系列单片机停产之后,不久即推出了新的、高性能的 16 位 MCS-196 单片机。它是 MCS-96 系列中的 CHMOS 工艺的一个分支,性能上与 MCS-96 系列相兼容。因此,国内不少用户原选用 MCS-96(98) 系列单片机的,可改用 MCS-196 单片机。MCS-196 是 16 位工业标准的嵌入式微控制器,它与 MCS-96(98) 系列单片机的指令系统相兼容,外部体系结构相同,而内部结构进行了改进,增加了许多新的功能,使数据处理速度加快,输入/输出操作方便。MCS-196 系列中的主要产品型号为 8XC196KB、KC、KD、KQ、KT 和 8XC196NQ、NT、MC 等。多种机型中的存储器,分别有无 ROM 型、ROM 型和 EPROM 型等,用户可根据实际需要进行选型。

之后,Intel 公司又推出了与 MCS-51 相兼容的 8/16 位新型 MCS-251 单片机,它有如下的特征:24 位(即 16MB)的线性寻址能力;寄存器化的 CPU,即可按字节、字、双字对寄存器进行访问;采用页面方式加速了对外部指令的提取;指令流水化作业;对原 MCS-51 系列的指令集作了补充,包括 16 位算术/逻辑运算指令,64KB 的扩展堆栈空间,完成一条指令最短执行时间为二拍,支持较大的程序和数据块,使用 C 语言编程的代码效率得到了较大提高等等。可见其功能有了较大扩展和提高。

其他公司也都先后推出 16 位的单片机系列。例如 Motorola 公司采用新的模块化设计技术,生产出 MC68HC16Z1 16 位单片机,它由内部模块总线(IMB)、CPU16 系统集成模块(SIM)、静态 RAM(SRAM)、通用定时器模块(GPT)、队列串行模块(QSM)、模/数转换模块(ADC)等组成。CPU16 是一个真正的 16 位高速 CPU,它与 8 位的 MC68HC11 的 CPU 向上兼容,具有两个 16 位的通用累加器和三个 16 位的变址寄存器,支持 8 位、16 位、32 位的存储和算术运算。它可寻址 1M 字节的数据存储器空间和 1M 字节的程序存储器空间。它具有适合控制要求的数字信号处理(DSP)功能,它支持高级语言,允许使用高级语言(C 语言)来编写控制程序,从而可大大缩短软件设计周期。CPU16 支持位、字节、双字节(字)整数、32 位长整数和 16 位、32 位符号小数以及 20 位有效地址数据类型,具有极丰富的指令(共 260 条)系统。片内设有 1KB 的高速静态 RAM,统一编址为 1M 字节(20 位地址线)。其他还设有多功能输出比较/输入捕捉通用定时模块,脉宽调制输出,两个串行端口,11 个中断源,12 级中断优先级等功能。相比之下,这是 16 位单片机中功能最强的一种。

其他公司,如 Mostek 公司推出了 68200 16 位单片机,适用于微机局部网络;TI 公司推出了 TMS-9900 系列 16 位单片机;日本国三菱公司研制出第一台 16 位 CMOS 工艺的单片机,其功能可与当时的一台多片机系统相媲美。

其后几家大公司又先后推出更高档的 32 位单片机系列,其功能极强,主要应用于复杂的高层次应用系统中。

作为电子计算机三大体系(巨型机、微型机、单片机)之一的单片机一族,必然按照其自身技术规律向前发展。

近几年,国际上又推出了新型的 ARM 微控制器。ARM 是 Advanced RISC Machines 的缩写,是微处理器行业中的一家企业,它设计了大量高性能、价廉、低功耗的 RISC 微处理器和相关的技术软件,可适用于多种领域。ARM 公司自己不生产这类微控制器芯片,而是将其设计的技术授权给国际上许多著名的半导体、软件和 OEM 厂家,每个厂商都获得一套独一无二的 ARM 相关技术和服务。利用这种合伙关系,各家厂商再生产出具有自己特点的 ARM 微控制器。也就是说,ARM 是一家国际微控制器技术设计公司,专门为各家厂商进行 ARM 微控制器内核的技术设计。目前,国际上已有30多家厂商与 ARM 公司签订了技术合作协议,将先后生产出各具特色的 ARM 微控制器。

ARM 的设计实现了内核极小而功能极强的结构,而且功耗很低。其设计采用了 RISC (精简)指令集,设有一个大的、统一的寄存器文件,加载/存储结构;数据处理操作只针对寄存器内容,而是不直接对存储器进行操作;支持字节(8 位)、半字(16 位)、字(32 位)的数据结构;具有高的指令吞吐量,出色的实时中断;采用流水技术,以增加指令流的速度,等等。可见,这是一种新颖的超强功能、高速度、低功耗的单片机。

由于单片机应用领域十分广大,而且不断向更高层次扩展,市场需求量一直经久不衰,极大地推动着单片机的生产和发展。

1.2 单片机的广泛应用

单片机以其独特的卓越性能,得到了极其广泛的应用,已经渗透到各个应用领域,几乎已是无所不包、无所不及。单片机在实际应用中呈现出如下主要特点:

(1) 小巧灵活、生产成本低、易于产品化。它能极方便地嵌入到各种自动化、智能化等的测控系统中。

(2) 可靠性高,适应环境温度宽。单片机芯片本身就是按照工业测控环境要求设计的,能适应各种恶劣环境下工作,它与典型微机具有极大的差别。一般单片机(例如 MCS-51 系列)具有以下三个级别的产品:

民用级:应用场合的环境温度为 0~70℃。实际要宽于此范围。

工业品级:应用环境温度范围为-40~85℃。这种芯片在生产流程上具有:

- 采用密封式封装;
- 在工业级规定的温度范围内进行电气特性测试;
- 产品经过在 125℃温度下 44 小时的老化处理;
- 老化后 100% 进行电气测试及最终质量检测。

军品级:应用环境温度为-65~125℃。这类产品的处理和检测更严格。

当然,不同等级的产品其价格也相差较多。应视实际要求进行选择。

(3) 体系结构灵活,易于外部功能扩展,可以满足规模的应用要求。

(4) 串行通信功能强,可以方便地实现多机、上档机与前端机或分布式测控与管理系统之间进行通信。

(5) 开发与设计简单,研制周期短。

鉴于以上诸多独特优点,其广泛应用涉及各个领域。以下仅列举已广泛应用的几个方面。

（1）工业自动化

工业自动化是个极大的领域,例如过程控制、数据采集、机电一体化、工业设备技术改造等等,无不有单片机的用武之地。实践证明,单片机在我国工业技术改造、实现工业自动化发挥了极大的作用。

（2）智能化仪表

随着单片机的广泛应用,各类仪器、仪表的自动化、智能化程度越来越高,并有利于提高仪器、仪表的精度和准确性,简化结构、缩小体积、降低成本、方便携带,并迅速向数字化、智能化、多功能化、快速化等方向发展。

（3）各种机器人

近年来各种机器人,特别是工业机器人发展迅速,而指挥、控制机器人协调动作的核心、中枢则是单片机。

（4）民用消费类电子产品

由于单片机的诸多特点,特别是价格低廉,使之越来越广泛地应用于民用消费类电子产品中,如家用电器、电子玩具、电子字典、记事簿、照相机、游戏机、防盗控制、IC卡、摄像监控等等,使产品体积越来越小、自动化智能化水平越来越高,而价格却越来越便宜。

（5）汽车、航空、导航与国防

汽车中的点火装置、变速器、控制仪表、计价器,民航飞机中的诸多航空仪表及其管理,国防武器装备等,都普遍应用了各类单片机,迅速提高自动化、智能化、快速化的能力。

（6）数据处理及终端设备

计算机网络终端、银行终端以及计算机外部设备,图文传真机、各类驱动器、打印机等,都选用单片机进行管理和控制。

（7）电信技术

调制解调、程控交换、智能线路运行控制、各类通信设备等,无不选用单片机实现数字化、自动化、智能化。

单片机的应用已遍布各个应用领域,极大地推动了我国信息化的进程。作为电子信息类专业的科技人员应责无旁贷地努力学好单片机技术,其益非浅!

1.3　单片机的发展趋势与特点

随着超大规模集成技术与计算机技术的飞速发展,单片机技术亦必然按其自身的发展规律,向高速、高性能化;大容量、外部电路内装化;单一电源、低功耗,SOC(System On Chip——系统芯片)等方向发展。

今后一段时期内,单片机的发展趋势主要有以下特点。

1）不断推出高档、高性能的新型单片机

单片机作为计算机技术领域的一个分支,必然按其自身的发展规律,不断沿着新的方向飞速发展。如前所述,从4位机(日本曾着力推崇)、8位机到16位机、32位机以及ARM等,以字长代表技术进级,不断推出高技术、高性能的机种。每次进级,均代表着具有根本性的突破,并逐步向新的、更高层次的应用领域拓宽。

例如,美国Intel公司推出的32位MCS-80960系列单片机,该系列设有80960KB、

KA、MC 和 CA 4 档机型。采用 Sμm CHMOS 工艺,新型 RISC 结构,主频可达 33 MHz,运算速度达到 20 MIPS,设有 DMA 总线,中断控制器(32 级 256 个中断矢量),1KB(字节用"B"表示)的高速缓冲器,4 个 80 位的浮点寄存器、多端口寄存器、多重并行执行单元、多重内部总线、浮点运算器等等。

美国 Motorola 公司推出的具有极高集成度的 32 位 MC68H332 单片机系列,亦采用 RISC 结构,由 5 大模块组成:指令系统进一步优化了的 68020 CPU;基于 RISC 结构的专用定时、事件控制单元(TPU);可完成同步/异步通信的专用模块(QSM);减少系统外部逻辑元件及提供片内系统排错能力的模块(SIM);2KB 高速静态 RAM。CPU 和 TPU 各自独立,TPU RISC 指令可同时处理 16 个定时事件而无需 CPU 的干预。CPU 与 68000 兼容,具有虚拟支持,循环方式操作先行指令等 32 位运算,具有极强的寻址能力,增强的高级语言编译器,运算速度可动态改变。

新近推出的 ARM 微控制器可以认为是这类微控制器的统称,因为其内核技术基本相同,只是各个厂家融入了自己的技术、功能特色,推出各不相同的微控制器。

ARM 内核的技术特点是:

- 采用 RISC 架构;
- 体积小、低功耗、低成本、高性能;
- 支持 Thumb(16 位)/ARM(32 位)双指令集,能很好地兼容 8 位/16 位器件;
- 大量使用寄存器,指令的执行速度快;
- 大多数的数据操作均在寄存器中完成;
- 寻址方式灵活、简单,执行效率高;
- 指令长度固定。

从上可见,ARM 内核在结构上有了很大的改进,增加了灵活性,而且体积小、功耗低,所以其适用领域宽广。

随着超大规模集成技术的不断发展,以及在广大市场需要的推动下,还将不断推出越来越高档的、结构灵活、技术先进的新型单片机,不断拓宽新的、更高层次的应用领域。

2) 成熟的高新技术下移,不断提高单片机的性能

近年来,在典型微型计算机系统中许多成熟的、高新计算机技术不断移植到单片机上,以增强和提高单片机的性能。就整体市场需求而言,8 位字长的单片机基本能满足大量的实时测控应用系统的要求,而且技术成熟、成本低、研制周期短。因此,市场占有率最大,竞争最激烈。为了能保持 8 位单片机在更广阔的市场需要,势必不断采用新的技术,增加新的功能,推陈出新,重点发展。最显著的是将已在微型计算机,特别是已在 16 位和 32 位单片机等验证,成熟可行的新的先进技术,移植到 8 位单片机上,不断推动 8 位单片机技术和性能的发展。例如:

- 采用 RISC 结构,简化指令集,使应用程序的设计简单、方便。
- 取指令的流水技术,节省读取指令时间,提高运算速度。
- 虚拟结构,扩大存储容量,增加 I/O 端口连接。
- 配置高级(C)语言,提高编程效率,缩短程序设计周期。
- 改进串行总线结构,如 I^{2}C、CAN 总线等,提高串行通信能力。
- 采用双 CPU 结构,提高数据处理能力。
  ⋮

另外,随着超大规模集成技术的飞速发展,不断提高集成度,把原属外部功能的器集成到芯片内部。例如,加大片内存储器容量:片内 ROM 可达 16KB、32KB 等,甚至可达64KB;RAM 可达 1~4KB;片内 EPROM 改用 E^2PROM 或 Flash 存储器,实现快速和联机编程或修改,保存重要数据更加方便;片内集成 10 位或 12 位多路 A/D 转换器、看门狗(watch dog)、DMA 以及相关的放大电路等。

随着硅片面积的增大,集成度的不断提高,片内功能元件的不断扩大,从而实现真正意义上的单片机。

3) 不断采用新工艺,实现低功耗、宽电压、高速、高可靠性

随着单片机应用领域的不断扩大,低功耗要求日显突出,所以不断采用新的生产工艺。目前单片机的功耗已降到微安级,今后还将更低。主频已从 4 MHz、8 MHz、12 MHz,发展到 24 MHz、33 MHz,大大提高了单片机的运算速度。不断拓宽供电范围,从早期的多挡电源,改成单挡+5 V±10%,发展到目前的+2.1~+7 V,使单片机能在很宽的供电范围内均能正常工作。今后功耗还将降得更低,供电范围更宽,以满足于电池供电的需要。为满足实时应用中高可靠性的要求,不断采用提高可靠性的措施,设置多种监视功能,以防止主机死机。不断加宽工作环境温度,一般可在-40~+85℃范围内正常工作。

今后还将采用更多新的措施,以保证应用系统的高可靠性运行。

4) 日趋单片应用

随着硅片面积的不断扩大以及集成技术的发展,逐步把构成应用系统所需的功能元件集成在一块单晶芯片内,逐步减少或完全不需外部功能扩展,从而实现真正的一块芯片(单片机)就能构成一个完整的应用系统。

为了满足不同应用领域的需要,同一系列的单片机可有多种机型,以满足不同用户的最佳选择。这样就可简化应用系统的硬件设计,缩小体积,降低成本,提高可靠性。这是今后单片机发展的主要方向。

目前市场上的专用单片机,如 Motorola 公司的 68HC05 系列单片机,Microchip 公司的PIC 系列单片机,均属单片应用。但这类产品在应用上均有其较大的局限性。今后主要应发展通用性较强的真正意义上的单片机系列,特别是 8 位字长的单片机系列。

5) SOC 嵌入式应用系统

随着集成技术的发展。满足应用领域的需要,单片机将进一步发展成 SOC 嵌入式应用系统,即一块芯片就是一个完整的以单片机为内核的嵌入式应用系统。这个应用系统是具有明确的应用对象的系统,其中包括传感器在内的所有硬件组织和全部应用软件。例如,某种类型的空调、冰箱或手机等,只需配上对应的 SOC 芯片,即可构成完整的应用系统。这样的应用系统,体积更小、可靠性更高、系统设计更简单。

目前,国内外正加大投入,开发、研究 SOC 芯片。最近,国内已开发出包括温度传感器在内的 SOC 应用系统芯片,不久的将来将进入这样的时代。

6) 单片机应用网络化

近几年来随着网络技术的发展突飞猛进,已有很多单片机应用产品网络化,即借助网络技术实现更广泛的通信,例如,智能家庭、智能建筑等,应用系统实现大范围的多机网络测控与管理。这样可以通过网络查询相关信息,调度、控制和管理有关仪器、设备和家电等。

以上是近阶段单片机发展的趋势和主要特点。

由于单片机极适合我国的国情和需要,所以,尽管单片机在我国开发、应用仅20余年的历史,但应用却已极为广泛,已渗透到各个领域,为我国信息化建设发挥了巨大的作用,而且已经形成了一支相当规模的单片机开发、应用高科技队伍,各大专院校均已普遍开设单片机课程,源源不断地培养出大批新生力量,努力为我国科学技术与经济建设服务。

1.4 嵌入式系统与单片机

随着计算机技术与超大规模集成技术的发展,就计算机整体而言,形成了三大主流:巨型机、微型机、单片机,并按各自的技术规律飞速发展。

近年来,随着计算机应用体系的不同,将计算机分成嵌入式应用和非嵌入式通用型计算机。巨型机和典型微机系统属非嵌入式通用型计算机,而工控微机、专用CPU、单片机(微控制器)等则属嵌入式应用型计算机。后者面向实时测控应用系统,一般以这类计算机为内核,嵌入到实际的应用系统中,构成完整的并实现某种特定功能要求的应用系统,故称之为嵌入式计算机应用系统,简称为嵌入式系统(Embedded System)。

嵌入式系统是个广义的概念。从军用到民用,从工业、农业、服务业到社会,从天上到地下,再到海里,所有用于实时测控的计算机应用系统,均可纳入嵌入式应用系统范畴。

嵌入式系统是一个完整的,具有实现某种特定功能的计算机应用系统。因此,它应包含应用系统的全部硬件的组成结构与应用软件。

如图1.1所示为组成嵌入式应用系统的示意图,其中计算机是整个系统的指挥、管理、测控、处理的核心,嵌入在整个系统之中。

1)嵌入式系统的硬件结构

嵌入式系统的硬件主要由以下几部分组成。

(1)嵌入式系统的计算机内核

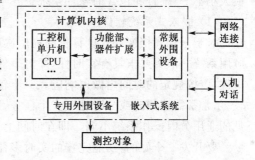

图1.1 嵌入式应用系统

嵌入式计算机是构成应用系统的核心部分,它是整个系统的指挥、测控和协调中心。嵌入式计算机类型广泛,可以是工控机、可编程控制机、专用CPU或处理器芯片、DSP(数字信号处理器)、单片机等,配置外部功能元件(RAM、ROM、I/O口……)。目前应用得最多、最广泛的应属单片机(微控制器)。实际选用何种机型取决于用应用系统功能的需要和综合评价。

外部功能元件扩展是指计算机本身(或芯片内部)功能不足,需外部扩展,如RAM、ROM、I/O口、A/D或D/A、看门狗、中断源等。就目前的单片机而言,由于受集成度的限制,为了能满足广泛的应用领域的需要,在结构上特为外部功能的扩展提供了方便。

(2)常规外围设备

除计算机内核所需的功能元件之外,根据应用系统的不同需要,还需配置有关的外围设备,如各种各样的输入/输出设备,如键盘、扫描仪、触摸屏、打印机、绘图仪等。

(3)专用外围设备

这类设备名目繁多,应根据不同的应用系统需要而配置的相关专用设备,常用的有电动机、步进电机、动力机械、各类传感器等。专用外围设备一般均需通过相应的接口电路或元件与计算机内核相连通。由于外设的多样性和复杂性,给接口电路的设计会带来一定的难度,这也是嵌入式应用系统的设计具有一定的难度和复杂部分。

(4) 人机对话

一般嵌入式应用系统均需人工对系统运行情况进行干预、调整和操作,一般常用的有键盘、鼠标、显示屏、控制台等。

(5) 网络连接

越来越多的嵌入式应用系统已实现联网管理,如智能家居、智能建筑、智能仪器、大范围的数据采集、管理,包括各系统之间、系统与上档机之间网络通信等。

不同的嵌入式应用系统,其硬件配置也各不相同,有简单的、复杂的、很复杂的。显然,以单片机为内核的应用系统是最典型的嵌入式应用系统。

2) 嵌入式系统的软件配置

一个完整的嵌入式应用系统,除了针对确定的应用对象而配置的硬件组成系统外,还必须配备对应的软件系统。两者相辅相成,才能使应用系统正确、有效和可靠地工作。硬件系统相当于一个人的躯体,而软件则是储存在这个人大脑中的知识和技能,灌输的知识和技能越多、越丰富,就能水平越高,能完成和处理更多、更复杂的工作。同样,一个嵌入式应用系统,它必须配备对应的软件系统。

由于嵌入式计算机的应用领域极为广泛,不同的应用对象,其功能要求也不相同,其规模大小不一,配置和包含的软件系统也各不相同。

(1) 嵌入式系统软件

对于采用高档嵌入式计算机的高层次应用,需配备实时多任务操作系统。由于嵌入式应用系统一般都要求具有实时性,即对事件作出实时处理,而且在操作系统的管理下的多个事件,应按规定的时间内做出响应。对于较大规模的嵌入式应用系统,需处理的事件和任务较多,常常需要同时或分时处理多个任务,这就必须配置实时多任务操作系统。它与一般常见的通用分时操作系统不同。即在时间上要求达到实时处理。

要开发一个好的,功能完善的实时多任务操作系统需花费巨大的技术和精力,目前我国正大力进行开发和研制,已有部分软件企业先后推出了多套实时多任务操作系统供用户选用。一般国内开发、研制嵌入式应用系统的用户,多购买现成的实时多任务操作系统,在既定的实时多任务操作系统的环境下研制应用程序,并在此环境下运行应用程序。

对于规模较小、不太复杂、任务较少的嵌入式应用系统,一般不配置实时多任务操作系统,可以开发一个简单的实时监控程序,用以对任务进行管理,对系统中的突发事件采用实时响应处理。

对于大量的、功能不复杂、任务不多的单片机嵌入式应用系统,对硬件资源的管理和事件的实时响应,以及功能的实现,全部融合在应用程序中完成。

目前,很多嵌入式计算机都配置有高级语言(C 语言)。不同的单片机系列,其硬件配置不完全相同,或者有较大的不同,或者有较大的不同其配置的 C 语言软件也不完全相同。由于嵌入式系统计算机,特别是单片机,涉及硬件资源的管理,因此,它与通用型 C 语言不完全相同。目前国内用得较普遍、较成熟的是 C51 语言。

(2) 应用软件

在嵌入式应用系统中,其全部应用功能的实现,都必须由相应的应用软件来完成。由于嵌入式应用系统的多样性和广泛性,不同的应用软件存在着极大的差异性,所以一般均为专一的。

目前,尚没有嵌入式应用系统应用程序的生成软件,都必须由应用系统的开发者自行开发、设计。

对于单片机的嵌入式应用系统,其应用软件可以选用汇编语言或者 C 语言来设计和编程。应用软件的设计与硬件系统的配置有着密切的关系,整个应用系统的功能最终要由应用软件来完成和实现。因此,应用软件的优劣,将直接影响应用系统的功能要求、技术质量和可靠性。所以,设计出一个优良的应用软件至关重要,是开发、技术的关键。

3) 单片机是嵌入式系统中应用最典型、最广泛的内核

20 世纪 70 年代,微型计算机的飞速发展,极大地满足了大量的、普通而广泛的数据处理和事务管理等要求。但由于它体积大、价格贵、可靠性不高等原因,不能满足更大量的、更广泛的电子类产品中实时应用的需要。随着超大规模集成技术的发展,MCS-48 单片机成功问世,它以体积小、价格低廉、功能完整、面向实时测控应用为特征、不求规模大、力争小而全为宗旨,在一块单晶芯片上集成了一台计算机。所以,从单片机诞生之日起,就是为了满足广大电子产品领域实时应用的需要,以单片机为内核,嵌入到具体的电子产品应用系统中,构成一个完整的、具有某种特定功能的实体应用系统。实现产品自动化、智能化,成为最基本、最典型的嵌入式应用系统。

随着单片机技术的发展,功能的不断增强及其应用的广泛性,目前应用于嵌入式系统的计算机内核的绝大部分是单片机。所以说,单片机是当前构成嵌入式应用中最典型的主流机型。学好单片机基本理论及其技术,是开发、设计各类嵌入式应用系统的基础。

1.5 MCS-51 系列单片机

美国 Intel 公司自推出 MCS-48 系列单片机以后,陆续推出了 MCS-51 系列、MCS-96 系列、MCS-196 系列以及 MCS-960 系列单片机。有些系列派生出很多机型以满足广大用户的需要。本书仅论述 MCS-51 系列单片机。

1) MCS-51 系列单片机

MCS-51 系列单片机是继 MCS-48 系列单片机之后推出的高档 8 位单片机,它的出现直接与半导体 HMOS 工艺的发展有关。在总结 MCS-48 系列单片机与扩大应用功能的基础上,扩大了片内存储器容量及外部存储器寻址空间,增强了指令系统与寻址能力,扩大了 I/O 端口和新增设了全双工串行通信端口,增加了中断源及优先级,新增了乘、除算术运算及比较和位操作等功能指令。克服了 MCS-48 系列存储容量小、运算功能弱的不足,提高了全机的操作功能与速度。在体系结构上增强了灵活性,以满各个领域、不同用户在功能上的不同需要。

HMOS 是高性能的 NMOS 工艺,一般的 MCS-51 系列产品(如 8051/8751/8031 等)均属之。将 CMOS 和 HMOS 工艺相结合,产生了 CHMOS 工艺的机型,如 80C51/87C51/80C31 等均属之。这类产品既保持了 HMOS 高速和高封装密度的特点,又具有 CMOS 低功耗的优点。两者结合,特别适合某些应用场合。

CHMOS 工艺的单片机还具有掉电保护和休眠运行两种独特的节电处理方式。

MCS-51 系列单片机的主要机型所具有的功能参数如表 1.1 所述。

表 1.1　MCS-51 系列主要机型功能参数表

型号 特性	8051	80C51	8751	8031	80C31	8052	8032	8044
程序存储器 (KB)	4 (ROM)	4 (ROM)	4 (EPROM)	—	—	8 (ROM)	—	4 (ROM)
数据存储器 (B)	128	128	128	128	128	256	256	192
程序存储器扩 展(片外、KB)	60	60	60	64	64	56	64	60
数据存储器 (片外、KB)	64	64	64	64	64	64	64	64
最高时钟频率 (MHz)	12	12	12	12	12	12	12	12
典型指令执行 时间(μs)	1	1	1	1	1	1	1	1
16 位定时/ 计数器数	2	2	2	2	2	3	3	2
并行 I/O 端口	32	32	32	16	16	32	16	32
中断源	5	5	5	5	5	6	6	5
电源功耗(I_{cc}, 最大电流 mA)	125	24	135	175	24	160	160	200

　　MCS-51 系列单片机既适用于简单的测控系统,又可组成复杂的应用系统,特别适用于逻辑控制。由于它性价比高,可以灵活地组成各种规模的应用系统,开发、设计简单、方便,故而是当前国内普遍选用的机种。

　　表 1.1 所列是 MCS-51 系列的基本型,随着计算机和集成技术的发展,该系列相继派生出很多种高性能的机型,但其内核的基本技术和功能原理是一致的、相兼容的。故不一一详述了。

　　除了 MCS-51 系列单片机外,还有 MCS-196 系列、MCS-151/251、MCS-960 系列等。

1.6　MCS-51 已成为国际经典

　　尽管单片机技术发展很快,先后推出了高档的 16 位、32 位、ARM 等多种系列单片机,但就绝大部分实时测控等应用领域而言,8 位字长的单片机,足以满足用户的实际需要,加上 8 位单片机在性能上不断提高、拓宽,所以 8 位单片机的市场需求经久不衰,仍占市场的绝对主流。

　　近年来,Intel 公司已先后将 MCS-51 系列单片机的内核技术转让给国际著名的单片机生产厂家。如荷兰的 PHILIPS、美国的 ATMEL、韩国的 LG、中国无锡微电子中心、中国台湾的华邦等共 20 余家,它们各自推出以 MCS-51 为内核,并融进本公司技术特色的单片机系列。例如新近推出的 Winbond——W78×××系列,其内置 EPROM、Flash 64KB、SRAM 1280B、3 个定时/计数器、9 个中断源、32/36 I/O 口、WDT(看门狗)、ISP(在线编程)、4 个 PWM,工作电压为 4.5～5.5 V、主频为 25～40 MHz,适应工作环境温度为

−40～+80℃，可外部扩展存储器 64KB。工业级 W781E×××系列，内置 EPROM Flash 为 8KB/16KB/32KB，RAM 为 256B 或 256B＋1KB，工作电压为 2.4～5.5 V 或 2.7～5.5 V，主频为 40 MHz 等。再如 STC89 系列，其特点是低功耗、超低价、高速（0～90 M），3 个定时/计数器、双数据指针，高速 A/D 转换等。还有全新的 SST8051 单片机家族等。再有最新技术 SOC（片上系统），其内核大多是 8051。例如：高速度、片内外三时钟、微封装片上系统——C8051F330/330D 等不胜枚举。

Intel 公司的后继产品，如 MCS-151/251 均与 8051 向上兼容。

从上可见，由于 8051 内核技术完整，体系结构灵活，得到了绝大多数用户的认可。再加上 8051 内核技术的广泛转让，使之在单片机技术领域占有绝对优势，从而成为单片机技术经典。

另外，由于 8051 内核技术几乎包含了单片机理论基础和技术的全部，具有较好的系统性和完整性。再加上 20 多年来，国内已积累了丰富的技术资料、完整的实验环境与开发设备，因此，MCS-51 系列单片机技术非常适合课堂教学。并且，学懂、弄通了 MCS-51 单片机的基本理论与应用技术，也就打好了学习、应用单片机的基础，即使学、用其他系列单片机也就不难了。

在 ARM 微控制器刚推向市场时，曾有人断言，它将独占单片机市场。而几年来市场销售情况证明，8 位字长的单片机市场主流地位没有发生变化，而且，在今后相当长一段时期内不会改变。同样，作为一门应用科学，选用 MCS-51 系列单片机作为课堂教学的内容，是合理的，在今后的一段时期内不大可能改变。这也正是本书仍以 MCS-51 系列单片机进行第 5 版再版，充实新的内容，编排得更符合教学规律和要求，力求论述精练、正确、由浅入深、重点突出、理论联系实际、着重应用，进一步提高全书的系统性、完整性和实用性。力争把本书再版成经典著作。

思考题与习题

1. 单片机是在怎样的历史背景下诞生和发展起来的？它与典型微机在结构上、发展宗旨上有何不同？它们在各自的应用领域中的重要区别是什么？

2. 单片机具有哪些突出优点？今后发展的重要方面有哪些？

3. 何谓嵌入式应用系统？如何正确、全面理解嵌入式应用系统的含义？

4. 嵌入式内核计算机有哪些？为什么说单片机是最早、最典型、应用最广泛、最基本的嵌入式内核计算机？

5. 为什么 8 位字长的单片机应用经久不衰？为什么 MCS-51 能成为当今国际典型的 8 位单片机？

2 MCS-51系列单片机系统结构

本章以 MCS-51 系列单片机为主线,详细阐述其系统组成结构。熟悉并掌握单片机的硬件组成结构及其功能原理,是嵌入式应用系统开发、设计的首要条件和基础。有部分内容将另立章、节进行详细论述。

2.1 MCS-51 系列单片机的基本结构

单片机的技术理论与基本概念与典型微机相比并无太大的差别,而硬件的组成结构则有所不同。典型微机的硬件结构是按逻辑功能划分芯片,如 CPU 芯片、RAM/ROM 芯片、I/O 芯片、定时/计数器芯片等等,然后按组成系统组装在一块印制板上,称主机板,再配上外围设备,如电源、硬盘、显示器、键盘等,组成一台完整的计算机硬件系统。这种结构必然是体积大、价格贵、可靠性差。而单片机则不然,它把构成一台计算机的主要功能部、器,如 CPU、RAM/ROM、I/O 口、定时/计数器、振荡电路、中断系统等,集成在一块芯片上,构成一块单晶芯片即一台具有一定功能的计算机。这种结构的突出优点是体积很小、价格低廉、可靠性高、应用设计简单,特别适用于各类电子产品的嵌入式实时测控应用系统中。为了区别于典型微机,把它称为单片微型计算机,简称单片机,国际上常称为微控制器。

如图 2.1 所示为典型的单片机逻辑结构示意图。

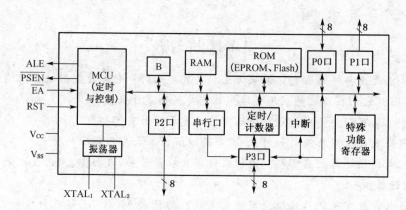

图 2.1 典型单片机逻辑结构示意图

如图 2.2 所示为 MCS-51 系列单片机内部组成结构示意图。目前各家公司均推出了与 MCS-51 相兼容的单片机系列,如 AT89C51、AT89S51、STC89、HSM8051 等系列,其内部硬件组成结构基本相同,仅融进了具有自己特色的功能部件、相对扩展了某些功能。因此,学懂、弄通了 MCS-51 系列单片机的基本技术原理,对其他与其相兼容的单片机系列的问题也就迎刃而解了。

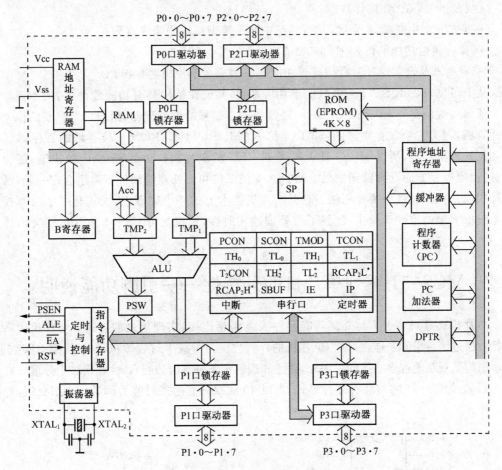

图 2.2 MCS-51 系列单片机内部组成结构示意图

注"＊"号者为 8052 增强型

随着集成技术的发展,单片机在制造工艺上进行了不断的改进,例如采用 CHMOS 工艺,使单片机不仅提高了运算速度,又大大降低了功耗。为了方便用户的选择和需要,在功能结构上又分成 ROM 型(8051)、EPROM 型(8751)、无 ROM/EPROM 型(8031),采用 CHMOS 工艺的单片机,其型号为 80C51/87C51/80C31 等,以示区别。目前很多产品将片内程序存储器改成 Flash 或 E^2PROM,实现快速电擦写和联机改写程序代码,提高重要数据代码的可靠性。

MCS-51 系列单片机片内包含如下功能部件:

- 8 位字长的 CPU;
- 振荡器和时钟电路;
- 4KB/8KB/16KB 的程序存储器 ROM、EPROM 或 Flash;
- 128B/256B/512B 的数据存储器 RAM;
- 可寻址外部扩展程序存储器和数据存储器各 64KB;
- 20 多个特殊功能寄存器;
- 32 线并行 I/O 口;
- 1 个全双工的串行 I/O 口;

- 2/3 个 16 位定时/计数器；
- 5/6/9 个中断源,2 个优先级,同级中断请求则按优先顺序查询；
- 具有较强功能的位处理(布尔)能力；
- 有些产品已将 ADC、看门狗等功能部件集成在单片机芯片内。

从上可见,以 MCS-51 为内核的单片机系列,其硬件结构具有功能部件多、功能强等特点。值得一提的是,除了 8 位 CPU 外,还具备一个很强的位处理器,组成一个完整的位处理微计算机,因为它包含有完整的位 CPU、位 RAM、ROM(EPROM)、位寻址的寄存器、I/O 口和位处理指令集,所以 MCS-51 是一个双 CPU 的单片机。位处理在开/关决策、逻辑处理、过程测控等方面具有独到之处。MCS-51 把 8 位和位处理的硬件资源组合在一起,两者相辅相成,一套设备,可两种用法。这是单片机技术上的一个突破,大大简化了实时测控应用系统中大量的位处理操作,加强了位处理的实时性,这也是 MCS-51 单片机的突出优点之一。

2.2 MCS-51 系列单片机的外特性——引脚功能说明

单片机通过封装引脚与外部功能元件或电路相连接,实现信息的连通。单片机的功能与特性通过诸多引脚来体现,称为单片机的外特性。为了减少封装体积,尽量压缩引脚数量,很多引脚是双功能或多功能的。因此,熟悉和理解每条引脚的功能、特性和用法十分重要。

目前,MCS-51 的封装有多种形式,现以 40 线双列直播式封装为例进行详细介绍,如图 2.3 所示。

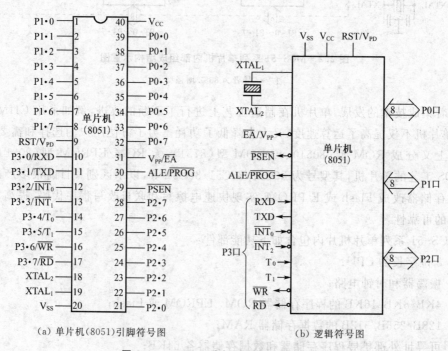

(a) 单片机(8051)引脚符号图 (b) 逻辑符号图

图 2.3 MCS-51 外部引脚和逻辑符号图

(1) 主电源引脚

V_{CC}——40 脚。正常运行和编程校验主电源为 +5 V,有些产品可放宽至 2.7~6.0 V,

请参照产品说明。

V_{SS}——20脚。电路接地。

（2）时钟源

时钟引脚 $XTAL_1$ 和 $XTAL_2$ 内接反相放大电路构成一个振荡器，为单片机运行提供时钟信号。

$XTAL_1$——19脚。一般外接晶振的一个引脚，它是片内反相放大器的输入端口。当单片机直接采用外部振荡信号时，此引脚接地电平。

$XTAL_2$——18脚。外接晶振的另一个引脚，它是片内反相放大器的输出端口。当直接采用外部振荡信号源时，此引脚为外部振荡信号的输入端口，直接与外部振荡信号源相连接。

（3）控制、选通或复用

此类引脚为单片机对外部提供控制、选通信号。有些引脚具有复用功能。

RST/V_{PD}——9脚。RST（RESET）单片机复位信号输入端口。当单片机处于正常运行状态时，由该引脚输入脉宽为2个机器周期以上的高电平复位信号，则将单片机进行复位，使单片机处于原始状态；在 V_{CC} 掉电期间，此引脚（即 V_{PD}）接通备用电源，以保持片内 RAM 信息不受破坏。因此，此引脚是双功能的。

ALE/$\overline{PROG}$——30脚。输出允许地址锁存信号。当单片机在访问外部存储器时，ALE 输出的负跳变电平信号将 P0 口上的低8位地址打入地址锁存器。在非访问外部存储器期间，ALE 仍以 $\frac{1}{6}$ 振荡频率固定不变的速率输出，因而它可用于对外部输出但对频率要求并不十分精确的脉冲信号。这是因为当单片机访问外部数据存储器时，两个机器周期只出现一次 ALE 信号，即少了一个 ALE 信号。如果应用系统无外部数据存储器的扩展，不访问外部数据存储器时，则 ALE 输出的信号频率是固定的。ALE 信号可驱动8个 LS 型 TTL 负载。

$\overline{PROG}$ 为第二功能，对片内程序存储器（片内 EPROM 型，如8751）进行编程写入时，此引脚用于编程脉冲的输入端。

$\overline{PSEN}$——29脚。访问外部程序存储器的选通信号，低电平有效。当单片机外部扩展的程序存储器，读取指令代码时，每个机器周期输出两次 $\overline{PSEN}$ 信号；在访问片内程序存储器时，则不产生 $\overline{PSEN}$ 信号，即保持高电平的无效状态。在访问外部数据存储器时，也不产生 $\overline{PSEN}$ 有效信号，而是保持高电平（无效状态）。

$\overline{EA}$/V_{PP}——31脚。$\overline{EA}$ 为单片机访问内部或外部程序存储器的选择信号，低电平有效。当 $\overline{EA}$ 引脚与 V_{CC}（+5 V 电源）引脚相连接，使 $\overline{EA}$ 引脚保持高电平时，单片机开始工作首先访问从0000H地址开始的片内程序存储器，当程序指针 PC 值超过片内程序存储器最大容值（如片内程序存储器的容量为4KB时，当 PC 值超过0FFFH）。则单片机将自动转向外部程序存储器继续而顺序（即1000H）访问和运行；当 $\overline{EA}$ 引脚直接接地（低电平、有效），则单片机直接访问外部扩展的程序存储器，并从0000H地址编码单元读取指令代码进行运行程序。这表明所有运行程序均应全部编制在外部扩展的程序存储器中，例如8031型单片机。V_{PP} 为片内 EPROM 型（8751）单片机作为编程电压输入端口用。对片内 EPROM 型（8751）进行编程时，由此引脚提供编程电压。具体编程电压值，应参阅相应的单片机使用说明。

（4）多功能 I/O 端口

MCS-51 配置有众多的 I/O 端口,具有多种功能,使用灵活,这是单片机的独特优点之一。

P0 口——32～39 脚。8 位漏极开路双向 I/O 口。当单片机访问外部扩展的存储器时,它是低 8 位地址总线和 8 位数据总线分时复用;外部不扩展存储器类元件或单片应用时,为双向 I/O 口;在对片内程序存储器(8751 型 EPROM)进行编程和程序校验时,用于指令代码的输入/输出。可见,P0 口是多功能的,不同的场合具有不同的功能。P0 口可驱动 8 个 LSTTL 负载。

P1 口——1～8 脚,具有内部上拉电路的 8 位准双向 I/O 口,这是一个真正的、实用的 I/O 口。只有在对片内程序存储器(8751 型 EPROM)进行编程和程序校验时,作低 8 位地址总线用。对于增强型(8052)单片机而言,其中的 P1·0 和 P1·1 两位端口用于第二变异功能,即另有他用。P1 口可驱动 4 个 LSTTL 负载。

P2 口——21～28 脚,具有内部上拉电路的 8 位准双向 I/O 口。当单片机访问外部扩展的存储器时,用作高 8 位地址总线,它与 P0 口合成 16 位的地址总线;对片内程序存储器(8751 型 EPROM)进行编程和程序校验时,亦用作高 8 位地址总线,它与 P1 口组合成 16 位的地址总线;无外部扩展存储器类元件(单片应用)时,则用作准双向 I/O。在实际应用中,主要作高 8 位地址总线。可驱动 4 个 LSTTL 负载。

P3 口——10～17 脚,具有内部上拉电路的准双向 I/O 口,实际上它是一个特殊的第二变异功能端口。它的每一位均可独立定义为第一功能的 I/O 口或第二变异功能口。第二变异功能口的具体含义如下:

P3·0——10 脚,RXD,串行通信数据接收端口。

P3·1——11 脚,TXD,串行通信数据发送端口。

P3·2——12 脚,$\overline{\text{INT0}}$,外部中断源 0 请求端口,低电平有效。

P3·3——13 脚,$\overline{\text{INT1}}$,外部中断源 1 请求端口,低电平有效。

P3·4——14 脚,T0,定时/计数器 0 外部事件计数信号输入端口。

P3·5——15 脚,T1,定时/计数器 1 外部事件计数信号输入端口。

P3·6——16 脚,$\overline{\text{WR}}$,外部数据存储器写选通信号端口,输出低电平有效。

P3·7——17 脚,$\overline{\text{RD}}$,外部数据存储器读选通信号端口,输出低电平有效。

从上可见,P3 口实际上就是通常的 8 位控制总线。它与 P0 口和 P2 口组合成计算机的三总线:8 位数据总线、16 位地址总线和 8 位控制总线,为外部功能元件的扩展提供了方便。当 P3 口中的某一位不用时,可单独用作准双向的 I/O 口。

MCS-51 系列单片机就是通过这外部封装的 40 条脚组合成各不相同的嵌入式应用系统。

2.3　中央处理器——CPU

MCS-51 单片机的核心部件是一个 8 位字长的高性能中央处理器、CPU,它是计算机中的运算器和控制器组合的总称,是计算机的中枢,故称之为中央处理器。它是单片机的指挥中心,执行机构。在单片机的运行过程中,它的作用是读入和分析每条指令代码的功能要求,指挥并控制各有关元件,具体执行指定的操作。它是由 8 位运算器(算术/逻辑运算部件)ALU、布尔(位)处理器、定时/控制部件和若干寄存器等主要部件所组成。

2.3.1 运算器

单片机的运算器主要包括 8 位算术/逻辑运算部件、累加器 A、寄存器 B、程序状态寄存器等。其功能是实现数据的算术/逻辑运算(数据处理)和数据传输等操作。

1) 算术/逻辑运算部件——ALU

单片机的算术/逻辑运算部件(ALU)的主要功能是实现 8 位数据的＋、－、×、÷的四则运算和"与"、"或"、"异或"逻辑运算,包括位操作以及循环、清"0"、置"1"、加"1"、减"1"等若干基本操作。

2) 累加器 A

MCS-51 单片机的运算器是累加器型结构。累加器 A 是运算、处理数据时的暂存寄存器,用于对 ALU 提供操作数和存放运算结果。凡需经 ALU 进行操作的数,如逻辑运算、移位等,均需通过累加器 A。所以它是运算器中应用最为频繁的寄存器。在结构上,它直接与运算部件(ALU)和内部总线相连,连一般的数据传送和交换也均需通过累加器 A,这就是累加器型结构的特点。MCS-51 单片机是属于以累加器 A 为中心的系统结构形式。

MCS-51 单片机的系统结构,从总体上说是属于以累加器 A 为中心的组成结构,绝大部分的数据处理和操作均需通过累加器 A 进行。为了能更好地满足实时性要求,简化操作过程,提高处理速度,在内部结构上又采取了改进措施,使部分操作通过累加器 A 旁路,将数据信息直接传送到目的单元,从而省略了先送累加器 A 再送目的单元这样前一个中间环节。这样,由直接寻址或间接寻址方式的数据信息可以从片内的任意地址单元直接传送到另一个目的单元中,不需经过累加器 A 转送,有些操作也可在寄存器和变量之间直接进行,从而节省了中间环节的转送指令,加快了数据传送和处理的速度,增强了实时性。

3) 寄存器 B

寄存器 B 是进行乘(×)、除(÷)算术运算时的辅助寄存器。在进行乘法运算时,累加器 A 和寄存器 B 分别存放两个相乘的数据,乘积的高位字节数(高 8 位)存放在 B 寄存器中,而乘积的低位字节数(低 8 位)存放在累加器 A 中;在进行除法运算时,被除数存放在累加器 A 中,除数存放在寄存器 B 中,相除运算的结果,商数存放在累加器 A 中,而余数则存放在寄存器 B 中。在不作乘、除运算的其他情况下,B 寄存器可作一般的寄存器或中间结果暂存器等灵活使用。

4) 程序状态字寄存器——PSW

程序状态字 PSW 是一个 8 位的寄存器,它用于寄存当前指令执行后的相关状态标志,为下一条或以后的指令执行提供状态条件。因此,许多指令的执行结果将影响状态字寄存器(PSW)中某些相对应位的状态标志。MCS-51 单片机的程序状态字(PSW)的重要特点在于可以用软件编程,即通过软件编程可以改变 PSW 的状态字标志。PSW 的结构以及各位状态标志的定义如下:

	7	6	5	4	3	2	1	0
PSW:	Cy	AC	F_0	RS_1	RS_0	OV	—	P

Cy——最高位进位标志位。当运算结果最高位产生进位(或借位)时,标志位 Cy 置成 1,

否则为 0。另外,在进行布尔(位)处理时,Cy 作累加器用,称布尔累加器。一般常用"C"表示。

AC——辅助进位标志位,又称半字节进位标志位。当运算结果从 D_3(第 3 位)产生进位(或借位)时,置位 AC 为 1,否则为 0。此标志位常用于 BCD 码运算调整。

F_0——用户标志位。可由用户(编程者)在编程过程中通过编程方法对 F_0 标志位进行定义(置"1"或清"0")和检测。亦即 F_0 是留给用户(编程者)使用的标志位。

RS_1、RS_0——选择工作寄存器组标志位。用于选择内部 4 个工作寄存器组中的某一组作为当前的工作寄存器,其余 3 组被屏蔽。每个工作寄存器组设有 8 个(常用编号为 $R_0 \sim R_7$)8 位的工作寄存器。这是 MCS-51 单片机所特有的,结构上属于内部 RAM(从 00H~1FH 地址单元)的一部分。各组编码如下:

RS_1	RS_0	寄存器组	对应的内部 RAM 区地址
0	0	组 0	00H~07H
0	1	组 1	08H~0FH
1	0	组 2	10H~17H
1	1	组 3	18H~1FH

OV——溢出标志位。用于标志带符号数运算的溢出。当运算结果的绝对值超过允许表示的最大值时,就产生溢出。当两个带符号数进行运算时,仅当运算结果值的 D_7 或 D_6 位中的一位产生进位(或借位)时置位溢出位(OV 为 1),表示产生溢出,否则为 0。其逻辑表达式为 $OV = C_7' \oplus C_6'$,其中 C_7'、C_6' 为 D_7、D_6 位的进位标志(产生进位或借位为 1,否则为 0),$\oplus$ 为按位加符号。

—(PSW·1)——保留位,无定义。

P——奇偶校验标志位,由硬件自动置位或复位。当累加器 A 中"1"的个数为偶数时,P 位为 0,为奇数时 P=1。

2.3.2 控制器

控制器是 MCS-51 单片机的指挥、控制执行部件,它的主要任务是从程序存储器中读取指令代码后进行分析、识别,并根据不同指令的功能要求控制各相关元件,从而保证单片机各部分能自动而协调地工作。

单片机执行指令是在控制器的控制下进行的。首先从程序存储器中读取指令代码,送指令寄存器保存,然后送指令译码器进行译码,将译码结果送定时控制逻辑电路,由定时逻辑电路产生各种定时信号和控制信号,再送到各个相关元件去执行相应的操作。这就是执行一条指令的全过程。执行程序就是不断地重复这一过程。

控制器主要包括程序计数器(程序指针 PC)、指令寄存器 IR、指令译码器、数据指针(DPTR)、条件转移逻辑电路,以及时序控制逻辑电路等。

1) 程序指针,即程序计数器——PC

PC 是控制器中最基本的寄存器,其功能是一个独立的 16 位字长的加 1 计数器,用于存放下一条即将从程序存储器中读取的指令的地址。其基本的工作过程是:当读取指令代码时,将存放在 PC 中的当前指令地址码输出给程序存储器,从而读出该地址单元中的指令代码,同时程序计数器 PC 自动加 1 计数,指向下一个字节地址单元,直到读取完本条指令的代码,PC 继续指向下一条指令在程序存储器的地址。周而复始,根据 PC 所指示的地址,不断地从程序存储器中读取指令代码,从而实现计算机自动而连续地执行指令、运行程序。

PC 中内容(地址码)的变化决定程序运行的流向。PC 计数器的字长(位数)决定单片机对程序存储器可以直接寻址的范围,即可直接寻址的程序存储器的容量。MCS-51 系列单片机设定的 PC 是一个 16 位字长的加 1 计数器,因此,它的直接寻址空间为 64KB(2^{16} = 65536 = 64KB)。不同类型的单片机,由于各自的 PC 字长的不同,其对应的程序存储器的寻址空间也各不相同。

8051 的程序计数器(PC),其基本工作方式有以下几种:

(1) 8051 型单片机被复位后,PC 的值被复位为全"0",也就是说,程序总是 0000H 地址单元开始读取指令并执行。因此,设计的应用程序必须从程序存储器的 0000H 地址单元开始存放(固化)。

(2) PC 自动执行加 1 计数操作,从而使程序顺序执行。

(3) 执行转移类指令时,PC 将被置入新的地址值,从而使程序的运行流向发生变化,亦即程序的执行不再延续、顺序,而是跳过一段地址空间,转移到一个新的始点再顺序执行。称程序跳转。

(4) 执行调用子程序,包括中断响应,转向中断服务子程序执行时,将自动完成如下操作:

① 将 PC 中的当前值,即主程序的下一条将要执行的指令地址(断点值),自动压入堆栈保存,以便在执行完子程序或中断源子程序后,正确返回原断点处继续执行主程序。

② 将对应的子程序入口地址或中断矢量(中断服务子程序的入口地址)置入 PC 中,使程序转向对应的子程序或中断服务子程序执行。在执行完子程序或中断服务子程序,最后通过返回指令 RET 或 RETI 的执行,将原自动压入堆栈保存的断点地址弹出,置回 PC 中,实现程序返回原断点处,使主程序继续顺序往下执行。

2) 指令寄存器——IR

指令寄存器 IR 是用来存放从程序存储器中读出的指令代码的专用寄存器,IR 寄存器的输出是将存放在 IR 中的指令代码输送给指令译码器,由指令译码器对该指令代码进行识别和译码,将译码结果通过定时控制逻辑电路发出对应的定时、控制信号,控制指令的操作执行。对于运算类指令,还需将运算结果所产生的状态标志信息送程序状态字 PSW 保存,以备查询。

3) 数据指针——DPTR

8051 型单片机的存储器体系结构与典型微机的存储器结构不同,是程序存储器和数据存储器两者截然分开的。程序存储器是由程序指针 PC 承担寻址功能,而数据存储器则由数据指针 DPTR 进行寻址。

数据指针 DPTR 是一个独特的字长为 16 位的寄存器,它由两个 8 位的寄存器 DPH 和 DPL 组合而成。它的主要功能是用来寻址外部数据存储器的 16 位地址寄存器。因而它可寻址 64KB 数据存储器的任一地址单元。也可寻址存放在 64KB 程序存储器中固定数据,诸如表格之类的固定数据。

4) 堆栈指针——SP

堆栈是一组编有地址码的特殊的存储单元,通常是在数据存储器中开辟一个存储区域,专门用于存储自动进栈、出栈的特殊数据。堆栈顶的地址码由栈指针 SP 所指示,堆栈单元中存放的数据称为堆栈元素,堆栈元素的压入(入栈)或弹出(出栈)遵循后进先出的规则,即数据入栈时,先入栈的数据存储在堆栈底部单元,按顺序入栈,每入栈一个字节数据,SP 自动＋1 指向栈顶的地址;出栈时由栈顶弹出,每弹出一个字节的数据,SP 自动－1 并始终指向栈顶地址。堆栈的操作总是对栈顶进行的。

一个堆栈一般设置有若干个存储单元,存储单元数称为堆栈深度。深度的大小可根据实际需要设定。栈顶地址由栈指针 SP 自动管理。这种存取结构保证了中断处理和子程序的调用时的正确返回原断点处,继续正确执行主程序。

MCS-51 系列单片机的堆栈可通过软件在内部 RAM 中定义,即由软件对 SP 设置初值,称软件堆栈。这样,堆栈的深度和区域均可根据需要而设置,有利于程序设计。

软件堆栈的编址有两种方式:一种是"向下生成",即栈底设置在高地址端,栈顶则不断向低地址方向生长;另一种则是"向上生成",即栈底设置在低地址端,栈顶不断向高地址方向生长。MCS-51 的堆栈编址方式属于后者。用软件设置的栈指针 SP 的初值即为该堆栈的栈底。

MCS-51 系列单片机允许用户在内部 RAM 的任一连续存储区域定义为堆栈。MCS-51 系列单片机的内部 RAM 存储区为 128/256 个字节单元,所以 MCS-51 的栈指针 SP 为 8 位的自动±1 的计数器,用以指示堆栈的栈顶地址。MCS-51 的堆栈栈顶单元始终是"满"的,即存有前次入栈的有效数据,因此,在有新的数据入栈时,栈指针 SP 先自动＋1,指向"空"的单元,然后将需入栈的数据压入该栈顶单元;出栈时则将 SP 所指示的栈顶单元内容(有效元素)弹出,然后 SP 自动－1,指向新的堆栈栈顶。有的单片机的堆栈栈顶设定为"空",则操作顺序与上述正好相反。堆栈深度则需由程序设计者根据整个应用程序的需要进行估算后设定,需防止随机存取数据与堆栈元素发生冲突而造成程序出错。另外,系统复位后,SP 的值为内部 RAM 07H,这正是工作寄存器区域。为避免两者重迭,一般在程序初始化时,应重新设置 SP 值,实现定位堆栈起始地址。

5) 其他

指令寄存器用于存储从程序存储器中读取的指令代码,并经指令译码器产生对应的控制信息,从而完成该指令的具体操作。

2.3.3 振荡器、时钟电路及时序

MCS-51 系列单片机的外部引脚 XTAL$_1$ 和 XTAL$_2$ 分别为片内反相放大器的输入和输出端口,这个放大器与片外晶体振荡器或其他谐振器构成一个自激振荡器,如图 2.4 所示。其中 C_1、C_2 为微调电容,其值通常选用 30～47 PF。对 C_1、C_2 的选择无严格要求,但其容量的大小会影响振荡频率的高低、振荡器的稳定性和起振的快速性。典型的 8051 单片机,其振荡频率范围为 1.2～12 MHz。近期推出的产品,最高已达 33 MHz、40 多 MHz。振荡频率越高,其运算速度越快。

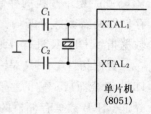

图 2.4 自激振荡电路

当直接采用外部振荡信号时,其振荡源直接与 XTAL$_2$ 引脚相连,将振荡信号直接输入到内部的时钟发生器。由于 XTAL$_2$ 的逻辑电平不是 TTL 电平,故建议外接一个 4.7 kΩ 的上拉电阻,如图 2.5 所示。对于 CHMOS 型(80C51)单片机,可将外部振荡信号直接与 XTAL$_1$ 引脚相连接,XTAL$_2$ 不用(悬空)。在任何情况下,振荡

器始终驱动内部时钟发生器向主机提供时钟信号,只有在时钟信号的驱动下,单片机才能严格地按时序执行指令的各项操作。时钟振荡器是单片机的心脏,各功能部件都是以时钟信号频率为基准,有条不紊地、一拍一拍地顺序工作。一旦停振,没有了时钟信号,整个单片机就停止工作。

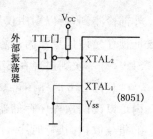

图 2.5 外接振荡源电路

MCS-51 系列单片机的时钟发生器是一个二分频的触发器,它向单片机提供一个两相时钟信号:相位 1(P_1)信号在每个时钟周期的前半部分有效;相位 2(P_2)信号则在时钟周期的后半部分有效。

MCS-51 系列单片机的机器周期由 12 个分频(相位)的 6 个状态 S(由相位 P_1 和 P_2 组成一个状态 S)组成。这样,一个机器周期包含 $S_1P_1 \sim S_6P_2$ 共 6 个状态 S、12 个分频(相位)周期。MCS-51 型单片机的机器周期是固定不变的,如图 2.6 所示。因此,一旦振荡频率选定,则机器周期也随之确定。例如,当主频(振荡频率)选用 12 MHz 时,其对应的机器周期 $T = 1 \mu s$,以此类推。而指令周期则随指令的不同而不同,由 1 个、2 个或 4 个机器周期(T)组成。其中只有乘、除法指令需 4 个机器周期才能完成,其余指令均只要 1 个或 2 个机器周期(T)完成。

指令由取指到执行,其操作的内部时序如图 2.6 所示。由于这些内部时钟信号不能从

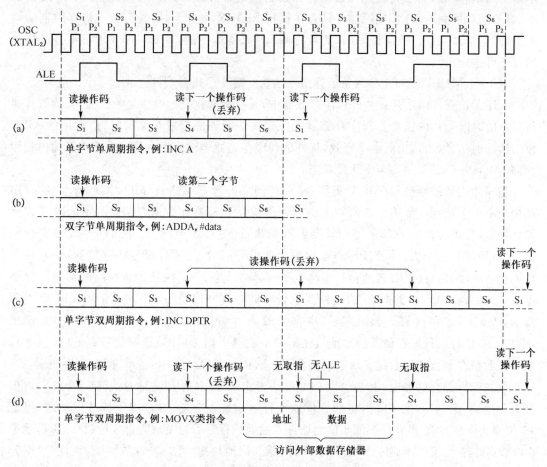

图 2.6 典型指令的取指/执行时序

外部检测到,所以图中仅用 XTAL$_2$ 通过时钟发生器所产生的二分频时钟信号和 ALE(将地址锁存允许信号作为示意信号)表示。ALE 信号在每个机器周期出现两次,一次在 S$_1$P$_2$～S$_2$P$_2$,另一次则出现在 S$_4$P$_2$～S$_5$P$_1$。

从图 2.6 时序图可知,ALE 信号在一个机器周期内出现两次,这表明在一个机器周期内可以读两次程序存储器的指令代码,从而提高了程序的处理速度。图中列举了 4 种典型的指令取指/执行时序。

(a) 对于单字节、单周期类指令,第一次读取指令代码后,即开始执行该指令,在一个机器周期内完成该指令的全部操作,对第二个 ALE 信号不会产生读操作(丢弃)。例如 INC A 指令,实现累加器 A 内容加 1。

(b) 对于双字节、单周期类指令,则两次读取的指令代码均有效,并在一个机器周期内完成全部操作。例如:ADD A,data,累加器 A 和立即数相加。

(c) 对于单字节、双周期类指令,则第一次读取有效指令后,其后三个 ALE 信号均不会产生读操作(均丢弃)。但这类指令需用两个机器周期完成全部操作。例如:INC DPTR,对16 位指针 DPTR 加 1。

(d) 对于单字节、双周期的 MOVX 类指令,第一次读取指令代码有效后,第二次的 ALE 信号虽有效,但不会产生读指令代码操作(丢弃)。紧随其后的第二个机器周期,不产生两个 ALE 信号,而是完成外部数据存储器目的地址和读/写操作。由此可见,一般情况下 ALE 信号的频率是固定不变的,只有在执行 MOVX 类指令时,其第二个机器周期的两个 ALE 信号才缺损。故而说 ALE 信号的频率是基本固定的,在对频率要求不十分严格的情况下可作他用。

对于乘(MUL)、除(DIV)两条运算指令的执行需 4 个机器周期完成。

程序无论在片内还是在片外程序存储器中,其取指和执行的时序是一样的,其读和执行指令的时间与片内或片外程序存储器无关。在访问外部程序存储器时,由专用的 $\overline{\text{PSEN}}$ 作为读选通信号,当输出低电平有效,从外部程序存储器中读取指令代码。在访问片内程序存储器时,$\overline{\text{PSEN}}$ 信号呈高电平无效状态。

访问片内数据存储器(MOV 类指令)和访问片外数据存储器(MOVX 类指令)的时序和操作不完全相同。如图 2.7 所示为访问外部程序存储器和数据存储器的不同时序和操作。图(a)所示为访问外部程序存储器但不是执行 MOVX 类指令(不访问外部数据存储器)的时序图。每个机器周期 $\overline{\text{PSEN}}$ 输出两次低电平有效,选通外部程序存储器,读取指令代码,而读($\overline{\text{RD}}$)/写($\overline{\text{WR}}$)选通信号呈高电平(无效)状态。图(b)所示为访问外部程序存储器且执行的是 MOVX 类指令(访问外部数据存储器)的时序图。这是一条单字节、双周期指令,$\overline{\text{PSEN}}$ 少了两次有效选通(呈高电平无效态),而是在地址总线(P0、P2 口)上输出DPTR(16 位外部数据存储器的地址),在第二个机器周期读($\overline{\text{RD}}$)选通信号有效(低电平),从外部数据存储器读取数据。对于写操作,则读($\overline{\text{RD}}$)换成写($\overline{\text{WR}}$)信号,两者时序相同。

在访问外部存储器时,由 P0 口和 P2 口两者组成 16 位外部地址总线,而 P0 口先输出低 8 位地址,由 ALE 的下降沿将低 8 位地址打入地址锁存器,继续提供低 8 位地址,保证16 位地址信号有效。P0 口把低 8 位地址打入地址锁存器后就变成外部 8 位数据总线,承担8 位数据的输入/输出操作。所以 P0 口既是低 8 位地址线,又是 8 位数据线,地址/数据分时复用。P2 口高 8 位地址不变。

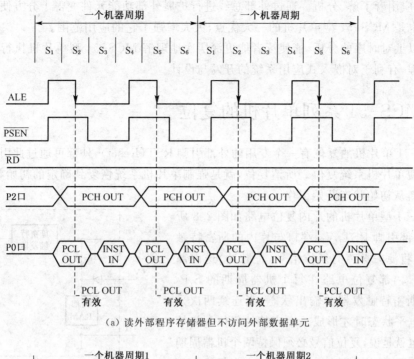

（a）读外部程序存储器但不访问外部数据单元

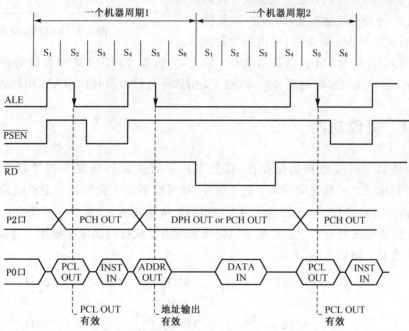

（b）读外部程序存储器且读外部数据（MOVX 类）单元

图 2.7　访问外部程序存储器和数据存储器时序图

在访问外部程序存储器时，由$\overline{PSEN}$输出低电平有效信号，访问外部数据存储器时则由读（$\overline{RD}$）、写（$\overline{WR}$）输出低电平有效信号，分别对外部数据存储器进行读/写操作。可见，单片机不仅程序存储器和数据存储器两者截然分开，而且有自己独立的选通信号。这也是单片机与典型微机明显不同之处。

由于单片机已把组成计算机的主要元件集成在芯片内部，通过内部总线连接成单片机整体,不需应用者了解、分析。通过外部总线进行扩展外部功能元件变得十分方便、简单,很规范。这也是 MCS-51 型单片机的一大优点,大大增强了它的应用范围。

通过以上对时序的分析,能使读者能更深层次地理解 MCS-51 型单片机执行指令的顺序及其过程,有利于对嵌入式应用系统的开发与设计。

2.4 MCS-51 系列单片机的复位

MCS-51 单片机的复位有一个专用的外部引脚 RST(Reset),外部可通过此引脚输入一个正脉冲使单片机系统复位。所谓复位,就是强制单片机系统恢复到确定的初始状态,并迫使系统重新从初始状态开始工作。

MCS-51 型单片机的片内复位电路如图 2.8 所示,它由外部引脚 RST/V_{PD} 端口与片内的斯密特触发器相连,将滤去噪声的复位信号(正脉冲)送内部复位电路。内部复位电路在每个机器周期的 S_5P_2 时刻采样斯密特触发器的输出状态,当连续两次采样均呈高电平状态时才形成一个完整的复位及初始化系统。也就是说,复位信号必须保持两个机器周期以上的高电平,才能有效地实现并完成一次复位。

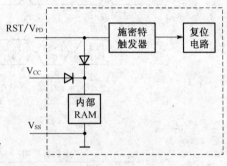

图 2.8 RST/V_{PD} 电路

另外,当主电源 V_{CC} 断电时,可由第二功能 V_{PD}(双功能引脚)向片内 RAM 提供备用电源。因此,当需要片内 RAM 中存储的有关数据不被主电源 V_{CC} 暂时或突然断电而丢失时,则 V_{PD} 引脚可外接专供片内 RAM 用的备用电源。

2.4.1 复位功能

复位即强制主机实施初始化操作,迫使主机及有关元件恢复为初始状态。只要给 RST/V_{PD} 引脚施加二个机器周期以上的正脉冲,就可使系统实施复位。主机响应此复位信号后,进行内部复位操作,将 ALE 和 $\overline{PSEN}$ 两引脚置成输入方式(呈高电平状态),并在 RST 端口上的正脉冲变成低电平之前的每个机器周期均重复执行内部复位操作。复位后的各有关寄存器变成如下初始状态:

PC	0000H	TMOD	00H
A	00H	T2MOD	(××××××00)
B	00H	TCON	00H
PSW	00H	T2CON	00H
SP	07H	TL0~2	00H
DPTR	0000H	TH0~2	00H
P0~P3	FFH	RCAP2L	00H
IP	(×××00000)	RCAP2H	00H
IE	(0××00000)	PCON	(0×××0000)
SCON	00H		

复位不影响片内 RAM 和 SBUF(串行数据缓冲器)内容。对于部分寄存器复位后初始状态具有极重要含义:复位后,程序指针 PC 的初始状态为 0000H,即 PC = 0000H,这表示程序将从新从程序存储器的 0000H 地址单元开始执行。从而也说明应用程序必须从 0000H 单元开始编写和固化;程序状态字寄存器 PSW = 00H,表示 $RS_1 = 00$、$RS_0 = 00$,自动选用工作寄存器 0 组;P0~P3 I/O 口 = FFH,表示复位后被置成双向方式,可正确地进行输入或输出操作。在系统运行以后,由于 P0~P3 I/O 口内部锁存器中的内容可能已发生了变化,如果锁存器内容变为 0,则该 I/O 口就变成准双向方式,即不是真正的双向口,这时输入数据就会不正确。如要作为输入口用,必须先将锁存器置成 1,才能正确输入,这就是准双向 I/O 口的含义。用于输出口,无此影响;堆栈指针 SP = 07H,表示这时的栈底为 08H。这正是工作寄存器 1 组的 R_0 单元,显然两者发生了重选!因此,必须通过硬件重新定义合适的堆栈区域,方法是重新设置 SP 值;"×"表示无定义或随机值。有关内容将在以后的章节中详细论述。

2.4.2 常用复位电路

在实际应用中可根据应用系统需要设计符合要求的复位电路,常用的有以下几种。

1) 上电复位电路

嵌入式单片机应用系统一般均要求上电启动系统运行时,首先对系统进行复位并初始化系统。最简单、常用的上电复位电路如图 2.9 所示。主电源(+5 V) V_{CC} 一方面直接与单片机的主电源引脚 V_{CC} 相连,对单片机提供+5 V 电源供电;另一方面,经阻容耦合对单片机的复位引脚 RST/V_{PD} 提供大于两个机器周期的正脉冲确保完成对系统的正确复位。一般选用 10 μF 的电容和 8.2 kΩ 的电阻进行组合。当电源接通时,V_{CC} 向电容充电,电流流入 RST 引脚。开始时,由于电容器上的电压不能突变,所以 RST 引脚上的电压 = V_{CC}(+5

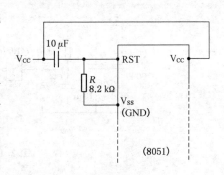

图 2.9 上电复位电路

V),随着充电的过程,电容器上的电压不断上升,而 RST 引脚上的电压则不断下降。电容器容量越大,则充电的时间常数越大,RST 引脚上的电压下降越慢,条件是必须使 RST 引脚上的电压保持在斯密特触发器的触发门槛电压以上足够长的时间(两个机器周期以上),以满足确保系统正确复位完成的要求。即使时间略长些也无关紧要,反复复位,直到结束。实际的复位时间应为振荡器的起振并稳定后再加上两个机器周期以上。一般上电时 V_{CC} 的上升时间约为 1 ms,而振荡器的起振时间取决于振荡频率,例如晶振频率为 10 MHz 时起振时间为 1 ms,晶振频率为 1 MHz 时起振时间为 10 ms,一般选取 10 μF 电容,足够保证复位完成。

对于 CMOS 型单片机(80C51)而言,由于 RST 引脚内部有一个下拉电阻,故可将外接的 8.2 kΩ 下拉电阻 R 去掉,并将外接电容 C 的容量减至 1 μF。

2) 电平开关与上电复位

为了使运行中的系统,能经人工干预,强制系统进行复位,一般常采用如图 2.10 所示电路。图中出示了电阻、电容的参考值。其中"⏚"符号为电平式按键开关。在上电启动系

统时,由上电复位电路提供一个正脉冲触发系统进行复
位操作并启动系统开始运行。当需要人工干预时则按下
电平式按键,由 V_{cc} 直接向 RST 提供一个 +5 V 电平触
发复位电路,产生复位信号,强制系统复位到初始状态,
迫使系统从新从 0000H 单元开始运行程序,达到了人工
干预的目的,特别在应用系统调试阶段,这一功能十分
必须。

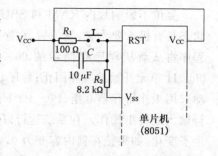

图 2.10 电平开关与上电复位电路

以上两种简易复位电路,容易将外部干扰串入复位
端口,一般情况下由于干扰信号时间极短(如毛刺),不会
造成系统错误复位,但有可能引起内部某些寄存器被错误复位。这可在 RST 端口外接一个
去耦电容。如果系统应用环境现场干扰较严重,影响应用系统的正常工作,则可采用更严格
的办法,例如屏蔽的办法解决。

某些对复位具有特殊要求的应用系统,应针对具体要求另行设计,如图 2.11 所示的复
位电路仅供参考。其中(a)采用反相器进行隔离;图(b)采用 74LS122 器件产生复位信号,
用以提高抗干扰能力。

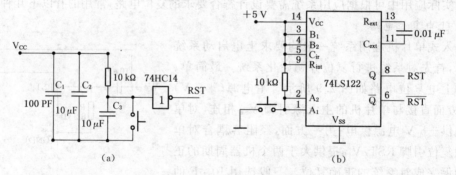

图 2.11 两种较复杂的复位电路

3) 定时器复位

WDT(Watch Dog Time,看门狗)可以根据应用程序运行周期进行设置。当应用程序
在运行过程中受到某种干扰而进入非正常运行状态,如程序跑飞等,超过设定的运行周期
时,WDT 的定时计数器产生溢出信号,激发复位,促使系统及时恢复正常运行状态,保证系
统不被干扰而受到破坏,以提高系统的可靠性。

目前已有多种 WDT 专用芯片可供选用,有的单片机已将 WDT 功能集成到单片机芯
片内部,成为一个整体,应用、设计更方便、可靠。

2.5 MCS-51 系列单片机的节电方式

在某些应用场合,应用系统的功耗成为重要因素时,可以采用节电运行方式。

2.5.1 标准的节电运行方式

随着嵌入式单片机的广泛应用,很多应用场合要求尽可能降低功耗,这一要求已经成为

当前单片机发展中的重要研制方向。对于 MCS-51 系列单片机而言,可选用 CHMOS 工艺的 80C51 型单片机,它除本身消耗电能较低外,还具有标准的降低功耗运行的功能特性。它有两种节电运行方式:休眠运行方式和中止运行方式。在这两种工作方式中,主电源 V_{CC} 可由后备电源(如电池)提供。如图 2.12 所示为实现这种特性的内部电路。在休眠(冻结)运行方式时,即 IDL=1(高电平),振荡器继续工作,中断系统、串行通信、定时/计数器等继续由时钟信号所驱动,但时钟信号不送往 CPU,即 CPU 停止工作处于休眠(冻结)状态;在中止运行方式时,即 PD=1(高电平),振荡器和时钟发生器均停止工作,全机无时钟信号,全部处于中止(停机)状态,但片内 RAM 以及所有寄存器等内容可保存,由后备电源(备用电源)继续供电。

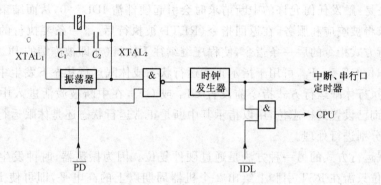

图 2.12　节电运行方式内部电路

1) 节电控制寄存器——PCON

上述两种节电运行方式均通过软件编程特殊功能寄存器 PCON 中的 IDL、PD 位进行选择。节电控制寄存器 PCON 的字节地址为 87H,其格式和各位的功能含义如下。

	7	6	5	4	3	2	1	0	
PCON:	SMOD	—	—	—	GF_1	GF_0	PD	IDL	字节地址 87H

SMOD(PCON·7):波特率加倍位。SMOD=1,当串行口用于方式 1,2,3 时,波特率加倍。

—(PCON·6,5,4):保留,无定义。

GF_1(PCON·3):通用标志位。

GF_0(PCON·2):通用标志位。

PD(PCON·1):掉电方式位。当 PD=1 时,进入中止运行方式。

IDL(PCON·0):冻结方式位。当 IDL=1 时,进入休眠(冻结)运行方式。

其中 PCON·7 位的 SMOD 是专用于串行通信中波特率的设置。所以 PCON 是一个多功能的特殊功能寄存器,实际使用时请多加注意。

当 PD 和 IDL 两位设置为 1 时,则取 PD=1 的中止运行方式。复位后 PCON 的原始值为 $0 \times \times \times 0000$。

对于 HMOS 型 MCS-51 系列单片机(8051),PCON 特殊功能寄存只有 PCON·7 的 SMOD 位有意义,其余位均无定义!只有 CHMOS 型 MCS-51 系列单片机(80C51),其余 4 位才有定义。

PCON 节电控制寄存器的字节地址为 87H,不能进行位寻址。

2) 休眠(冻结)运行方式

通过软件编程将 PCON 节电控制寄存器的 IDL 位(PCON·0)设置为 1 的指令被执行后,主机(单片机)即进入休眠(冻结)运行状态,这时送往 CPU 等部分去的时钟信号被门控电路封锁,从而使整个 CPU 等有关部分被冻结,停止工作,但内部时钟信号继续提供给中断系统、串行通信、定时/计数器等,与 CPU 等有关部分的当前状态被完整地保存,如堆栈指针 SP、程序指针 PC、程序状态字 PSW、累加器 A 以及所有其他寄存器等均保留当前(休眠前)的状态,各端口引脚也仍保持当前(休眠前)的状态,ALE 和 $\overline{PSEN}$ 保持高电平无效状态。结束休眠运行方式有两种方法:

一种方法是,触发任何允许的中断请求时会引起硬件清 IDL = 0,从而结束休眠运行方式。中断请求将被响应和服务,在返回指令(RETI)被执行后,下一条要执行的指令正是原先置休眠运行方式指令的后一条指令,使程序继续往下执行(亦即被冻结的 PC 的当前值)。

通用标志位 GF$_1$、GF$_0$,可用于指示正常运行状态或休眠运行状态下发生中断请求的标志。例如,在执行休眠运行方式指令前设置 GF$_1$ 或 GF$_0$,在中断被激活进入中断服务程序执行时,可查询已设置的标志位,用以指示其中断是正常运行状态还是休眠运行状态下的中断响应,以便分别进行处理。

结束休眠运行方式的另一种方法是通过硬件复位。因为振荡器、时钟发生器仍在正常工作,硬件复位只需在 RST 引脚上给出 2 个机器周期以上的高电平,即可使 PCON 复位,当然也将使系统复位,从而结束休眠运行方式,中止冻结状态。

3) 中止运行方式

当程序执行了置位 PD = 1 指令后,系统将进入中止运行方式。在这种方式下,片内振荡器、时钟发生器停止工作,随着时钟的冻结,计算机的各种功能均停止,只有内部 RAM 及全部寄存器内容被保存,各端口的输出值为各自的锁存器(SFR)所保存值,ALE、$\overline{PSEN}$ 输出变为低电平。

结束中止运行方式只能采用硬件给 RST 引脚加上 2 个机器周期以上的高电平进行复位的方法。复位操作将使系统初始化,不改变内部 RAM 中内容。

采用中止运行方式,可以使主电源(V_{CC})的功耗降到最小(V_{CC} 可降至 2 V)。但必须注意,一定要保证系统进入中止运行方式之前不能改变(降低)V_{CC} 电压,而结束中止运行方式之前(亦即施加复位操作之前)必须使 V_{CC} 恢复正常工作电压,复位信号应保持足够长时间,以保证振荡器起振和达到稳定(一般小于 10 ms)。

2.5.2 掉电保持方式

掉电保持方式为非标准节电方式。

HMOS 型(8051)单片机,在正常操作情况下,内部 RAM 由主电源 V_{CC} 供电。为保证内部 RAM 不因突然掉电,即 V_{CC} 瞬间变化而受到破坏,可通过 RST/V_{PD} 引脚外接备用电源。

对某些应用系统,不允许在运行过程中因主电源(V_{CC})瞬间变化或掉电而导致内部 RAM 中重要数据丢失,可利用这一功能特性。当检测电路检测到即将发生电源故障,如由于超负荷、电网电压下降、跳闸或严重干扰而引起的瞬间掉电、停电等,可通过中断方式,把需保存的有关数据送内部 RAM 中保存,并在主电源电压(V_{CC})下降到正常操作允许极限值之前,将备用电源接通 V_{PD} 引脚。当 V_{CC} 重新恢复供电时,备用电源还需保持足够长时间,待 V_{CC} 完成上电复位操作后才能撤除,系统重新开始正常运行。

近年来,为提高单片机应用系统的可靠性,许多单片机本身采取了很多措施,如放宽正常运行电压范围,有些机型可在 $2.1\sim6.0\ V$ 范围内正常工作;配置片内 E^2PROM、Flash 程序存储器,用以保存重要数据,使其更有效、可靠。

由于掉电检测电路有多种方案,这里就不详细列举了。

2.6　EPROM 型 8751H 单片机

HMOS 型 8751H 是 MCS-51 系列具有片内 4KB、8KB EPROM 程序存储器的单片机,用户可对片内 EPROM 进行多次编程或擦除,并具有保护片内程序存储器内容(应用软件)不被非法读出或复制的保密措施。

2.6.1　8751H 型单片机内部 EPROM 编程

对 8751H 内部 EPROM 进行编程时,8751H 必须在 $4\sim6$ MHz 的振荡器频率下工作,这是因为要使内部总线能把地址和程序指令码传送到相应的内部寄存器,需编程的 EPROM 单元地址送 P1 口和 P2 口的 P2·0~P2·3 端口,而数据(指令码)字节则送 P0口,P2·4~P2·6 端口和 $\overline{PSEN}$ 应保持低电平,P2·7 和 RST 端口为高电平(除 RST 的逻辑高电平为 2.5 V 外,其余均为 TTL 电平)。在平时为高电平的 $\overline{EA}/V_{PP}$ 引脚加上 $+21\ V$ 脉冲时,平时为高电平的 ALE/$\overline{PROG}$ 将被拉低并产生宽度为 50 ms 的负脉冲,接着 $\overline{EA}/V_{PP}$ 返回 TTL 高电平,完成一次写入。图 2.13 描述了各引脚的配置及编程过程。详细的时序说明及技术要求请参阅有关技术手册。

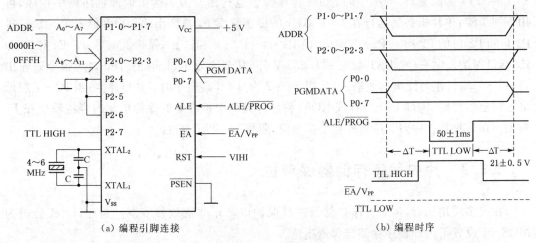

(a) 编程引脚连接　　　　　　　　　　(b) 编程时序

图 2.13　8751H 编程

注意,$\overline{EA}/V_{PP}$ 引脚所加的编程电压不允许超过所规定的最高电压 21.5 V,即使是一瞬间或只有一个超过该电平的尖脉冲,也会永久性地损坏 EPROM,因此要求 V_{PP} 电压必须十分稳定,而且不允许有毛刺。

8751H 全部编程时间(4KB)约为 4 分钟。

CHMOS 型的 87C51 和 8752BH 使用较快的"快脉冲"编程算法。编程电压 V_{PP} 为 12.5 V，每字节使用一系列的 100 μs 的 $\overline{PROG}$ 编程脉冲，这样全部编程时间对 8752BH(8KB EPROM)约需 26 s，而对 87C51(4KB EPROM)约为 13 s。

2.6.2　8751H 型单片机内部程序的校验

假如未编程序保密位，就可读出片内程序存储器中的程序进行校验，校验可在编程过程中或以后进行。图 2.14 为程序校验时的配置及时序。

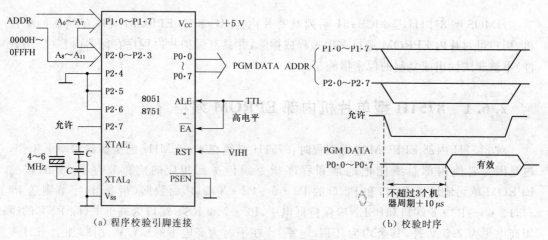

(a) 程序校验引脚连接　　　　　　　(b) 校验时序

图 2.14　8051/8751 内部程序校验

其配置除 P2·7 引脚被用作读选通信号保持在 TTL 低电平外，其余同 8751H EPROM 编程。

图 2.14 的配置对 8051 中的 ROM 程序校验也适用。为了读出内部程序器中程序，可用下列步骤：单片机必须运行在 4~6 MHz 的振荡频率下，被读出的程序存储器单元地址送 P1 口和 P2 口的 P2·0~P2·3 端口，而 P2·4~P2·6 和 $\overline{PSEN}$ 保持低电平，ALE、RST 和 $\overline{EA}$ 端口保持高电平(除 RST 高电平为 2.5 V 外，其余均为 TTL 电平)，P0 口为指令码输出口，P2·7 端口作为读出选通输入口，当 P2·7 为 TTL 高电平时，P0 口浮空；当 P2·7 加低电平选通信号时，内部 EPROM 或 ROM 程序存储器中被寻址的存储单元内容将输出在 P0 口上。在这种操作中，P0 口需外加上拉电阻，阻值为 10 kΩ 左右。

2.6.3　片内程序存储器保密位

在很多应用场合，需对程序存储器进行保护以防止非法软件复制。为此，Intel 公司为 MCS-51 设置了内部程序存储器保密措施。

1) 8751H 的一级保密位

8751H 具有一级保密位，对它进行编程后可防止用外部方法对内部程序存储器的访问。一旦加密位编程序后，片内程序存储器内容将不能被外部读出，不能再继续编程，也不能执行外部程序存储器程序。对内部 EPROM 进行擦除，同时也把该保密位擦除，内部

EPROM 又恢复原始全部功能,才可进行重新编程。

保密位编程时的配置与建立保密位过程,除了 P2·6 端口要保持 TTL 高电平外,其余均与一般编程相同。如图 2.15 所示。其中 P0 口、P1 口和 P2·0~P2·3 端口的状态可为任意。

2) 内部程序存储器二级保密

MCS-51 的 87C51、87C51BH 和 8752BH 具有二级内部程序存储器保密措施:加密检验和保密位。

(1) 加密检验。上述单片机具有 32 个字节EPROM 阵列,可由用户编程,它们可用于在EPROM 检验时对读出的程序指令码字节进行加密。EPROM 检验步骤与一般相同,只是每一个

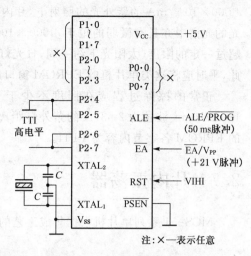

图 2.15　8751H 保密位编程

程序字节在输出时与 32 个密码字节之一进行"同或"(XNOR)逻辑操作。密码字节顺序输出,因此,为了读出内部 ROM 内容,必须知道 32 个密码字节及其顺序。

没有编程的内部 EPROM 字节值为 FFH。因此,如果密码阵列没有编程,所有的密码关键字节值均为 FFH,由于任何编码字节值和 FFH 值进行"同或"(XNOR)逻辑操作后其结果值均不变,所以密码阵列在未编程时,实际上没有加密的特性。

(2) 保密位。片内还有两位保密位,可以对它们进行编程(P)或不编程(U)以获得下列特性:

表 2.1　加密特性

位 2	位 1	附　加　特　性
U	U	无
U	P	·外部执行的指令不能访问内部程序存储器 ·不能进一步编程
P	U	(保留用于今后定义)
P	P	·外部执行的指令不能访问内部程序存储器 ·不能进一步编程 ·禁止程序检验

在保密位 1 编程后,复位时采样并锁存 $\overline{EA}$ 脚上的逻辑电平。如果单片机上电时没有复位,则锁存器初始化为一个随机值,并且在复位前保持该值。必须使 $\overline{EA}$ 的锁存值与 $\overline{EA}$ 引脚上的现行值保持一致以保证单片机能正常工作。

3) 片内 ROM 保护

8051 AHP 和 80C51 BHP 分别是 8051AH 和 80C51BH 的片内 ROM 保护型单片机。为实现保护特性,禁止程序校验,程序存储器访问只能局限于 4KB。

2.6.4　片内 EPROM 程序的擦除

8751、87C51 片内 EPROM 型单片机具有透明的石英窗口封装,把它置于波长短于

$4\,000 \times 10^{-10}$ mÅ 的紫外光的照射下,片内 EPROM 中的内容就会被擦除。太阳光或荧光灯光的光谱中亦具有微弱的短于 $4\,000 \times 10^{-10}$ m 波长的光,所以单片机在这些光源的照射下超过一定的限度(太阳光下约一周,日光灯下约 3 年),就会使内部程序存储器内容丢失。为此,平时应将这类单片机的 EPROM 窗口用不透光标签封贴。

正常的擦除过程应在照度不少于 15 mW/cm² 的紫外光照射下擦除。8751H 在 12 mW/cm² 波长为 2 537Å 的紫外灯距离约 1 英寸照射约 20～30 分钟即可擦除。擦除后的 EPROM 各字节内容为 FFH。

2.7 片内振荡器

MCS-51 系列单片机根据集成工艺的不同,分为两大类型。

2.7.1 HMOS 型 8051 片内振荡器结构

在 MCS-51 系列单片机的 HMOS 工艺(HMOS-I 、HMOS-II),其片内振荡器电路为晶体控制的线性反相器(如图 2.16(a)所示),使用晶体控制的感抗振荡器(如图 2.16(b)所示)是用晶体作为感性电抗,与外部电容组成并联共振槽路。晶体的特性与电容值的大小(C_1、C_2)并不严格,高质量的晶体可对任何频率都可选用 30 pF 的电容,对于廉价应用中,也可采用陶瓷共振器,这时 C_1、C_2 应选用稍大一些的值,一般选用 47 pF。

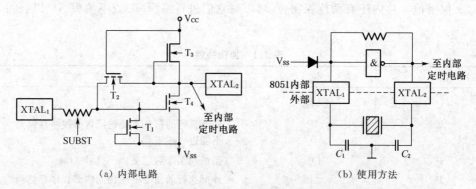

(a) 内部电路 (b) 使用方法

图 2.16 HMOS 型 8051 片内振荡器电路及使用方法

如果采用外部时钟源驱动,可将外部时钟信号接到 $XTAL_2$ 引脚上,并将 $XTAL_1$ 引脚接地,如图 2.17 所示。由于 $XTAL_2$ 不是 TTL 电平,因而需加一个上拉电阻。

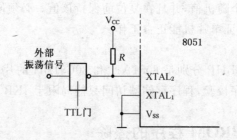

图 2.17 HMOS 型 8051 外部时钟驱动电路

2.7.2 CHMOS 型 80C51 片内振荡器结构

CHMOS 型的 80C51 单片机在片内的振荡器电路由晶体控制的单极线性反相器组成，它同 HMOS 型所用的方法一样，要求用晶体控制的感性阻抗方波振荡器，但也存在一些重要差别。差别之一是 80C51 可在软件的控制下关闭振荡器（即对 PCON 寄存器的 PD 位写入"1"）；差别之二是 80C51 的内部时钟电路由 XTAL$_1$ 引脚上的信号来驱动，而对 HMOS 型的 8051，则由 XTAL$_2$ 引脚上的信号来驱动。

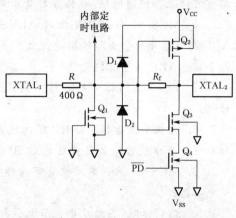

图 2.18 为 CHMOS 型 80C51 片内振荡器电路，其中反馈电阻 R_f 由 PD 位控制的 N 沟道和 P 沟道的 FET（场效应晶体管）组成，用来分别箝位到 V_{cc} 和 V_{ss} 的两个二极管 D$_2$ 和 D$_1$，也附属于 R_f 和 FET 之中。当 PD＝1 时，R_f 开路。

图 2.18 CHMOS 型 80C51 片内振荡器电路

振荡器电路也可采用与 HMOS 型相同的外部元件，如图 2.19 所示。当采用晶振时，C_1 和 C_2 的典型值仍为 30 pF，当采用陶瓷谐振器时为 47 pF。

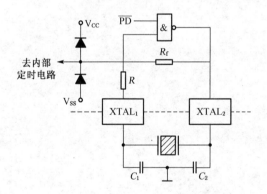

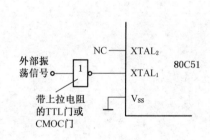

图 2.19 CHMOS 型 80C51 内部振荡器用法　　**图 2.20 CHMOS 型 80C51 用外部时钟信号驱动电路**

CHMOS 型 80C51 也可由外部时钟驱动，这时外部时钟信号加于 XTAL$_1$ 引脚，而让 XTAL$_2$ 引脚悬空，如图 2.20 所示。

有关其他硬件结构内容，将在以后的专门章节中阐述。

思考题与习题

1. MCS-51 系列单片机片内集成有哪些功能部件？各自的主要功能是什么？

2. 说明 8051 型单片机的外部引脚 $\overline{EA}$ 的功能作用。该引脚 $\overline{EA}$ 外接高电平或低电平有何原则区别？

3. 何谓时钟周期、机器周期、指令周期、计算机器周期？当主振频率 $f_{OSC}＝6\,MHz$

时,其对应的机器周期值是多少?

4. 何谓程序状态字 PSW? 各位的含义是什么? 如何定义工作寄存器? 这样的工作寄存器结构有什么优点? 如何正确选用?

5. 总线、三总线结构的功能含义是什么? MCS-51 系列单片机的外部总线的组成结构有何特点? 何谓地址/数据分时复用总线? 如何实现分时复用?

6. MCS-51 系列单片机的 ALE 信号的功能作用是什么? 每个机器周期产生两次 ALE 有效信号的含义和作用是什么? 当主机(CPU)访问外部数据存储器(执行 MOVX 类指令)时,ALE 信号有何变化?

7. $\overline{PSEN}$选通信号的功能作用是什么? $\overline{PSEN}$、$\overline{RD}$、$\overline{WR}$各自选通的对象和作用是什么?

8. 主机复位后程序指针 PC 的值是多少? 有何特殊含义? 复位后的堆栈指针 SP 的指示值是多少? 为什么要重新定义 SP 值?

9. MCS-51 系列单片机有哪两种生产工艺? 它们之间有何主要区别? 什么机型具有节电功能?

10. 何谓休眠(冻结)、中止节电运行方式? 怎样进入和退出休眠(冻结)节电运行方式?

3 MCS-51 系列存储器和布尔(位)处理器

存储器是组成计算机的三大主要部件之一。存储器的功能是存储信息：程序和数据。事先把设计好的程序和相关数据存储在存储器中，在运行过程中再由存储器快速提供给主机进行处理，从而实现了计算机能够快速、自动地进行复杂而有效地运算。

MCS-51 系列单片机的存储器组成结构与典型微型计算机不尽相同。布尔(位)处理器也是其特有的功能，为测控系统的应用提供了极大的方便。学好本章内容，是开发、应用单片机的重要基础。

3.1 概述

存储器是计算机的信息库，从而实现了自动、快速、复杂的运算。计算机的存储器，按其配置的不同，可分为主存(通常称为内存)和外存两大部分。主存用于存放当前要运行的信息——程序和数据，主机能直接访问主存，存取速度快，一般容量较小；外存则用于存放当前暂不执行的信息，主机不能直接访问外存，需要运行的信息，必须事先转存到内存，主机才能访问并执行。外存相当于备用信息库，其特点是存储容量极大，可谓海量存储。目前，单片机主要配置内存，为此，在本章，有关外存方面的内容就不作介绍了。

目前，主存都已采用半导体集成存储器，随着超大规模集成技术的飞速发展，存储器的容量、速度均有了极大的提高。

3.1.1 随机存取存储器——RAM

随机存取存储器，又称随机读/写存储器，其特点为：可对存储器的任一个存储单元按需要随时进行信息读出或写入，且读/写速度快。

按集成工艺，随机存取存储器(RAM)可分为几下几种：

1) 双极型 RAM

这类存储器(RAM)是以双极晶体管作为基本电能元件构成存储单元集成而成。其主要特点是存取速度快，非破坏性读出，但功耗大，集成度低，价格贵。因此，一般已很少采用。

2) MOS 型 RAM

随着集成技术的更新与发展，采用 MOS 管构成基本存储单元电路集成而成。其主要特点是集成度高，功耗小，价格便宜，随着工艺、技术的发展，逐步克服了其工作速度慢的缺点，成为当前构成存储器的主流。

按其存储信息的方式，又可分为静态 RAM 和动态 RAM 两种。

(1) 静态 RAM

静态 RAM 是指采用 MOS 管构成的触发器作为基本存储单元电路集成而成,由触发器的两个稳定状态用于存储"0"或"1"两种信息。采用触发器存储信息,性能稳定,可任意次读出存储在单元内的信息而不被破坏,属非破坏性读出,只有在断电后,所存储的信息才会消失。由于构成触发器型存储单元需多个 MOS 管,从而影响了在基础片单元面积上的集成度。

(2) 动态 RAM

为了提高集成度,将触发器更新成用 MOS 管的栅极电容存储单元信息"0"或"1",以减少构成基本存储单元的 MOS 管数量,从而大大提高了集成度。由于存在泄漏电阻,会使 MOS 管栅极电容上的电荷经过一定时间后会泄放,从而使原存储的信息"1"(高电平)慢慢释放成"0"(低电平),为此就必须定期对原存信息"1"的单元进行电荷补充(充电),使之原存信息"1"保持不变。这种重复充电的过程称为刷新。另外,在存储单元信息"1"读出后,其原存信息"1"将被破坏,需信息再生,即恢复原存信息"1"的状态;对原存信息"0",读出后仍为信息"0",无需再生。故而这类存储器属破坏性读出,必需信息再生。

动态 RAM 的优点是集成度高,功耗低,价格便宜,工作速度快,但需定时刷新并读后再生,因而配套电路复杂。目前微型机及中、大型机,要求存储容量大,存取速度快,故多采用这类动态 RAM,在单片机中尚少采用。

随着存储器技术的发展,近来推出一种新型动态 RAM(iRAM,集成随机存储器),它将一个完整的动态 RAM(包括动态 RAM、刷新、再生等控制电路)集成在一块芯片内,从而集静态与动态 RAM 的优点为一体,对使用而言,类同静态 RAM,具有接口电路简单,功耗低,容量大,工作速度快,价格低的优点。例如 2186 型 iRAM,其容量为 8KB×8 位,工作速度为 20 ns,单一+5 V 电源,工作电流为 70 mA,刷新、再生等操作全在芯片内部自动完成,与外部控制信号无关,与静态 RAM 一样使用,十分简单、方便。随着集成技术的发展,不断推出的更大存储容量、速度更快的集成 RAM,今后将逐步取代原静态 RAM。

3.1.2 只读存储器——ROM

信息固化在 ROM 中后,工作时只能读出,不能用一般的方法进行写入,故称只读存储器(ROM)。一般常用于存储长时间固定不变又需一次次读出而运行的程序和数据,例如,系统的管理程序、监控程序、应用程序以及一些专用子程序、表格之类的固定数据等。目前在微机、单片机中常用的有以下几种类型。

1) 掩膜只读存储器(掩膜 ROM)

单片机生产厂家根据用户提供的程序清单,在生产该单片机的过程中通过二次光刻版图(掩膜)来决定存储单元中的信息,即确定存储的信息是"1"或是"0",这种只读存储器称为掩膜 ROM。

这种掩膜 ROM,连同单片机一起集成为一块芯片,信息一经被固化后,就只能被一次次读出而不能改写。这类产品一般均由用户批量订购,因而成本低,价格很便宜。例如,8051/80C5/型单片机均属之。

2) 可编程只读存储器(PROM)

掩膜 ROM 必须由用户提供经验证绝对正确的程序清单,由生产厂家在生产该单片机的过程中通过工艺手段进行信息固化,对用户极不方便,且事后一旦发现固化的程序有错,则这批定制的单片机就全部报废,一无用处。可编程只读存储器(PROM)可直接由用户通过专用固化器进行信息固化(编程),免去了事先提供程序清单,由生产厂家在生产单片机的过程中通过生产工艺进行固化的麻烦,但仍然是一经固化后就只能读出,对原信息(程序)不能更改或重写。因为这类单片机价格便宜,仍受成批量的用户欢迎。例如,OTP 一次性固化型 8051/80C51 单片机。

3) 可擦写的只读存储器(EPROM、E^2PROM 和 Flash)

上述两种只读存储器的最大缺点是只能一次性固化,不能更改或重写,这在很多应用方面极为不便。随着集成技术的发展,逐步推出了可擦除、可改写的只读存储器。

(1) 紫外光擦除、可改写只读存储器(EPROM)

EPROM 的基本电路结构与普通的 N 沟道增加型 MOS 电路相似,在 P 型的基片上生成两个高浓度的 P 型区,它们通过欧姆接触,分别引出为源极(S)和漏极(D),在 S、D 极之间有一个浮动栅极,被绝缘物质 SiO_2 所包围。出厂产品经擦除后,浮动栅极上没有电荷,不能形成导电沟道,因此 S、D 极之间是阻断的。当进行程序固化时,在 D 极与基片之间施加固化电压(12.5~25 V)和编程脉冲,被选中的存储单元在编程电压的作用下,D、S 极之间被瞬间击穿,使电荷越过绝缘层注入浮动栅极,当撤除编程电压(固化电压)后,已注入浮动栅极上的电荷因被 SiO_2 包围和隔绝而不能泄漏,从而在 S、D 极之间形成导电的 N 沟道,使得该单元被导通,代表存入信息"0",不被导通的单元则代表存入信息"1"。

其进行程序固化时需用专用的固化器(编程器),固化速度快,操作方便。

在 EPROM 芯片的上方,有一个石英玻璃窗口。当需要将 EPROM 中原存储的信息擦除时,只需将该存储器(EPROM)放在专用的紫外光擦除器中照射 15~20 分钟,使所有存储单元浮动栅极上的电荷泄漏,恢复成阻断状态。擦除后的 EPROM,可再次编程固化,可反复编程、擦除次数视 EPROM 本身质量而定。

由于 EPROM 只读存储器可多次重写,使用方便,价格便宜,特别适用于科研、产品试制程序往往需多次修改阶段,或小批量产品中。其目前单片机应用中普遍选用。例如,8751型单片机,其片内就配置有 4KB EPROM 只读存储器,还有很多单片机配置了 8KB、16KB、32KB 或更大容量的 EPROM 只读存储器。另外还生产有专用的单片只读存储器 EPROM,如型号为 2764 为 8KB×8 位、27128 为 16KB×8 位等。

EPROM 只读存储器的缺点是必须脱机,即必须将应用系统停机,并将配置有 EPROM 的单片机或单片 EPROM 只读存储器从系统电路板上拔下,才能进行擦除和重写,而且擦除时间较长,还需配备专用设备,这些都给实际应用带来诸多不便。

(2) 电可擦写只读存储器(E^2PROM)

电可擦写只读存储器(E^2PROM)的优点是不需脱机擦写和专用设备,可在应用系统运行过程中在线改写。随同 E^2PROM 配置改写所需的高压脉冲发生器,在写入一个字节的指令代码或数据之前,自动对该字节单元进行电擦除,然后进行写入操作。

例如,2817A 型 E^2PROM(2KB×8 位),单一+5 V 电源,最大工作电流为 150 mA,维持电流为 55 mA,读出最大时间为 250 ns,读出操作与普通 EPROM 相同,但可随机在线改写。

串行 E^2PROM 与主机以串行方式进行信息的读/写,其特点是体积小、价廉、硬件接口简单,但要占用主机的串行接口。

随着集成技术的发展,近来不断推出了功能更强、容量更大、读/写速度更快的 E²PROM 只读存储器供广大用户选用。

(3) 电可擦闪速只读存储器(Flash)

闪速,表示擦写速度很快、操作很方便,可随机读/写,掉电后所存储的信息保存不变,不会被破坏。美国 ATMEL 公司推出的 AT89×××系列单片机,其内核是 8051,但在单片机片内集成有 4KB×8 位及以上的 FLAEH 只读存储器,主要用于存储应用程序和重要数据,十分方便,故而深受广大用户欢迎。

Flash 存储器技术发展很快,除集成在单片机中外,已推出各种型号的 Flash 存储器芯片,应用十分广泛,将成为今后发展的主流。

只读存储器的最大优点是:当程序被编写固化以后,不仅在工作中存储的信息不会改变,在断电的情况下原存储信息也可长期保存,不被破坏。这正适合单片机在测控应用系统中应用特点的需要,故而在单片机中被广泛采用。

以上概述了在单片机应用系统中广泛采用的半导体集成存储器的分类及其功能特点等基础知识。如需了解更广泛、更详细的存储器信息或技术资料,请参阅相关文献。

3.2 MCS-51 系列存储器结构

为了适应广泛的实时测控应用领域的需要,MCS-51 系统单片机的存储器结构与典型微机不同,它把程序存储器和数据存储器两者截然分开,有各自的寻址系统、控制信号和存储功能。程序存储器用于存储应用程序和表格之类的固定数据;数据存储器则用于存储运行过程中的随机参数。

一般单片机的内部数据存储器(RAM)的存储空间较小,用 8 位地址码进行单元寻址,存取速度快,常用于存储随机访问的变量或参数,一般数据量不会很大,所以 MCS-51 系列单片机内部数据存储器容量为 128/256 个字节单元,以压缩指令码长度,提高执行速度,如不够用,则可外部进行扩展。

单片机的应用程序一经开发就绪,在使用中就不再改变,所以单片机都选用只读存储器(ROM)存储固定不变的应用程序和相关数据,这是单片机与典型微机的重要不同之处。MCS-51 系列单片机一般分为片内设置 4KB、8KB、16KB 或以上容量的程序存储器(ROM、EPROM)和片内没有程序存储器两种,不够用或全部由外部进行扩展,总的存储容量为 64KB。

除上述两个存储空间外,MCS-51 系列单片机另外还有一个物理地址空间,它包括连接在内部数据总线上而又分布在各处的有各种特性功能的寄存器(SFR)。为了统一和增强灵活性,把累加器 A、寄存器 B 和程序状态字寄存器 PSW 等均纳入这个空间进行寻址。

MCS-51 系列单片机的整个存储器分成以上三个不同的物理地址空间,在编址、寻址和读/写选通上各不相同。具体分成如下三种基本的地址空间:

- 64KB 的程序存储器地址空间(包括片内与片外)。
- 64KB 的外部数据存储器地址空间。
- 256/384KB 的片内数据存储器地址空间,包括特殊功能寄存器(SFR)地址空间在内。

如图 3.1 所示为 8051 型单片机,其内部数据存储器仅为低端的 128 个字节单元(0~127),而高端的 128 个字节单元(127~255)为 20 多个字节单元的特殊功能寄存器区,其余

100多个字节访问无效,外部可扩展64KB单元的数据存储器。程序存储器分两种情况:一种为内部配置有4KB(或8KB、16KB以上)字节程序存储器,如不够用,还可在外部扩展至64KB,即内部和外部相加总共有64KB的程序存储器的寻址空间;另一种为8031型单片机,其内部没有配置程序存储器,必须全部由外部进行扩展,总的寻址空间亦为64KB单元。

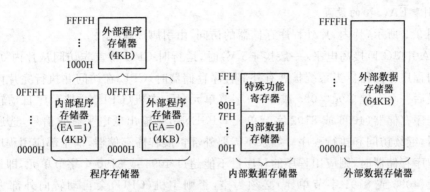

图3.1 8051型存储器地址映像图

图3.2为MCS-51系列增强型8032单片机,其内部数据存储器配置为256个字节单元(0~255),另外配置了20多个字节单元的特殊功能寄存器,且两者寻址空间重迭,通过不同的寻址方法加以区别。其他配置完全同于8051型。

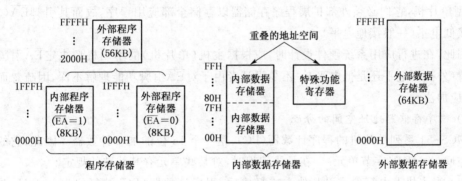

图3.2 8052型存储器地址映像图

MCS-51系列单片机的程序存储器的逻辑地址编码,均从"0000H"地址单元开始统一编码。对于片内配置有程序存储器的,则必然从片内"0000H"地址单元开始编码,若在外部还扩展有程序存储器,则按顺序延续。访问时,主机总是从片内的"0000H"地址单元开始访问并执行,当主机读取片内最后一个地址单元的指令码后,会自动转向外部程序存储器,不间断地继续按序访问与执行;对于片内无程序存储器的单片机,例如8031,则必须有外部扩展程序存储器,主机会一开始就从外部程序存储器的"0000H"地址单元读取指令代码和执行。无论片内或片外程序存储器,其访问和执行速度是一样相同的。

3.2.1 MCS-51系列程序存储器的地址空间

MCS-51系列单片机设置一个16位的程序计数器(PC),因此可寻址64KB的程序存储器,允许用户配置片内加片外或全部片外最大存储容量为64KB的程序存储器。

MCS-51 系列单片机按不同的机型配置的程序存储器也各不相同。例如,8051 型配置片内 4KB 的掩膜 ROM 或 OTP;8751 型配置片内 4KB 的 EPROM;8031 型则片内无 ROM,需全部片外扩展配置。随着集成技术的发展,片内程序存储器的容量不断扩大,有的已配置闪速(Flash)程序存储器,除片内配置的程序存储器外,均可进行外部扩展,总的存储容量为 64KB。

1) 引脚 $\overline{\text{EA}}$(31)的设置

如图 3.2 所示,片内、片外程序存储器的访问,由引脚 $\overline{\text{EA}}$ 控制。

当 $\overline{\text{EA}}$ 引脚(31)接高电平(一般接 +5 V)时,运行时 CPU 将首先访问从片内 0000H 单元开始的程序存储器。当系统扩展有外部程序存储器时,CPU 在访问并执行完片内程序存储器的最后一个存储单元(4095 或 8191 字节单元)后,主机(CPU)会按顺序自动转向外部扩展的程序存储器(4096 或 8192 字节单元),$\overline{\text{PSEN}}$ 引脚输出低电平有效信号,选通外部程序存储器,继续访问和执行程序。如果不需要外部扩展程序存储器,即全部应用程序均设置在片内程序存储器时,则应用程序的程序量不能超过 4094 或 8190 个字节单元,即最后一个存储单元(4095 或 8191 字节单元)必须为空,否则主机(CPU)会自动转向外部去寻址而出错。

当 $\overline{\text{EA}}$ 引脚外接低电平有效时,则所有的取指作操作全部从外部扩展的程序存储器的 0000H 字节单元开始访问和执行,$\overline{\text{PSEN}}$ 引脚始终输出低电平有效信号以选通外部扩展的程序存储器,读取指令并运行程序。因此,对于片内无程序存储器的单片机,例如 8031 型、8032 型单片机,它们必须外部扩展程序存储器以存储全部应用程序,故而其引脚 $\overline{\text{EA}}$(31)必须外接低电平(一般接地电平)。

因此,在进行应用系统硬件设计时,应根据主机(单片机)的不同机型决定 $\overline{\text{EA}}$ 引脚的具体配置(外接高电平还是低电平)。不少设计者由于对 $\overline{\text{EA}}$ 引脚功能理解不深,因疏忽而造成错误,应加注意。

2) 程序存储器地址空间的分配

MCS-51 系列单片机的程序计数器(PC),是一个 16 位的加 1 计数器。因此,它的最大寻址空间为 64KB(字节单元)。在具体编程时,对某些单元有其特殊的规定。

(1) 当主机上电复位或以其他方式复位后,程序计数器(PC)被复位为 0000H,并立即开始运行程序。因此,应用程序必须从 0000H 单元开始编写,不能空缺。

(2) 部分地址空间(存储区域)被规定专用于特定的程序区域,如表 3.1 所示。对于 8051 型单片机而言,共有 5 个中断源,给每个中断源预留 8 个字节单元,作为中断服务程序区。对于 8052 型单片机,共有 6 个中断源。因此,程序存储器的 0003H~002AH(对于 8052 型单片机为 0003H~0032H)为专用的中断服务程序区,其中 0003H、000BH、0013H 等为各个中断矢量入口地址,一般主程序不能占用这一专用的程序区域。

表 3.1 中断服务程序首地址表

中断源	首地址	中断源	首地址
外中断 0($\overline{\text{INT0}}$)	0003H	定时/计数器 1	001BH
定时/计数器 0	000BH	串行中断	0023H
外部中断 1($\overline{\text{INT1}}$)	0013H	定时/计数器 2	002BH

给每个中断源预留的 8 个字节单元的中断服务程序区,一般情况下均会不够用,因此常用无条件转移指令,将程序从中断矢量入口地址区直接转向实际设置的中断服务程序段执行。中断服务程序段可分配在主程序段之后 64KB 存储空间范围内的任何区段。

由于应用系统在上电复位(或其他方式复位)后,程序计数器(PC)被复位为 0000H,所以主机必须从 0000H 字节单元开始执行主程序,又由于必须跳过从 0003H~002AH(或 0003H~0032H)这段专用的中断服务程序区域。因此,在编程时,常在 0000H~0002H 这 3 个字节单元中设置一条无条件转移指令,使主程序直接跳这段中断服务程序专用存储区,例如,无条件转移到地址单元 0040H 开始真正执行主程序。这是 MCS-51 系列单片机程序存储器地址分配的特定结构,必须按此规定进行地址分配和编程。不同类型的单片机系列各有不同的特定要求,在程序设计中进行存储地址分配时应加以注意。

3) 片内程序存储器的加密

在很多应用场合,需对固化在程序存储器中的应用程序进行加密保护,以防止软件被非法复制。为此,MCS-51 系列的 8751 型等单片机的片内程序存储器(EPROM)均设置有保密位,用户可根据需要决定是否采取软件保密措施。

(1) 一级保密位

MCS-51 系列的 8751 型单片机,片内 EPROM 型程序存储器设有一级保密位,对它进行设置编程后可防止用外部方法对片内程序存储器的应用软件进行非法读出。一般加密后系统不能执行外部扩展的程序存储器中的程序。对片内程序存储器(EPROM)进行擦除时,也需将保密位加密擦除,重新恢复原始全部功能,才可重新进行编程。

在编程时设置保密位和建立保密位的过程,除了 P2·6 端口要保持 TTL 高电平之外,其余与一般 EPROM 编程相同,如图 3.3 所示,其中 P0 口、P1 口和 P2·0~P2·3 诸端口的状态可任意。

(2) 二级保密位

MCS-51 系列的 87C51、87C51BH、87C52BH 型机种均具有二级片内 EPROM 保密措施:加密检验和保密位。

• 加密检验

上述型号单片机具有 32 位 EPROM 阵列,可由用户编程,以便用于对 EPROM 中程序进行检验时在读出的指令代码字节进行加密。检验的步骤与通

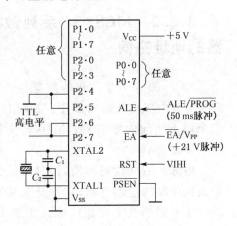

图 3.3　8751H 型保密位编程

常的程序检验相同,只是每一个程序字节在输出时与 32 位密码字节之一进行"同或(XNOR)"逻辑操作,密码字节顺序操作。因此,为了能读取内部 EPROM 中内容,必须知道 32 位密码字节及其顺序。

没有编程的片内 EPROM 的原始值为 FFH,没有编程的密码阵列所有的密码关键字节的值亦为 FFH。由于任何编码字节的值与 FFH 进行"同或(XNOR)"逻辑操作后其结果值均不变,因此,密码阵列在未编程时,实际上没有加密的效果。

• 位密位

上述机型片内设有两位保密位,可以对它们进行编程(P)或不编程(U),以获得如表 3.2 所示的特性。

表 3.2　保密位特性

位 2	位 1	保密特性说明
U	U	无保密特性
U	P	• 外部执行的指令,不能访问内部 EPROM • 不能进一步编程
P	U	保留,用于今后定义
P	P	• 外部执行的指令,不能访问内部 EPROM • 不能进一步编程 • 禁止程序检验

在保密位 1 编程后,复位时采样并锁存 $\overline{EA}$ 引脚的逻辑电平,如果主机上电没有复位,则锁存器取随机值,且在复位前保持不变。必须使 $\overline{EA}$ 的锁存器值与 $\overline{EA}$ 引脚的现行电平保持一致,才能保证主机正常工作。

（3）片内 ROM 保护型单片机

MCS-51 系列中的 8051AHP、8051BHP 分别是 8051AH 和 8051BH 的片内 ROM(一次性编程)保护型单片机,为实现保护特性,禁止程序校验和非法读出,程序运行只限于对片内程序存储器的访问。

另外 AT89S 系列单片机,片内程序存储器设有 3 位保密位,具有更好的保密特性。如需这方面的详细技术信息,请参阅有关资料,这里就恕不详述了。

3.2.2　MCS-51 系列数据存储器的地址空间

MCS-51 系列单片机的数据存储器地址空间也分为内部和外部两部分。并配有 MOV 类指令用于访问内部 RAM,MOVX 类指令专用访问外部 RAM。

内部 RAM(数据存储器)是最灵活且被频繁随机存取的地址空间,它被分为物理上独立的性质不同的几个存储区域。如图 3.4 所示,00H~7FH 的低 128B(字节单元)地址空间为数据存储器 RAM 区。而 80H~FFH 的高 128B(字节单元)地址空间分为两种情况:对于 8051 型单片机,只集成了 20 多个特殊功能寄存器,其余单元均为空,访问无效;对于 8052 增强型单片机,其既是特殊功能寄存器区,又是数据存储器 RAM 区,两者地址编码重迭,采用两种不同的寻址方式,以区别两种不同的访问内容,即是访问数据存储器 RAM 还是访问特殊功能寄存器。

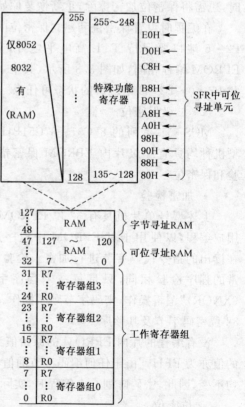

图 3.4　片内数据存储器地址空间

对于 0~127B 的低 128B RAM 区,又分成两部分,从 0~31B 共 32 个字节单元为工作寄存器区,共分为 4 组,即工作寄存器组 0、1、2、3,每组 8 个字节单元。4 组工作寄存器的 8 个字节单元均用同一组规定的软件编程符号 R_0~R_7 表示,因此在某一个特定的程序段内只能选用其中的一组,而其余 3 组被屏蔽,无法访问,相当于入堆栈保护。这样既可减少堆栈深度(堆栈字节单元数),又使操作方便、速度快。4 组工作寄存器的选用,是通过软件对程序状态字 PSW 中的工作寄存器选择位 RS_1 和 RS_0 的设置来实现的。这一结构也正是 MCS-51 系列单片机的突出优点之一。

从 32B~47B 共 16 个字节单元共 128 位既可位寻址又可字节寻址,其主要特点是可供位寻址,即可实现对位独立访问(随机读/写),这给测控系统的应用提供了极大的方便。图 3.5 给出了位寻址的具体位地址分配。

字节地址	(高位)							(低位)	
7FH ⋮ 30H	字节寻址 RAM 区								127 ⋮ 48
2FH	7F	7E	7D	7C	7B	7A	79	78	47
2EH	77	76	75	74	73	72	71	70	46
2DH	6F	6E	6D	6C	6B	6A	69	68	45
2CH	67	66	65	64	63	62	61	60	44
2BH	5F	5E	5D	5C	5B	5A	59	58	43
2AH	57	56	55	54	53	52	51	50	42
29H	4F	4E	4D	4C	4B	4A	49	48	41
28H	47	46	45	44	43	42	41	40	40
27H	3F	3E	3D	3C	3B	3A	39	38	39
26H	37	36	35	34	33	32	31	30	38
25H	2F	2E	2D	2C	2B	2A	29	28	37
24H	27	26	25	24	23	22	21	20	36
23H	1F	1E	1D	1C	1B	1A	19	18	35
22H	17	16	15	14	13	12	11	10	34
21H	0F	0E	0D	0C	0B	0A	09	08	33
20H	07	06	05	04	03	02	01	00	32
1FH ⋮ 18H	工作寄存器组 3								31 ⋮ 24
17H ⋮ 10H	工作寄存器组 2								23 ⋮ 16
0FH ⋮ 08H	工作寄存器组 1								15 ⋮ 8
07H ⋮ 00H	工作寄存器组 0								7 ⋮ 0

图 3.5 片内 RAM 低 128B 地址分配图

从 48B~127B 共 80 个字节单元为按字节寻址的内部数据存储器 RAM 区。对于增强型 8052/8752/8032 而言,还有 128B~255B 高 128 个字节单元的内部数据存储器 RAM。

从上可见,MCS-51系列单片机的内部 RAM 共分三部分:4 组工作寄存器区、128 位(16 个字节)的位寻址区和 80 个字节(或 208 个字节)按字节寻址的 RAM 区。不用的工作寄存器组可作一般的 RAM 用,多余不用的位寻址单元亦可用于按字节寻址的 RAM,即可按具体需要灵活分配。

由于内部数据存储器 RAM 容量较小,且分成三部分,操作规则复杂,使用频度很高,随机性很强、很灵活,设计者应精心分配,灵活而合理的调用。如应用系统随机数据量较大,可进行外部扩展。

3.2.3 特殊功能寄存器(SFR)的地址空间

MCS-51 系列单片机在内部 RAM 的高 128 字节单元地址区域集成了 20 多个特殊功能寄存器(SFR)区,除程序计数器和 4 组工作寄存器外,所有其他特殊功能寄存器(SFR)均位于这个地址空间内,并允许像访问内部 RAM 一样极方便地随机访问各个特殊功能寄存器(SFR)。顾名思义,特殊功能寄存器不同于一般的通用寄存器,各有特殊的功能要求。

字节地址	(高位)			位地址				(低位)	寄存器符号
F0H	F0H·7	F0H·6	F0H·5	F0H·4	F0H·3	F0H·2	F0H·1	F0H·0	B
E0H	E0H·7	E0H·6	E0H·5	E0H·4	E0H·3	E0H·2	E0H·1	E0H·0	ACC
	Cy	AC	F_0	RS_1	RS_0	OV	—	P	PSW
D0H	D0H·7	D0H·6	D0H·5	D0H·4	D0H·3	D0H·2	D0H·1	D0H·0	
	—	—	—	—	—	—	T2OE	DCEN	T2MOD
C9H							C9H·1	C9H·0	
	TF_2	EXF_2	RCLK	TCLK	$EXEN_2$	TR_2	C/$\overline{T}$	CP/$\overline{RL2}$	T2CON
C8H	C8H·7	C8H·6	C8H·5	C8H·4	C8H·3	C8H·2	C8H·1	C8H·0	
	—		PT_2	PS	DT_1	PX_1	PT_0	PX_0	IP
B8H			B8H·5	B8H·4	B8H·3	B8H·2	B8H·1	B8H·0	
B0H	B0H·7	B0H·6	B0H·5	B0H·4	B0H·3	B0H·2	B0H·1	B0H·0	P3
	EA	—	ET_2	ES	ET_1	EX_1	ET_0	EX_0	IE
A8H	A8H·7	—	A8H·5	A8H·4	A8H·3	A8H·2	A8H·1	A8H·0	
A0H	A0H·7	A0H·6	A0H·5	A0H·4	A0H·3	A0H·2	A0H·1	A0H·0	P2
	SM_0	SM_1	SM_2	REN	TB_8	RB_8	TI	RI	SCON
98H	98H·7	98H·6	98H·5	98H·4	98H·3	98H·2	98H·1	98H·0	
90H	90H·7	90H·6	90H·5	90H·4	90H·3	90H·2	90H·1	90H·0	P1
	TF_1	TR_1	TF_0	TR_0	IE_1	IT_1	IE_0	IT_0	TCON
88H	88H·7	88H·6	88H·5	88H·4	88H·3	88H·2	88H·1	88H·0	
80H	80H·7	80H·6	80H·5	80H·4	80H·3	80H·2	80H·1	80H·0	P0

图 3.6 可直接位寻址的特殊功能寄存器的位地址空间

内部 RAM 高地址段的 128 个字节单元,对 8051 型单片机而言,特殊功能寄存器只占用了其中的一小部分,绝大部分字节单元是空余没有用的,即不能对其进行读/写操作,访问无意义。对 8052 增强型而言,则既是内部 RAM 区,又是特殊功能寄存器区域,两者的地址编码重迭,即合用同一个地址码(80H～FFH)。是采用不同的寻址方法进行不同内容的访问。这在具体编程时应多加注意,否则将造成无意识的错误。

图 3.6 给出了可位寻址的各特殊功能寄存器的地址空间。在具体编程时,可用以下方法表示其位地址:

• 直接用特殊功能寄存器位单元名称,如 RI、TI、RB8、TB8、SM2 等。

• 直接用特殊功能寄存器名加位编码,如 ACC・4、P1・3、PSW・4 等。

• 直接用位地址,如 80H、8AH、A0H 等。

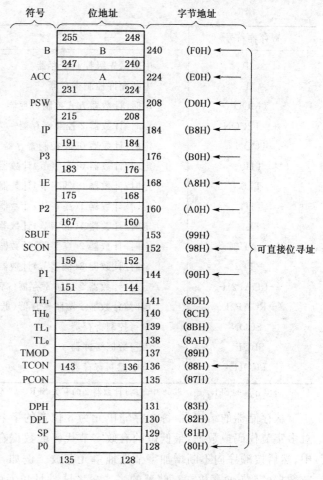

图 3.7　8051 型 SFR 映像图

注:有箭头对应的 SFR 可直接位寻址

以上三种表示法可任选,但有名称的尽量用名称,直观、阅读程序方便。

如表 3.3 所示为 MCS-51 系列单片机的特殊功能寄存器(SFR)名称、符号及其对应的地址码。

表 3.3　单片机(8051、8052 型)特殊功能寄存器(SFR)及其对应的地址

寄存器符号	名　称	字节地址
* ACC	累加器	E0H
* B	B 寄存器	F0H
* PSW	程序状态字	D0H
SP	堆栈指针	81H
DPTR	数据指针(DPH、DPL)	83H、82H
* P0	P0 口锁存器	80H
* P1	P1 口锁存器	90H
* P2	P2 口锁存器	A0H
* P3	P3 口锁存器	B0H

寄存器符号	名　　称	字节地址
* IP	中断优先级控制寄存器	B8H
* IE	中断允许控制寄存器	A8H
TMOD	定时/计数器方式控制寄存器	89H
+ * T2CON	定时/计数器 2 控制寄存器	C8H
TCON	定时/计数器 0、1 控制寄存器	88H
TH0	定时/计数器 0(高字节)计数器	8CH
TL0	定时/计数器 0(低字节)计数器	8AH
TH1	定时/计数器 1(高字节)计数器	8DH
TL1	定时/计数器 1(低字节)计数器	8BH
+TH2	定时/计数器 2(高字节)计数器	CDH
+TL2	定时/计数器 2(低字节)计数器	CCH
+RCAP2H	定时/计数器 2 陷阱寄存器(高字节)	CBH
+RCAP2L	定时/计数器 2 陷阱寄存器(低字节)	CAH
* SCON	串行控制寄存器	98H
SBUF	串行数据缓冲器	99H
PCOH	节电控制寄存器	97H

*—可位寻址的 SFR，+—8052 中定时/计数器 2 的有关 SFR

从存储器的结构看,每个存储单元为 8 位宽的字节线性序列,按 Intel 公司的产品惯例,对多字节代码或数据,最低位的有效字节代码或数据存储在存储器的最低位字节地址单元中,然后按顺序向不断增加字节地址单元存放。例如,对一个 3 字节的数据,先将最低位字节数据(字节 0)存放在存储器的××××H 地址单元中,再将中间位字节数据(字节 1)存放在存储器的××××H+1 地址单元中,最后将高位字节数据(字节 2)存放在存储器的(××××H+1)+1 地址单元中。对于一个字节单元×,最高有效位用×·7 表示,最低有效位用×·0 表示,其他位以此类推。本书以后任何与此惯例不同之处均将加以说明。

3.3　外部存储器与访问

尽管随着集成技术的发展,MCS-51 系列单片机内部存储器的容量不断有所扩大,但还是有所受限。为满足不同用户对存储器的需求,除片内设置的存储器外,还可进行外部扩展。

3.3.1　外部程序存储器与访问

MCS-51 系列单片机除 8031/8032 型外,其余类型的单片机片内均设置有 4KB 或 8KB 容量的程序存储器,如不够用时,均可进行外部扩展。片内、片外总的寻址空间为 64KB。对于 8031/8032 型单片机,因片内无程序存储器,必须全部由外部进行扩展,其总的存储容量亦为 64KB。

对于片内设置有程序存储器的单片机,必须从片内程序存储器的 000H 地址单元开始编程,其时引脚$\overline{EA}$应接高电平(一般接 V_{CC}),使其呈无效状态。是否需进行外部扩展,视实际需要而定。对于片内无程序存储器的单片机,必须配置外部程序存储器,一般选用 EPROM 存储器芯片,其时$\overline{EA}$引脚必须接低平(接地)有效,使程序一开始即从外部程序存储器的 0000H 地址单元开始寻址和访问。

当主机(CPU)访问外部扩展的程序存储器时,程序计数器 PC 的低 8 位地址码由 P0 口输出,PC 的高 8 位地址码则由 P2 口输出,两端口合并组成 16 位外部地址总线,为外部程序存储器提供由 PC 输出的 16 位地址码,选通后从外部程序存储器的某单元中读取指令代码或数据再由 P0 端输入送往主机(CPU)去执行。在这里,P0 端口先输出低 8 位地址码,而后再输入指令代码或数据,所以它既是低 8 位地址线,又是 8 位数据线,两者合用,在时间上是既分开又紧密配合的,故而称 P0 端口的这种功能为分时复用。为保证在访问(读操作)期间提供给外部程序存储器的地址码不变,必须将由 P0 端输出的低 8 位地址码送地址锁存器锁存,即由地址锁存器输出不变的低 8 位地址码,以保证程序存储器完成完整而正确的读操作,这时被切换出来的 P0 端口接受从程序存储器中读出来的指令代码或数据,经 P0 端口输入送 CPU 执行,完成一次完整的读操作。这就是 P0 端口既是外部低 8 位地址线,又是 8 位数据线,具有分时复用功能的物理原理。将 P0 端口中的低 8 位地址码送入地址锁存器的选通信号由 ALE 引脚提供。

ALE 为允许地址锁存有效信号,在每个机器周期输出两次,不管是否涉及外部程序存储器的访问;只有在访问外部数据存储器时才减少为一次。因此,在不访问外部数据存储器的情况下,ALE 信号的输出频率是固定的,是主振频率的$\frac{1}{6}$,故而在实际应用中常借用 ALE 信号作外部时钟或定时信号。

$\overline{PSEN}$是访问外部程序存储器的专用选通信号,低电平有效。当主机(CPU)访问片内程序存储器时,$\overline{PSEN}$信号保持高电平,呈无效状态,在访问外部程序存储器时,$\overline{PSEN}$输出低电平有效信号,除执行 MOVX 类指令外,其每个机器周期输出二次,即有效访问外部程序存储器二次,若读取的指令代码无效则自动丢弃。一个完整的$\overline{PSEN}$信号占 6 个时钟周期(半个机器周期),并与 ALE 信号周期相匹配。可见,在每个机器周期内,主机(CPU)可访问外部程序存储器二次,从而提高了主机的运算速度。

由于主机提供了 16 位的程序存储器寻址空间(程序计数器 PC 为 16 位 0000H～FFFFH),因此,程序存储器的最大寻址空间(包括片内、片外)为 64KB,一般情况下已能满足用户的需要。如需超过 64KB 容量时,可采用存储器分块寻址的方法。

3.3.2 外部数据存储器与访问

MCS-51 系列单片机除片内配置有 128/256 字节单元的 RAM 外,还可根据应用系统的实际需要进行外部扩展,其扩展的寻址空间最大为 64KB。

访问扩展的外部数据存储器 RAM,可分为两种方式:

① 外部扩展的 RAM 容量不超过 256B(字节单元)时,采用工作寄存器 Ri(i=0 或 1,即 R1 或 R2)寄存 8 位外部扩展的数据存储器 RAM 的地址码,以间接寻址方式,由 P0 端口输出 8 位寻址地址,随机访问(读/写)0～255 字节单元,读/写的数据由 P0 端口进行输入/输出(分时复用)。

② 外部扩展 RAM 的容量超过 256 个字节单元时，在 64KB 范围以内，则选用数据指针 DPTR，DPL 寄存低 8 位寻址地址码，DPH 寄存高 8 位寻址地址码，以间接寻址方式，通过外部地址总线 P0 和 P2 二端口，输出 16 位寻址地址码，随机访问（读/写）0000H～FFFFH 的任何字节单元，读/写的 8 位数据仍通过 P0 端口进行输入/输出。

访问外部数据存储器 RAM 的读/写信号由 $\overline{RD}/\overline{WR}$ 两引脚提供，低电平有效。一个完整的 $\overline{RD}/\overline{WR}$（读/写）信号，包括 ALE（地址锁存允许）信号，占用一个机器周期（12 个振荡周期）。由于访问外部程序存储器和数据存储器，有不同的选通信号（$\overline{PSEN}$ 和 $\overline{RD}/\overline{WR}$），提供访问地址码的寄存器单元也不同（PC 和 Ri 或 DPTR），形成两套完全独立的访问系统，因而从整个结构上可把外部扩展的程序存储器和数据存储器截然分开。为单片机的广泛应用提供了方便。

访问内部还是外部 RAM，是通过执行指令的不同来加以区别的。访问内部 RAM 时使用 MOV 类指令；访问外部 RAM 时，则选用 MOVX 类指令。访问外部 RAM 设有两套指令：

① MOVX　A，@Ri　　；MOVX　@Ri，A

② MOVX　A，@DPTR；MOVX　@DPTR，A

前者限于寻址 0～255 字节单元，后者可寻址 64KB。指令中的"@"为间接寻址符号，这两套指令均为间接寻址方式。

3.3.3　外部扩展地址/数据总线——P0 和 P2 端口

为了能满足各种不同应用系统的需要，MCS-51 系列单片机采用了灵活、方便的多功能系统结构，以实现既可单片应用，即一片单片机就包含了全部计算机功能；又可方便地进行外部功能部件的扩展，即单片机本身所具备的功能不能满足实际应用的需要，需进行外部功能扩展时，可以组成各种不同功能要求的应用系统。

作为单片应用时，由于不需进行外部功能元件的扩展，所以 P0、P1、P2 三端口均可作为 I/O 口应用。近年来推出的 20 根引脚双列直插式封装的 2051 型单片机免去了 P0 和 P2 二个端口以及相关的选通信号引脚，从而缩小了体积，降低了成本和功耗。

当应用系统需要进行外部功能扩展时，P0 和 P2 两端口便构成 16 位的地址总线和 8 位的数据总线，相应的选通信号线即为控制总线，从而构成典型的三总线（地址、数据、控制）结构，极大地简化和方便了外部功能元件扩展的电路组成与设计。

P0 端口在用于地址/数据总线分时复用时具有双重功能，这时的 P0 端口不属于漏极开路输入/输出，故而不需外接上拉电阻。用于高 8 位地址输出的 P2 端口，其输出驱动器是通过内部的控制信号切换到内部地址总线上，从而输出高 8 位地址码（PC 或 DPTR 的高 8 位）后，原 P2 端口锁存器（SFR）中的内容（信息）不会被修改。如果在一个访问外部存储器周期结束之后，不是紧接着下一个访问外部存储器周期，则 P2 端口锁存器（SFR）中的原内容将重新出现在 P2 端口上。

当应用系统扩展了外部程序存储器后，CPU 访问外部程序存储器时，P2 端口的全部 8 位被指定为输出功能。由于一旦寻址到外部程序存储器，就会连续不断地、频繁地进行访问，这时的 P2 端口就不能再用作一般的 I/O 口，即使有多余位未被使用。

由于采用外部总线结构，绝大部分外部扩展的功能元件，均可直接挂接在外部总线上，通过外部总线,连成应用系统的整体,这就大大简化了应用系统的硬件设计;同时可根据不同的功能需要,构建成各不相同的嵌入式应用系统,从而大大拓宽了单片机的应用领域。再加上 MCS-51 系列硬件设计简单、灵活、方便,外围配套元件极为丰富、品种多而齐全,开发手段简易,所以 MCS-51 系列是一种通用性很好的单片机,这也正是广大用户乐于选用的原因之一。

有关 CPU 访问外部数据存储器 RAM(包括执行 MOVX 类指令)的相关时序已于前章作了论述,请读者重温一下,这里就不再重述了。

有关外部功能扩展的具体内容将在后续章节中详细论述。

思考题与习题

1. 简述半导体存储器的种类及其各自的功能特点。

2. 何谓随机存取存储器 RAM? 静态 RAM 和动态 RAM 的本质区别是什么? 动态 RAM 为什么要刷新? 何谓破坏性读出和非破坏性读出?

3. 何谓只读存储器 ROM? 试述 ROM、PROM、OTP、EPROM、E^2PROM 各自的功能特点?

4. 为什么说 MCS-51 系列单片机的存储器结构独立? 这种独特结构有什么突出优点?

5. 就目前而言,MCS-51 系列单片机片内程序存储器分哪些类型? 如何合理选择单片机?

6. 为什么 MCS-51 系列单片机的程序存储器寻址空间为 64KB? 是什么限定了它的最大寻址空间? 如何理解片内、片外程序存储器统一编址? 为什么主机(CPU)总是从 0000H 地址单元开始访问程序存储器? 由此应更深层次理解些什么?

7. 编程时对程序存储器的地址分配有哪些特殊的规定? 如何正确分配地址空间和编程?

8. MCS-51 系列单片机的数据存储器(包括 SFR)划分有哪些地址空间? 各有什么特点? 如何正确应用和编程?

9. MCS-51 系列单片机采用 4 组工作寄存器有什么突出优点? 如何正确编程和应用?

10. 访问外部程序存储器和数据存储器有何区别? 为什么说在结构上它们是截然分开的?

11. 访问内部或外部数据存储器有何本质区别? 访问速度一样吗? 访问外部数据存储器有哪两种编程方法? 有何区别?

4 MCS-51 系列指令系统

指令的集合，称为指令系统。指令系统是人与计算机之间交流信息、命令计算机完成各种功能操作的最基本、最直接的机器语言，从而实现人机对话。本章将详细叙述 MCS-51 系列单片机各条指令的功能、含义及其特点，并举例说明其具体应用。学好本章内容，深入理解和各条指令的功能、特点和实际应用，是进行汇编语言程序设计和用好单片机的基础。

4.1 概述

指令是指示计算机完成某种功能操作的命令，也是计算机能直接识别和接受并指挥计算机执行某种操作的命令。一台计算机所有指令的集合（全部）称为该计算机的指令系统。各种不同型号的计算机均各有其自己的指令系统，它标志着各自的不同性能、功能特点，是衡量计算机性能的重要指标之一。

指令系统是计算机自身最基本的语言。一条指令可以用两种语言形式表示，即机器语言和汇编语言。机器语言是用二进制代码表示每条指令，故而又把它称为指令代码或机器代码。机器语言是计算机自身固有的语言形式，是唯一能直接被计算机识别并加以分析和执行。其缺点是不便于人们记忆和直接理解，编程繁琐且困难，不易阅读程序和编程极易出错。为此人们对它进行了改进。汇编语言就是人们为了克服上述缺点，创造的一种助记符号，以取代机器代码，这种助记符号能直接反映指令的功能及其主要特征。同一条指令，两种不同的表示方法是对等的。在汇编语言中，常将地址码用符号或名称来表示，称为符号地址；程序中的目标地址符号称为标号。

用助记符（常用英文字母且与英语词意相同，以易于记忆、识别和阅读）、符号地址、标号、相隔符来表示指令和编写程序，进行程序设计的计算机语言称为符号语言。随着其不断发展、逐步完善，创立了完整的语法规则，并由计算机自动代真（自动转换成对应的机器语言指令代码），称之为汇编语言。用汇编语言编制成的应用程序称为汇编语言源程序。由于计算机只能识别、理解并执行自身固有的机器语言（用二进制数表示的指令代码），对符号化了的汇编语言程序不能识别和理解，因此必须通过专用的程序将汇编语言源程序（应用程序）自动转换成机器语言应用程序，这个专用汇编语言程序称为汇编程序。可见仅一字之差，其功能和含意是不同的。其中的转换操作，即自动代真的过程称为汇编。所以，用汇编写的源程序（应用程序）必须汇编成对应的机器语言程序，计算机才能识别并运行。其中汇编程序是工具软件，起编译作用。

汇编语言面向机器，不同的计算机各有自己的汇编语言指令系统，它与自身的机器语言一一对应。因此，汇编语言源程序的通用性较差。如有必要，可通过交叉汇编，将这一汇编语言源程序交叉汇编成另一种机器语言代码程序进行运行。汇编语言的特点是直观，易识别,易学习和记忆,好理解和阅读,编程方便,编制的程序结构紧凑、灵活,占用存储器空间少,执行速度快,实时性强;其缺点是通用性差,编程工作量大而繁琐。由于汇编语言适用于实时测控、自动化、智能化等应用领域,所以目前单片机嵌入式应用系统仍较多且普遍采用汇编语言进行应用系统程序设计。

近年来,为了能满足更高层用户的需要,Intel 公司推出了高级 MCS-51 C 语言。由于MCS-51 系列单片机的系统结构与典型微机不完全相同,特点是软硬紧密结合,所以MCS-51 C 语言必须考虑其硬件结构的特点。为了能更好地考虑到单片机应用在测控领域的实时性和运行速度,又推出了汇编语言与 MCS-51 C 语言混合编程的方法,达到了两者兼顾。由于 MCS-51 C 语言(C51)属新的高级语言,应另设课程或专著进行论述,这里就恕不详述了。

MCS-51 系列单片机的指令十分丰富,功能强而多,需用多种助记符来标识30多种基本指令功能。诸如功能助记符需定义程序存储器、片内、片外数据存储器等等,同一类指令需用多个助记符来区别不同的功能,例如 MOV、MOVX、MOVC 等。通过功能助记符和指令中的源、目的操作数(或地址),从而组成功能强而丰富的 111 条指令。

MCS-51 系列单片机的指令系统,由 49 条单字节指令、45 条双字节指令和 17 条三字节指令组成,这样可提高程序存储器的利用效率和运算速度。对于大多数运算类和转移类指令,可根据具体要求选用诸如短地址、相对地址或长地址等指令,以提高运算速度、编程效率和节省存储单元。在 111 条指令中,64 条指令的执行时间为 1 个机器周期(12 振荡周期),45 条指令的执行时间为 2 个机器周期(24 个振荡周期),只有乘、除法 2 条运算指令需4 个机器周期(48 个振荡周期)。当主频为 12 MHz 时,一个机器周期(12 个振荡周期)为1 μs,即典型指令的执行时间仅为 1 μs,其余为 2 μs 或 4 μs,可见 MCS-51 系列单片机的大多数指令的执行速度是较快的。对执行时间有要求的(即实时性要求较高)程序段,应注意指令的选用。目前,有些公司新推出的 8051 型单片机,其主频已提高到 33 MHz、40 MHz以上,其运算速度就更快。

MCS-51 系列单片机用汇编语言表示的指令格式为:

标号:操作码助记符[(目的操作数),(源操作数)];注释

标号是用符号标明该指令所在符号地址,常用于表示程序转向的目的地址,亦是某程序段的(例如子程序)起始地址,一般可根据实际需要而设置。当某条指令或程序段一旦赋予某个标号,则在有关指令的操作数项中就可引用该标号作为符号地址,以便控制程序的跳转或寻址。标号一般是以英文字母开头的由字母、数字和某些规定的特殊符号组成的序列,一般序列的长度不超过 6 个字符,否则,超过部分在源程序汇编过程中将被删除。标号与操作码助记符之间用冒号(":")分隔开。

操作码和操作数是指令的核心部分,是指令的主体,两者之间用若干空格分隔开。操作码用规定的汇编语言助记符表示,它的功能是命令主机(CPU)做何操作。操作数分目的操作数和源操作数两部分,两者之间用逗号(",")分隔开。其中方括号("[……]")仅表示括号内为操作数部分,不是必须的。这些括号在实际指令中是不复存在的。源操作数是起源操作单元的内容,目的操作数是另一个操作单元的内容,两数运算结果存放于目的操作数单元,因此其顺序不能弄错。这里的操作数可以是两个或者一个,可以是单元内容或立即数,也可以是地址,应视具体指令而定。

注释是对该指令功能或操作后的注解,不是指令的必需部分,可视实际需要而加注,其

作用是对关键性指令或程序段作功能性注释,以便于阅读和理解源程序,属非处理部分,不会被汇编成目标程序。注释前用分号(";")与指令主体部分分隔开。

MCS-51 系列单片机用机器语言码表示的指令格式是以 8 位二进制数(一个字节单元)为基础,分为单字节、双字节和三字节指令,其格式为:

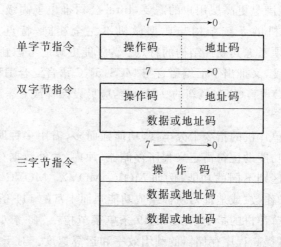

本章将对 MCS-51 系列单片机的指令系统,以汇编语言指令格式并列出其对应的机器代码表述每条指令。按指令功能归纳成 5 大类,即数据传送类、算术运算类、逻辑运算类、程序转移类、布尔(位)处理类指令,分类进行详细叙述。

现将汇编语言指令格式中常用的符号注释如下:

R_n——当前程序段中选用的工作寄存器组的 $R_0 \sim R_7$,$n = 0 \sim 7$。

♯data——指令中的 8 位二进制码立即数,"♯"为立即数标识符(称为前缀)。

♯data 16——指令中的 16 位二进制码立即数。

data——8 位二进制码片内数据存储器(RAM)存储单元地址码,它可以是片内 RAM 0~127B 或 0~255B 中某个字节单元的地址或某个特殊功能寄存器(SFR)的地址。

@R_i——将当前程序段中选定的工作寄存器组中的 R_0 或 R_1 用作间接寻址寄存器,以间接寻址片内或片外数据存储器 RAM 某存储单元的内容。其中"@"为间接寻址标识符(前缀),$i = 1$ 或 0。

addr 16——16 位二进制地址码。用于提供长调用(LCALL)或长跳转(LJMP)指令中 16 位二进制地址码,使之可调用或跳转到 64KB 程序存储器的任何子程序或程序段的地址空间去执行。

addr 11——11 位二进制地址码。专为绝对调用(ACALL)或绝对跳转(AJMP)指令提供低 11 位(0~10)二进制地址码,原 16 位的高 5 位保持原值不变,因而只能使程序转向或调包含该 ACALL 或 AJMP 指令的下一条指令的第一个字节所在地址在内的 2KB 范围内的子程序或程序段的地址空间。

direct——直接寻址方式符号。

rel——带符号(+或-)的 8 位二进制偏移量(常用 2 的补码表示)符号。常用于相对转移指令中。由于 8 位中的最高位用作"+"或"-"的符号位,所以其转移范围相对于当前 PC 值的-128~+127 个字节单元地址空间。

bit——布尔(位)处理指令中直接寻址位地址符号。表示可直接寻址位地址的内部数据存储器 RAM 或特殊功能寄存器(SFR)中的某位。

C——最高位进位标志或布尔(位)处理累加器。

↓——表示程序走向。

↑——表示数据传送方向。

⇆——表示两数据互换。

(X)——表示 X 单元中的内容。

((X))——表示以 X 单元的内容为地址码进行间接寻址。

4.2　MCS-51 系列的寻址方式

每个存储器均拥有一定数量或大量的字节存储单元。例如 4KB 的存储器就有 4 096 个字节存储单元,将它按顺序从 0~4 095 进行编号,每个单元赋予一个编码,用以确定指令代码或数据在存储器中存储的具体位置。代表每个存储字节单元的编码称为存储器的地址码,存放指令代码的地址称为指令地址,存放数据的地址称为数据地址。

在单片机中,一般存储器均以字节为存储单元按顺序编设地址码。例如,64KB 的存储器,其地址编码为 0000H~FFFFH(H 表示为 16 进制编码),共 65 536 个字节单元。程序的指令码存储在程序存储器中是从 0000H 单元开始按顺序存放的,执行时一般也是按顺序读取并执行,只有在遇到跳转指令时,才改变读取指令代码的顺序,跳转到指定的地址单元再继续按顺序往下执行,其规律性较强。数据存储器则不然,数据在数据存储器中往往是随机任意存放的,哪里空闲就存放在哪里,读/写是随机的,无一定规律可循,这就存在如何能尽快找到指定的单元地址的问题。随着计算机技术的发展,跳转类指令越来越丰富、复杂,同样存在一个寻找跳转目标地址的问题,这就需要研究出一套以最快速度寻找目的地址的方法,并形成一定的模式,称为寻址方式。不同类型的计算机都有它自己固有的寻址方式,寻找目的地址的过程,称为寻址。

一般寻址的方式种类越多,则该计算机的功能越强,越灵活方便,速度越快。寻址方式所需解决的主要问题:如何在整个存储器的地址空间内灵活方便地及时找到所需的目的单元地址。

MCS-51 系列单片机共设有 7 种基本寻址方式。指令中操作数数量不定(0~4 个),可通过基本寻址方式的组合,派生出多种寻址方式。这 7 种基本寻址方式如表 4.1 所示。近年来,有的增强型单片机,其寻址方式增加至 9 种。下面对上述 7 种基本寻址方式进行详细介绍。

表 4.1　各寻址方式与相应的存储器、寄存器

序号	寻址方式	相应的存储器、存储器空间
1	寄存器寻址	R_0~R_7、A、B、DPTR、C 及存储器
2	直接寻址	内部 RAM 和特殊功能寄存器
3	寄存器间接寻址	R_i、DPTR、片内和片外数据存储器
4	立即寻址	程序存储器立即数据
5	基址寄存器加变址寄存器间接寻址	程序存储器和 A、DPTR、PC
6	相对寻址	程序存储器、PC
7	位寻址	Cy、片内 RAM 和特殊功能寄存器可位寻址的位

4.2.1 寄存器寻址方式

寄存器寻址方式是对指令中直接选定的工作寄存器(R₀~R₇)进行读/写操作,是 R₀~R₇ 哪一组的工作寄存器,则由该指令的操作码字节的最低 3 位指明;累加器 A、寄存器 B、数据指针 DPTR 位处理累加器 Cy 等,在指令中直接用其名指明。

例1 MOV A, R3;

如图 4.1 为示意图,汇编指令 MOV A, R3 的指令代码(机器码)为 11101011,其中最低 3 位 011 是工作寄存器 R₃ 的地址码,常用 rrr(000~111)表示当前工作寄存器 R₀~R₇ 中的某一个。当程序被执行到当前指令(PC 所指示的 0145H 地址单元)MOV A, R₃ 时,CPU 读取指令代码 1110011,并执行将工作寄存器 R₃ 中的内容 4FH 送(写入)累加器 A 中,将累加器 A 中的内容 10H 改写成 4FH,R₃ 中内容保持不变。在指令中,累加器 A 的地址是隐含的,即不需在指令代码中指明,由指令的寻址格式所规定。

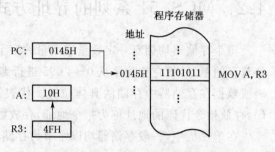

图 4.1 寄存器寻址方式举例示意图

属寄存器寻址方式的指令十分丰富,使用频度很高,执行速度快。通过示意图,进一步说明了该指令执行的具体过程。

4.2.2 直接寻址方式

直接寻址方式是指由指令直接给出操作数的地址。因此,这类指令需由 2 个或 3 个字节组成。

例如,指令 MOV 65H, A;,其指令代码(机器码)为 $\begin{array}{|c|}\hline 11110101 \\\hline 01100101 \\\hline\end{array}$,其中第一字节 (11110101)为操作码(F5H),指明指令的操作功能,第二个字节(01100101)为指令直接给出的目的操作数地址,累加器 A 的地址在指令中隐含。这条指令的操作功能是将累加器 A 中内容送内部数据存储器(RAM)的 65H 地址单元中,65H 单元中内容被改写,累加器 A 中内容不变。例如,设累加器 A 中的内容为 FFH,内部 RAM 中 65H 地址单元中的内容为 00H,当执行完上述指令后,65H 单元中内容变为 FFH, A 中内容仍保持不变。

当指令中需直接给出两个操作数的地址时,则指令将由 3 个字节组成。直接寻址方式常用"direct"符号表示。例如:

MOV A, direct;直接地址单元内容送 A

MOV direct1, direct2;直接地址单元 2 内容送直接寻址单元 1

MCS-51 系列单片机属累加器型结构,即以累加器为中心的数据传送结构。按其规定,将一个单元的数据传送到另一个单元,必须经过累加器。因此,上述第二条指令属特例。例如,指令 MOV 45H, 65H;其操作功能是将内部 RAM 中 65H 地址单元内容送(写入)45H 地址单元中。按累加器结构规定,应由下述两条指令来完成,即

MOV A，65H;将源操作数 65H 单元内容送 A

MOV 45H，A;将 A 内容送 54H 单元中

从上可见,先要将 65H 单元内容送 A,再由 A 送 45H 单元,要用二条指令才能完成。为此,Intel 公司在结构上进行了改进,通过累加器 A 旁路,使之直接传送,这样既压缩了一条指令,节省了存储单元,又提高了运算速度,成为以累加器 A 为中心结构的特例。

直接寻址方式可访问三种地址空间:

- 特殊功能寄存器(SFR)地址空间,这是唯一能访问特殊功能寄存器(SFR)的寻址方式:
- 片内数据存储器(RAM)地址空间
- 布尔(位)地址空间

这里再次强调,对于 8051 型单片机,其中高 128 个字节单元(80H～FFH)的数据存储器(RAM)区,只设定了 20 多个特殊功能寄存器(SFR),占用 20 多个字节单元,其余单元均未定义,不能进行读/写访问,即访问无意义。对增强型 8052 而言,高 128B RAM 存储区,既是 RAM 区,又是特殊功能寄存器(SFR)区,两者地址编码重迭,都为 80H～FFH。为区别访问内容,无论 8051 型还是 8052 型,规定访问特殊功能寄存器(SFR)只能用直接寻址方式。在实际编程中,常以特殊功能寄存器(SFR)名(如 PSW、P0、P1、DPTR、A、B 等)作为直接符号地址出现指令中,这样既清晰又直观。

4.2.3 寄存器间接寻址方式

寄存器间接寻址方式是将指定的寄存器内容作为寻址操作数的地址,对由该地址指定的单元进行访问(读/写操作)。MCS-51 系列单片机规定,以当前工作寄存器 R_0 或 R_1 作为间接寻址寄存器(常用 R_i 表示,其中 $i=0$ 或 1),用以寻址片内或片外 00H～FFH 数据存储器字节单元,用 16 位的数据指针 DPTR 间接寻址外部扩展的 0000H～FFFFH 数据存储器存储空间。R_i 作为间接寻址寄存器时,由指令代码中的最低一位指定是 R_0 或 R_1;DPTR 作为 16 位间接寻址寄存器时属隐含,不需在指令中标明。

以指令 MOV A，@R0 为例,间指寻址的操作过程如图 4.2 所示。

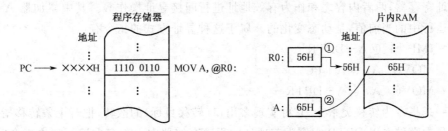

图 4.2　寄存器间接寻址示意图

其中"@"为间接寻址指示符(称前缀),这条指令是以 R_0 为间接寻址寄存器,以 R_0 中的内容为地址,寻址片内数据存储器(RAM),将该单元的内容送累加器 A 中。指令的操作码为 11100110,其中最低位为"0",以表示间接寻址寄存器为 R_0。同样,累加器 A 属隐含。

本例的具体操作过程为:当程序执行到"××××H"(PC 所指向的程序存储器存储单元),读出指令代码 11100110,经译码,CPU 执行从当前 R_0 中读出的内容(56H)为地址,再寻址片内数据存储器 RAM,从内部 RAM 的 56H 单元中读出数据为 65H 并送(写入)累加

器 A 中,A 中内容被改写成 65H,而片内 RAM56H 单元中内容不变。指令执行完毕。

用 MOVX 类指令间接寻址外部数据存储器 RAM,R$_i$ 可间接寻址 0～255 字节单元的外部 RAM;用 DPTR 数据指针可间接寻址 64KB 外部 RAM。

4.2.4 立即寻址方式

立即寻址方式是由指令直接给出操作数。这类指令的结构是在指令的操作码之后,紧跟 1 个或 2 个字节的立即操作数。这类指令大多为双字节指令,主要用于对某些寄存器赋值,只有一条指令为 3 个字节,用于对数据指针 DPTR 直接赋 16 位二进制数码。指令中"♯"为立即数标识符,称前缀。

以立接寻址方式指令 MOV A,♯62H 为例,图 4.3 为该指令执行过程示意图。

立即寻址指令 MOV A,♯62H 由 2 个字节

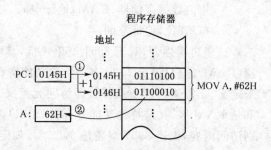

图 4.3 立即寻址示意图

组成,第一个字节为指令的操作码 01110100b,存储在程序存储器的 0145H 地址单元;存储在下一个字节单元(0146H)的第二个字节为指令直接提供的立即数 01100010b,当程序执行到该指令时,CPU 从 0145H 单元读取出第一个字节指令的操作码,注译码又从下一单元(0146H)读取出立即操作数并传送到累加器 A 中,本指令执行完毕。

4.2.5 变址间接寻址方式

变址间接寻址方式是以基址寄存器内容加变址寄存器内容之和作为有效地址进行间接寻址操作数的方式。这是 MCS-51 系列单片机独有的寻址方式,以实现动态寻址的功能。

这种寻址方式是以程序计数器 PC 或数据指针 DPTR 为基址寄存器,以累加器 A 为动态的变址寄存器,两者内容之和作为有效地址进行间接寻址操作数。其中累加器 A 中内容是程序运行中的当前值,是动态变化的。属于这种寻址方式的指令有:

    JMP   @A+DPTR
    MOVC   A, @A+PC
    MOVC   A, @A+DPTR

第一条指令为转移类指令,它可实现多出口(转移目标)的散转,把若干条转移指令按一定顺序集中存储在以 DPTR 内容为首地址的程序存储器中。程序在运行到本指令时,由动态变化的(或指定的)当前值决定程序将从那一个出口(转移指令)转向指定的程序段去执行。散转范围(转移指令串)可在连续的 256B 中具体安排。

下面二条是用于查询存储在程序存储器中的固定数据,诸如表格之类的固定数据,故称查表指令。通常将固定的表格参数按一定的规律、顺序存储在程序存储器中,由运行中动态变化的或指定的(通过赋值)累加器 A 中的当前值,以确定读取表格中的对应参数。例如累加器 A 的当前内容为 00H,则读取表格参数串的第一个参数,A 的内容为 01H,则读取第二个参数,其余类推,表格参数串的长度一般不超过 256 个字节,因为累加器 A 的值为 00H～

FFH。第二条指令的基址寄存器为程序计数器PC,当CPU读取出本指令后,(PC)+1成为PC的当前值,所以存储表格参数串的首地址即为该PC的当前值。因此,这条指令的表格参数串必须存储在本指令地址之后,以PC的当前值为首地址的若干单元中。第三条指令的基础寄存器为数据指针DPTR,因此,以DPTR的内容为首地址的固定表格参数串可设置在64KB范围内的任何合适的程序存储器的地址段内。显然,第二条指令的使用有其局限性,第三条指令的使用就很灵活,方便。具体寻址及其操作过程将在指令系统节评述。

4.2.6 相对寻址方式

相对寻址方式是以PC的当前值(即CPU读取完该指令后(PC)+1指向下一条指令的第一个字节地址)为基准,加上指令中给出的相对偏移量(rel),形成新的有效转移地址,使程序转向该目的地址去执行。相对偏移量(rel)是一个带符号(+或−)的8位二进制数,其最高位为符号位,余下的7位为有效位,因此有效转移范围为以PC的当前值为基准,相对偏移量在−128~+127个字节地址单元之间。由于偏移量(rel)是个可正(+)、可负(−)的符号数,在指令执行操作时需进行(PC)±(rel)运算,为避免进行减法运算的麻烦,故要求偏移量(rel)必须以其补码的形式出现在指令中,从而使指令在执行过程中简化为(PC)+(rel)补码的运算,形成有效的目的转移地址。

由于作为基准的PC当前值为随着程序的运行而不断变化着的动态值,因而形成的目的转移地址不是一个绝对地址,仅相对于PC的当前值,故称之为相对寻址。这为程序设计中程序段的浮动带来了方便。

以指令JC rel为例,其相对寻址的执行过程如图4.4所示。

JC rel是双字节指令,第一个字节内容(01000000b)为指令操作码,第二个字节内容(01110101b)为偏移量rel。这条指令的功能是检测最高进位标志位Cy的当前值,当Cy=1时,程序就转向(PC)+(rel)所指示的目的地址开始执行;若Cy=0,则程序不发生转移,仍按顺序继续往下执行。

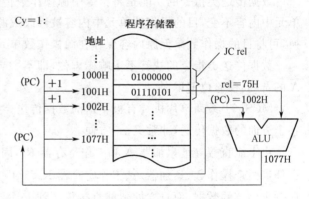

图4.4 相对寻址示意图

在图4.4示意图中,设Cy=1,rel=75H,指令存储在程序存储器的1000H和1001H两字节单元中,当程序执行到该指令时,CPU读取出第一个字节操作码,经译码后,读取出第二个字节偏移量rel,并检测Cy值,由于Cy值为1,因而进行PC的当前值(1000H+2H=1002H)和偏移量rel(75H)进行补码相加运算操作,使程序转向1077H目的地址开始继续往下执行,跳过了1003H~1076H这一地址段程序。在这里,偏移量rel的最高位为0,表明这是个正数,正数的补码为原码不变,并且程序向地址码增加和方向(正向)偏移;反之,如果最高位为1,表明是个负数,应对偏移量求补后再作加法运算,并使程序向地址码减少的方向(负向)偏移。

相对寻址方式适用于转移类指令,虽然这种寻址方式操作较复杂,但对程序设计带来了很大方便,希望加深理解和掌握。

4.2.7 位寻址方式

MCS-51系列单片机设有独立的位处理器(CPU),具有很强的位处理功能,可以位寻址片内数据存储器(RAM)的位寻址区(20H~2FH,共128位)和可位寻址的特殊功能寄存器。位寻址的操作数是8位二进制数中的某一位数值,位地址一般常以位的直接地址给出,在指令中常用符号"bit"表示。

以上详述了7种基本的寻址方式,目前部分增强型单片机增强了寻址功能,设有9种或9种以上的寻址方式,这里就不一一详述了。

4.3 MCS-51系列指令系统

MCS-51系列单片机的指令系统共有42种操作助记符,用来描述33种操作功能,由111条基本指令组成完整的指令系统,其中单字节指令49条、双字节指令45条、三字节指令17条。其特点是简单、易学易用、存储效率高、执行速度快。下面将分类逐条详述之。

4.3.1 数据传送类指令

数据传送类指令是指令集中最基本的、编程时使用最频繁的一类指令。

数据传送类指令的功能是将指令中源操作数传送给目的操作数,指令执行后源操作数单元中内容不变,目的操作数单元中内容被修改成源操作数内容,或两者内容互换。通过互换,可将目的操作数单元原内容保存在源操作数单元,以备后用。

数据传送类指令的执行不影响标志位,即不影响C(即Cy)、AC和OV等,检验累加器A的奇/偶校验位P除外。

MCS-51系列单片机具有极丰富的数据传送类指令,能实现多种数据传送操作,能完成各个方面的数据传送,非常灵活、方便。

由于能直接寻址累加器A和工作寄存器R_n,因而对于双操作数的数据传送指令,允许在任何两个操作数、累加器A、工作寄存器R_n、片内RAM和特殊功能寄存器(SFR)之间传送一个字节的数据,而且立即数能直接传送到上述任何单元中。特别令编程者感兴趣的直接地址和直接地址间的数据传送,它能将任何地址单元中的内容直接传送到另一个任何地址单元中而不需经过任何中间过渡,从而提高了编程效率,节省了存储单元,提高了传送速度。数据指针DPTR可用16位二进制数(立即数)直接赋值,不需分两次送数,十分简便。

累加器A是一个最活跃的单元,各种单元的操作数均可通过累加器A进行传送,有些数据的传送,必须经过累加器A,这是因为MCS-51系列单片机是累加器型系统结构。

这类指令中可实现指令中两操作数互换,也可实现一字节的高、低半字节互换,即低4位与高4位互换,以方便16进制码与BCD的转换。

通过累加器A可与外部扩展的数据存储器RAM实现广泛的数据传送(读/写)。还可读取存储在程序存储器中的诸如表格之类的固定数据或数据串。

图4.5表示数据传送的路径及其相互关系。

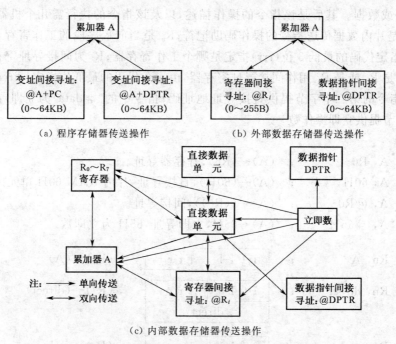

（a）程序存储器传送操作 （b）外部数据存储器传送操作

（c）内部数据存储器传送操作

图 4.5　数据传送路径及相互关系示意图

从图 4.5 可见，MCS-51 系列单片机的数据传送类指令极其丰富，功能很强，传送路径四通八达，在编程时应合理选择相关指令。

1）一般传送类指令

这类指令用于片内通用数据的传送，是程序设计中应用最多、最频繁的基本指令。这类传送指令的汇编语言格式为：

MOV　（目的操作数），（源操作数）；

MOV 是传送指令的操作码助记符，其功能是将片内源操作数单元内容或立即数传送到目的操作数单元中，源操作数单元内容不变。

为帮助读者理解指令的组成结构及其功能，整个指令系统均以下列格式表示：

汇编语言指令格式	机器码及字节数	操　　作	机器周期数
MOV　A，Rn ；	`1110` `1rrr`	，$(A) \leftarrow (R_n)$　，	1
MOV　A，direct；	`1110` `0101` `direct`	，$(A) \leftarrow (direct)$　，	1
MOV　A，@Ri ；	`1110` `011i`	，$(A) \leftarrow ((R_i))$　，	1
MOV　A，♯data；	`0111` `0100` `data`	，$(A) \leftarrow data$　，	1

上述 4 条指令以 4 种寻址方式将源操作数单元内容或立即数送目的操作数（累加器 A）单元，源操作数单元中的内容不变，不影响标志位。

注释中的方框格表示字节单元，一个长方格表示一个字节存储单元，存放一个字节的二进制码，几个长方格表示该指令是由几个字节所组成。长方格内的二进制码表示该指令的机器指令码或数据。其后是该指令的操作描述,以及该指令的执行需几个机器周期数。

MOV 是片内数据传送指令的操作码助记符;R_n 是当前程序段的工作寄存器的统称,n =0~7,由指定代码的最低 3 位(rrr)指定是哪个工作寄存器;R_i 为间接寻址寄存器,规定 i =0 或 1,即是 R_0 或是 R_1 用作间接寻址寄存器,由指令代码的最低位指定;direct 为直接寻址符号,由指令的第二个字节提供直接寻址地址码;指令中的"#data"为立即寻址,由指令的第二个字节提供立即操作数。

例 2

MOV A,R6	; $(A)\leftarrow(R6)$,寄存器寻址。
MOV A,60H	; $(A)\leftarrow(60H)$,直接寻址,片内 RAM 60H 单元内容送 A。
MOV A,@R0	; $(A)\leftarrow((R0))$,间接寻址。
MOV A,#65H	; $(A)\leftarrow65H$,立即寻址,65H 为立即数。

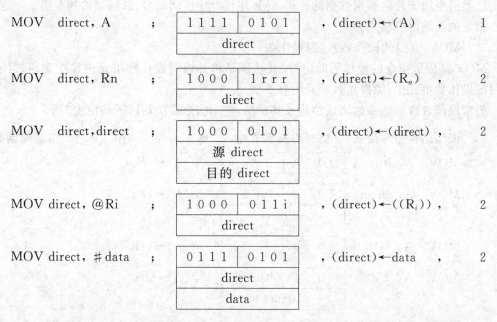

| MOV Rn,A | ; | 1111 | 1rrr | , $(R_n)\leftarrow(A)$ | , | 1 |

| MOV Rn,direct | ; | 1010 | 1rrr | , $(R_n)\leftarrow(direct)$ | , | 2 |
| | | direct | | | | |

| MOV Rn,#data | ; | 0111 | 1rrr | , $(R_n)\leftarrow$#data | , | 1 |
| | | #data | | | | |

上述三条指令分别将累加器 A、直接寻址单元内容、立即数送工作寄存器 R_n 中。其他同上。

| MOV direct,A | ; | 1111 | 0101 | , $(direct)\leftarrow(A)$ | , | 1 |
| | | direct | | | | |

| MOV direct,Rn | ; | 1000 | 1rrr | , $(direct)\leftarrow(R_n)$ | , | 2 |
| | | direct | | | | |

MOV direct,direct	;	1000	0101	, $(direct)\leftarrow(direct)$	,	2
		源 direct				
		目的 direct				

| MOV direct,@Ri | ; | 1000 | 011i | , $(direct)\leftarrow((R_i))$ | , | 2 |
| | | direct | | | | |

MOV direct,#data	;	0111	0101	, $(direct)\leftarrow$data	,	2
		direct				
		data				

上述 5 条指令除基址加变址寄存器间接寻址外部扩展的数据存储器外,片内所有单元内容均可传送到直接寻址的单元中,特别是第 3 条直接寻址单元内容送直接寻址单元,极大地方便了特殊功能寄存器之间的内容互相直接传送。

例 3

MOV　45H，60H　　　;片内 RAM 60H 单元内容送 45H 单元中，直接寻址方式

MOV　PSW，#10H　　;选择第二组工作寄存器,以 PSW 作直接地址

MOV　40H，#40H　　;将立即数 40H 送片内 RAM 40H 单元中。

MOV　@Ri，A　　　;　| 1 1 1 1 | 0 1 1 i | 　,　$((R_i))\leftarrow(A)$　　,　2

MOV　@Ri，direct　;　| 0 1 0 1 | 0 1 1 i | 　,　$((R_i))\leftarrow(direct)$,　2
　　　　　　　　　　　　| direct |

MOV　@Ri，#data　;　| 0 1 1 1 | 0 1 1 i | 　,　$((R_i))\leftarrow data$　,　1
　　　　　　　　　　　　| data |

上述三条指令是将累加器 A、直接寻址单元内容和立即数送以 R_i($i=0$ 或 1)进行间接寻址的单元中。

通过上述 4 组指令,可以把片内 RAM 的所有单元之间的内容进行互相传送,包括立即数。指令组成有单字节、双字节和三字节,执行时间为 1 个机器周期或 2 个机器周期,在实际编程中应能正确选择。

上述 4 组指令操作数所涉及的内容很多且极丰富,现归纳并简要解释如下:

累加器 A:MCS-51 系列单片机的数据传送是以累加器 A 为中心的系统结构,绝大部分数据传送类指令均需通过累加器 A 进行数据传送。所以,这是个特殊的、使用灵活而频繁的寄存器。

工作寄存器 R_n:在片内数据存储器 RAM 中,设有 4 组,每组 8 个 8 位的工作寄存器 $R_0 \sim R_7$,某个时段(或程序段,例如主程序或子程序)只能选用 4 组中某一组作工作寄存器用,其余 3 组被屏蔽,其中内容被保护且不会被访问,相当于入堆栈保护一样。不同时段(或程序段)可以通过程序状态字 PSW 的 RS1、RS0 进行选择,切换不同组的工作寄存器,这是一组非常灵活,常用的寄存器,应深切理解其功能及使用特点。

直接寻址地址 direct:直接寻址地址由指令直接提供,一般在编程时就已明确,8 位二进制地址码可寻址片内 RAM 0~255 字节单元,其中主要、也是唯一用于寻址特殊功能寄存器(SFR),是效率高、速度快的数据传送类指令。

立即数 #data:立即数 #data 是由指令直接提供的、以前缀"#"为标志的二进制数。立即数可以是一个字节的 8 位二进制数或二个字节的 16 位二进制数,常用于对某单元进行直接赋值。

由于直接寻址地址和立即数都是由指令直接提供的二进制数码,但两者含意不同,前者是一个直接寻址的地址码,后者是一个直接参与操作的立即数据码。为此,在立即数前加前缀"#"以示区别。例如:

MOV　A，4FH　　　　;内部 RAM 的 4FH 地址单元内容送 A。

MOV　A，#4FH　　　;立即数 4FH 送 A。

MOV　4FH，#4FH　　;立即数 4FH 送内部 RAM 4FH 地址单元中。

MOV　40H，4FH　　　;内部 RAM 中 4FH 地址单元内容送 40H 地址单元中。

例中同为 4FH 的源操作数,但其含意各不相同。为此,用前缀"#"以示区别,在实际编程时,此处往往易因疏忽而出错,且不易察觉,应多加注意。

图 4.6 为 MOV 类指令数据传送关系示意图。从图示可见,上述 4 组指令,其数据传送十分广泛,包括了片内数据传送的绝大部分,是编程中应用十分活跃的基础指令。图中箭头表示数据传送方向,双向箭头表示可以相互传送。

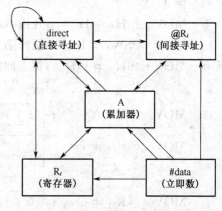

例 4 设片内 RAM 30H 地址单元中内容为 40H,40H 地址单元中内容为 10H,P1 端口为输入口,其输入的数据为 CAH(11001010b),求经下列程序执行后的结果。

图 4.6 MOV 类指令数据传送关系示意图

```
MOV   R0, ♯30H   ;单元地址码 30H 送 R0 中。
MOV   A, @R0     ;寄存器间址。将 30H 单元中内容(40H)送 A 中。
MOV   R1, A      ;将 A 中内容(40H)送 R1。
MOV   B, @R1     ;将地址为 40H 单元中内容(10H)送寄存器 B 中。
MOV   @R1, P1    ;将 P1 口内容(0CAH)送 40H 单元中。
MOV   P2, P1     ;将 P1 口内容(0CAH)送 P2 口中。
```

执行结果为:(R0)=30H,(A)=(R1)=40H,(B)=10H,40H 地址单元中内容为 0CAH,P2 口中内容为 0CAH。0CAH 中的 0(数)表示 CAH 是个十六进制数,而不是英文字母,即在十六进制数的最高位出现 A~F 开头的字母时,应在最高位字母数前加"0",以使计算机识别。

2) 堆栈类操作指令

MCS-51 系列单片机没有设置固定的堆栈存储区域,而是可以在片内 RAM 中通过栈指针 SP 设定一个堆栈存储区域。堆栈相当于一个存储数据的仓库,其特点是按顺序后进先出规则存取(入栈/出栈)操作数,推栈指针 SP 自动并始终指向栈顶。堆栈只有一个出/入口,即 SP 所指示的栈顶,入栈又称压栈,出栈又称弹出。有两条指令用于堆栈操作:

(1) 压栈指令

PUSH direct ;	1100	0000	, (SP)←(SP)+1 ,	2
	direct		((SP))←(direct)	

压栈指令是将直接寻址的单元内容压入堆栈保存。MCS-51 系列单片机的栈指针 SP 所指示的栈顶单元是满的,即该单元中存储着有效数据。所以压栈指令的操作为:首先 (SP)+1→(SP),即 SP 内容自动加 1,指向空的栈顶单元,然后将直接寻址的压栈数据入栈保存,即(direct)→((SP)),本指令操作不影响标志位。

本指令由二个字节组成,执行时间为 2 个机器周期。

例 5 在中断响应时,(SP)=69H,数据指针 DPTR 的内容为 0123H,将 DPTR 内容进栈保护,需执行如下指令:

PUSH DPL ;((SP))←(SP)+1,使 SP 指向 6AH 空单元,然后(DPL)=23H 压入 6AH 单元中保护。

PUSH DPH ;((SP))←(SP)+1,使 SP 指向 6BH 单元,再将(DPH)=01H 压入该单

元保护。

执行结果:堆栈的 6AH 单元中存入了 23H,6BH 单元中存入了 01H,SP 指向 6BH。

（2）弹出指令

POP direct ; | 1 1 0 1 | 0 0 0 0 | , (direct)←((SP)), 2
　　　　　　　　| direct | 　((SP))←(SP)−1

由于弹出时栈指针 SP 当前所指示的单元是满的,即存储着有效数据,所以弹出(出栈)指令的操作是先执行 SP 所指示的单元内容送直接寻址(direct)单元,然后栈指针 SP 自动减 1 调整,指向新的栈顶,不影响标志位。

本指令由两个字节组成,执行时间需二个机器周期。

例 6 设(SP)=72H,片内 RAM 堆栈区 70H～72H 各单元内容分别是 60H、48H、00H,执行以下指令:

　　　　POP　PSW　　;将 00H 送 PSW,恢复 0 组工作寄存器工作,SP 指向 71H。
　　　　POP　B　　　;将 48H 送 B 寄存器,SP 调整为 70H。
　　　　POP　A　　　;将 60H 送累加器 A,SP 自动调整为 6FH。

8051 型单片机在复位有效后栈指针 SP 的值为 07H,这就会出现堆栈区与工作寄存器区两者重叠,这显然是矛盾的。为此,必须在程序的开头(初始化)部分通过指令重新定义堆栈区域。例如把堆栈区域重新定义到 70H～7FH,或者 60H～7FH,等等,可根据实际需要确定。实际设计时可通过如下指令进行定义:

　　　　MOV　SP,♯70H　;重新定义片内 RAM 的 71H～7FH 为堆栈区域。

在实际编程过程中,对堆栈的应用需注意入栈和出栈的顺序及其对应关系,否则就会出错。

3) 累加器 A 传送类指令

由于 MCS-51 系列单片机属累加器结构型,很多数据传送指令均与累加器 A 有关,以下几种都是以累加器 A 为主的传送类指令。

（1）字节交换指令

字节交换指令是将两个操作数字节单元内容互换,不影响标志位。

XCH A, Rn ; | 1 1 0 0 | 1 r r r | , (A)⇆(R_n) , 1

XCH A, direct ; | 1 1 0 0 | 0 1 0 1 | , (A)⇆(direct) , 1
　　　　　　　　| direct |

XCH A, @Ri ; | 1 1 0 0 | 0 1 1 i | , (A)⇆((R_i)) , 1

上述三条指令是将第二操作数(源操作数)的工作寄存器 Rn(R0～R7)、直接寻址和间接寻址的单元内容与累加器 A 中的内容互换。

例 7 设(R0)=20H,(A)=3FH,片内 RAM 中 20H 单元内容为 75H,执行如下指令:
　　　　　　　　XCH　A,@R0

执行结果:(A)=75A,(20H)=3FH,实现两者内容互换。

（2）半字节交换指令

半字节交换指令是将累加器 A 中的内容与间接寻址(R_i, i=0 或 1)单元内容的低 4 位互换,高 4 位不变。不影响标志位。

XCHD   A,@Ri；| 1101 | 011i | ，$(A_{0\sim3})\leftrightharpoons((R_i)_{0\sim3})$，   1

例 8 设(R0)＝20H,(A)＝36H,片内 RAM(20H)＝75H,执行指令

XCHD   A,@R0；

执行结果:(A)＝35H,(20H)＝70H,实现了低 4 位的内容互换,高 4 位的内容不变。

(3)累加器 A 高、低 4 位互换指令

SWAP   A   ；| 1100 | 0100 | ，$(A_{0\sim3})\leftrightharpoons(A_{4\sim7})$，   1

将累加器 A 的高 4 位和低 4 位内容互换,此操作也可看做 4 位循环移位指令。不影响标志位。

例 9 设(A)＝C5H,执行指令

SWAP   A

执行结果:(A)＝5CH,实现 A 中高 4 位和低 4 位的内容互换。

(4)累加器 A 与外部 RAM 传送类指令

MCS-51 系列单片机片内设置的数据存储器 RAM 容量较小(128/256B),对于数据量较大的应用系统,可进行外部扩展,其寻址范围可达 64KB,并配置有专门用于访问外部数据存储器 RAM 的指令两套,共 4 条。

① 当寻址范围为 0~255B 存储单元时,选用工作寄存器 R_i 间接寻址。

MOVX   A,@Ri   ；| 1110 | 001i | ，$(A)\leftarrow((R_i))$ ，   2

MOVX   @Ri,A   ；| 1110 | 001i | ，$((Ri))\leftarrow(A)$ ，   2

② 当寻址范围为 0~64KB 时,选用数据指针 DPTR 间接寻址。

MOVX   A,@DPTR | 1110 | 0000 | ，$(A)\leftarrow((DPTR))$,   2

MOVX   @DPTR,A ；| 1111 | 0000 | ，$((DPTR))\leftarrow(A)$,   2

上述两套指令,其字节数和执行时间均相同,在实际应用中可根据情况任选。

(5)累加器 A 与程序存储器固定数据传送类指令

MCS-51 系列单片机的程序存储器,主要用于存储程序,对于表格之类的固定数据串可按一定顺序固化在程序存储器中。为此专门设置了两条查表指令。

MOVC A,@A+DPTR；| 1001 | 0011 | ，$(A)\leftarrow((A)+(DPTR))$,   2

MOVC A,@A+PC ；| 1000 | 0011 | ，$(PC)\leftarrow(PC)+1$ ，   2
                                    $(A)\leftarrow((PC+A))$

上述两条指令都是专用于从程序存储器中读取固定常数,其执行过程和时间均相同,但两者的基址寄存器不同,因此其适用情况有差别。

前一条指令的基址寄存器为数据指针 DPTR,是一个 16 位的基址寄存器。基址寄存器 DPTR 是用来存放固定数据串的首地址(或称起始地址)的,因此,固定数据串可以存放于程序存储器的任何有空余且方便的地址区域。每次读数据前,只需将该固定数据串的首地址赋值给 DPTR,此固定数据串可供访问任意次。变址寄存器 A 的内容用于确定寻址该数据

串的哪一个数据,所以 A 的内容也可称为固定数据串的步长,是一个动态变化的数值。最后将读出的固定数据送累加器 A 中。

这条指令对固定数据串的设置及访问都比较方便,故一般均选用此条指令。

后一条指令的基址寄存器是程序指针 PC,当 CPU 读取本条指令代码后,执行(PC)+1操作,指向下一条指令的第一个字节。所以指令中作为基址寄存器的 PC 值,已是 PC 的当前值。同样,这时的 PC 值又代表了固定数据串的首地址,也就是该固定数据串必须存放在以 PC 的当前值为首地址的存储区域内。亦即这个固定数据串是紧接在该查表指令之后存放的。但根据该指令的操作规则,在执行完该指令后程序仍将从 PC 的当前值所指示的地址单元继续往下执行。这时固定数据串将与继查表指令之后的程序两者重叠,都存放于以 PC 的当前值为起始地址的存储单元中。这显然是不行的。为妥善解决这种重叠矛盾,办法是将固定数据串整体下移(向高地址方向)若干单元,将移动后空出来的地址单元数加到变址寄存器 A 中,以保持查表指令的正确查表,在因移动空出的单元中安置转移或返回指令,保证程序在执行完查表指令后,仍从 PC 的当前值所指示的地址单元处继续往下执行程序。

例 10 在某段程序需查表指令。

```
          ⋮
1000H    ADD     A,#02H      ;变址寄存器 A 内容加 2
1002H    MOVC    A,@A+PC     ;查表
1003H    SJMP    20H         ;转移到后继主程序继续执行
1005H    DB      01H         ;表格数据串共 20H 地址字节单元
         DB      02H         ;
         DB      34H         ;
          ⋮
1025H    …                   ;后继主程序
          ⋮
```

本例中将表格数据串(共 20H 字节单元)下移 2 个字节单元,将此值加到变址寄存器 A 中,在移空出的 2 个单元中设置一条相对转移指令,使查表指令执行完后转到后继主程序继续往下执行。

程序中的 DB 为伪指令。所谓伪指令,是一种特殊的符号指令,不属计算机指令集中的指令。伪指令只在汇编源程序时立即解释执行,不生成目标代码。这里 DB 伪指令的功能是,将 DB 后面的字节数据存入程序存储器的指定单元中。

随着程序的运行,程序指针 PC 的值是动态变化的。因此,这种结构的固定表格类数据串只能供一次性查找,其优点是表格数据串紧随查表指令之后,结构紧凑。

相比之下,以 DPTR 为基址寄存器的查表指令就不存在此类问题,其优点是固定表格类数据串可存放在程序存储器的 64KB 地址空间的任何空余的区域,而且可供任意次查找。故在实际编程过程中一般常选用以 DPTR 为基址的查表指令。

这类查表指令,先根据程序的运行动态地确定 A 的变址值,即确定从表格首地址到需查找的目的地址之间的字节距离,与基址寄存器中的表格首地址相加,形成查表有效地址。然后根据所求的查表有效目的地址读取表格数据送累加器 A 中。可见指令中两个累加器 A 的内容和含义是不同的,一个是查表变址值,一个是读出的表格类数据值。

这两条指令为检索表格类固定数据提供了方便。

4) 16 位数据传送指令

将 16 位立即数直接传送到数据指针 DPTR 中

MOV DPTR, ♯data 16 ;

1001	0000
高字节数	
低字节数	

,(DPTR)←data 0~16 , 2

$$\begin{bmatrix} (DPH)←data\ 8~15 \\ (DPL)←data\ 0~7 \end{bmatrix}$$

这是一条 3 字节指令,把 16 位立即数的高 8 位送 DPH,低 8 位送 DPL。这是仅有的 16 位数据一次传送指令。16 位立即数,通常为访问外部数据存储器的目的地址。

综上所述,MCS-51 系列单片机的数据传送类指令极为丰富,为编制应用程序提供了方便。

4.3.2　算术运算类指令

MCS-51 系列单片机的算术运算类指令也很丰富,功能很强,设有 8 位无符号数的加法、带进位加法、带借位减法、乘法、除法运算和二—十进制调整、比较等指令,可完成各种情况下的四则运算。

算术运算类指令的操作,将影响相关标志位,如 Cy、AC、OV 和 P 等。

1) 加法类指令

为便于多字节加法运算,特设置加法、带进位加法以及二—十进制数调整和加 1 等指令。

(1) 加法指令

ADD A, Rn ;

0010	1 r r r

,(A) ← (A)＋(R_n) , 1

ADD A, direct ;

0010	0101
direct	

,(A) ← (A)＋(direct) , 1

ADD A, @Ri ;

0010	011 i

,(A) ← (A)＋((R_i)) , 1

ADD A, ♯data;

0010	0100
data	

,(A) ← (A)＋data , 1

上述 4 条指令分别以工作寄存器 R_n、直接寻址 direct、间接寻址 @R_i 和立即数 ♯data 为源操作数内容与累加器 A 中内容进行相加运算,运算结果和数存放于累加器 A 中。当和数的第 3 位或第 7 位产生进位时,将分别置 AC、Cy 标志位为 1,否则为 0,并将影响溢出位 OV 和奇偶校验位 P。

对于 8 位无符号两数相加,结果进位标志位 Cy 为 1,则表示字节和的最高位产生了进位。否则 Cy 为 0,表示没有产生进位。AC 为本字节进位标志位,即和数的第 3 位产生进位,则 AC 为 1,否则为 0,表示没有产生进位。溢出标志位 OV 取决于和数的第 6、7 两位,其中只有一位(任何一位)产生进位,则 OV 为 1,表示溢出,如果两位同时产生进位或均不产生进位,则 OV 为 0,表示无溢出。所谓溢出,就是表示运算结果值超出了所允许的数值范围。例如,两个定点数相加,其和超出了定点允许表示的范围,就产生了溢出。在 MCS-51 系列单片机中,对于 8 位无符号数的相加运算,溢出无意义。而对于 8 位符号数,最高位为符号位,其余 7 位为数值位。如果两个符号数相加,和的数值超出 7 位所允许的数值范围,这就产生了溢出,并表示运算出错。例如,两个 8 位正符号数相加,如果数值位产生溢出,就变成负数的错误结果。所以,对于 8 位符号数的运算,溢出标志是有意义的。

例 11 设$(A)=0C3H$,$(R_0)=0AAH$,执行命令:

ADD A,R0

执行结果:

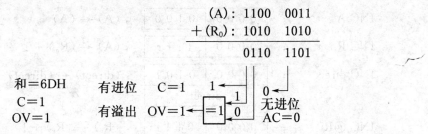

$$(A):1100\quad 0011$$
$$+(R_0):1010\quad 1010$$
$$\overline{\qquad\qquad 0110\quad 1101}$$

和=6DH　　有进位　C=1
C=1
OV=1　　有溢出　OV=1　　无进位 AC=0

当无符号运算时溢出标志 OV 无意义。这里的 =1 为"异或"逻辑运算,或称半加和。

(2) 带进位加法指令

ADDC A,Rn　; | 0 0 1 1 | 1 r r r | ,$(A)\leftarrow(A)+(C)+(R_n)$, 1

ADDC A,direct ; | 0 0 1 1 | 0 1 0 1 | ,$(A)\leftarrow(A)+(C)+(direct)$, 1
　　　　　　　　　| direct |

ADDC A,@Ri　; | 0 0 1 1 | 0 1 1 i | ,$(A)\leftarrow(A)+(C)+((R_i))$, 1

ADDC A,♯data ; | 0 0 1 1 | 0 1 0 0 | ,$(A)\leftarrow(A)+(C)+♯data$, 1
　　　　　　　　　| ♯data |

上述 4 条是带进位的加法指令,将累加器 A 中内容加当前最高进位标志位 C 的内容,然后再和工作寄存器 R_n、直接寻址 direct、间接寻址 R_i 等单元内容或立即数 ♯data 相加,和存于累加器 A 中,并影响标志位 AC、C、OV 等。

带进位加法指令,对多字节加法运算提供了方便。

例 12 设$(A)=0C3H$,$(R_0)=0AAH$,$(C)=1$,
执行指令:ADDCA,R_0
执行结果:

$$(A):1100\quad 0011$$
$$+(C):0000\quad 0001$$
$$\overline{\qquad\qquad 1100\quad 0100}$$

C=0
OV=0 =1 AC=0

$$+(R_0):1010\quad 1010$$
$$\overline{\qquad\qquad 0110\quad 1110}$$

和=6EH存于A中
标志位:C=1　　　　C=1
　　　　OV=1　　OV=1 =1 AC=0
　　　　AC=0

带进位加法指令,在内部操作时分二次进行:首先将(A)+(C),然后再将中间值和 R0 内容相加,最后结果和数存于 A 中,并二次影响标志位,最后结果值:C=1、AC=0、OV=1。

(3) 增量(加1)指令

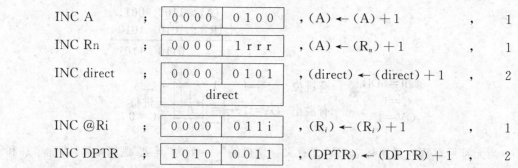

INC A	;	0000	0100	,(A) ← (A)+1	,	1
INC Rn	;	0000	1 r r r	,(A) ← (R_n)+1	,	1
INC direct	;	0000	0101	,(direct) ← (direct)+1	,	2
		direct				
INC @Ri	;	0000	011i	,(R_i) ← (R_i)+1	,	1
INC DPTR	;	1010	0011	,(DPTR) ← (DPTR)+1	,	2

增量(加1)INC 指令是将指定的单元内容加1,结果仍保存在原单元中。当原单元内容为 FFH 时,执行加1运算后变成 00H,运算结果均不影响标志位。

从上可见,增量(加1)指令十分丰富,几乎所有单元均可实现加1操作,特别是 DPTR 实现 16 位数加1操作,这对多种情况下 DPTR 连续操作提供了方便,提高了处理速度。

注意,当用 INC 指令对并行 I/O 端口(P0…P3 口)进行增量(加1)操作时,其原内容将从 I/O 口的锁存器中读出,而不是从其引脚上读取,加1操作后结果值仍保存在该锁存器中。

例 13 设工作寄存器 R₀ 内容为 7FH,内部 RAM 中的 7EH、7FH 单元中的内容分别为 0FFH 和 40H,执行下列指令:

    INC   @R0   ;((R0)) ← ((R0))+1,即(7EH)=0FFH+1=00H
    INC   R0   ;(R0) ← (R0)+1,即 7EH+1→(R0)
    INC   @R0   ;((R0)) ← ((R0))+1,即(7EH)=40H+1=41H

执行结果:(R0)=7FH,片内 RAM 中的 7EH 和 7FH 地址单元中的内容分别 00H 和 41H。

例 14 设数据指针 DPTR 中内容为 12FEH,执行下列指令:

    INC   DPTR   ;(DPTR) ← (DPTR)+1,即(DPTR)=12FEH+1
    INC   DPTR   ;(DPTR) ← (DPTR)+1,即(DPTR)=12FFH+1
    INC   DPTR   ;(DPTR) ← (DPTR)+1,即(DPTR)=1300H+1

执行结果:DPTR 中内容为 1301H,当 DPL 中内容为 0FFH+1 变成 00H,并产生向高 8 位 DPH 进位,DPH 变成 13H,其进位相加操作由内部自动完成的。

例 15 要求将片内 40H、41H(前者为低位字节数)地址单元中的双字节数据和片外 1000H、1001H(前者为低位字节数)地址单元中的双字节数相加,结果和数存于 40H、41H 地址单元中。所编程序段如下。

    START: MOV   R0,#40H   ;将片内 RAM 40H 地址送 R0
           MOV   DPTR,#1000H   ;将片外数据地址 1000H 送 DPTR
           MOVX A,@DPTR   ;读取片外 1000H 单元内容送 A 中
           ADD   A,@R0   ;(40H)+(1000H),其和存于 A 中

MOV	40H，A	;将和的低字节数存 40H 单元
INC	R0	;R0 中内容加 1
INC	DPTR	;DPTR 中内容加 1
MOVX	A，@DPTR	;将片外 1001H 单元内容送 A
ADDC	A，@R0	;(41H)＋(C)＋(1001H)，其和存于 A 中
MOV	41H，A	;将高字节的和存于片内 41H 单元
MOV	A，#00H	;清 0 A
ADDC	A，#00H	;将高字节相加后的 C 值存于 A
MOV	42H，A	;将高字节相加后的 C 值存于 42H 单元
END		;结束

(4) 二—十进制调整指令

当用 BCD 码十进制数进行加法运算时,其运算结果的和数不一定仍为十进制的 BCD 码,必须进行调整成十进制的 BCD 码。因此,设有专门的调整指令。

DA　A　; | 1101 | 0100 | ,BCD 码调整,　1

· 调整条件

若和的低 4 位($A_{0\sim3}$)>9 或(AC)=1,则做($A_{0\sim3}$)←($A_{0\sim3}$)＋6 调整;
若和的高 4 位($A_{4\sim7}$)>9 或 C=1,则做($A_{4\sim7}$)←($A_{4\sim7}$)＋6 调整。

· 调整过程

若上述高、低 4 位条件均成立,则做(A)←(A)＋66H 调整;
若上述高、低 4 位条件只有一个成立,则做(A)←(A)＋06H 或者(A)←(A)＋60H 调整;
若上述高、低 4 位条件均不成立,则做(A)←(A)＋00H 调整。

从上可见,这条指令是根据上一条加法指令进行加法运算后累加器 A 中的和值及 PSW 寄存器中的 C、AC 标志位的当前状态,对累加器中内容进行加 00H、06H、60H、66H(4 种情况之一)调整操作,使 A 中的和调整为十进制的 BCD 码数。如果经调整操作后,标志位 C 为 1,则表示调整后的和数值已超过 99,产生进位百位数,应作相应处理。

压缩型 BCD 码是采用 4 位二进制数表示 1 位十进制数,而 4 位二进制数可以表示一个 16 进制数,因此 BCD 码规则,0～9 为 BCD 码的合法码,而把余下的 A～F(即 10～15)为非法码。由于计算机在进行每 4 位二进制数相加运算时,其和数有可能是个 16 进制数,例如 5＋6=11、4＋8=12、7＋8=15 等等,相加前 2 个都是合法的 BCD 码数,但相加后的和数就会变成非法的 BCD 码,即变成一个 16 进制的数。这就是为什么 2 个 BCD 码相加运算后必须进行调整的原理。由于调整的条件中涉及当前加法运算后所影响的进位标志位 C 和 AC,所以调整指令(DA　A)必须紧跟在 BCD 码加法指令之后,调整才会有效。本指令对 BCD 码减法运算调整无效! 不成立。

例 16 设(A)=56 BCD 码(即 0101 0110B),(R3)=67 BCD 码(即 01100111B),执行指令:

　　ADD　A,R3　;(A)＋(R3),其和存于 A 中
　　DA　　A　;调整

第一条指令执行加法操作。即

```
                    (A)＝0101 0110          BCD：56
              ＋)  (R3)＝0110 0111          BCD：67
        和    (A)＝1011 1101          C＝0，AC＝0
        调整  (＋) 0110 0110
                  0010 0011            BCD：123
                      1
                （进位）
```

从上述手工计算可见，(A)＋(R3)结果和的高、低 4 位均大于 9，均为非法码，需加 66H 进行调整。调整后 C＝1，产生进位，即 BCD 码和数为 123。

例 17　6 位 BCD 码数相加。

设被加数存于片内 RAM 的 30H、31H、32H，加数存于 40H、41H、42H(低位字节数在前)单元中，结果的和存于 50H、51H、52H 单元。编写 6 位 BCD 码相加运算程序段，最高字节和产生进位时转符号地址 OVER 处处理。程序段如下。

```
START：  MOV   A，30H      ;低字节 30H 单元内容送 A
         ADD   A，40H      ;(30H)＋(40H)，其和存于 A 中
         DA    A          ;BCD 码调整
         MOV   50H，A      ;低字节 2 位 BCD 码的和存 50H 单元
         MOV   A，31H      ;中间字节 31H 单元内容送 A
         ADDC  A，41H      ;(31H)＋(41H)＋(C)，其和存 A 中
         DA    A          ;调整
         MOV   51H，A      ;将中间字节 2 位 BCD 码和数存 51H 单元
         MOV   A，32H      ;高字节 32H 单元内容送 A
         ADDC  A，42H      ;(32H)＋(42H)＋(C)，其和存 A 中
         DA    A          ;调整
         MOV   52H，A      ;高字节 2 位 BCD 码和数存 52H 单元
         JC    OVER       ;判 C，若 C＝1，则程序转向 OVER 处理
            ⋮
```

本例为进行 3 字节(6 位)BCD 码相加运算的程序段，最后一条指令 JC 是判跳指令，当高字节数相加并调整后最高位产生进位，即最高进位标志位 C 为 1 时，则程序转向标号为 OVER 的程序入口处继续往下执行，否则(不产生进位，即 C 为 0)程序不跳转，顺序往下执行。

MCS-51 系列单片机的加法类指令功能强，配套齐全，为各类加法运算提供了方便。

2) 减法类指令

MCS-51 系列单片机设有带借位的减法指令，这为 8 位无符号二进制数直接相减和多字节数减法运算带来了方便，减 1 指令也十分丰富。同样，减法运算将影响标志位。

(1) 常借位减法指令

SUBB　A，Rn ；

1 0 0 1	1 r r r

，(A) ← (A)－(C)－(Rn)　，1

SUBB　A，direct；

1 0 0 1	0 1 0 1
direct	

，(A) ← (A)－(C)－(direct)　，1

SUBB A, @Ri ; | 1 0 0 1 | 0 1 1 i | , (A) ← (A) − (C) − ((R$_i$)) , 1

SUBB A, ♯data; | 1 0 0 1 | 0 1 0 0 | , (A) ← (A) − (C) − data , 1
| data |

上述带借位减法指令是以累加器 A 的内容减去当前借位标志位 C 和源操作数(Rn,直接寻址、间接寻址、立即数),差存放于 A 中。操作结果将影响标志位。

例 18 设(A)=C9H,(R2)=54H,(C)=1,执行指令

SUBB A, R2;

执行结果:(A)=74H,(C)=0,(AC)=0,(OV)=1(无意义)。即:

$$
\begin{array}{r}
(A) = 1100\ 1001 \\
-)\quad (C) = 0000\ 0001 \\
\hline
1100\ 1000 \\
-)\quad (R_2) = 0101\ 0100 \\
\hline
差 \rightarrow 0111\ 0100
\end{array}
$$

从本例可见,带借位减法指令的执行过程是:首先从被减数累加器 A 内容减去当前标志位 C 的内容,因此,在执行带借位减法指令之前,必须审视当前标志位 C 值与当前即将执行的带借位减法运算是否有关? 如无关连,则应在带借位减法指令之前,安排一条清 C 指令,将当前标志位 C 清 0。例如单字节数或多字节的最低位字节数进行带借位减法运算时,必须先执行清 0 标志位 C 指令,然后再执行带借位减法指令。这在实际编程应用时应多加注意。很显然,对于多字节的减法运算提供了方便。另外,在减法运算后是否出现借位(即不够减,借位标志位 C 为 1)时,应视情况作出相应处理。

例 19 多字节减法

设被减数及结果差均存于 R$_0$ 间址单元,减数存于 R$_1$ 间址单元,字节数存于 R$_2$ 中。最高位字节相减后,程序对 C 进行判跳转。当出现最高位借位((C)=1)时,则程序转向 CYERFL 另行处理。程序段如下。

```
        MOV   R2, ♯data      ;设置减法字节数,即循环次数
SUBSTR: CLR   C              ;C 清 0
SUBS1:  MOV   A, @R0         ;将被减数送 A
        SUBB  A, @R1         ;(A)−((R1))−C,差存于 A
        MOV   @R0, A         ;将部分差存于 R0 间址单元
        INC   R0             ;间址寄存器 R0、R1 内容加 1
        INC   R1             ;
        DJNZ  R2, SUBS1      ;判运算完否? 未完转 SUBS1 继续执行
        JC    CYERFL         ;判借位标志 C,若(C)=1,则转向 CYERFL 处
        ⋮
CYERFL: ⋯
        ⋮
```

本例中“DJNZ R2,SUBS1”为循环转移指令,R$_2$ 为循环次数控制寄存器,每循环执行一次,R$_2$ 内容减 1[(R$_2$)−1→(R$_2$)],并判 R$_2$ 内容是否为 0,若不为 0,继续执行循环;若为 0 则结束循环,程序顺序往下执行。利用循环结构程序可大大简化和缩短程序长度。有关详

细内容将在后续部分介绍。JC 为判借位 C 的跳转指令,如果 C 为 1,表示不够减,有借位,则转向"CYERFL"标号地址处进行处理,否则程序顺序往下执行。

例 20 十进制(BCD 码)减法。

由于没有 BCD 码(十进制)减法调整指令,只好借助于 BCD 码加法调整指令(DA A)进行 BCD 码减法调整。为此,需将减法改成补码相加的办法,用 9AH 减去减数,即得以 100 为模的补码。这样,就可实现十进制数(BCD 码)相减,并进行 BCD 码调整的正确运算。

设压缩型 BCD 码的被减数存于片内 40H 单元中,减数存于 50H 单元中,将相减结果存于 40H 单元。

```
START:  CLR  C              ;C 清 0
        MOV  A,#9AH         ;100 送 A
        SUBB A,50H          ;求被减数的补码
        ADD  A,40H          ;进行(40H)-(50H)操作
        DA   A              ;进行 BCD 码调整
        MOV  40H,A          ;将结果值存 40H 单元
        CLR  C              ;清 0 C
```

需要注意的是,采用补码相加代替减法运算,只考虑其运算结果的绝对差值。要知道是正差还是负差,还需加判被减数和减数谁大,或对最高进位标志位 C 的判别才能确定。这也是计算机进行减法运算的麻烦之处。

(2) 减 1 指令

减 1 指令是将指定单元内容减 1,结果仍在原指定单元。若原始值为 00H,则减 1 后下溢为 FFH。这类指令不影响标志位。

DEC A   ; | 0001 | 0100 | , $(A) \leftarrow (A) - 1$, 1

DEC Rn   ; | 0001 | 1rrr | , $(R_n) \leftarrow (R_n) - 1$, 1

DEC direct ; | 0001 | 0101 | , $(direct) \leftarrow (direct) - 1$, 1
              | direct |

DEC @Ri   ; | 0001 | 011i | , $((R_i)) \leftarrow ((R_i)) - 1$, 1

同样,对于并行 I/O 口的减 1 操作,是将 I/O 口的锁存器中内容进行减 1 运算,而不是将 I/O 口引脚上的内容进行减 1 操作。另外,这类指令中没有对 DPTP 减 1 的操作指令。

3) 乘法指令

MCS-51 系列单片机设有 8 位乘 8 位二进制数的乘法指令,其格式为:

MUL AB ; | 1010 | 0100 | , $\left.\begin{array}{l}(A)_{0\sim7}\\(B)_{8\sim15}\end{array}\right\} \leftarrow (A) \times (B)$, 4

这条乘法指令是将累加器 A 和专用的寄存器 B 的 8 位无符号二进制数进行相乘,16 位乘积的低 8 位存于 A 中,高 8 位存于 B 中。当乘积值大于 255(超过 FFH)时,B 寄存器内容不为 0,并置位溢出标志位 OV 为 1,否则为 0,进位标志位总为 0,执行时间为 4 个机器周期。

例 21 设 40H 单元内容为 50H,41H 单元内容为 A0H,执行程序:

```
        MOV  A,40H          ;40H 单元内容送 A
        MOV  B,41H          ;41H 单元内容送 B
```

```
    MUL   AB              ;两数相乘
```
运算结果:积为 3200H,(A)=00H,(B)=32H,(OV)=1,(C)=0。

例 22 编制多字节乘法子程

设被乘数为 3 字节的 6 位无符号 16 进制数,分别存放于符号地址 J、K、L 单元中,乘数为单字节 2 位无符号 16 进制数,存于 M 单元中。按一般直式相乘为:

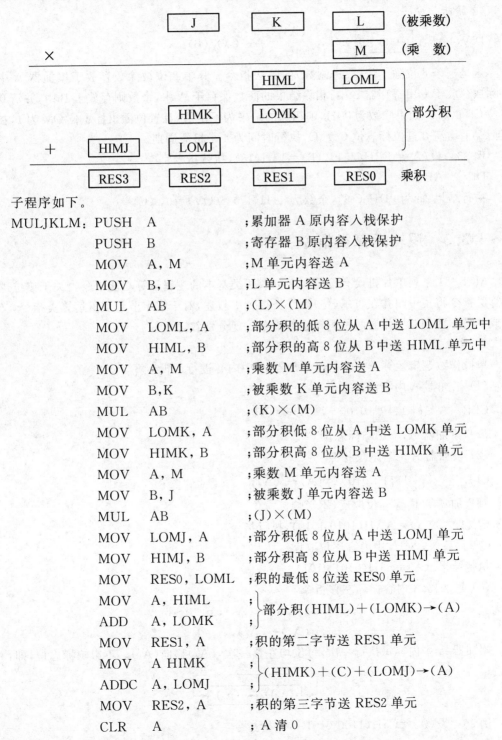

子程序如下。

```
MULJKLM: PUSH   A              ;累加器 A 原内容入栈保护
         PUSH   B              ;寄存器 B 原内容入栈保护
         MOV    A, M           ;M 单元内容送 A
         MOV    B, L           ;L 单元内容送 B
         MUL    AB             ;(L)×(M)
         MOV    LOML, A        ;部分积的低 8 位从 A 中送 LOML 单元中
         MOV    HIML, B        ;部分积的高 8 位从 B 中送 HIML 单元中
         MOV    A, M           ;乘数 M 单元内容送 A
         MOV    B, K           ;被乘数 K 单元内容送 B
         MUL    AB             ;(K)×(M)
         MOV    LOMK, A        ;部分积低 8 位从 A 中送 LOMK 单元
         MOV    HIMK, B        ;部分积高 8 位从 B 中送 HIMK 单元
         MOV    A, M           ;乘数 M 单元内容送 A
         MOV    B, J           ;被乘数 J 单元内容送 B
         MUL    AB             ;(J)×(M)
         MOV    LOMJ, A        ;部分积低 8 位从 A 中送 LOMJ 单元
         MOV    HIMJ, B        ;部分积高 8 位从 B 中送 HIMJ 单元
         MOV    RES0, LOML     ;积的最低 8 位送 RES0 单元
         MOV    A, HIML        ;
         ADD    A, LOMK        ;⎱部分积(HIML)+(LOMK)→(A)
         MOV    RES1, A        ;积的第二字节送 RES1 单元
         MOV    A HIMK         ;
         ADDC   A, LOMJ        ;⎱(HIMK)+(C)+(LOMJ)→(A)
         MOV    RES2, A        ;积的第三字节送 RES2 单元
         CLR    A              ;A 清 0
```

ADDC   A，HIMJ   ；(C)＋(HIMJ)→A

MOV   RES3，A   ；积的第四字节送 RES3 单元

POP   B   ；原 B 内容出栈送 B 中

POP   A   ；原 A 内容出栈送 A 中

RET   ；返回

4）除法指令

DIV   AB ；┃1000┃0100┃，$\left. \begin{matrix} (A)_{商} \\ (B)_{余数} \end{matrix} \right\}$ ←(A)/(B) ，   4

这是一条 8 位除 8 位(二进制数)的除法指令。其中 8 位被除数存放于累加器 A 中，8 位除数存放于专用寄存器 B 中，相除结果的商数保存于 A 中，余数则存放于 B 中，并清 0 标志位 C 和 OV。如果除数为 00H，则相除的结果为不定值，且置位溢出标志位 OV 为 1，在任何情况下均清 0 进位标志位 C 为 O，执行时间为 4 个机器周期。

例 23 设(A)＝FBH(251)，(B)＝12H(18)，执行指令：

DIV   AB

执行结果：商为 0DH (13)，余数为 11H(17)，(OV)＝0，(C)＝0。

4.3.3 逻辑运算类指令

MCS-51 系列单片机设有按位和字节数两类基本的逻辑运算功能指令。关于按位逻辑运算类指令将集中归并在布尔(位)操作类指令中叙述，对于按字节数逻辑运算类指令，又可分成单操作数和双操作数两种逻辑运算指令。现分别叙述之。

1）单操作数逻辑运算类指令

单操作数逻辑运算类指令均对累加器 A 中内容进行逻辑运算。

(1) 累加器 A 内容清 0 指令

CLR   A ；┃1110┃0100┃，(A)←00H，   1

清 0 累加器 A，不影响标志位。

(2) 累加器 A 内容取反指令

CPL   A ；┃1111┃0100┃，(A)←($\overline{A}$)，   1

对累加器 A 内容逐位取反，不影响标志位。

例 24 设(A)＝AAH(1010 1010)，执行指令

CPL   A ；对 A 中内容逐位取反

执行结果：(A)＝55H(0101 0101)。

(3) 累加器 A 内容循环左移指令

RL   A ；┃0010┃0011┃，$\begin{matrix}(A_{n+1})←(A_n)，n=0\sim 6\\(A_0)←(A_7)，\qquad 1\end{matrix}$

累加器 A 中内容每执行一次，每位均左移一次，(A_7) 移向 (A_0)。不影响标志位，即：

$$\boxed{\;(A_7)\cdots \leftarrow (A_0)\;}$$

例 25 设(A)＝C5H(1100 0101)，执行指令：

RL　A　;

A 的内容逐位左移一位,最高位移向最低位。执行结果 :(A)=8BH(1000 1011)。

(4) 累加器 A 连同进位位 C 内容循环左移指令

RLC　A　;　| 0011 | 0011 |　, $\begin{array}{l}(A_{n+1}){\leftarrow}(A_n), n=0{\sim}6 \\ (A_0){\leftarrow}(C), (C){\leftarrow}(A_7)\end{array}$,　1

累加器 A 中内容每执行一次,$(A_0) \sim (A_6)$ 均左移一位,其中(A_7)移向(C),(C)移向(A_0),不影响其他标志位。即:

例 26　设(A)=45H(0100 0101),(C)=1,执行指令:

RLC　A　;

执行结果:(A)=8BH(1000 1011),(C)=0。

(5) 累加器 A 内容循环右移指令

RR　A　;　| 0000 | 0011 |　, $\begin{array}{l}(A_{n-1}){\leftarrow}(A_n), n=7{\sim}1 \\ (A_7){\leftarrow}(A_0)\end{array}$,　1

每执行一次,累加器 A 内容逐位循环右移一位,最低位(A_0)移入最高位(A_7)。不影响标志位。即:

(6) 累加器 A 连同进位位 C 内容循环右移指令

RRC　A　;　| 0001 | 0011 |　, $\begin{array}{l}(A_{n-1}){\leftarrow}(A_n), n=7{\sim}1 \\ (A_7){\leftarrow}(C), (C){\leftarrow}(A_0)\end{array}$,　1

每执行一次,累加器 A 连同进位位 C 逐位循环右移一位,C 的内容移入 A_7 中,而且 A_0 内容则移向 C 中,不影响其他标志位。即:

2) 双操作数逻辑运算类指令

双操作数逻辑运算类指令包含下述三种指令类型。

(1) 逻辑"与"运算指令

ANL A, Rn　;　| 0101 | 1 r r r |　,(A) ← (A) ∧ (R_n)　,　1

ANL A, direct　;　| 0101 | 0101 |　,(A) ← (A) ∧ (direct)　,　1
　　　　　　　　　| direct |

ANL A, @Ri　;　| 0101 | 011i |　,(A) ← (A) ∧ ((R_i))　,　1

ANL A, #data　;　| 0101 | 0100 |　,(A) ← (A) ∧ data　,　1
　　　　　　　　　| data |

上述指令是将累加器 A 内容与其 4 种寻址方式(寄存器 R_n、直接和间接寻址、立即数)内容进行逻辑"与"运算,结果存于累加器 A 中,不影响标志位。

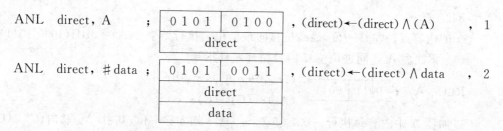

```
ANL   direct, A    ;  | 0101 | 0100 | , (direct)←(direct)∧(A)    , 1
                        |   direct    |

ANL   direct, #data ;  | 0101 | 0011 | , (direct)←(direct)∧data   , 2
                        |   direct    |
                        |    data     |
```

这两条指令以直接寻址单元内容与累加器 A 或立即数内容进行逻辑"与"运算 结果存于直接寻址(direct)单元中,不影响标志位。

如果其中一个操作数为并行 I/O 口内容时,则参加运算的值应是该 I/O 口锁存器中内容,而不是该 I/O 口引脚上的值。

逻辑"与"运算的特点是:按两操作数的对应位逐位相"与"运算,只有两位均匀为 1 时,其"与"运算结果才为 1,其余均为 0。因此,在实际应用中,常用立即操作数的 0 去清除另一操作数中对应位为 0 的操作运算。

例 27 设(A)=C3H (1100 0011),(R0)=AAH (1010 1010),执行指令:

ANL A, R0;

执行结果:(A)=82H (1000 0010)。即:

$$
\begin{array}{r}
(A)=1100\ 0011 \\
\wedge\ (R0)=1010\ 1010 \\
\hline
(A\ )=1000\ 0010
\end{array}
$$

例 28 ANL 指令常用来屏蔽(或称清 0)单元的某些位。方法是将该位用"0"相"与",这种用法的目的操作数常用直接寻址,源操作数为立即数。如:

ANL P1, #11110000B;

执行结果:将 P1 口锁存器的低 4 位屏蔽(或称清 0),而高 4 位保持原内容不变。

(2) 逻辑"或"运算指令

```
ORL   A, Rn     ;  | 0100 | 1rrr | , (A)←(A)∨(Rₙ)     , 1

ORL   A, direct ;  | 0100 | 0101 | , (A)←(A)∨(direct)  , 1
                    |   direct    |

ORL   A, @Ri    ;  | 0100 | 011i | , (A)←(A)∨((Rᵢ))    , 1

ORL   A, #data  ;  | 0100 | 0100 | , (A)←(A)∨data      , 1
                    |    data     |
```

上述指令是将累加器 A 中内容与 R_n、直接和间接寻址、立即数内容进行按位逻辑"或"运算,结果存于累加器 A 中。不影响标志位。

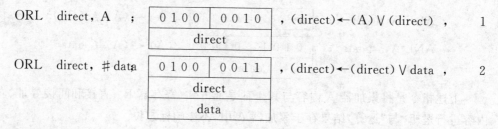

```
ORL   direct, A    ;  | 0100 | 0010 | , (direct)←(A)∨(direct) , 1
                       |   direct    |

ORL   direct, #data   | 0100 | 0011 | , (direct)←(direct)∨data , 2
                       |   direct    |
                       |    data     |
```

这两条指令是将直接寻址单元内容和累加器 A 内容或立即数进行逻辑"或"运算,结果存于直接寻址单元中,不影响标志位。

当直接寻址单元为并行 I/O 口时,将 I/O 口锁存器中内容读出进行逻辑"或"运算,而不是 I/O 口引脚上内容。

逻辑"或"运算的特点是:两操作数的对应位按位进行"或"运算。两对应位只要有一位为 1,其结果就为 1。换句话说,只有两对应均为 0 时,结果才为 0。因此常可用立即数中的 1 去置位某单元中对应位,使其为 1。

例 29 执行指令

ORL 40H,♯00110101B;

执行结果:将片内 RAM 40H 单元的 0、2、4、5 位置成 1,其余位仍保持原值不变。

例 30 要求将累加器 A 中低 5 位内容送 P1 口的低 5 位,而传送时要求不影响 P1 口高 3 位内容,程序可编写成:

```
ANL  A,♯00011111B      ;将累加器 A 的高 3 位屏蔽
ANL  P1,♯11100000B     ;将 P1 口的低 5 位屏蔽,高 3 位保持不变
ORL  P1,A              ;将 A 中低 5 位送 P1 的低 5 位,高 3 位不变
```

(3) 逻辑"异或"运算指令

逻辑"异或"操作,即对两操作数单元内容进行按位相加操作,其结果为半加和,保存于目的操作数单元。不影响标志位。

指令		编码	操作	周期
XRL A,Rn ;	0110	1rrr	$(A) \leftarrow (A) \forall (R_n)$	1
XRL A,direct ;	0110	0101	$(A) \leftarrow (A) \forall (direct)$	1
	direct			
XRL A,@Ri ;	0110	011i	$(A) \leftarrow (A) \forall ((R_i))$	1
XRL A,♯data ;	0110	0100	$(A) \leftarrow (A) \forall data$	1
	data			

上述指令是将累加器 A 内容与 R_n,直接和间接寻址、立即数内容的对应位进行按拉相加,即逻辑"异或"操作,运算结果保存于 A 中。

指令		编码	操作	周期
XRL direct,A ;	0110	0010	$(direct) \leftarrow (direct) \forall (A)$	1
	direct			
XRL direct,♯data;	0110	0011	$(direct) \leftarrow (direct) \forall data$	2
	direct			
	data			

上述两条指令以直接寻址的单元内容与累加器 A 内容或立即数进行逻辑"异或"运算,结果保留在原直接寻址单元中,不影响标志位。

当直接寻址的单元为 I/O 口时,同样是从 I/O 口的锁存器中读取内容,而不是从引脚上读取内容,运算结果存于 I/O 口的锁存器中。

逻辑"异或"运算的特点是:两操作数按位进行"半加和"操作。当两位数值相同时其结果值为 0,否则(相异)为 1。因此,常可用于判别两操作数是否等同。若结果为 00H,则两操

作数等同,否则为不等同。

　　例 31　设(A)＝C8H(1100 1000)(R0)＝AAH(1010 1010),执行指令:

　　　　XRL　A,R0;

　　执行结果:(A)＝62H(0110 0010)。即:

$$(A)=1\ 1\ 0\ 0\ 1\ 0\ 0\ 0$$
$$\underline{\vee\quad (R0)=1\ 0\ 1\ 0\ 1\ 0\ 1\ 0}$$
$$(A)=0\ 1\ 1\ 0\ 0\ 0\ 1\ 0$$

　　还可利用立即数寻址的"异或"指令,对单元内容的某些位进行取反操作。其方法是将需取反的位与立即数"1"相"异或",运算结果必将原值取反,例如:

　　ARL　P1,　♯00110101B

执行结果使 P1 口锁存器中 0、2、4、5 位取反。

4.3.4　控制转移类指令

　　为了能满足复杂的实时测控应用系统的需要,MCS-51 系列单片机的指令系统,设有丰富的多种控制程序跳转的指令。这类指令的特点是控制程序的运行顺序和流向。这类指令分为无条件转移、条件转移和循环转移三部分。

　　1) 无条件转移类指令

　　这类指令包含有无条件调用、返回和转移三种指令,无条件地控制执行程序从当前地址处(PC 的当前值)转移到由该指令给出的目的地址处执行。

　　(1) 子程序调用类指令

　　将应用系统程序运行中需多次(或反复)用到的功能模块另行编制成一段专用程序段,专供需要时调用,称为子程序和子程序调用。这样可简化系统程序结构,节省存储单元,提高系统软件的可靠性。

　　出于对程序存储器容量的考虑,MCS-51 系列单片机将子程序调用指令设置有绝对调用和长调用两条指令。

　　① 绝对调用指令

　　这是一条继承和延用 MCS-48 系列单片机的调用指令,因当时程序存储器容量有限,必须尽可能节省和压缩每一个存储单元。为此,该指令只提供低 11 位目的地址,而高 5 位地址保持不变,从而使指令长度压缩为二个字节。节省了一个字节,但其调用子程序的寻址范围受限于包括当前 PC 值(即调用指令的 PC 值)在内的 2KB 寻址空间。指令格式为:

　　　　ACALL　addr11　;

$a_{10}a_9a_8\ 1$	0000
$addr_{0\sim7}$	

$(PC)\leftarrow(PC)+2$　　　　2
$(SP)\leftarrow(SP)+1$
$((SP))\leftarrow(PC_{0\sim7})$
$(SP)\leftarrow(SP)+1$
$((SP))\leftarrow(PC_{8\sim15})$
$(PC_{0\sim10})\leftarrow addr_{0\sim10}$
$(PC_{11\sim15})$ 不变

　　这是一条双字节、双周期指令,其第一字节的高 3 位($a_{10}a_9a_8$)和第二字节的 8 位

($a_7 \cdots a_0$)组成该指令当前 PC 值的低 11 位目标地址码,和当前 PC 值的高 5 位(不改变的)组成被调用子程序的首地址(入口地址)。其中"$a_{10} a_9 a_8$"又称页地址。第一字节的低 5 位(10001)为该指令的操作码。本指令的操作过程如下:

当程序执行到本指令时,CPU 读取完这条指令的代码,程序指针(PC)+2 形成 PC 的当前值,指向下一条指令的地址,并将此地址压入堆栈保护,以保证程序执行完子程序后正确返回此地址处继续往下执行,然后将由指令提供的 11 位地址码($a_{10} \cdots a_0$)送 PC 的低 11 位,即修改 PC 的低 11 位值,而高 5 位($PC_{15} \sim PC_{11}$)保持不变,形成新的被调子程序的目标地址(子程序入口地址),从而使程序无条件地转移到目标地址去执行被调子程序。

由于高 3 位地址码($a_{10} a_9 a_8$)和 5 位操作码(10001)共同组合成一个字节,连同低 8 位地址($a_7 \cdots a_0$)组成双字节调用指令,使指令长度压缩了一个字节,以达到节省一个字节存储单元的目的。然而事物的两面性,反过来限制了调用子程序的寻址空间。这里所谓的 2KB 寻址范围,是指指令提供的低 11 位目标地址从 $00 \cdots 00 \sim 11 \cdots 11$,这是最大的寻址空间。一般子程序均习惯存储于程序的高地址端(空闲区域),如果当前 PC 值的低 11 位已接近 $11 \cdots 111$,且被调子程序又存储在调用指令之后的高地址端,则可寻址范围就不是 2KB,而是很小!这点请多加注意,否则极易出错!因此,在程序存储器容量较宽余的情况下慎用此指令。

例 32 设(SP)=67H,符号地址"SUBRTN"所对应的被调子程序的首地址(入口地址)为 0345H,在(PC)=0123H 地址处执行指令:

    ACALL SUBRTN ;

执行结果:(PC)+2=0125H,压入堆栈(SP)+1=67H+1=68H 单元压入 25H,(SP)+1=69H 单元压入 01H,然后将子程序首址的低 11 位修改 PC 值的低 11 位,形成目标地址(PC)=0345H,使程序转向被调子程序执行。由于修改后的 PC 值高 5 位内容不变,仅将 123H 修改成 345H,符合寻址在包含 0125H 地址在内的同一个 2KB 范围内。使程序能正确调用该子程序。假设标号"SUBRTN"的被调子程序入口地址为 0800H 或以上,就因超出 2KB 寻址范围而无法调用并出错!可见选用本指令,将导致子程序设置的位置受限而带来不便。

② 长调用指令

随着集成技术的发展,程序存储器容量的不断扩大,MCS-51 系列单片机可寻址 64KB 程序存储器。为了能方便地调用 64KB 寻址范围内的任一子程序,特增设了长调用指令。其指令格式为:

LCALL addr16 ;

0001	0010
addr$_{8 \sim 15}$	
addr$_{0 \sim 7}$	

(PC) ← (PC)+3   , 2
(SP) ← (SP)+1
((SP)) ← (PC$_{0 \sim 7}$)
(SP) ← (SP)+1
((SP)) ← (PC$_{8 \sim 15}$)
(PC) ← addr$_{0 \sim 15}$

这是一条三字节、双周期指令。由指令的第二、三两字节直接提供 16 位被调用子程序的入口地址。这样,子程序可设置在 64KB 范围内的任何方便、空余的地址区域。

本指令的操作过程:当主机(CPU)读取完全部代码后,(PC)+3 送 PC,并将其 16 位的当前值压入堆栈保护,然后将由指令提供的 16 位目标地址(调用子程序的入口地址)送 PC,

控制程序转向被调子程序去执行。

例33 设(SP)=67H,标号(目的符号地址)SUBRTN指向程序存储器的5678H(即addr16=5678H),(PC)=0123H。从0123H地址处执行指令:

   LCALL SUBRTN ;

执行结果:(PC)+3=0123H+3→PC,先后压入堆栈:(SP)+1=68H单元压入26H,(SP)+1=69H单元压入01H,然后将被调用子程序的入口地址(目标地址)送入PC,从而程序即转向目标地址(5678H)为首地址的子程序执行。

选用本指令,用增加一个字节单元的存储容量,换来不必考虑被调用子程序的设置范围,提高了子程序设置的灵活性和调用的可靠性。建议在程序存储器容量允许的情况下尽量选用本条指令。

(2)返回指令

按程序结构,在执行完被调用的子程序后应返回到该调用指令的下一条指令处,即执行调用指令时将PC的当前值压入堆栈保护的地址处继续往下执行。为此,在子程序的末尾必须设置返回指令,以保证程序的正确返回原断点处继续原程序的执行。

返回指令有两条:子程序返回和中断服务子程序返回。

① 子程序返回指令

| RET | ; | 0010 | 0010 | , $(PC_{8\sim15}) \leftarrow ((SP))$, | 2 |

$$(SP) \leftarrow (SP) - 1$$
$$(PC_{0\sim7}) \leftarrow ((SP))$$
$$(SP) \leftarrow (SP) - 1$$

这是一条无操作数的单字节指令,其功能是从堆栈中弹出由调用指令压栈保护的断点地址(调用指令的下一条指令地址)返回给PC,从而结束子程序的执行,程序返回到原断点处继续往下执行。

返回指令(RET)的操作过程为:将SP所指示的原$PC_{8\sim15}$返回$PC_{8\sim15}$,栈指针调整[(SP)-1→(SP)],再将SP所指示的原$PC_{0\sim7}$返回$PC_{0\sim7}$,从而使程序重新返回到由PC所指示的断点地址处继续执行主程序。

例34 (SP)=69H,(69H)=01H[按上例$(PC_{8\sim15})$=01H],(SP)-1=68H,(68H)=26H,(即$PC_{0\sim7}$),执行指令:

    ⋮   ;子程序
    ⋮
  RET   ;返回

执行结果:(SP)=67H,(PC)=0126H,控制程序从原断点0126H地址处继续执行主程序。

② 中断服务子程序返回指令

| RETI | ; | 0011 | 0010 | , $(PC_{8\sim15}) \leftarrow ((SP))$, | 2 |

$$(SP) \leftarrow (SP) - 1$$
$$(PC_{0\sim7}) \leftarrow ((SP))$$
$$(SP) \leftarrow (SP) - 1$$

这条指令专用于中断服务子程序的返回,它除正确返回原断点处继续往下执行主程序外,并告知中断系统,表示已结束中断服务程序的执行,恢复中断逻辑开始接受新的中断请求。如果在执行 RETI 指令时又有新的中断请求,则必须在执行完 RETI(返回)指令之后,程序返回原断点处再执行完该 PC 所指示的指令之后,才能响应新的中断请求。因此,中断服务子程序的末尾,必须用 RETI 返回指令。尽管 RET 指令也能正确返回,但无告知中断系统当前中断服务程序已执行完的功能。因此,两条返回指令(RET 和 RETI)的用途必须分清。

(3) 无条件转移类指令

为了能紧凑编程长度,节省程序存储器存储单元,增强程序的转移动能,以满足各种复杂程序的需要,MCS-51 系列单片机的指令系统,设有多条功能各异的无条件转移指令,供程序设计者合理选用。

① 绝对无条件转移指令

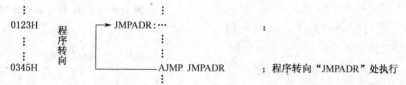

$$\text{AJMP addr11} \quad ; \quad \boxed{\begin{array}{c|c} a_{10}a_9a_80 & 0001 \\ \hline a_7 \sim a_0 \end{array}} \quad , \quad (PC) \leftarrow (PC)+2 \quad , \quad 2$$
$$(PC_{0 \sim 10}) \leftarrow addr_{0 \sim 10}$$
$$(PC_{11 \sim 15}) \text{ 不变}$$

这是一条双字节、双周期指令,其结构与前述绝对调用指令相同,由指令提供低 11 位目标地址($a_0 \sim a_{10}$),而高 5 位保持不变。其转移范围也是在包含 PC 的当前值在内的 2KB 地址空间。使用时同样要注意是否因转移目标地址超出范围(影响到高 5 位)而出错。本指令操作不影响标志位。

例 35 设标号"JMPADR"对应的转移目标地址为 0123H,而读取完转移指令后 PC 的当前值为 0345H,执行指令:

```
0123H      程序  ┌──► JMPADR:…              ;
  ⋮        转     │        ⋮
0345H      向     └── AJMP JMPADR           ;程序转向"JMPADR"处执行
```

在本例中,PC 的当前值为 0343H + 2 = 0345H,其高 5 位为 00000…而目标地址"JMPADR"为 0123H,其高 5 位亦为 00000,不改变 PC 的高 5 位,因而能正确转移。反之,如果目标地址(JMPADR)为 0834H,其高 5 位为 00001…,就会因超越范围而出错。再如,当 PC 的当前值为 0FFAH,而目标地址是向正向(地址增大)转移,则可转移的范围就很小了,仅仅只有 5 个地址单元,超过此范围就出错。同样,选用此指令应慎重,否则易出错。

图 4.7 所示为绝对转移指令 AJMP 跳转示意图。指令可控制程序无条件地转向地址码增长方向或者相反方向,其跳转范围包括当前 PC 值在内不超过 2KB。

② 无条件长转移指令

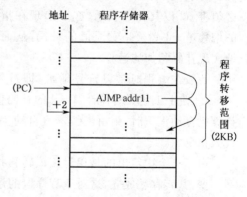

图 4.7 AJMP 指令转移示意图

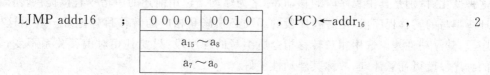

$$\text{LJMP addr16} \quad ; \quad \boxed{\begin{array}{c|c} 0000 & 0010 \\ \hline a_{15} \sim a_8 \\ \hline a_7 \sim a_0 \end{array}} \quad , \quad (PC) \leftarrow addr_{16} \quad , \quad 2$$

这是一条三字节、双周期指令,由指令提供 16 位目标转移地址。因此,本指令可实现在 64KB 寻址空间范围内任意目标地址的转移。不影响标志位。

从图 4.8 所示,由于指令直接提供 16 位转移目标地址,从而可使运行的程序在 64KB 的寻址空间内转向任何目标地址去执行。为编程带来了很大方便,在程序存储器容量允许的情况下,应选用本指令,既简单、方便,且不易出错。

③ 相对转移指令

SJMP rel   ; | 1000 | 0000 | ,(PC) ← (PC)+2   ,   2
             相对地址(rel)   (PC) ← (PC)+rel

这是一条双字节、双周期指令,指令提供相对偏移量 rel。在执行本指令时,将 PC 的当前值(即(PC)+2 送(PC))并和偏移量 rel 的补码相加,形成有效目标转移地址,实现程序的转移操作。

相对偏移量 rel 是一个带符号(+、-)的 8 位二进制码,其最高位为符号位(1 为负数、0 为正数),其余 7 位为有效数据。正数(符号为 0)表示程序向地址码增加的方向(正向)转移;负数(符号为 1)表示程序向地址码减小(反向)的方向转移。相对的基准是 PC 的当前值,其转移范围为 -128～+127 地址单元。图 4.9 所示为 SJMP 指令相对转移操作示意图。

由于偏移量 rel 是一个符号数,可正、可负。为了便于和 PC 的当前值执行相加运算,必须将 rel 以其补码表示,亦即出现在指令中的偏移量 rel 必须是它原值的补码,从而方便地实现补码相加的运算。

一般在编程时常以符号地址(即符号)表示 rel。在手工代真时需计算 rel 的补码值;用计算机自动汇编时,则由汇编语言自动生成并代入指令中。

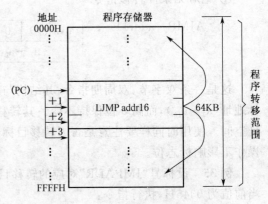

图 4.8 LJMP 指令跳转示意图

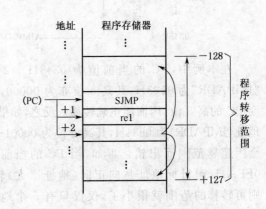

图 4.9 SJMP 指令相对转移示意图

由于指令中给出的是相对于该转移指令的 PC 当前值的相对偏移量,只要其间相对关系不变,其转移就成立,这对于程序段的浮动带来了方便。故相对寻址类指令有助于程序段的浮动性。

所谓程序的浮动性,即在程序设计的初始阶段或调试过程中,常需对原程序进行调整、修改、增删部分指令或程序段,这就必然会对原程序的排列顺序、地址码的编排产生变化,将这种变化,特别是其中程序段的移动,称之为浮动。选用前述的由指令直接提供转移目标地址所编写的转移程序段,随着程序段的浮动必须修其相应的转移目标地址。表示这样的程序段,其浮动性差。选用相对转移指令所编写的程序段,只要其相对偏移关系不变,其对应的程序段就可任意浮动,故称其浮动性能好。

相对转移指令,尽管其偏移范围较小,但其浮动性能好。给原程序的调试、修改带来了较大方便。特别在动能模块程序段、子程序设计中常被选用。

例36 设标号"RELADR"指向程序存储器的 0123H 地址单元,当前正在执行的 SJMP RELADR 指令的地址为 0100H,即 PC 的当前值为 0100H＋2＝0102H,所以求得该指令的偏移量 rel＝0123H－0102H＝21H。执行指令:

地址码	程序段
⋮	⋮
0100H	SJMP　RELADR　;程序转向 RELADR 处
⋮	⋮
0123H	RELADR:　…
	⋮

执行结果:(PC)＋2＋rel＝0123H,送 PC,控制程序转向标号为 RELADR(对应地址为 0123H)单元执行。在编程时常用标号(符号地址)表示,在源程序进行汇编时,会自动计算偏移量 rel 的值,并代真到指令的第二字节中。

例37 设 rel＝FEH(11111110B),执行指令:

JMPADR:SJMP　JMPADR;无限循环

由于 rel＝1111 1110B,最高位为 1,为负数,即它的真值为－2,因此,执行本指令:

$$(PC)＋2＋rel＝(PC)＋2－2＝PC$$

控制程序转向转移指令本身,使程序在这里无限循环。由于 8051 型单片机无暂停指令,所以常用此方法使程序暂停往下执行,取代暂停指令功能。

④ 间接转移指令

JMP　@A＋DPTR　;　| 0111 | 0011 |　,(PC)←(A)＋(DPTR)　,　　　2

这是一条单字节、双周期指令。将累加器 A 中 8 位数和数据指针 DPTR 中 16 位数相加,形成有效转移目标地址,控制程序转向目标地址去执行。本指令执行时,进行以 2^{16} 为模的 16 位加 8 位的运算,低 8 位的相加结果产生进位时,将传递到高 8 位,而高 8 位若产生进位,则丢弃。形成的 16 位有效目的地址送 PC,控制程序实现转移。其运算并不影响 A 和 DPTR 中原内容,不影响标志位。

如图 4.10 所示为 JMP @A＋DPTR 指令执行转移操作示意图。本指令常用于散转功能,即动态选择多种转移表中的某个转移。将多条转移指令按顺序设置成以 DPTR 为首地址的寻址空间不超过 256 字节的程序存储器区域。以 AJMP 转移指令为例,它是双字节指令,则转移区域最多只能设置 128 条 AJMP 指令,即散转范围不得超过 128 个分支转移方向。由运算中 A 的值来确定动态选择哪一个分支转移指令,并将程序转移到目的分支程序段去执行。

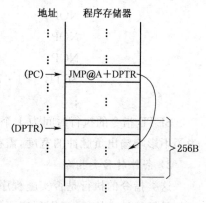

图 4.10　JMP　@A＋DPTR 指令转移操作示意图

例38 设选用 AJMP 为多分支转移区的转移指令,变址寄存器 A 中内容应为偶数。符号地址(标号)"JMP—TBL"为多分支转移区首地址。程序设计如下。

```
            ⋮
START：   MOV   DPTR，♯JMP-TBL    ;起始地址送 DPTR
          MOV   B，♯02H           ;
                                      (A)×(B),使 A 中内容变成偶数
          MUL   AB                ;
          JMP   @A＋DPTR          ;程序转向(A)＋(DPTR)目标地址
            ⋮
JMP-TBL：AJMP  LABEL0            ;
          AJMP  LABEL1            ;
          AJMP  LABEL2            ;
            ⋮
```

上例程序可在运算过程中动态选择应转向的分支。例如,(A)＝0，(A)×02H 仍为 0,程序转向 LABEL0 分支去执行;(A)＝02H,则(A)×02H＝04H,程序转向 LABEL2 分支去执行……如果分支转移指令选用 LJMP addr16,由于这是一条 3 字节指令,因此需将变址寄存器 A 中内容乘 3 进行修正。

MCS-51 系列单片机共提供了上述 4 条无条件转移指令,在程序设计中应酌情合理选用。

(4) 空操作指令

NOP　　　　；|　0000　|　0000　|　,(PC)←(PC)＋1　　　　　，　　1

本指令的执行不做任何操作,仅将(PC)＋1 送 PC,控制程序顺序往下执行。这是一条单字节、单周期指令,所以在执行时间上占用 1 个机器周期。常用于延时、时间等待或填充空余存储单元等。

例 39　设某应用程序中,从 P1 口的 P1·7 输出一个负脉冲,要求负脉冲的脉宽持续 5 个机器周期时间。这里选用位清 0(CLR bit)、位置 1(SETB bit)指令来实现。编写程序段如下。

```
            ⋮
START：   CLR  P1·7     ;P1 口的第 7 位清 0,输出低电平
          NOP           ;空操作
          NOP           ;
          NOP           ;
          NOP           ;
          SETB P1·7     ;将 P1·7 位置 1,输出高电平
            ⋮
```

SETB 指令的执行时间为 1 个机器周期,加上 4 条 NOP 指令,共持续 5 个机器周期。为了不影响输出负脉冲的宽度,需在关中断(禁止中断)的情况下执行这段程序。

2) 条件转移类指令

这类指令的执行是否实施程序转移是有条件的,若经检测条件成立,则控制程序转向设定的目标地址去执行,否则程序不执行转移,继续按顺序往下执行。这类指令均属相对寻址方式,其转移范围均以 PC 的当前值为基准的－128～＋127 个字节单元。

(1) 判"0"转移指令

JZ rel ；

0110	0000

,(PC)←(PC)+2 ，2

相对地址(rel)

当(A)＝00H,则(PC)←(PC)+rel

当(A)≠00H,程序顺序执行

JNZ rel ；

0111	0000

,(PC)←(PC)+2 ，2

相对地址(rel)

当(A)≠00H,则(PC)←(PC)+rel

当(A)＝00H,则程序顺序执行

这两条指令均为双字节、双周期指令,前者判累加器 A 内容为 00H,后者不为 00H 时,控制程序转向目标地址去执行,否则程序顺序往下执行。

指令的执行不改变累加器 A 中内容,不影响标志位。

上述两指令执行流程如图 4.11 所示

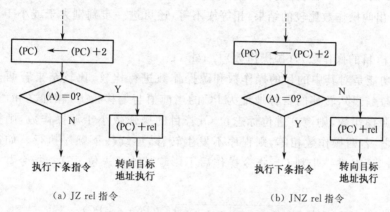

(a) JZ rel 指令　　　(b) JNZ rel 指令

图 4.11　JZ、JNZ 指令的逻辑流程图

例 40　设累加器 A 内容为 01H,执行下列指令：

JZ　　LABEL1　　;因(A)＝01H≠00H,故程序顺序往下执行

DEC　A　　　　　;(A)−1＝00H

JZ　　LABEL2　　;因(A)＝00H,程序转向 LABEL2 去执行

　　⋮

设第一条指令的地址为 0100H,符号地址 LABEL1 的地址为 00B0H,LABEL2 的地址为 0150H,则计算它们的偏移量 rel 的值。

计算偏移量 rel 的公式为:rel＝目标地址−PC 当前值。

第一条指令,(PC)+2＝0102H,为 PC 的当前值,目标地址 LABEL1＝00B0H,则 rel$_1$＝00B0H−0102H＝−52H,它的补码(rel)$_补$＝0AEH。

第三条指令,(PC)+2＝0103H+2＝0105H,目标地址 LABEL2＝0150H,则 rel＝0150H−0105H＝4BH,正数的补码不变,(rel)$_补$＝4BH。

以上是手工计算偏移量(rel)的具体方法。

例 41　编写一段程序,实现由 P2 口输入的内容转向由 P1 口输出,若输入为 00H,则停止转发。程序段如下。

　　⋮

AGIN：MOV　A,P2　　;由 P2 口输入送 A

MOV　P1,A　　;将输入内容经 P1 口输出

```
        JNZ     AGIN    ;判(A)≠00H,则转 AGIN,继续转发
        ⋮               ;当(A)=00H 时,停止转发,程序往下执行
```

相对寻址的偏移量 rel 是一个符号数,其最高位为符号位,该位为"0"表示是"+"数,程序将向正向(存储地址增加方向)偏移;若为"1"表示为"—"数,程序将向负向(存储地址减少方向)偏移。由于偏移量 rel 是个 8 位为符号数,最高位为符号位,余下的 7 位二进制数为偏移值,故其偏移范围为—128~+127 字节单元。

通过上述例 1,具体叙述了偏移量的计算方法。一般情况下,源程序在汇编时,会自动计算源程序中的偏移量,并代真到对应的指令中。但作为程序设计者理应掌握偏移量的计算方法。加深理解相对寻址的基本概念。

(2) 比较转移指令

MCS-51 系列单片机的比较转移指令极为丰富,功能强,可对多种寻址的单元内容进行比较,并可得出两操作数比较的结果:相等或不等,还可进一步判别大于或小于。指令的基本格式为:

CJNE [(目的操作数),(源操作数)], rel ;

指令的功能是对其中的目的操作数和源操作数进行比较,比较结果若两操作数不相等,则控制程序转移,转移的目标地址为 PC 的当前值与偏移量 rel 相加之和,并判若目的操作数大于源操作数,则清 0 进位标志位 C;若目的操作数小于源操作数,则置 1 进位标志位 C。反之,若两操作数相等,则程序不发生转移,继续往下顺序执行。如需分清两操作数谁大、谁,还需进一步判 C。指令操作后不影响其他标志位。这类指令共有以下 4 种寻址方式:

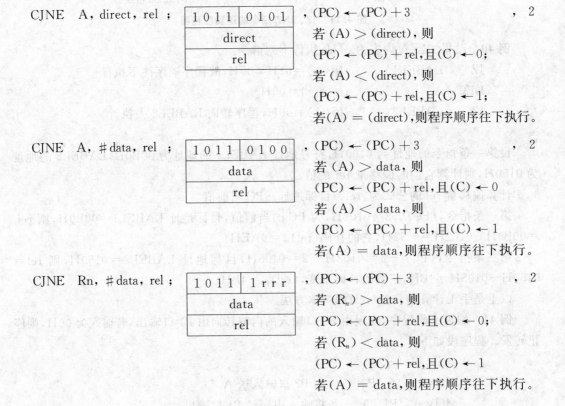

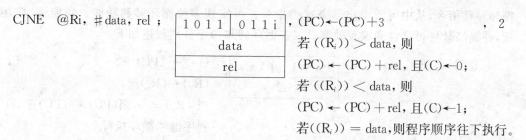

CJNE @Ri,♯data,rel ;

$(PC)\leftarrow(PC)+3$, 2

若$((R_i))>$data,则

$(PC)\leftarrow(PC)+$rel,且$(C)\leftarrow0$；

若$((R_i))<$data,则

$(PC)\leftarrow(PC)+$rel,且$(C)\leftarrow1$；

若$((R_i))=$data,则程序顺序往下执行。

上述4条比较指令均为3字节、双周期指令。4种寻址方式几乎包含了所有片内RAM有关单元内容和立即数,并指明两操作数的大小。可见其功能极强,包含可比较的操作数范围极广,为实时嵌入式系统的应用带来了方便。

这类指令的操作过程是:当CPU读取指令的三个字节代码后,(PC)+3形成PC的当前值(指向下一条指令的第一字节),然后判两操作数的是否相等。若不等,则分别置1或清0 C标志位,控制程序转向目标地址((PC)+rel)去执行;若两操作数相等,不影响C标志位,程序顺序往下执行。

如图4.12所示为4条指令中两操作数比较关系图。

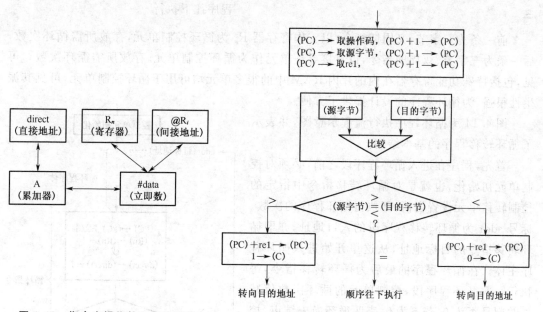

图 4.12 指令中操作数之间关系图　　　　图 4.13 CJNE指令流程示意图

上述指令均属相对寻址方式,故其转移寻址范围均为$-128\sim127$字节单元。

图4.13为比较转移指令操作流程(程序框图)示意图。

上述4条指令中,前二条指令中的目的操作数为隐含的累加器A,第3条指令的工作寄存器R_n,由指令操作码的末3位"rrr"确定(即 rrr$=0\sim7$),第4条指令的间接寻址寄存器$R_i(i=0$ 或1),由指令操作码的最低位"i"确。通过这4条指令可实现片内数据的比较。

(3)循环转移指令

在实际应用中往往常会出现某些程序段需要多次连续且反复执行,为了能压缩程序长度,节省存储单元,简化程序设计,改用循环执行的方法来实现。为此,在计算机的指令系统中,专门设置了循环判跳指令。MSC-51系列单片机的指令系统,配置了二种寻址方式的二条循环转移指令,从中可派生出多条这类指令。可实现多种循环转移功能。功能强、应用灵活,并提高软件可靠性和编程效率。二条循环转移指令分别叙述如下。

DJNZ Rn, rel ;

1101	1 r r r
rel	

$(PC) \leftarrow (PC)+2$, 2

$(R_n) \leftarrow (R_n)-1$

当 $(R_n) \neq 0$,则$(PC) \leftarrow (PC)+rel$

程序继续循环执行

当 $(R_n) = 0$,则结束循环程序的执行,

程序往下执行

DJNZ direct, rel ;

1101	0101
direct	
rel	

$(PC) \leftarrow (PC)+3$, 2

$(direct) \leftarrow (direct)-1$

当 $(direct) \neq 0$,则

$(PC) \leftarrow (PC)+rel$

继续执行循环程序

当 $(direct) = 0$,则结束循环程序的执行,

程序往下执行

前一条为双字节、又周期指令,以工作寄存器 R_n 为循环控制单元,存放所需循环次数,后一条为三字节、双周期指令,以直接寻址单元作为循环控制单元,存放所需循环次数。可见,包括特殊功能寄存器在内的片内 RAM 中的很多单元均可用于循环控制单元,可见其派生性很强,为循环程序的设计提供了方便。

图 4.14 为循环程序执行流程示意图,并表示了循环转移程序的基本结构。

首先,程序在进入循环程序段之前,必须对控制单元初始化,也就是对循环转移指令中指定的控制转移单元设置初值,即执行循环程序的次数。标号 addr 为循环转移程序段的入口地址,亦即循环转移指令的目标地址,从这里开始进入循环程序主体。在循环程序的最后为循环转移指令,每执行一次循环程序段,控制单元的循环次数值减1,并判是否为 0,若不为 0,表明循环尚未结束,控制程序转向目标地址 addr 处继续执行循环程序,直到控制单元减为 0,则表示循环结束,程序不再转移,而是顺序往下执行。

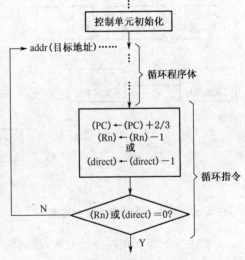

图 4.14 循环转移程序流程示意图

同样,这两条指令均属相对寻址方式,因此,其转移范围同样受限于 $-128 \sim +127$ 个字节单元。整个循环程序段具有较好的浮动性。

当指令的循环控制单元为某并行 I/O 端口时,是指 I/O 口的锁存器。

例 42 设 R_2 为循环控制单元,连续 8 次改变 P1·7 口输出电平(即从 $0 \rightarrow 1$ 或 $1 \rightarrow 0$),由 P1·7 口引脚输出 4 个正脉冲,其脉宽为 4 个机器周期。编写程序段如下。

```
              ⋮
        MOV   R2，♯08H            ;赋循环初值
ADDR0：  CPL   P1·7               ;对 P1·7 取反
        NOP                      ;
        DJN2  R2，ADDR0           ;(R2)-1→(R2)，并判(R2)是否为 0
              ⋮
```

例 43 执行延时程序段

```
              ⋮
        MOV   40H，♯××H           ;设置循环初始值
AGIN：   MOP                      ;空操作，
        NOP                      ;
        DJN2  40H，AGIN            循环判跳
```

本例设片内 RAM 40H 单元为循环控制计数器,每循环一次延时 4 个机器周期,可根据设定的主频和延时时间,设置循环次数。

例 44 设由 P1 口输入 100 个 BCD 码(十进制数),要求统计出数字 0~9 的概率分布。其程序段如下。

```
              ⋮
        MOV 40，♯100        ;立即数 100 送 40 号单元
READ：   MOV A，P1           ;P1 口输入送 A
CHK0：   CJNE A，♯0，CHK1     ;P1 口输入内容与 0 比较
        INC  30H            ;当(A)=0,30H 单元内容加 1,统计输入 0 的次数
        DJNZ 40，READ        ;当(40)-1≠0,转 READ 继续输入
        SJMP END            ;当(40)=0,转结束
CHK1：   CJNE A，♯1，CHK2     ;当(A)≠1,转 CHK2
        INC  31H            ;当(A)=1,(31H)+1,统计输入 1 的次数
        DJNZ 40，READ        ;当(40)-1≠0,转 READ 继续输入
        SJMP END            ;当(40)=0,转结束
CHK2：   CJNE A，♯2，CHK3     ;当(A)≠2,转 CHK3
        INC  32H            ;当(A)=2,则(32H)+1,统计输入 2 的次数
        DJNZ 40，READ        ;当(40)-1≠0,转 READ
        SJMP END            ;当(40)=0,转结束
CHK3：   CJNE A，♯3，CHK4     ;当(A)≠3,转 CHK4
        INC  33H            ;当(A)=3,则(33H)+1,统计输入 3 的次数
        DJNZ 40，READ        ;当(40)-1≠0,转 READ
        SJMP END            ;当(40)=0,转结束
CHK4：   CJNE A，♯4，CHK5     ;当(A)≠4,转 CHK5
        INC  34H            ;当(A)=4,则(34H)+1,统计输入 4 的次数
        DJNZ 40，READ        ;当(40)-1≠0,则转 READ
        SJMP END            ;当(40)=0,转结束
CHK5：   CJNE A，♯5，CHK6     ;当(A)≠5,转 CHK6
```

```
        INC    35H          ;当(A)＝5,则(35H)＋1,统计输入 5 的次数
        DJNZ   40，READ      ;当(40)－1≠0,转 READ
        SJMP   END          ;当(40)＝0,转结束
CHK6：  CJNE   A，#6，CHK7    ;当(A)≠6,转 CHK7
        INC    36H          ;当(A)＝6,则(36H)＋1,统计输入 6 的次数
        DJNZ   40，READ      ;当(40)－1≠0,转 READ
        SJMP   END          ;当(40)＝0,转结束
CHK7：  CJNE   A，#7，CHK8    ;当(A)≠7,转 CHK8
        INC    37H          ;当(A)＝7,(37H)＋1,统计输入 7 的次数
        DJNZ   40，READ      ;当(40)－1≠0,转 READ
        SJMP   END          ;当(40)＝0,转结束
CHK8：  CJNE   A，#8，CHK9    ;当(A)≠8,转 CHK9
        INC    38H          ;当(A)＝8,则(38H)＋1,统计输入 8 的次数
        DJNZ   40，READ      ;当(40)－1≠0,转 READ
        SJMP   END          ;当(40)＝0,转结束
CHK9：  INC    39H          ;当(A)＝9,则(39H)＋1,统计输入 9 的次数
        DJNZ   40，READ      ;当(40)－1≠0,转 READ
END：   SJMP   END          ;当(40)＝0,结束统计
```

本例是对由 P1 口输入的 100 个 0～9 BCD 码数分布的统计,分类统计的次数分别存放于片内 RAM 30H～39H 单元中。其中 DJNZ 为循环指令,每循环一次,控制循环次数的 40H 单元的内容(100)自动减 1,并判其是否等于 0。若不为 0,执行循环(程序转向 READ),继续从 P1 口输入和统计;若为 0,表示 100 个数已输入完,结束循环程序的执行,完成 100 个数的分类统计。

4.3.5　布尔(位)处理类指令

MCS-51 系列单片机具有极强的布尔(位)处理功能,因而常称其具有双处理器结构。布尔(位)处理器同样由位 CPU、程序存储器 ROM、数据存储器 RAM、累加器 C、特殊功能寄存器 SFR 和 I/O 端口等组成,设置有特殊的位处理硬件逻辑,从而能执行各种功能很强的位处理操作。布尔(位)处理设有 17 条指令,指令的长度一样分为单字节、双字节和三字节,处理速度有单周期和双周期两种,指令格式与 8 位处理指令相同。由于两者形式上完全相同,所以两种指令均存储于同一个程序存储器中。实际上两者仅处理数的长度(8 位数和一位数)不同,其余完全相同。

片内数据存储器 RAM 区设有专用于位寻址区域(20H～2FH)共 16 个字节 128 位,供位变量或操作数随机存取,大多特殊功能寄存器 SFR 和 I/O 端口均可进行位处理。

所有位处理指令均属直接寻址方式。出现在指令中的位地址可用以下几种方式表示:
· 直接用位地址(00H～FFH)表示。例如:00H、09H、0D7H 等。
· 采用字节地址加位地址表示,两者之间用句号"·"分开。例如:25H·4、26H·6 等。
· 对于可位寻址的寄存器,可用寄存器名加位数表示,两者之间用句号"·"分隔开。例如:ACC·4、P1·3、PSW·5 等。

· 可位寻址寄存器中有定义的名称。例如:FO、RI、TI、ITO、TRO 等。

· 用户自己定义过的符号地址,但必须经过汇编程序用伪指令事先进行定义后才能在程序中引用。例如,通过伪指令"BIT"进行自定义:

LP1: BIT PSW·5 ;定义 PSW·5 位的符号地址为 LP1

LP2: BIT 20H·4 ;定义片内 RAM 位寻址区域的 20H·4 位的符号地址为 LP2

⋮

CLR LP1 ;清 0 LP1 位

⋮

有关伪指令的内容将在后续章节中论述。

1) 布尔(位)数据传送指令

布尔(位)数据指令有两条,以实现位单元(bit)内容和位累加器(Cy)内容进行相互传送。其指令格式为:

MOV C, bit ;

1010	0010
位地址(bit)	

, (C)←(bit) , 1

MOV bit, C ;

1001	0010
位地址(bit)	

, (bit)←(C) , 1

这两条均为双字节、单周期指令,前一条是将位地址(bit)中的数送位累加器 C 中,位(bit)单元内容保持不变,后一条则反之,将位累加器 C 中内容送位地址(bit)单元中,累加器 C 中内容保持不变。不影响该字节单元的其他位和标志位。

例 45 设并行 I/O 口的 P2·3~P2·6 与译码器的输入端口 A3~A0 相连接,如图 4.15 所示。现需将累加器 A 中的 ACC·0 位值通过 P2·6 口输出给译码器的 A_0,ACC·1 位的值通过 P2·5 口输出给译码器的 A_1,其余以此类推。编写程序段如下:

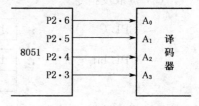

图 4.15 P2 口与译码器两端口连接

OUTP2:RRC A ;ACC·0 送 C

　　　 MOV P2·6, C ;ACC·0 位内容送 P2·6 输出

　　　 RRC A ;ACC·1 位送 C

　　　 MOV P2·5, C ;ACC·1 位内容送 P2·5 位输出

　　　 RRC A ;ACC·2 位内容送 C

　　　 MOV P2·4, C ;ACC·2 位内容送 P2·4 位输出

　　　 RRC A ;ACC·3 位内容送 C

　　　 MOV P2·3, C ;ACC·3 位内容送 P2·3 位输出

　　　 RET ;返回

本例为了解决两者高、低位顺序相反的矛盾,程序通过移位的方法,将对应位内容移入 C,再通过位传送指令,送入对应的 P2 口输出。

2) 布尔(位)操作指令

MCS-51 系列单片机设有 3 类共 6 条布尔(位)操作指令:

(1) 位清 0 指令

| CLR C | ; | 1100 | 0011 | ,(C)←0 | , | 1 |

| CLR bit | ; | 1100 | 0010 | ,(bit)←0 | , | 1 |
| | | 位地址(bit) | | | | |

指令将 C 或指定位地址内容清 0。不影响其他标志位。

例 46 设 P1 口原写入内容为 01011101B,执行指令:

  CLR P1·2

执行结果:P1 口的内容变为 01011001B。

(2) 位置 1 指令

| SETB C | ; | 1101 | 0011 | ,(C)←1 | , | 1 |

| SETB bit | ; | 1101 | 0010 | ,(bit)←1 | , | 1 |
| | | 位地址(bit) | | | | |

指令将 C 或指定位地址内容置 1。不影响其他标志。

例 47 设(C)=0, P1 口内容为 00110100B。执行指令:

  SETB C

  SETB P1·0

执行结果:(C)=1, P1 口内容变为 00110101B。

(3) 位取反指令

| CPL C | ; | 1011 | 0011 | ,(C)←($\overline{C}$) | , | 1 |

| CPL bit | ; | 1011 | 0010 | ,(bit)←($\overline{bit}$) | , | 1 |
| | | 位地址(bit) | | | | |

指令将指定的 C 或位地址内容取反。不影响其他标志位。当用本指令取反输出口时,作为修改的原始数值应从该输出口的锁存器中读入,而不是从该口的输入引脚读入。

例 48 设 P1 口的原始写入内容为 01011101B,执行指令:

  CPL P1·1

  CPL P1·2

执行结果:P1 口的内容变为 01011011B。

3) 布尔(位)逻辑运算指令

布尔(位)逻辑运算指令仅有逻辑"与"和逻辑"或"两种运算。

(1) 位逻辑"与"指令

| ANL C, bit | ; | 1000 | 0010 | ,(C)←(C)∧(bit) | , | 2 |
| | | 位地址(bit) | | | | |

| ANL C, /bit | ; | 1011 | 0000 | ,(C)←(C)∧($\overline{bit}$) | , | 2 |
| | | 位地址(bit) | | | | |

指令将源操作数指定的位地址内容或位地址内容取反后(原内容不变)和布尔(位)累加器 C 的内容进行逻辑"与"运算,运算结果存入 C 中。其中"/bit"表示对位单元内容取反后再进行逻辑运算。

图 4.16 为位逻辑"与"运算指令的逻辑示意图。

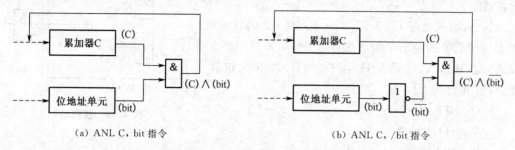

(a) ANL C, bit 指令 　　　　　　(b) ANL C, /bit 指令

图 4.16　布尔(位)ANL 指令逻辑示意图

例 49　编写实现下列逻辑运算要求的程序段。

若(P1·0)=1,(ACC·7)=1,且 OV=0,需将布尔累加器 C 置 1,程序如下:

    MOV C, P1·0   ;(P1·0)=1 送 C 中
    ANL C, ACC·7   ;(C)=1∧(ACC·7)=1,结果存于 C 中
    ANL C, /OV   ;(C)∧($\overline{OV}$)=1 结果存于 C 中

执行结果:当满足给出的条件,必将 C 置 1。

(2) 位逻辑"或"指令

ORL C, bit ；

0111	0010
位地址(bit)	

,(C)←(C)∨(bit) , 2

ORL C, /bit ；

0101	0000
位地址(bit)	

,(C)←(C)∨($\overline{bit}$) , 2

本指令将源操作数指定的位地址内容或位地址内容取反(不改变原内容)后与目的操作数的 C 内容进行逻辑"或"运算,结果存于 C 中。本指令操作不影响标志位。

图 4.17 为布尔(位)逻辑"或"运算指令的逻辑示意图。

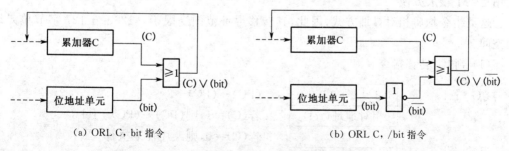

(a) ORL C, bit 指令 　　　　　　(b) ORL C, /bit 指令

图 4.17　布尔(位)ORL 指令逻辑示意图

例 50　编制一程序,当且仅当(P1·0)=1、或(ACC·7)=1、或 OV=0 时,布尔累加器 C 置 1。

    MOV C, P1·0   ; (P1·0)=1→C

ORL C, ACC·7   ;(C)∨(ACC·7)→C

ORL C, /PSW·2   ;(C)∨($\overline{OV}$)→C

执行结果:当满足给定条件,则必置 C 为 1。

例 51 编写一程序,实现如图 4.18 所示的逻辑运算功能。

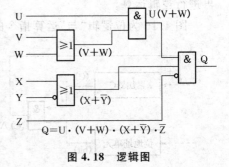

其中,输入变量 U、V 是 P1·1、P2·2 的状态,W 是定时器 0 的溢出中断请求标志 TF_0,X 是中断 1 方式标志 IE_1,Y、Z 是 20H·0 位、21H·1 位的布尔变量,输出 Q 为 P3·3。

图 4.18 逻辑图

$$Q=U·(V+W)·(X+\overline{Y})·\overline{Z}$$

```
       U:BIT P1·1     ;                ┐
       V:BIT P2·2     ;                │
       W:BIT TF0      ;                │
       Y:BIT 20H·0    ;  用伪指令定义符号地址
       X:BIT IE1      ;                │
       Z:BIT 21H·1    ;                │
       Q:BIT P3·3     ;                ┘
EXAP2:MOV C, V        ;(V)→(C)
      ORL C, W        ;(V)∨(W)→(C)
      ANL C, U        ;((V)∨(W))∧U→(C)
      MOV F0, C       ;保存结果(C)→(F₀)
      MOV C, X        ;(X)→(C)
      ORL C, /Y       ;(X)∨(Ȳ)→(C)
      ANL C, F0       ;(F₀)∧(C)→(C)
      ANL C, /Z       ;(C)∧(Z̄)→(C)
      MOV Q, C        ;((V)+(W))·(U)·(X+Ȳ)·Z̄→Q
```

在本例中,先用伪指令"BIT"对符号地址进行定义,然后在具体程序中予以使用。

4) 布尔(位)条件转移指令

MCS-51 系统的布尔(位)条件转移(判跳)指令十分丰富,功能很强,为实时测控系统的应用提供了很大方便。

这类指令均属相对寻址方式,因此,其转移寻址范围受限于 $-128\sim+127$ 字节单元地址空间。

(1) 判"C"转移指令

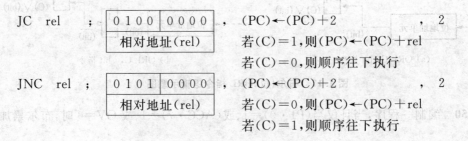

JC rel ; | 0100 | 0000 | , (PC)←(PC)+2   , 2
             | 相对地址(rel) | 若(C)=1,则(PC)←(PC)+rel
                                 若(C)=0,则顺序往下执行

JNC rel ; | 0101 | 0000 | , (PC)←(PC)+2   , 2
             | 相对地址(rel) | 若(C)=0,则(PC)←(PC)+rel
                                 若(C)=1,则顺序往下执行

这是一对互补的双字节、双周期指令。前一条判(C)=1,后一条判(C)=0,则条件成立,控制程序转向新的目标地址((PC)＋rel)去执行。反之,跳转条件不成立,程序顺序往下执行。这里的 C 的内容是广义的,既可以是进位标志位,也可以是位处理累加器,应视实际情况而定。执行后不改变 C 中的原内容。

（2）判位变量(bit)转移指令

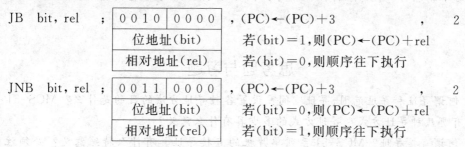

JB bit, rel ；| 0010 | 0000 | ,(PC)←(PC)+3   ,   2

| 位地址(bit) | 若(bit)=1,则(PC)←(PC)+rel |

| 相对地址(rel) | 若(bit)=0,则顺序往下执行 |

JNB bit, rel ；| 0011 | 0000 | ,(PC)←(PC)+3   ,   2

| 位地址(bit) | 若(bit)=0,则(PC)←(PC)+rel |

| 相对地址(rel) | 若(bit)=1,则顺序往下执行 |

这也是一对互补的三字节、双周期指令。当前一条指令中被指定的位变量(bit)=1,后一条中(bit)=0 时,转移条件成立,控制程序转向新的目标地址((PC)+rel)去执行,否则,跳转条件不成立,程序仍按原顺序往下执行。指令执行后不改变该变量位(bit)的原内容。

（3）判位变量(bit)并清 0 转移指令

JBC bit, rel；| 0001 | 0000 | ,(PC)←(PC)+3   ,   2

| 位地址(bit) | 若(bit)=1,则(bit)←0,(PC)←(PC)+rel,程序跳转 |

| 相对地址(rel) | 若(bit)=0,则顺序往下执行 |

这是一条特殊的三字节、双周期指令,当指定位(bit)的内容为 1 时,则跳转条件成立,控制程序转向新的目标地址((PC)+rel)处执行,并随时将指定位(bit)清 0,为下一次设置条件提供了方便。若指定位(bit)的内容为 0,则跳转条件不成立,程序按原顺序继续往下执行。由此可见,本指令被执行后,其条件位(bit)内容总是归 0。

选用本指令的另一个优点就是可供判跳的条件位(bit)十分广泛,几乎可位寻址的位单元均可,这也就为各种复杂的测控应用系统的程序设计提供了方便。

通过本章的叙述,可清楚地体会到,MCS-51 系列单片机的指令系统,包括寻址方式十分丰富,功能强而灵活,独具一格,为广泛的嵌入式实时测控系统的设计提供了方便。总括起来,其主要特点如下:

① 指令集中的很多条指令能派生出很多新的指令,大大扩充了指令的应用范围及其功能。

② MCS-51 系列单片机的指令系统为其在嵌入式应用系统中软硬结合提供了必要条件,也就是很多条指令与其对应的硬件应用紧密结合的。这也是单片机嵌入式应用系统的最大特点。

③ 跳转指令十分丰富,且功能很强。考虑到节省存储单元、提高处理速度、增强程序段的浮动性等,特设置有绝对、长、相对、间接等不同的跳转寻址范围的指令,供实际应用设计时合理选用。增设的比较指令,其功能性和派生性均很强,操作复杂,应加深理解,正确选用。

④ 为了能适应单片机在嵌入式测控系统中广泛应用的需要,特设了功能齐全、灵活方便的布尔(位)处理类指令,大大提高了测控系统中位处理的能力和实时性。这是其他类型

单片机或典型微机所不及的。

综上所述,MCS-51系列单片机的指令系统,功能齐全、精练、丰富,且系统性强,易懂好学,是嵌入式测控系统的极佳机型。

学好本章内容,是设计出高质量、高水平嵌入式应用系统软件的基础。

思考题与习题

1. 何谓寻址和寻址范围、寻址空间? 设置各种寻址方法的目的是什么? MCS-51系列单片机有哪几种寻址方式? 寻址方式的多少具有什么意义?

2. 何谓直接寻址? MCS-51系列单片机的直接寻址具有什么特殊意义? 必须注意的是什么?

3. 何谓间接寻址方式? MCS-51系列单片机共有哪几种间接寻址方式? 分别适用于什么场合? 请简述指令 MOVC A, @A+PC 和 MOVC A, @A+DPTR 的功能及其主要区别。

4. 何谓相对寻址方式? 相对偏移量 rel 是什么数据类型? 如何计算偏移量 rel? 何谓 PC 的当前值? 这种寻址方式有何主要特性?

5. MCS-51系列单片机的指令系统具有哪些主要特点?

6. 为什么说数据传送类指令极为丰富? 访问片内、片外 RAM 和 ROM 中的数据,其指令格式(助记符)有何区别? 如何正确理解和区别 MOVC A, @A+PC 和 MOVC A, @A+DPTR这两条指令的操作功能及其主要区别? 指令中的 A 分别表示什么含义? 应用中应该注意什么?

7. 指出下列指令的操作功能及其本质区别:

        MOV A, data   ;
        MOV A, #data ;
        MOV 45H, 32H ;
        MOV 74H, #74H ;

8. 设 R0 的内容为 32H, A 的内容为 48H,片内 RAM 的 32H 单元内容为 80H, 40H 单元内容为 08H,请指出在执行下列程序段后,上述各单元内容的变化。

        MOV A, @R0   ;
        MOV @R0, 40H ;
        MOV 40H, A   ;
        MOV R0, #35H ;

9. 某一系统,要求根据运算结果动态给出的变址值,到指定的数据表中查找对应的表格数,并将查到的表格数存放于片内 RAM 40H 单元中。

设表格数存放于程序存储器的首地址为 1000H 共 256 个字节单元(1 页)的区域内,表格数的排列顺序为:

        程序存储器地址: 1000H 1001H 1002H 1003H … 1040H
        表格数: 0AH   45H   38H   4FH … 87H

请编写该系统的查表程序段。假设动态运算结果变址寄存器 A 中的内容为 03H,则读得的表格值是多少?

这种查表方式有何局限性? 如果表格数长度超过 256 字节单元,则如何解决?

10. 两个 4 位 BCD 码(十进制数)相加求和,设被加数存于片内 RAM 的 40H、41H 单元,加数存于 45H、46H 单元,和数存于 50H、51H 单元中(均前者为低字节,后者为高字节数),如果最高位产生进位,存放于 52H 单元。请编写此加法程序段。进行 BCD 码减法运算,应如何考虑 BCD 码调整?

11. 双字节两数相乘,设被乘数存于片内 RAM 41H、40H 单元中(前者高位字节),乘数存于 46H、45H 单元中(前者高位字节),积存放于 43H、42H、41H、40H 单元中(前者高位字节,顺序存放)。请编写此乘法程序段。

12. MCS-51 型单片机设有哪些逻辑运算功能指令? 各有什么应用特点? 设(A)＝AAH(10101010B),(R4)＝55H(01010101B),请写出它们进行"与"、"或"、"异或"操作的结果。

13. MCS-51 型单片机设有哪几种无条件跳转指令? 各有何特点? 如何正确选用?

14. MCS-51 型单片机的绝对调用和长调用指令有何本质区别? 如何正确选用? RET 和 RETI(返回)指令各应用于什么场合? 有何本质区别?

15. MCS-51 型单片机的比较指令有何独特优点?

16. 间接转移指令 JMP @A＋DPTR 有何独特优点? 常用于哪些场合? 当转移指令串选用 LJMP 指令时,变址寄存器 A 中内容应做何修正?

17. 循环指令常用于什么编程场合? 设主频为 12 MHz,请用循环程序法编制延时 20 ms的程序段。

18. 设逻辑表达式为:

$$Y = A \cdot \overline{(B+\overline{C})} + D \cdot \overline{(E+\overline{F})}$$

式中,变量 A、B、C 分别为 P1·0、P1·4、定时/计数器溢出标志 TF1, D、E、F 分别为 22H·0、22H·3、外中断 1($\overline{INT1}$)请求标志 IT1,输出变量 Y 为 P1·5。请编写上述表达式的逻辑运算程序段。

19. 设(A)＝02H,(SP)＝52H,(DPTR)＝0450H,执行下列程序

```
START:    PUSH    DPT           ;原 DPTR 内容进栈保护
          PUSH    DPL           ;
          MOV     DPTR,#4000H   ;程序存储器地址 4000H 送 DPTR
          RL      A             ;A 中内容左移 1 位
          MOVC    A,@A+DPTR     ;读取表格数
          MOV     B,A           ;表格数存 B
          POP     DPL           ;原 DPTR 内容出栈
          POP     DPH           ;
          RET                   ;返回
          ⋮
          ORG     4000H         ;定义固定常数
          DB      10H,80H,30H,50H,40H,67H,84H,…
```

请写出执行后有关单元内容:

(A)＝_____, (SP)＝_____, (B)＝_____, (DPL)＝_____, (DPH)

= _____。

20. 设(SP)=60H,标号 LABEL 对应的地址为 2568H,指令所在地址(PC)=0145H。执行指令：

    LCALL   LABEL   ;长调用子程序

执行后,栈指针及栈中内容发生了什么变化？(SP)为多少？堆栈的 61H、62H 单元内容是多少？PC 指向哪里？

5 中断系统

中断技术在计算机系统中有着至关重要的作用。一个功能强大的中断系统,能大大地提高计算机处理事件的能力,提高计算机的工作效率,增强实时性。MCS-51 系列单片机设置有功能很强的中断系统,学好本章内容,是为学习单片机在嵌入式测控系统的广泛应用打好扎实基础。

5.1 概述

在人们的日常生活中,"中断"现象极其普遍。例如,正在做某事,突然电话铃响,一般情况下会立即"中断"正在做的事,接完电话,继续做刚才正在做的事。如果不接电话,就不能及时处理甚至延误处理重要或紧急事情。当然,如果正在做的事非常紧急、重要,不允许中间停顿(中断),也可不接电话。计算机系统中的中断概念,其含义与之完全一样,其是把人们日常生活或者社会广泛处理事件的经验移植到了计算机系统中,成为计算机技术中的重要组成部分。"中断"即计算机系统在运行过程中暂时停止原操作顺序,转去执行某紧急事宜,待处理完后,再返回到原断点处继续处理原事宜。随着计算机中断技术的不断发展、完善,逐步形成软、硬相间的完整系统,称为计算机中断系统。

中断是计算机应急处理的一种方法和过程。计算机在运行过程中产生中断,一般是计算机内部或外部某个紧急或重要事件要求及时处理,并向主机发出请求信息,主机在允许中断的情况下响应请求,暂停正在执行中的程序,保存好"断点"处的现场信息,转向请求中断处理的程序(中断服务子程序)。处理完中断服务子程序后立即返回"断点"处,继续执行原程序。这一过程称为中断处理。

为了在中断处理完成后能正确返回到被暂时停止执行的原程序的断点处继续按原顺序往下执行,必须将断点处的现场信息(例如,程序指针 PC 的当前值、累加器 A 等相关重要信息)压进堆栈保护,待执行完中断服务子程序后,再恢复断点现场(原压入堆栈保护的现场信息作出栈恢复)。这保证了原程序执行的正确性和连续性。这一过程称为中断现场(或断点)保护和恢复。

如图 5.1 所示为主机在运行过程中响应中断请求,转向执行中断服务子程序以及执行完后,返回原断点处继续执行主程序的流程示意图。

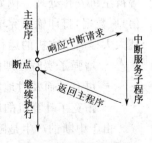

图 5.1 中断响应流程示意图

为了能实现这种中断功能,计算机设置有完整的硬件设施和配套的软件(相关指令),称之为中断系统。产生并提出中断请求的主体,称为中断源。MCS-51 系列单片机的中断系统设有 5 个或以上的可供内部或外部事件提出中断请求的中断源。中断源向主机提出中断处理请求,称为中断请求(或称中断申请)。主机在取得中断请求信息后,经条件判断允许该中断请求,立即进行响应中断处理,并转向对应的中断服务子程序执行,称为中断响应。执行完中断服务程序,返回到原断点处继续执行原程序,称为中断返回。

现代计算机的中断系统均设有多个中断源,中断源的多少反映了计算机处理中断的能力。为此,中断系统必须具备正确识别中断源的功能并提供对应的中断源入口地址。由于设有多个中断源,必然会出现在同一时间内,有两个或两个以上的中断源同时向主机提出中断处理请求的问题,为解决这一问题,一般采用中断优先级规则,谁优先级高首先响应谁,常用的有优先级排队、软件设置优先级及两者配合设置,再通过软件查询或中断矢量法最终确定响应目标。

不同的计算机系统所采用的中断优先级技术与寻址方法不尽相同,有硬件中断,有软件中断,处理能力各有差别。例如中断源优先级排队,有硬件优先排队电路、软件设置优先等级、固定优先排队顺序等等。中断处理中有不允许中断嵌套和多层次中断嵌套。所谓中断嵌套,即在中断处理过程中允许并响应新的中断请求,转而去执行新的中断服务程序,如图 5.2 所示。中断嵌套层次越多,功能越强,但操作越复杂。各个计算机总是配置相适应的中断系统,软、硬件互相配套。

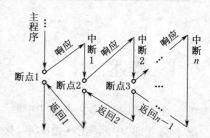

图 5.2　中断嵌套流程示意图

中断系统识别中断源请求通常通过软件查询中断源请求中断标志,即查询中断、向量中断及两者结合。查询中断方式是将中断优先级顺序排队,通过软件从优先级最高开始,逐个查询各中断源中断请求标志,请求中断的优先级越高,被响应的概率越高,速度越快;反之,概率越低,速度越慢,甚至很难被响应。这种方式,主机要花一定时间进行查询,显然会影响中断被响应的速度。向量(矢量)中断则以硬件为基础(例如中断优先级排队电路等),由硬件完成中断请求优先级比较,直接提供当前最高优先级的中断请求和对应的中断服务子程序的首地址(即入口地址,又称向量地址),从而可以大大提高中断响应的速度和主机的处理效率。

中断技术的应用与发展是计算机技术发展中的一次飞越,从而使计算机的处理能力、速度和效率均有了较大的提高。中断技术具有以下主要优点:

• 可使多种功能(或设备)同时并行工作,只有需要占用主机进行处理时才请求中断,等待主机安排处理。例如打印输出,由于机械动作很慢,可以让其自行单独处理,只有当其信息(数据)打印输出完毕,请求主机提供下一个(或批)输出信息时才占用主机为其服务,这就大大提高了主机的运行速度、效率和处理能力。

• 增强了实时处理的能力,提高了实时性。

• 可有效而及时地实施常规故障的处理,提高了可靠性。

• 拓宽了计算机的应用领域。促进了各个领域的自动化、智能化发展。

由于中断的产生是随机的,因而使得由中断驱动的中断服务子程序在调试过程中难以把握,这就要求在设计中断服务子程序时应特别谨慎,最好单独调试正确。

因为从中断源请求中断,经主机中断优先判断,到响应,再到转向对应的中断服务子程序需要一定的时间,所以对于要求中断响应速度或频率过高的处理事件,不宜采用中断处理方式。

5.2 MCS-51 系列中断系统

MCS-51 系列单片机的中断系统是 8 位单片机系列中功能较强的,它设置有 5~6 个中断源,有些公司推出的 8051 型单片机,其中断系统设有 9 个中断源,功能更强。其设有两个中断优先级,可实现两级中断嵌套,可通过软件方法实施中断屏蔽或开放(响应中断)。

5.2.1 中断源结构

MCS-51 系列中,8051 型单片机设置有 5 个中断源,而增强型 8052 设置有 6 个中断源,即增加了一个定时/计数器 2 的中断源。如图 5.3 所示为 MCS-51 系列中断系统硬件结构示意图。

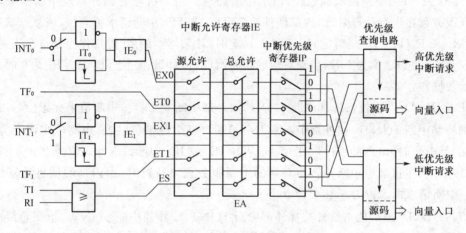

图 5.3 MCS-51 中断系统结构示意图

MCS-51 系列中断系统设有内部和外部中断两类。内部中断由片内定时/计数器和串行通信共 3~4 个中断请求源(中断源),外部中断设有两个中断请求源(中断源)。

1)中断源

(1)外部中断源

外部中断源为 $\overline{\text{INT}_0}$ 和 $\overline{\text{INT}_1}$,单片机外部 40 条引脚中的 12 引脚(P3.2 口、$\overline{\text{INT}_0}$)和 13 引脚(P3.3 口、$\overline{\text{INT}_1}$)作为外部中断请求信号输入口,低电平有效,或者由跳变电平(由高电平跳变为低电平、负跳变)激活片内中断系统的中断请求标志位 IE_0、IE_1,向主机请求中断处理。

(2)内部中断源

① 定时/计数器中断

8051 型单片机设有定时/计数器 0(TF_0)和定时/计数器 1(TF_1)。一旦启动定时/计数器后,立即开始对机器周期计数,当设定的计数值不断加 1 计数回 0 时停止计数,产生溢出信号置位中断请求标志位 TF_0 或 TF_1,向主机请求中断处理。

增加型 8052 单片机增设一个定时/计数器 2,计数范围扩大,功能增强。

由于计算机应用系统的主频一旦确定,相应的机器周期也随之确定,计数值就可转换成定时时间,所以称之为定时/计数中断源。

② 串行通信中断

MCS-51 系列单片机设有串行通信功能。由于串行通信速度一般比较慢,常采用中断方法控制串行通信中数据的传输。

2) 中断请求与启/停寄存器 TCON

各中断源请求中断和启/停定时/计数器工作的信息激活 TCON 寄存器中的对应位,供主机查询。TCON 寄存器各位的定义与格式如下:

	D_7	D_6	D_5	D_4	D_3	D_2	D_1	D_0	
TCON:	TF_1	TR_1	TF_0	TR_0	IE_1	IT_1	IE_0	IT_0	字节地址:88H 可位寻址

TF_1、TF_0(D_7、D_5 位):定时/计数器1、定时/计数器0的计数回0溢出中断请求标志位。当定时/计数器1或0启动计数回0并产生溢出信息时,由内部硬件激活 TF_1 或 TF_0(置位 TF_1 或 TF_0)中断请求标志位,请求中断处理。当主机经查询并响应中断请求,转向该中断服务程序进行处理时,由内部硬件清零 TF_1 或 TF_0 中断请求标志位,恢复原状态。

TR_1、TR_0(D_6、D_4 位):定时/计数器1、定时/计数器0的启/停操作控制位。当通过软件置位 TR_1 或 TR_0 位为1时,启动对应的定时/计数器计数;复位 TR_1 或 TR_0 为0时,立即停止计数操作。

IE_1,IE_0(D_3、D_1 位):外部中断1($\overline{INT_1}$)、外部中断0($\overline{INT_0}$)中断请求标志位。当主机检测到外部中断1($\overline{INT_1}$)或外部中断0($\overline{INT_0}$)端口发生电平负跳变(由高电平跳变为低电平)或为低电平时,由内部硬件(中断系统)置位 IE_1 或 IE_0 中断请求标志位为1,向主机请求中断处理。当主机响应中断并转向对应的中断服务程序执行时,由内部硬件自动复位 IE_1 或 IE_0 中断请求标志位为0,恢复原状态。

IT_1、IT_0(D_2、D_0 位):软件选择外部中断1($\overline{INT_1}$)、外部中断0($\overline{INT_0}$)电平负跳变/低电平方式激活外部中断请求的选择位。当通过软件置位 IT_1 或 IT_0 位为1,外部中断1($\overline{INT_1}$)或外部中断0($\overline{INT_0}$)端口由高电平跳变为低电平(负跳变)时,激活对应的外部中断请求标志位,向主机请求中断处理;当采用软件复位 IT_1 或 IT_0 位时,选择低电平激活外部中断请求标志位,即当外部中断端口($\overline{INT_1}$或$\overline{INT_0}$)出现低电平时激活对应的中断请求标志位,向主机请求中断处理。

增强型 8052 的定时/计数器2另有专用的 T2CON 控制寄存器,将在定时/计数器2功能叙述中另行介绍。

3) 关于外部中断激活方式的选择

外部中断激活方式可通过软件在 TCON 控制寄存器中的 IT_1、IT_0 位进行选择:低电平或者负跳变激活。

(1) 低电平激活方式

通过软件编程,将中断控制寄存器的 IT_0 或 IT_1 复位为0,即可选择外部中断$\overline{INT_0}$或$\overline{INT_1}$为低电平有效激活方式。外部中断请求信号输入端口$\overline{INT_0}$和$\overline{INT_1}$(P3.2、P3.3口)未被激活前呈高电平无效状态。当外部事件要求主机进行中断处理时,发出中断请求信号,将$\overline{INT_0}$或$\overline{INT_1}$端口由高电平激活成低电平,主机在每个机器周期的 S_5P_2 状态采样外部中断请求输入端口($\overline{INT_0}$或$\overline{INT_1}$),若为低电平,则外部中断请求有效,并置位中断控制寄存器中的外部中断请求标志位 IE_0 或 IE_1 为1,其向主机请求中断处理。

选择低电平激活方式的外部中断部件,其提供的外部中断请求低电平有效信号必须保持到主机采样并响应该中断请求为止,以防止中断请求在未被响应前中途失效。因为MCS-51系列中断系统对外部中断请求不作记忆,而且在中断请求被响应后、中断服务子程序返回前必须撤销中断请求信号,使$\overline{INT_0}$或$\overline{INT_1}$输入端口恢复高电平无效状态,以避免再次甚至多次进入中断响应而出错。为保证中断请求能被主机正确采样,中断请求低电平有效信号至少应保持两个机器周期以上。

(2) 负跳变激活方式

当通过软件编程置位 IT_0 或 IT_1 选择位为 1 时,外部中断请求为电平负跳变激活方式。当外部事件要求中断处理时发出的中断请求信号应使外部中断请求$\overline{INT_0}$、$\overline{INT_1}$端口产生电平负跳变,即在主机每个机器周期采样$\overline{INT_0}$或$\overline{INT_1}$端口时,前一个机器周期为高电平,后一个机器周期为低电平,这时中断请求有效,并置位相应的中断请求标志位 IE_0 或 IE_1,等待主机响应中断处理。为保证外部中断请求能被正确采样,外部中断事件所提供的中断请求信号应确保$\overline{INT_0}$或$\overline{INT_1}$端口上的电平至少保持 1 个机器周期的高电平和一个机器周期的低电平。

无论是采用低电平还是负跳变电平激活方式,一旦主机响应中断并转向中断服务程序进行处理时,由中断系统内部自动复位对应的中断请求标志位,为下一次中断请求做好准备。

5.2.2 中断控制

MCS-51 系列单片机的中断请求是可编程的,即通过软件编程可实现对中断系统功能进行设置与控制。

1) 中断控制寄存器——IE

MCS-51 系列单片机的中断系统属可屏蔽中断,即可通过软件编程对中断控制寄存器(特殊功能寄存器)IE 相关位进行设置,实现对各中断源的中断请求的开放(允许中断请求)或屏蔽(禁止中断请求)的控制。中断控制寄存器 IE 的字节地址为 0A8H,可位寻址,其格式如下:

	D_7	D_6	D_5	D_4	D_3	D_2	D_1	D_0	
IE	EA	×	ET_2	ES	ET_1	EX_1	ET_0	EX_0	字节地址
位地址	0AFH		0ADH	0ACH	0ABH	0AAH	0A9H	0A8H	0A8H

EA:允许/禁止全部中断请求的响应位。当通过软件编程复位 EA 位为 0 时,则屏蔽(禁止)全部中断请求的响应,即所有中断请求均不会被主机响应;当设置 EA 位为 1 时,则开放(允许)全部中断请求的响应,即所有中断请求均有可能被主机响应和处理。可见,MCS-51 系列单片机的中断系统属两级控制,EA 位为总的中断请求控制位。因此,要开放中断请求功能,必须首先通过软件编程设置 EA 位为 1。需加注意的是,这里的 EA 位与外部引脚$\overline{EA}$是两个完全不同的功能概念,必须正确理解。

X:无定义。

ET_2:定时/计数器 2(8052 型单片机)的计数满回 0 溢出或捕获中断请求允许/禁止响应控制位。通过软件编程置位 ET_2 位为 1,允许中断响应;复位 ET_2 位为 0,则禁止中断响应。

ES:串行通信接收(RI)/发送(TI)允许/禁止中断请求响应控制位。通过软件编程置位

ES 位为 1 时,允许响应中断请求;复位 ES 位为 0 时,则禁止响应中断请求。

ET_1、ET_0 位:定时/计数器 1、定时/计数器 0 中断请求允许/禁止响应控制位。通过软件编程置位 ET_0 或 ET_1 为 1 时,允许响应对应的中断请求;反之,复位 ET_0 或 ET_1 为 0,则禁止响应对应的中断请求。

EX_0、EX_1:外部中断 0($\overline{INT_0}$)、1($\overline{INT_1}$)中断请求允许/禁止响应控制位。通过软件编程置位($\overline{INT_0}$或$\overline{INT_1}$)为 1,则允许响应对应的外部中断请求;反之,复位为 0,则禁止响应对应的外部中断请求。

由于是两级控制,所以只有当总控制位 EA 位设置为 1,所需中断请求的控制位亦被设置为 1 时,对应的中断请求才会被主机响应和执行,否则处于关中断状态,请求中断不会被响应。两级中断控制,提高了中断响应的可管理性和可靠性。

MCS-51 系列单片机的应用系统开机上电并复位相关元件,中断控制寄存器 IE 被复位为全 0,全部处于关(禁止)中断请求状态,如需动用中断功能,应先进行初始化设置。

2) 中断优先级

MCS-51 系列单片机的中断系统设有 5 或 6 个中断源,由于中断请求的随机性,就会出现在同一个时间内有两个或两个以上的中断源请求中断处理的问题,而主机在同一时间内只能响应一个中断源的请求。为此,中断系统通常采用优先响应技术,主机首先响应其中优先级别高的中断请求。MCS-51 系列单片机的中断系统设置有两级中断优先级,一是每个中断源均可通过软件编程对中断优先级寄存器 IP 中的对应位进行设置,软件定义优先级高低:置 1 为高优先级,复位 0 为低优先级。二是各中断源按固定的优先级顺序排列,优先级高的排列在前,优先级低的排列在后。

(1) 主机响应中断请求的基本规则

MCS-51 系列单片机的中断系统设有 5 或 6 个中断源、两级中断优先级。为此,特设有以下主机响应中断请求的基本规则。

· 当有两个或两个以上的中断源请求中断响应时,主机首先响应优先级高的中断源中断请求;如属相同优先级,则按申请的先后顺序排列,排列在前面(从高到低优先顺序)的中断请求优先响应。

· 主机正在执行中断处理的过程中,如有新的且优先级比正在执行中的中断优先级高的中断请求,则主机可以中止正在执行的中断处理,响应新的更高级的中断请求,并转向新的高优先级的中断处理;若新的中断请求与正在执行中的中断源优先级相同,或者属低优先级,则新的中断请求将不会被主机响应,正在执行中的中断处理不会被中断,被继续执行。

为了能实现上述规则,中断系统设置了两个内部且不可寻址的中断优先级状态触发器,其中一个用于标志有高优先级中断服务正在被执行,阻止所有其他新的中断请求被响应;另一个则用于标志低优先级的中断处理正在被执行,除新的、高优先级的中断请求能被主机响应外,阻止其他同级或低于它优先级的中断请求的响应。

从上可见,MCS-51 系列单片机的中断系统,可以实现两级嵌套,即高优先级的中断请求可以中断正在执行的低优先级的中断服务,主机响应并转去执行新的、高优先级中断处理。

(2) 中断优先级寄存器——IP

中断优先级寄存器 IP,其字节地址为 0B8H,可位寻趾,可通过软件编程定义各中断源的中断请求优先级别。IP 寄存器的格式如下:

	D_7	D_6	D_5	D_4	D_3	D_2	D_1	D_0	
IP	×	×	PT_2	PS	PT_1	PX_1	PT_0	PX_0	字节地址:
位地址			0BDH	0BCH	0BBH	0BAH	0B9H	0B8H	0B8H 可位寻址

×、×为最高两位无定义。

PT_2(IP·5)为定时/计数器 2 的中断优先级设置位。

PS(IP·4)为串行通信中断优先级设置位。

PT_1、PT_0 为定时/计数器 1 和 0(T_1、T_0)中断优先级设置位。

PX_1、PX_0 为外部中断 1($\overline{INT_1}$)或 0($\overline{INT_0}$)中断优先级设置位。

上述各位均可位寻址。在实际应用中,可根据具体需要,通过软件编程,将其中的某位(中断源)设置为 1,即确定为高优先级;复位为 0 的位(中断源)为低优先级中断请求。

IP 中各位在启动上电初始化时全复位为 0,均处于低优先级中断请求状态。如某中断源需选定为高优先级中断,则必须通过软件编程,进行初始化设置(置位为 1)。

将实时性要求最高、最急需及时响应及处理的中断源定义为高优先级中断请求。不同的应用场合,可根据实际需要,设定不同的中断源为高优先级中断请求。

(3)中断优先顺序排队

当同时有两个或两个以上的、中断优先级相同的中断源请求中断响应处理时,按中断优先顺序排列的规则,主机会先按优先顺序查询,优先顺序高的在前先被查询,优先顺序低的在后后被查询,再从排列在最前面的中断源查询起,按顺序往后,直到查到第一个有中断请求的中断源则立即停止查询,并响应该中断源的中断请求,排在其后的中断源中断请求被舍弃,等待主机下次查询。

优先顺序排列如下:

	中断请求标志	中断源	优先顺序
1.	IE_0	外部中断 0($\overline{INT_0}$)	最 高
2.	TF_0	定时器/计数器 0 溢出中断	
3.	IE_1	外部中断 1($\overline{INT_1}$)	
4.	TF_1	定时器/计数器 1 溢出中断	
5.	RI + TI	串行通信中断	
6.	$TF_2 + EXF_2$	定时器/计数器 2 溢出中断	最 低

这种"同级别的中断优先顺序排列"规则,仅适用于两个或两个以上相同优先级别的中断源同时请求中断处理时。因为同属于一般优先级别的中断源,由中断系统特定的中断优先排队顺序,所以它不能中断正在执行的同一优先级,甚至更高级别的中断服务。

综上所述,可归纳为如下基本规则:

· 任一中断源均可通过软件编程中断优先级寄存器 IP 的相应位设置成高或低优先级中断请求。

· 不同优先级别的中断源同时请求中断处理时,主机首先响应优先级高的中断请求。高优先级中断请求可以中断正在执行中的低优先级的中断服务,实现中断嵌套;同级或低优先级中断请求,不能实现中断嵌套,即不能中断正在执行的同级或高优先级的中断服务。

· 同一级别的多个中断源同时请求中断处理时,主机按规定的优先顺序从高到低逐个查询,谁排在最前面,就响应谁,排在其后的被舍弃,等待下一次查询。

例 1 编程设置外部中断 1($\overline{INT_1}$)为高优先级中断,其余为一般优先级中断。

① 用位操作指令编程

⋮

```
SETB   PX1        ;置 IP 的 PX1 为 1
CLR    PX0        ;清 0 PX0
CLR    PT2        ;清 0 PT2
CLR    PS         ;清 0 PS      全部复位为低优先级
CLR    PT0        ;清 0 PT0
CLR    PT1        ;清 0 PT1
```

⋮

注意:由于主机复位后 IP 的状态为××000000,所有中断全部复位为低优先级中断,因此这时只需单独将某中断源的对应位设置成高优先级中断即可。

② 用字节指令设置

⋮

```
MOV    IP,#04H     ;置 PX1 位 1,其余位为 0
```

⋮

本例采用优先级寄存器名"IP"进行直接寻址,既直观又方便阅读。

例 2 中断控制初始化(对定时/计数器 0 和 1 开中断)。

⋮

```
MOV    IE,#8AH     ;将 EA、ET1、ET0 位置 1,开中断;其余位为 0,关中断
```

⋮

```
SETB   TR1         ;启动定时/计数器 1 开始计数
```

⋮

5.2.3 中断响应

中断源请求中断后,主机是否能立即响应中断请求是有条件的,而且中断响应需有一个过程,需要一定的时间才能跳转到该中断服务子程序进行处理。

1) 响应中断请求的条件

为保证正在执行中的程序不因随机发生的中断请求和响应而受影响、被破坏或出错,确实保护和恢复断点现场以及程序的返回,必须对中断响应提出必要条件。

主机要响应中断源的中断请求,首先必须保证两级中断请求控制位是开放的,即中断控制寄存器 IE 中的 EA 位以及对应的中断源控制位处于允许中断请求状态(置位为 1),主机在每个机器周期的 $S_5 P_2$ 状态才可能采样到该中断源的中断请求标志位,并在下一个机器周期对采样到的中断请求按中断优先级或优先顺序进行查询。当确认的中断请求必须满足下列条件时:

• 无同级或高优先级中断正在服务执行中。

• 当前指令已执行到最后一个机器周期并结束,即当前指令被执行完。

• 当前正在执行的不是返回指令(RET、RETI)或访问 IE、IP 指令。

中断系统由硬件自动生成一条长调用(LCALL)指令,控制程序转向对应的中断服务子程序执行。上述三条件中有任何一条不能满足,都将会封锁硬件生成长调用(LCALL)指令而取消本次中断响应,等待上述条件满足后再作处理。

　　上述三条件中,第一条是保证正在执行的同级或高优先级的中断服务处理不被中断;第二条是保证正在执行的当前指令完整执行完毕;第三条则保证除当前正在执行中的返回指令(RET、RETI)或访问 IE、IP 指令完整执行完外,还必须顺序执行完下一条指令,以保证子程序或中断服务子程序的正确返回以及 IE、IP 特殊功能寄存器功能的正确、稳定设置。

　　由于主机(CPU)对各中断源的中断请求不予记录,而是采用在每个机器周期的 S_5P_2 状态采样中断请求标志位,因而由于上述三条件不满足而被挂起的中断请求,只要其中断请求标志位未被撤销,仍保持有效状态(未被复位为0),则主机再次采样后,条件满足、被挂起的中断请求立即被响应。对于定时/计数器中断(T_0、T_1)和外部中断($\overline{INT_0}$、$\overline{INT_1}$),其中断请求一旦被响应,主机转向中断服务子程序进行处理时,由中断系统内部硬件自动复位中断请求标志位为0,为下一次的中断请求做好准备。而定时/计数器2(T_2)和串行通信中断(RI、TI)的中断请求标志位,在主机响应中断请求后,中断系统不会自动撤销其中断请求,即不会自动复位为0,必须在该中断服务子程序中安排及时复位该中断请求标志的指令,以防止产生二次中断响应的错误。

　　2) 中断响应的过程

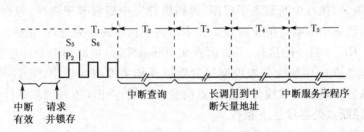

图5.4　中断响应过程及时序示意图

　　如图 5.4 所示。中断源在 T_1 机器周期(或以前)提出中断请求并置位中断请求寄存器 TCON 中对应的中断请求标志位为1。主机在 T_1 机器周期的 S_5P_2 状态采样到该中断请求标志为1,中断请求有效,在 T_2 机器周期对该中断请求进行查询,若满足中断响应条件,自动生成长调用(LCALL)指令,经 T_3、T_4 两个机器的执行,转向对应的中断矢量地址,T_5 机器周期开始执行对应的中断服务子程序。这就是从中断请求到中断响应再转向中断服务子程序的具体过程。

　　如经查询不满足中断响应条件,该中断请求就不被响应,由于中断系统对每次查询不作记忆,所以不被响应的中断请求就被舍弃。如果该中断请求未被撤销,即中断请求标志位保持有效状态(为1),则等待主机下次采样和查询;否则就会漏失一次中断请求与处理,这在实际应用中需加注意。

　　MCS-51 的中断系统属矢量中断,各中断源有各自固定的中断矢量地址(向量地址),一旦中断请求被响应,由长调用指令(LCALL)直接转向对应的向量地址执行。因此,向量中断响应速度快、实时性强。

　　MCS-51 系列单片机中断系统的向量地集中设置在程序存储器的 0003H~0032H 存储区域内。每个向量中断预留 8 个字节单元,各向量首地址分布如下:

中断源	向量地址(程序存储器地址)
外部中断 0($\overline{INT_0}$)	0003H
定时/计数器 0	000BH
外部中断 1($\overline{INT_1}$)	0013H
定时/计数器 1	001BH
串行通信(RI+TI)	0023H
定时/计数器 2(TF$_2$+EXF$_2$)	002BH

每个向量中断预留的 8 个字节单元用于存储对应的中断服务程序,一般情况下均会不够用。因此,在实际编程时,在矢量地址的三个字节单元设置长转移指令(LJMP),再次跳转到实际的中断服务子程序的入口地址处执行。这样,各中断服务子程序可安排在 64KB 寻址范围内任何合适的存储区域,灵活、方便。

程序存储器从 0003H~0032H 的地址段是 MCS-51 系列单片机特定的中断矢量地址段,不能另作他用。为此,在编写主程序时,在程序存储器的 0000H~0002H 3 个字节单元中常设置一条转移指令,让主程序跳过中断矢量地址段,例如跳转到 0050H 地址。这是 MCS-51 系列单片机程序存储器地址空间分配的特定结构,在具体程序设计和编程时必须遵守的规则。

中断源提出中断请求,经过主机对中断请求的采样、查询,到主机响应中断请求,自动转向对应的中断矢量,执行中断服务子程序,再到执行完中断服务子程序,返回原断点处继续原程序的执行,就是中断响应的全过程。在中断服务程序的结束处,应正确选用中断服务返回指令 RETI。RETI 指令的执行,一方面告知中断系统,该中断服务程序已执行完毕,由中断系统自动复位(清 0)中断优先级控制触发器以及相关控制标志位,为下一次中断请求和响应做好准备;另外将压入堆栈保护的断点信息(PC 值)弹出,还原到程序计数器 PC 中,从而使程序返回原断点处继续往下执行。

RET 返回指令也用于调用子程序的返回。尽管两者均能结束子程序的执行,正确返回原断点处继续执行原程序的功能,但两者的职能略有不同,即 RET 返回指令没有与中断系统密切配合的功能,故而在实际应用中需加注意。

3)中断响应的时间

在开中断的情况下,从中断源提出中断请求,到主机采样、查询、响应并转向中断矢量处开始执行中断服务程序,需经一定的时间才能完成。如图 5.4 所示,从中断源请求中断,到主机转而执行中断服务子程序,在某些环节,可能会出现如下情况:

· 如图 5.4 所示,按正常情况,主机查询需一个机器周期,满足诸条件自动生成长调用(LCALL)指令及执行需二个机器周期。因此,中断响应最快需 3~5 个机器周期。

· 按不同情况,一条指令执行完需 1~4 个机器周期。如果中断请求提出时正是 T$_1$ 周期的开始,等到 S$_5$P$_2$ 主机采样,还需再加一个机器周期,这样,中断响应就需 4~10 个机器周期。

· 如果正在执行的当前指令是返回指令 RETI 或访问 IE、IP 指令,除执行完当前指令外,还需执行完相继的下一条指令之后才能被响应,这段时间需 2~5 个机器周期。这样,从查询到响应需 5~10 个机器周期。

· 如果当前正在执行同级或高优先级的中断服务程序,则该中断请求将被屏蔽,能否得到响应及其所需时间难以预测。特别是低优先级且按优先顺序排列在末尾的中断源请求,其被响应的概率极低。

从上述内容可见,中断请求尽管能使紧急功能事件得到及时处理,但中断响应还是需要一定时间的,这一因素必须在实际应用中加以考虑。

5.2.4 中断请求的撤除

当中断请求被主机响应后,应及时撤除本次中断请求,以避免再次中断响应而出错。以下分别对有关中断源的中断请求撤除作一简要说明。

1) 定时/计数器 $0(T_0)$ 和 $1(T_1)$ 中断请求的撤除

定时/计数器 0 和 $1(T_0、T_1)$ 属内部中断。当运行中的加 1 计数器计满回 0(FFH 或 FFFFH$+1 \rightarrow$00H 或 0000H)并产生溢出信号,由该溢出信号自动置位对应的中断请求标志位(TCON 中的 TF_0 或 TF_1)为 1,向主机请求中断处理。当主机响应该中断请求并转去执行该中断服务子程序时,中断系统由硬件自动复位该中断请求标志位(TF_0 或 TF_1)为 0,即自动撤除该中断请求。只有当加 1 计数器再次计满回 0 溢出时,才会再置位中断请求标志位,再请求主机响应。因此,定时/计数器 $0(T_0)$ 和 $1(T_1)$ 一般不会产生一次中断请求被二次或二次以上响应的错误,也不需另加撤销中断请求的操作。

2) 外部中断 $0(\overline{INT_0})$ 和 $1(\overline{INT_1})$ 中断请求的撤除

外部中断 $\overline{INT_0}$ 和 $\overline{INT_1}$ 是由外部事件或设备发出中断请求有效信号,通过外部引脚 $\overline{INT_0}$、$\overline{INT_1}$ 置位 TCON 的中断请求标志 IE_0、IE_1 为 1,请求主机响应中断处理。外部中断 $\overline{INT_0}$、$\overline{INT_1}$ 请求中断有效信号有两种方式:

(1) 低电平有效触发

当用软件编程方法将 TCON 寄存器中的 IT_0、IT_1 位复位为 0 时,定义外部中断 $\overline{INT_0}$、$\overline{INT_1}$ 为中断请求低电平有效方式。当外部中断源中断请求信号致使外部引脚 $\overline{INT_0}$、$\overline{INT_1}$ 由高电平的无效状态变为低电平的有效状态,并置位 TCON 寄存器中的 IE_0、IE_1 中断请求标志位为 1,主机经采样、响应中断请求并转向中断服务处理时,中断系统硬件会自动复位 IE_0、IE_1 中断请求标志位为 0,即自动消除中断请求。但是外部中断源提供给外部引脚($\overline{INT_0}$、$\overline{INT_1}$)的中断请求信号没有撤除,即 $\overline{INT_0}$、$\overline{INT_1}$ 引脚上仍保持低电平有效信号,这有可能再次激活外部中断请求标志位(IE_0、IE_1)为 1,容易造成再次或多次被主机响应的严重错误。因此,一旦该中断请求被主机响应后,应另行采取措施,及时撤除中断请求,使外部引脚 $\overline{INT_0}$、$\overline{INT_1}$ 恢复高电平无效状态。

为了能及时撤除外部中断源的中断请求有效信号,可在外部事件或设备电路设计时加设一个器件,例如 D 触发器之类,如图 5.5 所示。外部中断源发出的中断请求信号,经反相后送 D 触发器锁存,D 触发器的输出使外部中断请求引脚($\overline{INT_0}$ 或 $\overline{INT_1}$)由高电平无效状态变为低电平有效。当主机响应中断请求并转向执行中断服务子程序时,通过 P1·X 端口输出有效信号置位 D 触发器的 Q 端输出高电平,撤除外部中断($\overline{INT_0}$ 或 $\overline{INT_1}$)请求,恢复高电平无效

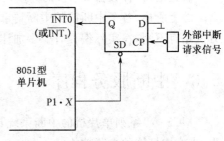

图 5.5 电平方式外部中断请求信号撤除参考电路

状态。

这类电路设计有多样,图 5.5 仅供参考。

(2) 负跳变电平触发

当中断请求寄存器 TCON 中的 IT_0 或 IT_1 位被设置成 1 时,外部中断 0($\overline{INT_0}$)或 1($\overline{INT_1}$)的中断请求就被定义为负跳变(前一个机器周期为高电平,接着后一个机器周期负跳变成低电平)触发方式。当外部中断 $\overline{INT_0}$、$\overline{INT_1}$ 引脚发生负跳变电平变化(由高电平→低电平),则激活对应的中断请求标志位 IE_0 或 IE_1 为 1,向主机请求中断处理。当主机经查询响应中断请求,转向对应的中断矢量后,由中断系统的内部硬件自动复位该中断请求标志位为 0。

由于是负跳变中断请求有效,一般不会出现被重复响应的错误。

3) 串行通信和定时/计数器 2 中断请求的撤除

(1) 串行通信中断请求的撤除

串行通信属内部中断。当串行通信接收(RI)/发送(TI)完一帧数据后,自动置位串行通信特殊功能寄存器 SCON 中的中断请求标志位 RI、TI 位为 1,向主机请求中断响应。由于这两个中断请求(RI(接收)/TI(发送))合用同一个中断矢量入口地址(0023H)、同一个中断允许/禁止控制位 ES、同一个中断优先级选择位 PS。因此,在串行通信中断服务程序中必须首先通过软件查询 RI 和 TI 位,以确定是哪一个中断请求被响应,并转向对应的中断服务子程序去执行。这样,就不能由中断系统的内部硬件自动复位中断请求标志位,而必须由对应的中断服务子程序通过软件编程复位相应的中断请求标志位 RI 或 TI 位为 0,以完成中断请求的撤除。

关于串行通信的有关内容,将在后续章节中详细论述。

(2) 定时/计数器 2(T_2)中断请求的撤除

MCS-51 系列中的增强型 8052 单片机设有 3 个定时/计数器 0、1 和 2,其中定时/计数器 2(T_2)功能最强。它具有两种中断请求功能:一种 16 位加 1 计数器计数满回 0(FFFFH +1→0000H)溢出产生中断请求,其中断请求标志位为 TF_2;另一种为"捕获"而产生中断请求,其中断请求标志位为 EXF_2。这两种中断请求均可被主机响应。同样,这两种中断请求合用同一个中断矢量地址,亦即不管是哪一个中断请求被响应,主机均转向同一个中断矢量地址执行。因此,主机在转向中断矢量执行中断服务子程序时,首先要通过软件编程判别中断请求标志位 TF_2 和 EXF_2,确定是哪一个中断请求被响应,并跳转到对应的中断服务子程序去执行。同样必须通过软件编程复位该中断请求标志位为 0。

有关定时/计数器 2(T_2)的详细内容,将在后续章节中具体论述。

综上所述,各个中断源的中断请求被主机响应后,如何撤除被响应的中断请求的要求和方法略有不同,在实际编程时应多加注意。

5.3 中断服务程序

MCS-51 系列单片机的中断系统具有很强的硬件支撑,软硬紧密结合,必须通过软件编程,来实施具体的中断功能。

5.3.1 中断服务的初始化

为了实施各种不同功能的中断服务,必须根据具体的中断功能及其中断服务要求,通过软件编程,提前对相关特殊功能寄存器的相关位进行选择和设置,称之为中断服务初始化。一般常需考虑的初始化内容简述如下:

1) 堆栈地址区域的设置

在中断响应和服务处理中,必然要用到堆栈,把中断现场(断点)信息压入堆栈保护,以确保中断服务结束后能正确返回原断点,继续原程序的执行。MCS-51 系列单片机,在应用系统启动、上电复位后,堆栈指针 SP 的值为 07H,从 08H 地址单元开始可作为堆栈地址区域。由于与工作寄存器组地址区域相重迭,为此必需另行选择和设置合适的地址区域,包括预留堆栈深度。例如,初始化设置在片内 RAM 的 60H～7FH 为堆栈区域,堆栈浓度为 16 个字节单元。

2) 中断控制寄存器 IE 的设置

若在应用系统中要用到诸如定时/计数器等中断功能,就必须事先开中断,即允许中断请求。MCS-51 系列的中断系统设置为两级中断控制,可通过软件编程初始化中断控制寄存器 IE。

3) 定义外部中断请求激活方式

外部中断源($\overline{INT_0}$和$\overline{INT_1}$)的中断请求有两种激活方式:低电平或负跳变电平。这也同样必须在程序设计前根据实际需要进行选择,然后经初始化编程进行定义,即对 TCON 寄存器中的 IT_0、IT_1 位进行设置。

4) 中断优先级的设置

MCS-51 的中断系统设有两种中断优先级。在实际应用中可根据实时性要求以及轻重缓急设置,必须及时或者紧急处理的中断源可设置为高优先级中断,余下的中断源再按优先级排列顺序确定优先级。

以上内容通常需在应用程序设计时根据实际需要进行选择和确定,并在主程序中进行初始化设置。

例 3 设外部中断 1($\overline{INT_1}$)为高优先级中断,其余为同级并按优先顺序排列,外部中断 1($\overline{INT_1}$)选择负跳变电平激活方式。堆栈设置在片内 RAM 的 60H～7FH 地址段。在主程序中初始化程序段如下:

```
        ⋮
MOV  SP,♯68H       ;定义堆栈区域
SETB IT1            ;定义外部中断 1(INT₁)为负跳变触发
SETB EA             ;开总中断控制位
SETB PX1            ;定义外部中断 1(INT₁)为高中断级
SETB EX1            ;开外部中断 1(INT₁)
        ⋮
```

对具体的各个中断源而言,其中断请求允许(开)/禁止(关)的控制,可在应用程序中适时进行设置(开或关)。

除了中断应用需要初始化程序段设计之外,很多功能、部器件或应用场合均可能需要初

始化程序段的设计。所以,初始化程序段的设计是应用程序设计中的重要组成部分。

5.3.2 采用中断服务时的主程序结构

MCS-51 系列单片机的应用程序有其独特的结构,这是因为其中断矢量固定的设置在程序存储器起始地址段为 0003H~0032H 的区域。而每个中断矢量仅预留 8 个字节单元提供给中断服务程序用,一般情况下显然是不够用的,需另辟中断服务程序储存区域,为此需在中断矢量入口地址区设置一条转移指令,以实现转向对应的中断服务子程序执行,从而形成主程序结构的特殊格式。

主程序包括中断服务子程序的基本组成格式如下:

```
        ORG   0000H
        LJMP  START          ;转向主程序
        LJMP  INT0            ;在矢量地址 0003H～0005H 处用 LJMP 指令转
向 INT。
        ⋮
        ORG   0050H          ;设置 0050H 为主程序起始地址
START:  …                    ;以下为主程序区
        ⋮
        ORG   1000H
INT0:   …                    ;INT。中断服务子程序
        ⋮
```

上述示例中,"ORG"为伪指令,其功能是在程序汇编时指示下面的目标程序的起始地址由该伪指令的表达式值所指定。如标号(符号地址)START 的目标地址(起始地址)为0050H,指明主程序应从程序存储器的 0050H 为首地址开始存储。所以,每一个新的、另外设立的程序段,均需用"ORG"伪指令指明其存储的首地址。例如示例中的外部中断 0($\overline{INT_0}$)的中断服务子程序段的存储起始地址设置在 1000H 等等。

由于中断矢量设置在程序存储器的 0003H~0032H 区域,一般不能另作他用。为了让主程序避开这一区域,特设 0000H~0002H 3 个字节地址单元,用于设置一条无条件转移指令,如示例中的 LJMP   START,从而使主程序跳过矢量地址区域,以标号(符号地址)START(由伪指令定义在 0050H)为入口地址开始存储和运行。

上述示例中仅列举了外部中断 0($\overline{INT_0}$)的中断服务程序的设置,其余中断服务程序的设置,请举一反三加以理解。外部中断 $\overline{INT_0}$ 矢量入口地址为 0003H,所以在 0003H~0005H 3 个字节地址单元中设置了一条 LJMP INT0 无条件转移指令,一旦中断请求被响应,就从矢量入口地址处立即跳转到标号(符号地址)为 INT0(1000H)的入口地址处执行中断服务子程序。采用重新定义的方法,可以使中断服务程序不受任何限制、非常灵活而方便地设置在 64KB 寻址范围内的任何合适的存储区域,为整个应用程序的设计提供了灵活和方便。

伪指令不属于指令系统中的真实指令,而是附属于汇编程序,仅在对应用原程序进行汇

编过程中产生控制或说明作用,与应用原程序本身无任何关系,所以它不会占用程序存储器的存储单元。关于伪指令的详细内容,将在后续章节中详细论述。

5.3.3 中断服务程序的基本结构

中断服务程序是子程序范畴中的一个特例,在结构上有其特殊的约定。当中断源提出中断请求,在满足诸条件的情况下,主机响应中断请求,内部自动生成长调用指令,转到对应的中断矢量地址,再跳转到该中断服务程序执行。中断服务程序的基本组成结构及其程序流程如图 5.6 所示。

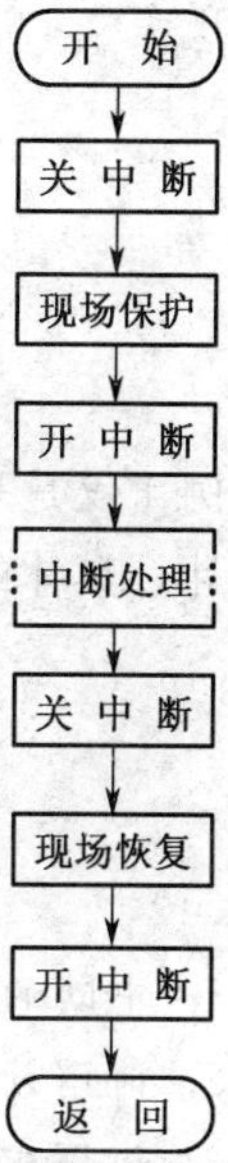

1) 现场(断点)信息的保护和恢复

当主机响应中断请求,内部生成的长调用(LCALL)指令将 PC 的当前值压入堆栈保护。除此之外,可能还有其他与主程序有关的重要信息,例如累加器 A、DPTR、当前工作寄存器($R_0 \sim R_7$)等内容,亦需加以保护。对于当前工作寄存器($R_0 \sim R_7$)中的内容,可通过软件编程对 PSW 寄存器中的 RS_1、RS_0 位重新设置,调另一组工作寄存器专供中断服务子程序用,原工作寄存器组被屏蔽,即实施了保护,这样既节省了堆栈存储单元,而且比进栈保护速度快。待中断服务程序执行完,返回主程序前,仍通过软件编程切换回原工作寄存器组,继续为主程序服务。但断点其他信息应进栈实施保护。

当中断服务程序执行完后,必须进行现场(断点)信息恢复。

由于堆栈操作是按照后进先出规则自动进行的,因此需注意信息入栈保护和出栈恢复的顺序及其对应关系,即应将信息恢复到原单元中,否则就会出错。

图 5.6 中断服务程序流程示意图

究竟需保护哪些信息,则应根据具体需要而定。

2) 开(允许)/关(禁止)中断

在保护和恢复现场前关(禁止)中断,是为了防止此时有高优先级中断请求被响应,避免现场(断点)重要信息未被完整保护和恢复而受到破坏;在保护和恢复完成之后,开(允许)中断是为了能及时响应新的高优先级中断嵌套,或者为下一次新的中断请求做准备。

在某些特殊情况下,一旦中断请求被响应,就不允许被其他任何中断请求所中断,必须保证该中断服务程序被执行完,这就需要在中断服务程序的起始部分、现场保护之前及时关(禁止)中断,复位总开/关中断控制位 EA 为 0,禁止所有其他中断请求,直到该中断服务程序执行完再打开总控位 EA(置位 EA 为 1)。

在实际应用中,应视具体要求及时、灵活地实施中断请求的开/关控制。

3) 中断返回

在中断服务程序的末尾,必须设置 RETI 返回指令,RETI 指令是中断服务程序的结束标志。主机执行完这条指令,即告之中断系统本中断服务程序已执行完毕,并将响应该中断请求置位为 1 的中断优先状态触发器复位为 0,然后从堆栈中弹出断点地址返回程序指针 PC 中,从而使程序返回到断点处,继续执行被中断的原程序。

例 4 设置现场保护累加器 A 和程序状态字 PSW,并选用工作寄存器组 1(原程序选用工作寄存器组 0),对应的中断服务程序基本格式如下:

```
                ORG          5000H
    INTL1： CLR     EA              ;关中断
            PUSH    A               ;现场保护
            PUSH    PSW             ;
            SETB    EA              ;开中断
            MOV     PSW，#08II       ;选用工作寄存器组 1
              ⋮                     ;中断处理程序段
            CLR     EA              ;关中断
            POP     PSW             ;现场恢复
            POP     A               ;
            SETB    EA              ;开中断
            RETI                    ;返回
```

例 4 仅是一较典型的中断服务程序基本格式,相关内容应视中断功能及其具体要求进行设计。具体的应用举例将在后续的定时/计数器、串行通信等章节中介绍。

思考题与习题

1. 中断的含义是什么? 计算机采用中断技术带来了哪些优越性?

2. 何谓计算机中断系统? 它的主要功能是什么?

3. 何谓中断源? MCS-51 系列单片机设有哪些中断源?

4. 何谓中断请求和中断响应? 主机响应中断请求有哪些条件? 为什么? 为什么说中断响应是需要时间的? 有何意义?

5. 何谓中断优先级? 如何正确选用高优先级? 何谓中断嵌套?

6. 外部中断 0($\overline{INT_0}$)和 1($\overline{INT_1}$)有几种激活中断请求的方式? 选用低电平激活中断请求方式应注意些什么? 为什么?

7. 何谓可屏蔽中断? MCS-51 中断系统采用几级屏蔽? 如何正确应用?

8. 何谓断点? 为什么要进行断点(现场)信息保护? 哪些信息应考虑保护? 如何实施保护? 工作寄存器组如何实施保护? 这样的保护有何优点?

9. 何谓矢量中断? MCS-51 的中断矢量区域设置在程序存储器哪一个地址段? 在应用程序设计时应注意什么? 如何进行应用程序地址空间的分配?

10. 为什么设有两条返回指令(RET 和 RETI)? 为什么中断服务子程序必须选用 RETI 返回指令? 两条返回指令返回功能的主要差异是什么?

11. 何谓内部中断和外部中断? 哪些中断源的中断请求标志位是自动置位并自动复位的? 哪些中断请求标位不能自动复位,而必须另行通过软件编程进行复位? 在什么情况下必须采取撤除中断请求措施? 为什么?

12. 中断服务子程序与普通子程序有哪些根本区别?

6 接口部件的结构及其功能

随着超大规模集成技术的发展,越来越多的原先单独集成的功能元件,纷纷集成到单片机芯片内部,从而使单片机的功能不断扩大和增强,简化了应用系统的组成与设计,提高了可靠性。本章就 MCS-51 系列单片机内部的并行 I/O 口、定时/计数器、串行通信等功能元件的组成结构、功能及其应用进行记述。

6.1 并行 I/O 口的结构及其功能

MCS-51 系列单片机的并行 I/O(输入/输出)端口共设有 4 个 8 位的双向通道,分别记作 P0 口～P3 口,共有 32 条外部引脚通道口线,是单片机与外部功能元件实施相互连接、进行信息输入/输出的连接端口,简称 I/O 接口。由于设有这 4 个 8 位双向 I/O 通道口,就可组成典型的外部三总线(16 位地址总线、8 位字长的数据总线和相应的控制总线),从而大大简化了外部功能扩展的电路设计,大大拓宽了 MCS-51 系列单片机嵌入式系统的应用范围,使其能适应广泛的应用功能需要,成为通用性很强的单片机系列。

每一个 I/O 口的每一位均由设定的锁存器(称特殊功能寄存器 SFR)、输出驱动器和输入缓冲器等部件组成。这样,在数据输出时可锁存,即在输出新的数据之前,锁存在锁存器中和通道口上的原数据一直保持不变,但对输入的数据(信息)是不锁存的。所以从外部输入的数据在通道口上必须保持到读取数据的指令被执行完为止。否则,输入的数据(信息)有可能被丢失!

当嵌入式应用系统的主机不需进行外部功能元件等扩展时,P0、P1、P2 三个 8 位口均可用于典型的 I/O(输入/输出)通道口,而 P3 口的 8 位或作 I/O 口、或作第二变异功能口。当需要进行外部功能元件等扩展时,则 4 个 8 位的 I/O 口可构成典型的外部三总线结构,由 P0 口和 P2 口组成 16 位地址总线,寻址范围为 64 KB,由 P0 口用作 8 位字长的数据总线,可见 P0 口既是低 8 位地址总线,又是 8 位字长的数据总线,两者复用。P3 口的相应位以及其他引脚组成控制总线。这是典型的三总线结构,为嵌入式应用系统的外部功能扩展提供了方便。

6.1.1 并行 I/O 口的内部结构

MCS-51 系列单片机的 4 个并行 I/O(输入/输出)口的内部结构各有不同,现分别叙述如下。

1) P0 口的内部结构及其功能

MCS-51 系列单片机每一个并行 I/O 口均为 8 位和 8 个通道口(引脚),常用 PX·0～

PX·7(例如,P0·0~P0·7)表示。P0 口是一个多功能、8 位并行的 I/O 口。对于单片应用的嵌入式系统,即主机(单片机)不需外部功能扩展,P0 口是双向的(输入和输出)、可位寻址操作的 8 位 I/O 口,即既可 8 位并行输入/输出,又可各位单独进行输入/输出操作;对于外部功能扩展的嵌入式系统,P0 口既是低 8 位地址总线,又是 8 位字长的数据总线,实行分时复用。图 6.1 所示为 P0 口中的一位结构示意图。

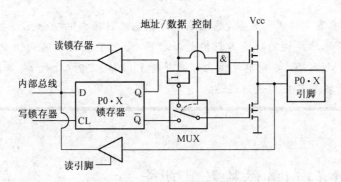

图 6.1　P0 口一位结构示意图

从图 6.1 所示,P0 口的每一位都是由一个锁存器、两个三态缓冲器、一个驱动电路和一个控制电路组成。其中输出电路由一对场效应管(FEF)组成,其工作状态受输出控制电路制约。另外,控制电路由一个与门、一个非门和一个模拟开关 MUX 组成。P0 口各位的操作过程简述如下。

当应用系统的主机(单片机)有外部扩展功能元件并进行访问时,P0 口用于输出低 8 位访问地址码和 8 位字长的数据信息,分时复用,即首先由 P0 口输出低 8 位访问地址,经地址锁存器锁存继续提供低 8 位地址,而后空出的 P0 口转而用于 8 位数据的输入/输出。具体操作过程为:这时控制信号为 1(高电平),控制电子模拟开关 MUX 与地址/数据线经反相器的输出端相连接,从而使之与下拉 FEF 管接通,实现对下拉管 FEF 的控制。同时,控制信号为 1(高电平),使相连的"与"门开锁,使输出的地址/数据信息通过"与"门驱动上拉 FEF 管,从而实现地址/数据信息的输出。例如:当地址/数据输出为 1(高电平)时,一方面控制上拉 FEF 管导通,连接 V_{cc}(+5 V)高电平,另一路经反相器控制下拉 FEF 管,地址/数据输出 1(高电平),经反相器变成 0(低电平),控制下拉管 FEF 截止。从而使 V_{cc}(+5 V)高电平经导通的上拉 FEF 管加载到 P0·X 引脚上而输出"1"(高电平);反之,当地址/数据输出"0"(低电平)时,上拉管 FEF 截止,另一路经反相器后,由"0"变为"1",控制下拉 FEF 管导通,由于下拉 FEF 管与"地"电平相连通,从而使 P0·X 引脚上的电平拉成低电平,由此实现了输出为"0"的操作。当通过 P0·X 口从外部输入程序的指令代码或数据信息时,控制信号为"0"(低电平),控制"与"门被封锁,使上拉 FEF 管处于截止状态,同时电子模拟被释放,使锁存器的 $\overline{Q}$ 输出端与下拉 FEF 管相连接。一般情况下,应用系统的主机(单片机)在上电复位后,P0 口的 8 位均自动置位成 0FFH,即每位的 P0·X 锁存器均锁存"1"(高电平),$\overline{Q}$ 端输出即为 0(低电平),从而控制下拉 FEF 管处于截止状态。由于上、下拉 FEF 管均处于截止状态,使 P0·X 引脚呈高阻输入方式,从而保证了读取的指令代码或数据信息的正确输入。由图显示,读取的指令代码或数据信息,由 P0·X 引脚输入,经由读引脚、内部总线送入主机。由此可见,P0 口作为地址/数据分时复用时是一个真正的双向 I/O 口。

当应用系统的主机(单片机)没有扩展外部功能元件单片应用时,P0 口则用于 8 位通用

I/O口,这时的控制端输出为 0(低电平),"与"门被封锁,上拉 FEF 管处于截止状态,电子模拟开关被释放,通过 MUX 使锁存器的 $\overline{Q}$ 输出端与下拉 FEF 管的控制端相连接。这样,每位 P0 口的输出级电路结构为漏极开路方式,故而必须外接一个上拉电阻 $R[R$ 的取值一般为 4.7 kΩ~5.1 kΩ,并与 V_{cc} 电源($+5$ V)相连接]。这样,P0 口用作 I/O 口进行输出方式时,当输出为"0"时,锁存器的 $\overline{Q}$ 端输出为"1"(高电平),致使下拉 FEF 管导通并接地,从而使输出端口(P0·X)强拉成"0"(低电平),因而使之输出为"0";当输出为"1"时,锁存器的 $\overline{Q}$ 端输出为"0"(低电平),控制下拉 FEF 管截止,从而使输出端口(P0·X)被上拉成高电平,从而输出"1"(高电平)。可见,P0 口作通用 I/O 口应用时,其输出方式不受任何影响,输出信息完全正确。当 P0 口用于输入方式时,分以下两种情况:

① 当应用系统启动,主机上电复位后,P0·X 首次进行输入操作时,由于主机上电复位后 P0 口被置成 0FFH,每位锁存器均被置成"1",其对应的 $\overline{Q}$ 端输出为"0"(低电平),控制下拉 FEF 管被截止,致使 P0·X 端口被上拉成"1"(高电平),这时 P0·X 端口上的输入状态取决于外部输入信息的状态。若输入到 P0·X 端口上的信息为"1"(高电平),则 P0·X 端口上的电平保持不变,输入信息"1"经输入缓冲器(读引脚)送内部总线,CPU 读取的信息为"1";若输入到 P0·X 端口上的信息为"0"(低电平),则端口上的电平被强拉成"0"(低电平),从而 CPU 从端口上读取的信息为"0"。可见,在这种情况下,从 P0 口输入的信息是正确的。

② 当 P0 口的某位(P0·X)或 8 位在本次输入操作之前,已进行过输入/输出操作,这时就不知道对应的锁存器处于何种状态,假设该锁存器锁存"1",$\overline{Q}$ 端输出为"0"(低电平),下拉管 FEF 被截止,此状态对输入不会产生任何影响,即输入能完全正确;反之,该锁存器的信息为"0",$\overline{Q}$ 端输出为"1"(高电平),导致下拉管 FEF 被导通并接地,把 P0·X 端口强拉成低电平状态,这时如输入的信息为"1",就会被强拉为"0"(低电平),从而导致输入错误("1"变成"0")。当然,如果输入为"0",则不改变 P0·X 端口上的状态,能正确输入"0"信息,不会发生输入错误。为避免上述输入错误的发生,必须在本次输入操作之前,先将对应的 P0·X 口设置为"1",即输出"1",将锁存器置"1"。$\overline{Q}$ 端输出使下拉 FEF 管处于截止状态,保证 P0·X 端口上拉成高电平("1")状态,然后进行输入操作才正确。可见,这时的 P0 口不是真正的双向 I/O 口,而被称之为"准双向 I/O 口"。对此,实际应用时必须多加注意。

从图可见,P0 口的读操作:一是从端口(引脚)上读取外部输入的信息,称为"读引脚";二是从 P0 口自身的锁存器读取锁存信息,以实现"读锁存器—修改—重写锁存器"操作,即对自身锁存器内容进行改写。

综上所述,P0 口是一个多功能的,既可用做地址/数据分时复用[这时它是一个真正的双向 I/O(输入/输出)口],又可用做通用型 I/O 口,但这时它是一个准双向 I/O 口,且需外加上拉电阻;既可 8 位并行 I/O,又可按位进行 I/O。当 P0 口用于通用型 I/O 口时,由于主机在上电复位后 P0 口被自动设置成 0FFH,即各位的锁存器均锁存"1",这表示首次执行输入操作是正确的,如果在本次输入操作之前,已执行过多次输出操作,而后要由输出改变成输入操作时,必须在本次输入操作指令前先执行一条输出"1"的指令,然后再执行输入操作才正确。这就是准双向 I/O 口的含义。

P0 口的输出级的驱动能力为 8 个 LSTTL 负载。

2) P2 口的内部结构及其功能

当应用系统的主机(单片机)需片外扩展存储器等功能元件时,P2 口用于输出高 8 位地址码,它同 P0 口组成 16 位地址总线。在片外不扩展存储器等功能元件时,则可用做通用型

I/O,同样,这时它是一个准双向的 I/O(输入/输出)口。其一位结构示意图如图 6.2 所示。

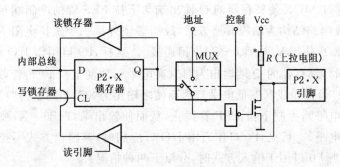

图 6.2　P2 口一位结构示意图

由图可见,电子模拟转换开关(MUX)受控于内部控制信号。当 MUX 转换开关与地址线相连接时,将高 8 位地址信息经反相器与下拉 FEF 管的控制极相连,以实现高 8 位地址码的输出;当 MUX 转换开关与锁存器的 Q 输出端相连通,则用于通用型 I/O(输入/输出)口,属准双向 I/O 口。因此,在用做通用型 I/O 口时,当由原输出方式改变成输入方式时,应先将锁存器置成"1",即先输出"1",由 Q 端输出,经反相后使下拉 FEF 管截止,内部硬件电路设有上拉电阻 R,致使 P2 · X 端口(引脚)呈现高电平状态。然后进行输入操作。这样,CPU 通过三态缓冲器(读引脚)读取外部输入信息,从而保证了输入信息的正确性。

一般情况下,应用系统均需在主机(单片机)片外扩展存储器等外部功能元件,因而 P2 口常用于输出高 8 位地址线。因访问外部程序存储器的操作连续不间断,因而 P2 口一直忙于输出高 8 位地址码,故这时的 P2 口一般情况下就不能再另作通用型 I/O 口用,即使有空余位(未用满 8 位),例如存储器的寻址空间为 16 KB 或 32 KB,最高 1 或 2 位有空余,但也不能另作他用,以免出现错误。

在用做通用型 I/O 口时,和 P0 口一样,既可读取外部输入信息,也可读取自身锁存器内容,实现"读锁存器—修改—再写入"操作。

P2 口的输出级驱动能力为 4 个 LSTTL 负载。

3) P1 口的内部结构及其功能

P1 口是一个标准的 8 位准双向通用型 I/O(输入/输出)口,可 8 位并行或位操作。其一位的组成结构示意图如图 6.3 所示。

在实际应用系统中,P1 口是唯一标准的通用型 I/O(输入/输出)端口,一般多用于位处理,十分灵活、方便。为充分发挥其效能,应在程序设计时,预先做好合理安排和分配。

在增强型 8052 单片机中,P1 口的 P1 · 0 和 P1 · 1 两位另有他用,即 P1 · 0 位用于 8052 中的定时/计数器 2 的外部计数输入端口,P1 · 1 位用于定时/计数器 2 的外部控制信号输入端口。

有关准双向 I/O(输入/输出)口的功能原理及其操作特点与前述相同,不再重述。

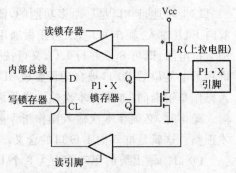

图 6.3　P1 口一位结构示意图

4) P3 口的内部结构及其功能

P3 口是一个双功能的 I/O 口,其第一功能为通用型 I/O 口,是一个 8 位的准双向 I/O(输入/输出)口;第二功能为特殊变异功能口,每位所定义的功能如表 6.1 所示。图 6.4 为 P3 口的一位组成结构示意图。

表 6.1 P3 口特殊变异功能定义

I/O 口(位)引脚	特殊变异功能定义
P3.0	RXD—串行通信数据接收端口
P3.1	TXD—串行通信数据发送端口
P3.2	$\overline{INT0}$—外部中断 0 请求端口
P3.3	$\overline{INT1}$—外部中断 1 请求端口
P3.4	T0—定时/计数器 0 外部计数输入端口
P3.5	T1—定时/计数器 1 外部计数输入端口
P3.6	$\overline{WR}$—外部数据存储器写选通
P3.7	$\overline{RD}$—外部数据存储器读选通

如图 6.4 所示,当 P3 口实现第一功能作为通用型 I/O 口的输出方式时,变异功能输出端应保持高电平状态,致使"与非门"开锁,使 P3 口锁存器的 Q 端的输出是畅通的。Q 端的输出电平经"与非"门控制下拉 FEF 管的导通或截止,通过 P3·X 口(引脚)以实现内部信息的输出;当选用第二变异功能的专用信息输出时,对应的锁存器需置成"1",Q 端输出高电平,使"与非"门开锁。从而使第二变异功能专用信息输出畅通。例如,当输出"1"信息时,经反相,下拉

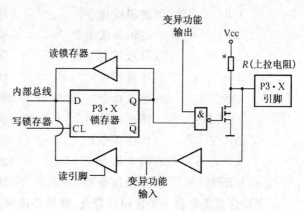

图 6.4 P3 口一位结构示意图

FEF 管被截止,P3·X 口(引脚)呈现高电平,输出为"1";反之,输出信息为"0"。经反相后控制下拉管 FEF 导通,因下拉 FEF 管一端接地,强拉 P3·X 口(引脚)变为低电平,即实现输出"0"信息。对于从外部输入信息而言,无论是第一功能(通用型 I/O 口)还是第二变异功能专用信息的输入,相应位的锁存器 Q 端和变异功能输出端均应为"1"(高电平),使下拉 FEF 管处于截止状态,从而保证外部信息的正确输入。如果 P3·X 位要实现从输出方式改变成执行外部信息输入操作时,则必须按"准双向"规则操作,否则将会造成输入信息被读错的可能。

由图 6.4 所示,其信息输入部分设有两个缓冲器,第二变异功能的专用信息从第一个缓冲器的输出端读取,而通用型 I/O 口的输入信息经第二个三态缓冲器在"读引脚"的控制下从内部总线上读取。可见两者读取的路径是不同的。

P30 口各位特殊变异功能的定义见表 6.1 所示,这里不再重复说明。如果某位或某些位不需应用其特异功能,可改成通用型 I/O(输入或输出)方式进行位操作。例如,应用系统

不需要串行通信,就可将 P3·0 和 P3·1 两位应用于通用型 I/O 口。但要注意,必须遵循准双向 I/O 口的操作规则。

综上所述,MCS-51 系列单片机整体结构灵活,其中 3 个 I/O 口(P0、P2、P3 口)均是多功能的。通过这 3 个 I/O 口,可方便地组成外部三总线(地址、数据、控制),为外部功能扩展提供了极大的方便,从而能极大地满足各种不同的应用系统所需的功能要求,大大拓宽了 MCS-51 系列单片机应用的通用性和广泛性。

6.1.2　重写操作

从前述可见,MCS-51 系列单片机的 4 个 I/O 口,均有两种"读"方式:读引脚(读取外部输入的信息)和读锁存器(读取自己锁存器中的信息)。在指令集中也设有两种读指令:读锁存器内容和读 I/O 口引脚内容。后者是从锁存器中读取的内容,经过处理,再将处理后的内容重新写入锁存器。把这类指令称为"读锁存器—修改—再写入",即重写操作类指令。当指令的目的操作数单元为某 I/O 口(8 位)或 I/O 口的某位时,该指令所读取的为自己锁存器中的内容,而非该 I/O 口引脚上(外部输入)的内容。现举例部分具有此功能的指令:

ANL	(逻辑与指令)	例如:ANL	P1,A
ORL	(逻辑或指令)	例如:ORL	P2,A
XRL	(逻辑异或指令)	例如:XRL	P3,A
CPL	(位取反指令)	例如:CPL	P1·0
INC	(增量指令)	例如:INC	P2
DEC	(减量指令)	例如:DEC	P2
DJNZ	(循环判跳指令)	例如:DJNZ	P2,LABEL
MOV	(传送指令)	例如:MOV	P1·3,C
CLR	(清 0 指令)	例如:CLR	P1·0
SETB	(置位指令)	例如:SETB	P1·4

上述这类指令有一个共同的特点,就是要读取 I/O 口锁存器中的内容和相关内容进行处理或修改,然后再将结果重新写入锁存器中。

之所以要从锁存器中读取内容,而不从 I/O 端口(引脚)上读取,是因为在某些情况下两者内容(状态)可能会不一致而造成错误或混乱。例如,某个 I/O 口的某位外部引脚(端口)用于驱动一个三极管的基极,当该位置"1"高电平输出,驱动三极管导通,这时三极管的基极可能因三极管导通而从"1"(高电平)变成"0"(低电平),亦即该位的引脚(端口)电平也必然从"1"(高电平)变成"0"(低电平),而该位锁存器中内容仍保持"1"(高电平)状态不变,这时两者内容就出现不一致,如果从引脚读取内容进行处理,就会出现混乱和造成错误。为了避免这类情况的出现而造成差错,特设置读锁存器内容,以实现"读—修改—再写入"操作,而不是读 I/O 口引脚。读引脚专门用于读取外部输入信息。

6.1.3　总线概念

一台复杂的电子计算机都是由众多的功能元件组合而成。在 CPU(主机)的统一指挥下有条不紊地工作。众多的功能元件与 CPU 之间以及各功能元件之间都存在一个相互连接以实现信息流通的问题。早期的计算机每一对结点之间都用一根专用线相连接。一台复杂的计算机,其信号连接线,何止千万! 这就造成了计算机组成结构的复杂性,并严重影响着计算机工作的可靠性和维护性。为了减少连接线,简化组成结构,把功能相同、具有共性的连接线归并成一组公用连线,称为总线。例如,专门用于传输数据信息的公用组线,称为数据总线;专门用于传输地址信息的组线,称为地址总线;专门用于实施选通、控制的组线,称为控制总线,合并称为三总线。采用总线结构的优点是十分明显的,所以现代计算机均采用总线结构。

总线,就是计算机系统中一组公共、通用的信息传输连线。在超大规模集成电路计算机系统中,有内部总线和外部总线之分。MCS-51 系列单片机属总线型结构。片内通过内部总线把集成在片内的各个功能元件与 CPU 连成一个整体。当片外需进行功能元件扩展时,则由 P0 口和 P2 口组成外部的 8 位数据总线和 16 位地址,其中 P0 口用做低 8 位地址和 8 位字长的数据分时复用总线,由 P3 口及相关的专用选通线组成相应的控制总线,从而组成了典型的三总线结构。这就给外部功能扩展时在组成结构上大大增加了灵活性。通过三总线,可供不同用户根据应用系统的实际需要进行外部功能元件的有效扩展,而且在硬件系统的组成结构与设计上均十分简单而方便。

为了能满足广大用户、广泛的应用领域的需要,并与 MCS-51 系列单片机外部总线结构配套,Intel 公司推出了可灵活兼容的 MCS-80/85 标准外围芯片、标准接口存储,并行I/O 扩展器和其他功能元件,其他半导体器件也纷纷推出各类多功能元件,为 MCS-51 系列单片机的嵌入式应用系统的外部功能的扩展,提供了十分丰富的硬件资源。这也是 MCS-51 系列单片机长期以来深受广大用户欢迎的原因之一。

MCS-51 系列单片机所提供的地址、数据、控制外部三总线结构,简化了对外部存储器和多功能元件的要求,而且外部扩展时硬件连接极其简单、方便。有关这方面的内容将在外部功能扩展章节中详细叙述。

6.2 定时/计数器结构及其功能

在实时测控应用系统中,很多场合均需对外部信号或事件进行计数,或者定时处理。以往在典型微机中,所需定时/计数功能均由专用集成芯片(器件)来完成。随着超大规模集成技术的发展,单片机打破了典型微机按逻辑功能划分集成芯片并组建微型计算机系统的体系结构,而是将应用广泛且必需而又重要的功能元件集成到单片机内部,从而具有结构简单、体积小、可靠性高、使用方便等优点,特别适用于嵌入式测控系统中的应用。

8051 型单片机片内设有两个 16 位的定时/计数器,而增加型 8052 则增设一个功能极强的定时/计数器 2。

6.2.1 定时/计数器的基本结构

8051 型单片机设有两个 16 位的定时/计数器 0 和定时/计数器 1,通常用于定时或计数,而增强型 8052 则设有三个定时/计数器,其中定时/计数器 0 和 1 与 8051 型单片机相同,而增设的定时/计数器 2 则集定时、计数和捕获三种功能于一体,且功能极强。

组成定时/计数器的核心部件是一个 16 位的加 1 计数器,它由两个 8 位的计数器 TH_x

和 TL_x(x=0 或 1,代表定时/计数器 0 或 1)组成。提供给计数器实现加 1 计数的信号源有两个:一个来自于外部提供的计数脉冲,通过 T_x(x=0 或 1)端口(外部引脚)送加 1 计数器进行计数,以实现对外部事件进行计数;另一计数源则来自单片机内部,主振频率经 12 分频,即每个机器周期进行加 1 计数,从而实现定时功能。8052 型单片机增加的定时/计数器 2 除有定时、计数功能外,还设有捕获功能,具体的功能选择是通过软件编程对各自的特殊功能寄存器 TMOD、TCON 和 T_2MOD、T_2CON 相应位的设置进行定义。

当定时/计数器设定为定时方式时,其计数脉冲来源于主振频率的 12 分频(机器周期)使定时/计数器加 1 计数。所以定时器实际上是计算机器周期的计数器。由于每个机器周期是时钟振荡器(主振)振荡周期的 12 分频,一旦应用系统的主振频率选定,则机器周期随之确定。例如,设主振频率选为 12 MHz 时,则一个机器周期就确定为 $T=1\ \mu s$,从而对机器周期的计数就转换成单位时间(T)的计数。所谓定时,即根据确定的时间计算求得计数值,当计数器计满设定的计数值,计数器即计满回 0 并产生溢出信号,表示设定时间到,请求主机进行处理。这就实现了定时处理功能。

当定时/计数器设定为计算工作方式时,其计数信号(脉冲)来源于外部事件提供给端口(引脚)T_x(x=0 或 1)上的负跳变脉冲,即前一个机器周期为高电平(1),后一个机器周期负跳变为低电平(0),则计数器完成加 1 计数。主机在每个机器周期的 S_5P_2 状态采样 T_x 端口(引脚)上的电平。需用两个机器周期来采样并识别以完成一次加 1 计数。因此,计数器的最大计数速率为主振频率的 1/24,主机对外部事件计数脉冲的占空比无特殊要求,但必须保证所提供的计数脉冲的高电平在其跳变成低电平之前被采样一次,在紧接着下一个机器周期采样到负跳变的低电平。因此,计数脉冲的周期必须保证在两个机器以上。

当计数器不断加 1 计数并达到设定值时,16 位计数器将由 0FFFFH+1 回 0000H,计数器产生回 0 溢出信号,置位对应的中断请求标志位 TF_x(x=0 或 1),向主机请求中断处理。由于这是一个加 1 计数器,且需计满回 0 并产生溢出信号,回 0 则表示已计满设定的计数次数,因此,必须对设定的计数次数进行的 2^{16} 为模的补码作为计数的初值赋值于计数器。例如,设计数次数为 1,则以 2^{16} 为模 1 的补码为 0FFFFH,赋值给计数器作为计数初值,当计数器启动计数 1 次即计满回 0 溢出,并置位对应的中断请求标志位,向主机请求中断处理,完成了一次计数任务。这是加 1 计数器的特点和麻烦之处。

16 位的加 1 计数器由两个 8 位的特殊功能寄存器 TH_x 和 TL_x(x=0 或 1)组成,它们可被软件编程设置成不同的组合方式(13 位、16 位和两个分开的 8 位计数器),从而可以组合成 4 种不同的工作方式。对于增强型 8052 的定时/计数器 2,功能独特,将另外专门叙述。

整个定时/计数器 0、1 和 2 的功能,均可由用户通过软件编程对特殊功能寄存器 TMOD、TCON、T2MOD、T2CON 相应位的设置来实现。

6.2.2 定时/计数器 0 和 1 的控制与状态寄存器

8051 单片机设有定时/计数器 0 和 1,通过特殊功能寄存器 TMOD 和 TCON 进行功能选择,增强型 8052 单片机设有定时/计数器 0、1 和 2,其中定时/计数器 2 功能独特,设有专用的特殊功能寄存器 T_2MOM 和 T_2CON 进行功能选择。每当执行一条含有上述特殊功能寄存器进行定时/计数器的功能选择时,其相关内容将被锁存,将在下一条指令的第一个机

器周期的 S_1P_1 状态开始生效。

1）工作方式控制寄存器——TMOD

特殊功能寄存器 TMOD 是用于设置定时/计数器 0 和 1 操作模式和工作方式,其格式如下:

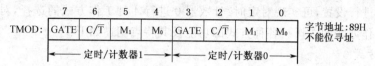

其中低 4 位用于定义定时/计数器 0,高 4 位用于定义定时/计数器 1,各对应位的功能、含义相同,现简要说明如下:

M_1M_0:工作方式选择位,其组合模式如下:

M_1M_0	工作方式	功能说明
0 0	工作方式 0	13 位计数器
0 1	工作方式 1	16 位计数器
1 0	工作方式 2	自动再装入 8 位计数器
1 1	工作方式 3	仅将定时/计数器 0 分成两个 8 位计数器,定时/计数器 1 无此功能

$C/\overline{T}$:定时或计数操作模式选择位。当 $C/\overline{T}$ 位设置为 1 时,定义该定时/计数器为计数模式;当 $C/\overline{T}$ 位复位为 0 时则选择为定时模式。

GATE:选通控制位。当 GATE 位设置为 1 时,只有当对应的 $\overline{INT_x}$[外部中断请求端口(引脚)]为高电平,且定时/计数器的启/停控制位 TR_x 为 1(处于启动状态)时,才选通定时/计数器进行计数操作。这说明,这时的定时/计数器的计数操作,除受启/停控制位 TR_x 的控制外,同时还受 $\overline{INT_x}$ 的双重控制,从而可以实现精确计数;当 GATE 位复位为 0 时,只需启/停位被置位为 1,即选通定时/计数器开始执行计数操作。

特殊功能寄存器 TMOD 的字节地址为 89H,不可位寻址,即不可单独对位进行设置。主机上电复位后 TMOD 的所有位均为 0,即 00H,因此复位后即定义定时/计数器 0 和 1 自动置成定时模式和工作方式 0。要改变其设置,必须通过软件编程进行重新定义。

2）启/停与中断控制寄存器——TCON

特殊功能寄存器 TCON 中的相应位 TR_x(x=0 或 1)用于对定时/计数器 0 或 1 进行启/停控制,其他位用于中断请求,两者合用同一个寄存器。有关具体内容已于前述。其中 TR_0(TCON·4 位)用于定时/计数器 0 的启/停控制。当 GATE 位为 0 的情况下,通过软件编程设置 TR0 位为 1 时,则启动定时/计数器 0 开始计数操作;当复位为 0 时,则停止计数操作。TR1(TCON·6 位)用于定时/计数器 1 的启/停控制,其控制启/停方法同上。当 GATE 位设置为 1 的情况下,定时/计数器 0 和 1 的启/停计数控制,除受 TR_x(x=0 或 1)启/停位的控制外,还受对应的 $\overline{INT_x}$ 端口(外部引脚)上电平信号的控制,即双重控制。

另外,TF1(TCON·7 位)为定时/计数器 1 的计数满回 0 溢出中断请求标志位,TF_0(TCON·5 位)为定时/计数器 0 的计数满回 0 溢出中断请求标志位。用于向主机请求中断处理。

其余 4 位(TCON 的低 4 位)用于其他功能的中断请求标志位。

可见,TCON 是定时/计数器 0 和 1 与中断系统两者合用的特殊功能寄存器,既可字节寻址,又可位寻址,应用时极为灵活、方便。

6.2.3 定时/计数器 0 和 1 的工作方式

8051 型单片机的定时/计数器 0 和 1,可通过软件编程对特殊功能寄存器 TMOD 中的 M_1、M_0 两位进行设置,可实现对定时/计数器 0 进行 4 种工作方式的选择,对定时/计数器 1 进行 3 种工作方式的选择。各种方式的功能及其特点阐述如下:

1) 工作方式 0

当特殊功能寄存器 TMOD 中的 M_1、M_0 两位通过软件编程或上电复位成 00 状态时,则定时/计数器 0 或 1 即处于工作方式 0 状态。

工作方式 0 是一个由高 8 位计数器 TH_x 和一个具有 32 分频的低 8 位计数器 TL_x 中的低 5 位,组合成 13 位的计数器。其组成结构示意图如图 6.5 所示。

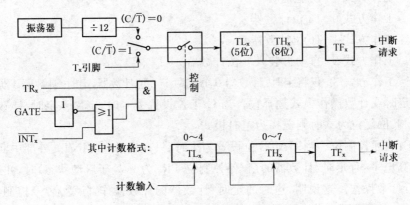

图 6.5 13 位定时/计数器结构示意图

在此方式中,计数从 TL_x 的低 5 位(0～4 位)开始,当低 5 位计满回 0(11111＋1→00000)溢出向 TH_x(高 8 位)进位,使 TH_x 计数器加 1 计数。当 13 位计数器计满回 0 并产生溢出信号时,此溢出信号立即置位 TCON 寄存器中的 TF_x 中断请求标志位为 1,向主机请求中断处理。启动计数器开始进行计数的条件是:当 GATE 控制位为 0 时,通过软件编程置位 TR_x(启/停控制位)为 1,即控制电子模拟开关计数输入信号接通,随之开始加 1 计数;当 GATE 控制位为 1 时,则必须在对应的 $\overline{INT_x}$ 端口(外部中断请求引脚)呈高电平,并通过软件编程置位 TR_x(启/停)位为 1,才启动计数器开始加 1 计数。复位 TR_x 位为 0 时,控制电子模拟开关跳开,立即停止计数。

通过软件编程对 TMOD 寄存器中的 $C/\overline{T}$ 位的设置:当设置 $C/\overline{T}$ 位为 0 时,控制模拟开关与主振经 12 分频信号端相连接,对机器周期进行加 1 计数,实现定时操作;当 $C/\overline{T}$ 位设置为 1 时,控制模拟开关与外部计数输入端口(引脚)T_x 相连接,对外部输入的计数信号(脉冲)进行加 1 计数操作。

图中 x 可为 0 或 1,以表明是定时/计数器 0 或 1。在同一工作方式中,定时/计数器 0 或 1 的功能和组成结构完全相同,故而用 x 表示泛指,不再分别论述。$\overline{INT_x}$ 中的 x 亦然,但有对应关系。即 TR1 对应 $\overline{INT_1}$,TR0 对应 $\overline{INR_0}$。

工作方式 0 是为了能与 MCS-48 系列单片机的定时/计数器的功能相兼容。一般在 MCS-51 系列单片机的实际应用中已很少选用。

2）工作方式 1

定时/计数器 0 和 1 的工作方式 1,除计数器是由 TH_x 和 TL_x 两个 8 位的计数器联合组成 16 位计数器功能之外,其操作方式与组成结构等与工作方式 0 完全相同,故不重述。工作方式 1 组成的 16 位计数器计数格式示意图如图 6.6 所示。

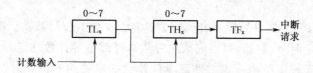

图 6.6　16 位计数器的计数格式示意图

16 位计数器的最大计数次数为 65536,而 13 位计数器的最大计数次数为 8192。显然采用方式 1 的 16 位计数器,其可计数量比方式 0 的 13 位计数器大很多,所以在实际应用中多数选用方式 1。

3）工作方式 2

定时/计数器的工作方式 2 是将两个 8 位计数器 TH_x 和 TL_x 分成独立的两部分,组合成一个 8 位的自动再装入计数初值的定时/计数器。其组成结构示意图如图 6.7 所示。

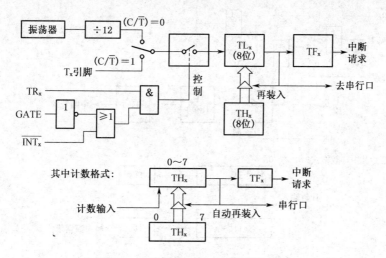

图 6.7　自动再装入 8 位计数器示意图

从图示可见,作为一个自动再装入方式的 8 位定时/计数器 0 和 1,是将低 8 位的 TL_x 作为计数器,而将高 8 位的 TH_x 用于存储 8 位计数初值的寄存器,在初始化设置计数初值时,同时将计数初值赋予 TL_x 和 TH_x,在启动计数后,当低 8 位的 TL_x 计数满回 0 溢出时,其溢出信号不仅置位中断请求标志位 TF_x 为 1,向主机请求中断处理,并且同时选通三态门,控制存储在高 8 位 TH_x 中的计数初值自动装入 TL_x 中,继续进行下一轮的计数操作,此溢出信号还送往串行通信系统,设置并产生串行通信的波特率。

自动再装入工作方式,通过软件编程只需对 TH_x、TL_x 设置一次计数初值,启动后可连续无限次定时/计数运行,在当前运行计满回 0 溢出后,立即从存储在 TH_x 中的计数初值自动再装入 TL_x 中,不间断地进入下一轮的计数操作,中间不会丢失计数信号,重新再装入操作不会影响或改变 TH_x 中预置的计数初值内容。工作方式 0 和 1 则无此功能,如果前一轮计数满回 0 后需进入下一轮定时/计数操作时,必须停止计数,重新设置计数初值后,再启动下一轮的计数操作。

工作方式 2 的计数长度为 8 位二进制数码,其计数范围较小,一般常用于计数量不大(小于 256 次)而又需连续多次不间断、不丢失计数的定时或外部事件计数的场合,但更多地用于串行通信中波特率的产生。

4) 工作方式 3

工作方式 3,是将定时/计数器 0 分成两个各自独立的 8 位计数器。用低 8 位的 TL_0 组成一个完整的 8 位定时/计数器,可以完成定时或对外部事件计数功能,而用高 8 位的 TH_0 另外组成一个只能实现定时而不能对外部事件计数的单独的 8 位定时器。定时/计数器 1 无工作方式 3 功能,即不能将定时/计数器 1 设置为工作方式 3。图 6.8 为定时/计数器 0 工作于工作方式 3 的两个 8 位的定时/计数器和定时器组成的结构示意图。

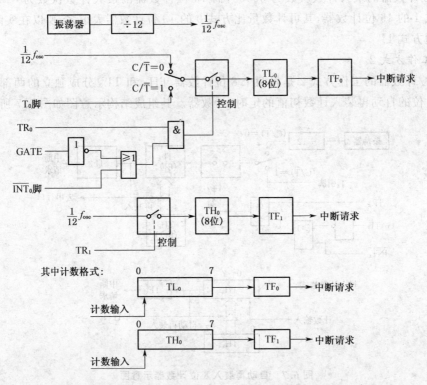

图 6.8 定时/计数器 0 工作方式 3 的两个 8 位计数器结构示意图

从图示可见,由低 8 位的 TL_0 计数器组成了一个完整的 8 位定时/计数器,它占用了定时/计数器 0 的所有(即全部)相关的选通和控制信号源,如 $C/\overline{T}$、T_0、TR_0 和 TF_0 等,它的组成结构和操作功能完全与定时/计数器 0 的工作方式 0 或 1 相同。只是计数长度只有 8 位,即计数范围仅限于 256 次。由高 8 位的 TH_0 单独组成 8 位计数长度的定时器,只能用于对机器周期进行计数的定时功能。并且占用了定时/计数器 1 的启/停位 TR_1 和中断请求标志位 TF_1。这也是为什么定时/计数器 1 不能设置成工作方式 3 的原因所在。

一般情况下较少选用定时/计数器 0 工作于方式 3,只有在计数范围较小(小于 256 次),又需要增加一个小范围的定时器,同时由于串行通信波特率的需要,将定时/计数器 1 设置成自动再装入的工作方式 2 时,才适合选用之。如何合理分配和选用,应在实际应用中根据需要权衡考虑。当然,在实际应用中原有内部定时/计数器确实难以满足需要时,可考虑实施外部扩展。

6.2.4 定时/计数器 2

8051 型单片机片内设置有定时/计数器 0 和 1,而增强型 8052 型单片机片内则设置有 3 个定时/计数器,除定时/计数 0 和 1 之外,增设了一个功能极强的定时/计数器 2,它也是一个 16 位的定时/计数器,另设专用的特殊功能寄存器 T_2CON 和 T_2MOD,供功能设置和选择之用。

1) 定时/计数器 2 的控制寄存器——T_2CON

定时/计数器 2 的功能选择和选通控制同样需通过软件编程,对专用的特殊功能寄存器 T_2CON 相关位的设置来实现。T_2CON 寄存器的格式及各位定义如下。

	7	6	5	4	3	2	1	0	
T_2CON:	TF_2	EXF_2	RCLK	TCLK	$EXEN_2$	TR_2	$C/\overline{T_2}$	$CP/\overline{RL_2}$	字节地址:C8H 可位寻址

TF_2($T_2CON \cdot T$ 位):定时/计数器 2 计数满回 0 溢出中断请求标志位。当定时/计数器 2 计数满回 0 溢出,由内部硬件自动置位 TF_2 为 1,向主机请求中断处理。但当 RCLK＝1 或 TCLK＝1 时将不予自动置位。即不会产生向主机请求中断处理!另外,当主机响应中断请求,转向中断服务程序处理时,不会自动清 0 中断请求标志位 TF_2,必须通过软件编程复位 TF_2 为 0 撤除本次中断请求。

EXF_2($T_2CON \cdot 6$ 位):定时/计数器 2 外部中断请求标志位。当外部引脚 T_2EX(P1·1 端口)上的状态由"1"(高电平)变成"0"(低电平)负跳变引发"捕获"或"重新再装入"且 $EXEN_2$ 位为 1 时,则置位中断请求标志位 EXF_2 为 1,向主机请求中断处理。同样,在主机响应中断后必须通过软件编程复位 EXF_2 为 0。

RCLK($T_2CON \cdot 5$ 位):串行通信接收时钟标志位。当 RCLK 位被设置为 1 时,串行通信使用定时/计数器 2 计数满回 0 的溢出信号,作为串行通信工作方式 1 或 3 的接收时钟信号;当 RCLK 位为 0 时,使用定时/计数器 1 或 0 的计数满回 0 溢出信号作为接收时钟。

TCLK($T_2CON \cdot 4$ 位):串行通信发送时钟标志位。当 TCLK 位被设置为 1 时,串行通信采用定时/计数器 2 的计数满回 0 溢出信号作为串行通信工作方式 1 或 3 的发送时钟信号;当 TCLK 位为 0 时,则采用定时/计数器 0 或 1 的计数满回 0 溢出信号,作为串行通信的发送时钟。

$EXEN_2$($T_2CON \cdot 3$ 位):定时/计数器外部采样允许标志位。当 $EXEN_2$ 位被设置为 1 时,如果定时/计数器 2 不是正工作于串行通信的时钟信号,则在 T_2EX(P1·1 端口)引脚上的负跳电平("1"→"0")将激活"捕获"或"再装入"操作;当 T_2EX 位被复位为 0 时,则在 T_2EX 引脚(P1·1)上的负跳变电平("1"→"0")对定时/计数器 2 不起作用。

TR_2($T_2CON \cdot 2$ 位):定时/计数器 2 启/停计数控制位。当软件置位 TR_2 位为 1 时,启动定时/计数器 2 开始进行计数操作;当 TR_2 位被复位为 0 时,则停止计数操作。

$C/\overline{T_2}$($T_2CON \cdot 1$ 位):定时/计数器 2 的定时或计数模式选择位。当 $C/\overline{T_2}$ 位被设置为 1 时,选择对外部事件进行计数操作;当 $C/\overline{T_2}$ 位被复位为 0 时,则选择内部定时模式。

$CP/\overline{RL_2}$($T_2CON \cdot 0$ 位):定时/计数器 2 捕获或自动再装入模式选择位。当设置 CP/

$\overline{RL_2}$ 位为 1 时，选择捕获模式。设 $EXEN_2$ 位为 1，则在 T_2EX 引脚（P1·1 端口）上的负跳变电平（"1"→"0"）将激活捕获操作；当 $CP/\overline{RL_2}$ 位被复位为 0，且 $EXEN_2$ 为 1 时，则定时/计数 2 计数满回 0 溢出，或者 T_2EX（P1·1 端口）引脚上的电平跳变为负（"1"→"0"），均将产生自动再装入操作。当 RCLK 位为 1 或 TCLK 位为 1 时，$CP/\overline{RL_2}$ 标志位不起作用，即无效。定时/计数器 2 的自动再装入计数长度是 16 位的，与定时/计数器 0 和 1 的自动再装入 8 位计数长度相比，其计数范围要大很多。

T_2CON 控制寄存器的字节地址为 0C8H，既可字节寻址，也可位寻址。

2）定时/计数器 2 的工作方式

定时/计数器 2 也是一个 16 位的内部定时或对外部事件计数的加 1 计数器，当计数器加 1 计数满回 0 并产生溢出，置位中断请求标志位 TF_2 向主机请求中断处理。定时/计数器 2 的工作模式与定时/计数器 0 和 1 不同，它的三种工作方式是：捕获方式、16 位自动再装入方式和串行波特率发生器方式。这三种工作方式是通过软件编程对 T_2CON 工作方式特殊功能寄存器的相关位进行设置来选择的。T_2CON 相关位的设置与定义如表 6.2 所示。

表 6.2　T_2CON 相关位的设置与定义

RCLK + TCLK	$CP/\overline{RL_2}$	TR_2	工作方式说明
0	0	1	16 位自动再装入方式
0	1	1	16 位捕获方式
1	×	1	波特率发生器方式
×	×	0	关闭

（1）自动再装入方式

定时/计数器 2 的 16 位自动再装入方式，根据特殊功能寄存器 T_2CON 中的 $EXEN_2$ 标志位（T_2CON·3 位）的不同状态，有两种选择，另外，根据特殊功能寄存器 T_2MOD 中的 DCEN 位是"0"或是"1"还可选择加 1 计数器或者减 1 计数器方式。T_2MOD 寄存器的格式及其有关位的含义如下。

	7	6	5	4	3	2	1	0	
T_2MOD	×	×	×	×	×	×	T_2OE	DCEN	字节地址：C9H 不可位寻址

$X(T_2MOD·7 \sim T_2MOD·2)$：6 位保留位，无定义，留作未来功能扩展用。

$T_2OE(T_2MOD·1)$：定时/计数器 2 输出启动位。

$DCEN(T_2MOD·0)$：置位为 1 时允许定时/计数器 2 进行增量（加 1）或减量（减 1）计数操作。

T_2MOD 特殊功能寄存器目前只占用了两位。专用于定时/计数器 2 的功能选择，其余 6 位保留，无定义。它的字节地址为 0C9H，不可位寻址。上电复位后的原始值为×…×00B。当 DCEN 位复位为 0 时，默认定时/计数器 2 为增量（向上加 1）计数方式；当 DCEN 位置位为 1 时，将由定时/计数器 2 的 T_2EX（P1·1 端口）引脚上的逻辑电平状态决定是增量（加 1）或减量（减 1）计数方式。

① 当设置 T_2MOD 寄存器中的 DCTE 位为 0（或复位为 0）时，定时/计数器 2 为增量（加 1）型自动再装入方式，此时根据 T_2CON 寄存器中的 $EXEN_2$ 位的状态可选择以下两种

操作模式：

• 当清 0EXEN$_2$ 标志位时，定时/计数器 2 在计数满回 0 溢出，将置位中断请求标志位 TF$_2$ 为 1，向主机请求中断处理，同时将陷阱寄存器 RCAP$_2$L、RCAP$_2$H 中预置的 16 位计数初值重新自动再装入计数器 TL$_2$ 和 TH$_2$ 中，并继续进行下一轮的计数操作，其功能与定时/计数器 0 或 1 的工作方式 2（自动再装入）相同，只是定时/计数器 2 是 16 位字长的自动再装入，其计数范围大。陷阱寄存器 RCAP$_2$L 和 RCAP$_2$H 两个 8 位的寄存器用于存储预置的 16 位计数初值（初始化计数初值）。定时/计数器 2 的自动再装入模式组成结构示意图如图 6.9 所示。

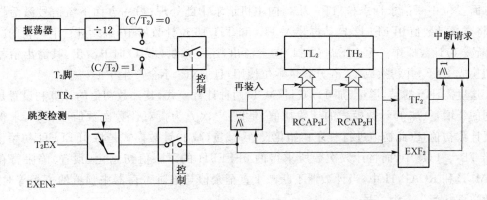

图 6.9　定时/计数器 2 自动再装入组成结构示意图

• 当设置 EXEN$_2$ 标志位为 1 时，从图 6.9 所示可见，它将控制电子模拟开关处于连接状态。这时定时/计数器 2 除仍具有上述①的 16 位自动再装入功能外。还增加了新的特性，即当外部输入端口 T$_2$EX（P1·1 引脚）上的电平发生从"1"（高电平）跳变成"0"（低电平）的负跳变时，能激活三态门将陷阱寄存器中预存的计数初值自动再装入 TL$_2$ 和 TH$_2$ 计数器中，重新开始新一轮的 16 位计数操作。同时将置位中断请求标志位 EXF$_2$ 为 1，向主机请求中断处理。这就说明，在这种模式下，增加了可以通过外部 T$_2$EX 端口（P1·1 引脚）上的负跳变电平，随机控制自动再装入操作，而不必等待计数器计满回 0 溢出激活自动再装入。

② 当 T$_2$MOD 寄存器的 DCEN 位设置为 1 时，可使定时/计数器 2 既能实现增量（加 1）计数，也可实现减量（减 1）计数模式，它取决于外部引脚 T$_2$EX（P1·1 端口）上的逻辑电平。图 6.10 所示为定时/计数器 2 实现增量（加 1）计数或减量（减 1）计数模式的组成结构示意图。

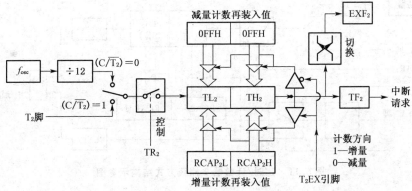

图 6.10　定时/计数器 2 增量或减量计数模式结构示意图

从上图所示可见,当 DCEN 位设置为 1 时,定时/计数器 2 具有增量(加 1)/减量(减 1)计数功能。当外部引脚 T_2EX(P1·1 端口)呈高电平(为"1")状态时,定时/计数器 2 执行增量(加 1)计数模式,在不断加 1 并计数满回 0,产生溢出信号,一方面置位中断请求标志位 TF_2 为 1,向主机请求中断处理;另一方面,溢出信号激活三态门,将存储在陷阱寄存器 $RCAP_2L$ 和 $RCAP_2H$ 中的 16 位计数初值自动再装入 TL_2 和 TH_2 16 位计数器中,继续进行下一轮的增量(加 1)计数操作。当外部引脚 T_2EX(P1·1 端口)上的电平呈现低电平("0")时,定时/计数器 2 则执行减量(不断减 1)计数模式的操作,在计数器 TL_2 和 TH_2 不断减 1 计数的值等于陷阱计数器 $RCAP_2L$ 和 $RCAP_2H$ 中所预置值时,即产生下溢信号。一方面置位中断请求标志位 TF_2 为 1,向主机请求中断处理;另一方面下溢信号激活三态门,将减量计数值 0FFFFH 自动再装入 TL_2 和 TH_2 16 位计数器中,继续进行下一轮的减量(不断减 1)计数操作。无论增量(加 1)向上溢出,还是减量(减 1)向下溢出,其溢出信号均会切换成 EXF_2 并转换成 17 m 分频供本位使用,且 EXF_2 不会产生中断请求。

这里需注意的是,增量(加 1)/减量(减 1)两种计数模式,其计数初值的计算和设置是不相同的。增量(加 1)计数模式的计数初值,是以 2^{16} 次方为模对计数次数值取补码,求得该设置计数初值,以此初值进行程序初始化设置;减量(减 1)计数模式是将 0FFFFH 初始化计数器 TL_2、TH_2 中,而将计数次数所求得的 0FFFFH 的下限值初始化(预置)陷阱寄存器 $RCAP_2L$ 和 $RCAP_2H$ 中,当计数器不断减 1 直至余值与陷阱寄存器中预置的值相等时,表示计数满并产生下溢信号。

中断请求标志位 TF_2 和 EXF_2 被置位为 1。向主机请求中断后,不会自动复位为 0,而必须在主机响应该中断后,用软件另行复位为 0。

(2)捕获方式

所谓"捕获"即能随机并及时捕获到相关信号发生跳变及其有关数据,常用于精确测量相关信息、脉宽等。

对于捕获模式,可根据 T_2CON 寄存器中 $EXEN_2$ 标志位的不同状态有以下两种选择:

① 当 $EXEN_2$ 位被复位为 0 时,定时/计数器 2 是一个 16 位的内部定时或对外部事件计数的定时/计数器。外部事件计数脉冲从 T_2(P1·0 端口)引脚输入,当计数满回 0 溢出时,置位中断请求标志位 TF_2 为 1,向主机请求中断处理。主机在响应中断转入对应的中断服务程序进行处理时,必须用软件将中断请求标志位 TF_2 复位为 0,即 TF_2 不会自动复位为 0。除此之外,其他均同定时/计数器 0 和 1 的工作方式 1。见图 6.11 所示。

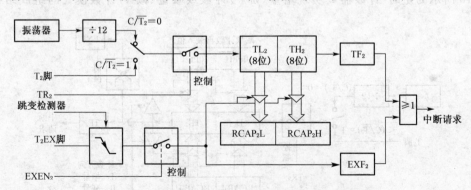

图 6.11 定时/计数器 2 捕获方式结构示意图

② 当 $EXEN_2$ 位设置为 1 时,控制电子模拟开关处于接通状态。当外部 T_2EX 引脚

(P1・1端口)上电平从"1"(高电平)跳变为"0"(低电平),进行负跳变时,便激活三态门,控制计数器 TL_2 和 TH_2 中的当前计数值分别被捕获进陷阱寄存器 $RCAP_2L$ 和 $RCAP_2H$ 中,同时置位中断请求标志位 EXF_2 为1,向主机请求中断处理。同样,在主机响应中断后,必须通过软件编程,将中断请求标志位 EXF_2 复位为0。捕获工作方式组成结构示意图如图6.11所示。

由于两个不同的中断请求标志位 TF_2 和 EXF_2 是通过一个"或"提供给主机实施采样检测的。因此,主机在检测到有中断请求,但并不知道是哪一个提出中断请求,而是一律转向同一个中断矢量入口(程序存储器的 002BH 首地址)去执行,在这个中断服务程序的开头处,必须再通过软件分别对两个中断请求标志位 TF_2 和 EXF_2 进行检测采样,以确定是哪一个请求中断,然后正确转入对应的中断服务程序去执行。同样,在转入对应的中断服务程序后,必须通过软件编程,对该中断请求标志位复位为0。

另外,定时/计数器2占用了P1端口的 P1・0(T_2)和 P1・1(T_2EX)两位引脚,这时就不能再将P1端口的 P1・0 和 P1・1 口用于通用型 I/O(输入/输出)口了。这样就使通用型的 P1 端口少了两位。

图中的 $RCAP_2L$ 和 $RCAP_2H$ 是定时/计数2的专用陷阱寄存器,$RCAP_2H$ 是高8位陷阱寄存器,其字节地址为 0CBH,$RCAP_2L$ 是低8位陷阱寄存器,其字节地址为 0CAH。

定时/计数器2功能强,有多种工作模式可供选择,设置条件也烦多,在实际应用时应多加注意。另外,近年来 Intel 公司已将 MCS-51 单片机内核技术转让给多家国际著名的半导体公司(或厂商),并各自生产出融入自己独特技术的 MCS-51 系列单片机。因此,不同厂家生产的 MCS-51 系列单片机各有不同的特点,其中增强型 8052 单片机的定时/计数器2,其组成结构与功能略有不同。选用时应多加注意。

(3)波特率发生器方式

当 T_2CON 寄存器中的 RCLK 和 TCLK 位设置为1,或者其中的某一位设置为1时,定时/计数器2即工作于串行通信中的波特率发生器工作方式。有关这方面的详细内容,将在串行通信一节中加以具体论述。

6.2.5　定时/计数器的编程和应用

在选用 MCS-51 系列单片机作为嵌入式应用系统的主机,并需启用定时/计数器有关功能时,应根据应用系统的实际需要,首先应对定时/计数器资源进行合理分配,确定应用功能要求。拟订和计算相应的数据,然后在程序设计时对定时/计数器进行程序初始化,其中包括相关中断的开启,控制字和计数初值的设置等,以及编写相应的处理程序。通常情况下,设置顺序如下:

(1)根据设定的功能要求,进行控制字的设置。

(2)计数初值的计算和设置。

(3)相应中断的设置。

(4)定时/计数器启/停等的适时控制等。

现以广泛应用的定时/计数器0或1并结合相关中断技术作一简要介绍。

1)计数初值的计算

由于定时/计数器0和1均属加1计数模式,并以计数满回0溢出作为一次定时或外部事件计数操作的完成,并置位对应的中断请求标志位,向主机请求中断处理。因此,不能直接将设定的实际计数次数作为计数初值赋值于计数器 TL_x 和 TH_x 中进行加 1 计数操作,而必须对实际计数次数进行求补运算,以计数次数的补码值作为计数初值进行赋值设置。由于定时/计数器所选择的工作方式不同,求补的模也不一样。

设实际所需计数次数为 X,计数器的计数长度为 $n(n=8$、13 或 16 位),则计算计数初值 $(X)_{补}=2^n-X$,式中 2^n 为求补的模,不同的工作方式,求补的模也不一样。例如,工作方式 0 的计数长度为 13 位,$2^{13}=8\,192$ 为模;工作方式 1 的计数长度为 16 位,$2^{16}=65\,536$ 为模;工作方式 2 的计数长度为 8 位,所以 $2^8=256$。因此,计数初值即为以 2^n 为模对计数次数 X 取补码,即计数初值 $(X)_{补}=2^n-X$。由于定时/计数器 0 和 1 的计数特性为加 1 计数并计满回 0 溢出。所以必须以计数次数对 2^n 为模取补,作为计数初值,赋值给计数器进行不断加 1 计数操作。

对于定时模式,计数器是对设定的机器周期进行计数,而机器周期与选定的主振频率密切相关。因此,应根据应用系统所选定的主振频率求得对应的机器周期。以主频为 6 MHz 为例,其对应的机器周期为:

$$机器周期\ T_P = \frac{12}{主振频率} = \frac{12}{6\times10^6} = 2\ \mu s$$

$$定时时间\ T_c = 计数次数 \times 机器周期 = X\cdot T_P$$

上式中 T_P 为机器周期,T_c 为所需定时时间,X 为所需计数次数。T_P 和 T_c 一般为已知值。在确定了 T_c 和 T_P 值后,即可求得所需的计数次数 X,然后根据所选工作方式所对应的模 2^n,求得计数次数 X 的补码。以 $(X)_{补}$ 码作为计数初值赋值给计数器进行加 1 计数操作。

一般计数次数 X 及其求得的补码 $(X)_{补}$ 均为十进制数,还需将十进制数的 $(X)_{补}$ 变换成用 4 位二进制码表示的 16 进制数,才可作为计数初值初始化赋值给 TL_x、TH_x 计数器中。

例 1 设定时间 $T_c=5$ ms,选定的机器周期 $T_P=2\ \mu s$,则可计算求得所需计数次数为:

$$X = \frac{5\ ms}{2\ \mu s} = \frac{5\,000\ \mu s}{2\ \mu s} = 2\,500(次)$$

(1) 如选用工作方式 0,则计数长度 $n=13$,其对应的定时时间常数(计数初值)为:

$$(X)_{补} = 2^{13} - X = 8\,192 - 2\,500 = 5\,692$$

还需将这个十进制数转换成低 5 位(TL_x)和高 8 位(TH_x)的两个十六进制数。为此可求得低 5 位 1CH,高 8 位为 0B1H 的计数初值。这样就可通过软件编程,将此求得的计数初值通过初始化程序分别赋值给 TL_x 和 TH_x 两个计数器中。

(2) 如定时/计数器选用工作方式 1,则计数长度 $n=16$,这时对应的定时时间常数(计数初值)为:

$$(X)_{补} = 2^{16} - X = 65\,536 - 2\,500 = 63\,036$$

将此十进制数分别换算成:低 8 位十六进制数为 3CH,高 8 位十六进制数 0F6H,经此转换,就可通过初始化程序,将此计数初值分别设置到 TL_x 和 TH_x 计数器中,作为计数初值进行加 1 计数操作。

从上可见,作为加 1 计数器模式,其计数初值的计算比较烦一点。另外,三种工作方式的计数范围不同。因此,在实际应用中应根据具体要求进行选用。

2) 定时/计数器的应用与编程举例

例 2 设某嵌入式应用系统,选定定时/计数器 1 用于定时模式,工作于方式 1,设定的定时时间 $T_c = 10$ ms,主振频率为 12 MHz,要求每隔 10 ms 向主机请求中断处理,将累加器 A 中内容左循环一次,并将循环后的内容送 P1 端口输出。

由上述计算方法求得定时 10 ms 的计数初值:低 8 位计数初值为 0F0H,高 8 位的计数初值为 0D8H。

(1) 初始化程序段

所谓初始化,即某些应用功能,在该功能实际操作或实施执行之前,必须通过主程序对某些功能、单元以及相关数据进行设置。例如,对可编程多功能元件功能的选定、操作方式的选择、相应中断控制位的设置,以及诸如计数初值的预置……将这些相关内容,选择主程序合适的区段,集中编制一段程序进行预先设置,称为该功能的初始化程序段。与本例有关的初始化程序段如下:

```
            主程序段
              ⋮
START: MOV SP, ♯65H          ;设置堆栈区域
       MOV TMOD, ♯10H        ;选择 T₁、定时模式,工作方式 1
       MOV TH1, ♯0D8H        ;设置高 8 位计数初值
       MOV TL1, ♯0F0H        ;设置低 8 位计数初值
              ⋮
       SETB EA               ;⎫
       SETB ET1              ;⎬ 开中断(应选择合适的时段)
              ⋮              ;⎭其他初始化程序
       MOV B, ♯01H           ;将循环初值保存在寄存器 B 中
       SETB TR1              ;启动定时/计数器 1(T₁)开始定时
              ⋮              ;⎫
              ⋮              ;⎬ 其他主程序
```

在程序段的前面部分为定时/计数器 1、工作于方式 1 的初始化程序段,在对定时/计数器 1 的启/停位 TR₁ 被置位为 1 后,即启动定时/计数器 1 开始以设定的方式进行定时计数操作。

(2) 中断服务程序段

定时/计数器 1 以定时模式工作于方式 1 的中断服务程序:

```
INTT1:  PUSH  DPL            ;断点保护
        PUSH  DPH            ;
        PUSH  A              ;
              ⋮
        MOV   TL1, ♯0F0H     ;⎫
        MOV   TH1, ♯0DBH     ;⎬ 重新置计数初值
        MOV   A, B           ;循环移位值送 A
        RL    A              ;循环左移一位
        MOV   P1, A          ;A 内容送 P1 口输出
```

```
          MOV    B, A              ;循环移位值送 B 中保存
                 ⋮
          POP    A                 ;恢复断点
          POP    DPH               ;
          POP    DPL               ;
          RETI                     ;返回
```

本例是采用中断技术进行处理,比较及时、便捷。如果需要连续而多次进行每 10 ms 处理一次,由于需在中断响应后在中断服务程序中重新设置计数初值,这就有可能在中断请求到重新置计数初值之间丢失计数而造成误差,这是应根据实际功能要求认真考虑的问题。也可选用查询法进行处理,即在启动计数后,预计在 10 ms 附近用软件查询中断请求标志位 TR_1。一旦查询到 TR_1 位为 1,立即重新设置计数初值,并进行相关处理。如需精确定时,还可采取漏计补偿法,即将估计可能漏失的次数补偿到重新设置的初值中,以提高定时的精确度。

由于是应用举例,所以只能将相关的主要内容进行例示,许多具体细节,这里仅以"……"省略,断点保护部分也应根据实际需要而定。

例 3 某嵌入式应用系统需对 $\overline{INT_0}$ 引脚上的正脉冲测试其脉宽。

根据此功能要求,可设置定时/计数器 0 为定时模式,工作于方式 1,并设置 GATE 控制为 1,将 $\overline{INT_0}$ 端口(引脚)作为待测脉冲的输入口。系统的主振频率为 12 MHz,因此其机器周期 $T_c = 1\ \mu s$。

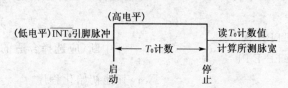

本例所涉及的相关程序段如下:

```
                 ⋮
                 ⋮
INTT0: MOV  TMOD, #09H   ;设置 T₀ 定时模式,工作方式 1,且 GATE 位为 1
       MOV  TL0, #00H    ;设置计数初值
       MOV  TH0, #00H    ;
       CLR  EX0          ;关 INT₀ 中断
LOP1:  JB   P3·2, LOP1   ;等待 INT₀ 变成低电平
       SETB TR0          ;启动 T₀ 计数
LOP2:  JNB  P3·2, LOP2   ;等待 INT₀ 跳变成高电平,只有当 INT₀ 跳变成高电
                          平时,定时器 T₀ 才真正启动开始计数
LOP3:  JB   P3·2, LOP3   ;等待 INT₀ 变成低电平
       CLR  TR0          ;停止 T₀ 计数
       MOV  A, TL0       ;计数器 TL₀ 中内容送 A
       MOV  B, TH0       ;计数器 TH₀ 中内容送 B
                 ⋮      ;
                 ⋮      ;计算脉宽和处理
                 ⋮      ;
```

在本例中，由于 TMOD 寄存器中的控制位 GATE 设置为 1，决定了只有当$\overline{INT_0}$引脚上的电平和启/停位 TR$_0$同时为 1（高电平）时，才能启动定时/计数器 0(T_0)开始计数，所以在所示程序中先将定时/计数器 0(T_0)的启/停位置成 1，等待$\overline{INT_0}$引脚上待测脉冲由低电平(0)跳变成高电平(1)，立即启动定时/计数器 0(T_0)开始计数，一旦$\overline{INT_0}$引脚上的电平跳变成低电平(0)，计数器立即停止计数。然后读出计数值，即可换算求得所测脉宽。

如果应用系统的主机选用增强型 8052 单片机，则通过定时/计数器 2 进行脉冲宽度检测可能更方便。

例 4 某嵌入式应用系统要求通过 P1·0 和 P1·1 两者端口分别输出 200 μs 和 400 μs 的方波。为此，应用系统选用定时/计器 0(T_0)，工作于定时模式，工作于方式 3。主机的主频为 6 MHz，对应的机器周期 $T_P = 2$ μs，经计算求得两个定时常数（计数初值）分别为 9CH 和 38H。

本例所涉及的相关程序段如下。

(1) 初始化程序段

```
        主程序
        ⋮
TIMT：  MOV   TMOD，#03H      ;设置 T₀ 定时工作方式 3
        MOV   TL0，#9CH       ;设置 TL₀ 计数初值，产生 200 μs 方波
        MOV   TH0，#38H       ;设置 TH₀ 计数初值，产生 400 μs 方波
        SETB  EA             ;⎫
        SETB  ET0            ;⎬ 开中断
        SETB  ET1            ;⎭
        ⋮                    ;设置 P1·0、P1·1 只输出
                             ;初始状态
        SETB  TR0            ;⎫ 启动计数
        SETB  TR1            ;⎭
        ⋮
```

(2) 中断服务程序段

① 中断服务程序 1

```
INTP10：  …              ;断点保护等
          ⋮
        MOV   TL0，#9CH   ;重新设置初值
        CLR   P1·0       ;对 P1·0 口输出信号取反
          ⋮              ;恢复断点等
        RETI             ;返回
```

② 中断服务程序 2

```
INTP11：  …              ;断点保护等
          ⋮
        MOV   TH0，#38H   ;重新设置初值
        CPL   P1·1       ;对 P1·1 口输出信号取反
          ⋮              ;
```

```
          ⋮              ;恢复断点等
          RETI           ;返回
```

在本例的中断服务程序段中仅对计数器 TL_0 和 TH_0 重新设置计数初值,对 P1·0 和 P1·1 两者端口的输出信号(电平)取反,其余部分均省略未加详述。

例 5 利用定时/计数器 0 或 1 的外部计数信号输入端口 T_x 改变成外部中断源请求中断处理信号的输入端口。

在某些应用系统中常会出现原有的两个外部中断源 $\overline{INT_0}$ 和 $\overline{INT_1}$ 不够用,而两个定时/计数器有多余,则可将空余的定时/计数器 T_x 改成用于扩展的外部中断源。选择定时/计数器 0 或 1 的对外部跳变电平信号("1"→"0")加 1 计数模式,利用这一特性,并将定时/计数器 0 或 1 设置成工作方式 2(8 位自动再装入方式),计数初值设置为 0FFH。这样,当外部对应的计数输入端口(引脚)T_x 输入一个负跳变("1"→"0")的电平(脉冲)信号时,计数器加 1 计数并立即计满回 0 溢出,置位对应的中断请求标志位 TF_x 为 1,向主机请求中断处理,同时又将计数初值 0FFH 从 TH_x(高 8 位计数器)自动再装入 TL_x(低 8 位计数器)中,为下一次的外部中断源中断请求信号的输入做好了准备。这就相当于增加了一个外部中断源。同样以负跳变("1"→"0")方式触发中断请求有效,主机在响应中断,程序将转向该定时/计数器所对应的中断矢量入口处去执行中断服务程序。这里要注意的是,程序将自动转向该中断矢量入口处再转向该外部中断服务程序去执行。

现设定时/计数器 1 以计数模式工作于方式 2(自动再装入),计数初值为 0FFH,用于扩展外部中断 2。定时/计数器 1 的外部事件计数信号输入端口 T_1 改变成外部中断 2 的中断请求信号输入端口。其对应的程序段示例如下。

(1) 主程序部分

```
          ORG     0000H
          AJMP    MAIN         ;转主程序
          ORG     001BH        ;中断矢量入口(T₁)地址
          LJMP    INTER        ;转向中断服务程序(T₁)处理
          ⋮
MAIN:     ⋯                    ;主程序
          ⋮
          MOV     SP,#68H      ;设置堆栈区
          MOV     TMOD,#60H    ;设置定时/计数器1(T₁)计数模式,工作于方式2
          MOV     TL1,#0FFH    ;设置计数初值
          MOV     TH1,#0FFH    ;
          SETB    EA           ;开中断
          SETB    TR1          ;启动 T₁ 计数
          ⋮
```

(2) 中断服务程序(具体处理程序略)

```
          ORG     1000H        ;中断服务程序入口地址
INTER:    PUSH    A            ;断点保护
          PUSH    DPL          ;
          PUSH    DPH          ;
```

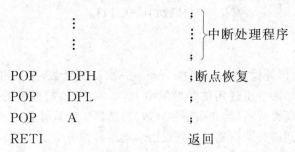

```
        ⋮                    ;
        ⋮                    ;  中断处理程序
                             ;
POP     DPH                  ;断点恢复
POP     DPL                  ;
POP     A                    ;
RETI                         返回
```

通过上述举例,简略介绍了 MCS-51 系列单片机应用软件的编程、初始化程序段以及中断服务程序的基本格式。有关功能的具体程序,需根据具体功能要求进行设计和编程,故在举例中被省略。

在实际的嵌入式应用系统中,定时或计数的应用可谓多种多样,上述举例,仅是定时/计数器最直接的、典型的应用实例。希能举一反三、灵活、广泛地应用于实际。

3) 应用中应注意的问题

在实际应用中应注意以下两个问题。

(1) 定时/计数器应用中的实时性

定时/计数器从启动开始计数,到计数器计数满回 0 溢出,向主机请求中断处理,这些操作都是由内部硬件自动进行的。但从计数器计满回 0 溢出请求中断处理,待到主机响应该中断请求,转入对应的中断服务程序进行处理的过程中,存在一定的时间延时,且这种延时随中断请求和响应的具体环境不同而存在着差异。一般从发出中断请求到主机响应中断存在着不同程度的延时,再从中断矢量入口转到对应的中断服务程序,以及相关事宜的处理等等,这些都会给实时处理带来误差。对于大多数实时性要求不高甚或与此类延时无关的应用场合,可忽略不计或不予考虑,但对于某些对实时性要求苛刻的应用场合,应采取合理有效的补偿措施。

例如,将定时/计数器设定为定时模式,由于定时时间较长,即使选用工作方式 1 的 16 位计数长度,因超过最大定时范围而需多次累计才能达到设定的定时要求,最典型的用例就是把定时/计数器 1 用作实时时钟,通过软件设置年、月、日、时、分、秒记录单元,对设置的定时时间(毫秒级)不断累计和进级。由于上述原因,其延时误差加以累计,总的误差将随累计次数的增加而增加,直至失去时钟或定时的实际意义! 因此,对这类定时或其他类似的应用,应采取动态补偿的办法,即在中断服务程序中,重新对 TL_x、TH_x 计数器设置计数初值时,将这次计数器计满回 0 到重新置计数初值之间,计数器自动将由 0 开始计数的值读出,补偿到设定的计数初值中去,以其和作为计数初值进行设置。以下补偿软件(程序设计方法)供参考。

中断服务程序段:

```
        ⋮
CLR   EA              ;关中断
MOV  A,♯LOW          ;低字节计数初值送 A
ADD  A,TLX           ;低字节计数初值补偿
MOV  TLX,A           ;设置低字节计数初值
MOV  A,♯HIGH         ;高位字节计数值送 A
ADDC A,THX           ;高位字节初值补偿
```

```
        MOV THX, A                ；高位字节计数初值送 TH_x
        SETB EA                   ；开中断
             ⋮
```

在本例中,低字节计数初值补偿过程中,可能会产生一次新的计数,可采用估算法进行补偿,这样就更精确。当然,如果主机选用的是增强型 8052 单片机,则可选用定时/计数 2 的自动再装入工作方式可实现大范围(需几次累加计数)的精确定时或计数。不同的应用场合,应根据实际要求,采用不同的补偿措施。上例仅诸多动态补偿方法之一,供参考。

(2) 动态读取运行中的计数值

在某些实际应用中,需不时动态检测定时/计数器运行中的计数值。在动态读取运行中的计数值时,如果不加注意,就可能会出现差错。这是因为不可能在同一时刻同时读取 TL_x 和 TH_x 计数器的计数值。例如,先读低 8 位 TL_x 计数器,后读高 8 位 TH_x 计数器,由于定时/计数器处于运行状态,在读取 TL_x 计数值之后、读 TH_x 计数值之前,在这期间正好 TL_x 低 8 位计数满回 0 并向高 8 位 TH_x 产生溢出进位,这时读取的高 8 位计数值显然是不正确的。反之,先读 TH_x,后读 TL_x,同样会出现差错。

针对上述情况,可采取先读取高 8 位 TH_x,后读低 8 位 TL_x,再读 TH_x,并将两次读得的 TH_x 计数值进行比较。若两次所读取的计数值相等,则可确定所读取的计数值是正确的,否则重复上述读的过程,一般重复读得的动态计数值不会再出错。采取上述方法所对应的程序段如下。

```
RDTM: MOV  A, THX              ；读取 TH_x 计数值送 A
      MOV  R0, TLX             ；读取 TL_x 计数值送 R_0
      CJNE A, THX, RDTM        ；比较两次 TH_x 值,若相等则读得的值正
                                确,程序往下执行;若不相等,程序转向
                                RDTM 重读。
      MOV  R1, A               ；将 TH_x 计数值存 R_1 中
             ⋮
```

在实际应用中,可能会出现这样或那样的问题。仅以上例,请能举一反三,具体问题应采用具体办法解决之。

6.3 串行通信

MCS-51 系列单片机除设置有 4 个 8 位的并行 I/O 口外,还设有一个功能极强的全双工串行通信端口。

近年来,串行通信功能在嵌入式测控系统中的应用极为广泛。MCS-51 系列单片机提供了一个全双工的串行通信 I/O 接口,能同时进行串行信息的接收和发送,可以用于 UART(通用异步接收与发送)通信,也可用于同步移位寄存器方式的通信。应用串行通信接口可以实现系统与系统之间点对点的单机通信,多机通信和单片机与上档系统机(如 IBM-PC 微机之类)的单机或多机通信,从而大大拓宽了 MCS-51 系列单片机的应用领域及其范围。

6.3.1 串行通信概述

在实际的嵌入式应用系统中,常常需要与外部设备,或者两个应用系统之间,或者与上

档管理系统进行信息传输,所有这些信息交换被称之为通信。最常用的信息传输方式有两种,即并行和串行信息的传输。选择的依据常按照信息传输的距离和速度进行衡量。对于近距离且要求传输速度很高的场合,诸如单片机内部,同一块电路板上或者两者之间传输距离极近且对信息传输速度有要求的场合,一般均采用一组信息(如字长 8 位或 16 位等)并行传输方式,其特点是:需通过多根传输线,一组信息同时传输,传输速度快、效率高、可靠性高,但需多根传输线。由于距离极近,不会增加很多硬件成本。对于外部且两者之间信息传输具有一定距离(例如大于 50 cm)甚或远距离,而且所传输的信息不是急需处理的信息,对这类信息的传输,常采用串行通信的方式,其特点是:只需一对(接收/发送)传输线,一组数据信息是一位一位地从低位到高位按顺序连成一串进行传输,大大节省了传输线数及相关设备,降低了硬件成本,但传输速度慢、效率低、可靠性较差。主要适用于较远距离的信息传输。

1) 串行通信的基本模式

通常,串行通信有两种基本模式。

(1) 同步串行通信方式

同步串行通信的基本特征是:在有效数据信息开始传输前需用同步字符(通常由 1～2 个用若干位组成的同步字符)来指示有效数据信息传输的开始,其接收/发送的数据信息必需由时钟信号来进行严格的同步。由于串行通信是一位接一位按顺序成串地进行传输的,位与位之间没有间隙,也不用起始位和终止位。为此,需在有效数据信息块开始传输前用同步字符(SYNC)来指示传输有效数据信息流的开始,并保证发送端与接收端的初始同步,然后双方(接收与发送端)开始同步计数和数据信息的传输。同步串行通信的基本格式如下所示:

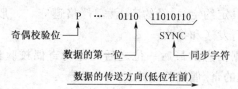

这里所示的同步字符 SYNC 是单字节 11010110,也可是双字节的同步字符,紧随其后的则是有效的数据信息。每组数据信息可由 5、6、7 或 8 位组成,一位奇偶校验位,组成一个数据信息段。同步字符可由用户约定。通信时每位所占用的时间均相等。

串行通信的接收端在一次串行通信传输开始时,即进入"监视同步字符串的搜索方式",一旦检测到设定的同步字符字串后,就从同步字符后的第一位数据信息开始计数并按约定的有效数据信息段进行接收。发送时有效数据信息紧随同步字符之后。

进行数据信息串行传输时,要求发送端不间断地连续发送数据信息,中间不允许断流,即不允许出现数据空或缺,否则将出错。一旦发送端出现来不及准备下一个要发送的数据信息段时,应在断缺前一个数据信息段发送完毕后,立即用同步字符填补发送,而且要直到下一个数据信息段可以发送为止。接收端在接收完全部约定的数据信息段后,重又进入"搜索"方式,直至搜索到下一个串行通信同步字符(SYNC)为止。

在串行通信同步传输时,要求用时钟信号来实施接收与发送之间数据信息的同步。为了能保证接收操作正确无误,发送端除了正确发送数据信息外,同时还需传送同步时钟信号,以实现两者之间的同步。

同步串行通信方式常用于传输信息量大、传输速度要求较高的场合。由于它要求由时钟信号来实现接收/发送之间的严格同步,这就要求对时钟信号的相位一致性很严格,因此带来硬件设备较复杂、成本高等问题。

(2) 异步串行通信方式

异步串行通信方式既不需要同步字符(SYNC),也不要求保持数据信息流的连续性,更不要求接收/发送之间的严格同步,而是规定了每组数据信息均以相同的帧格式进行传输。其帧格式如下所示:

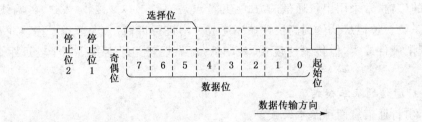

从图示可知,每帧信息由起始位、数据信息位、奇偶校验位和停止位所组成,帧与帧之间用高电平分隔开。

起始位:在通信传输线上没有数据信息传输时呈逻辑"1"(高电平)不工作状态。当需要发送一帧数据信息时,首先发送一位逻辑"0"(低电平)信号,称起始位,表示要开始发送数据信息,而接收端检测到传输线上出现由"1"→"0"(高电平跳变为低电平)的跳变信号(起始位)后,立即开始做好接收数据信息的准备,开始接收紧随起始位之后的数据信息。所以,起始位的作用就是表示一帧数据信息传输的开始。

数据信息位:紧随起始位之后的即为需传输的数据信息。数据信息可以由5、6、7或8位组成,可根据实际需要具定约定,一经约定,就需严格遵守。一般数据信息传输时从低位开始,按顺序一位一位串行发送和接收。

奇偶校验位:紧随数据信息的最后一位之后的即为奇偶校验位,用于对数据信息的校验。通信双方应约定一致的奇/偶校验方式。

停止位:紧随奇偶校验位之后的是停止位。用以表示一帧数据信息的结束。停止位可以是1、$1\frac{1}{2}$或2位,用逻辑"1"高电平表示。

异步串行通信是一帧一帧进行传输的,帧与帧之间的间隙不固定,中间间隙用空闲位"1"(高电平)填补。每帧传输总是以逻辑"0"(低电平)状态的起始位开始,停止位结束。数据信息的传输可随机地连续或者间断进行,不受帧数多少的限制。因此,异步串行通信方式简单、灵活,对同步时钟信号要求不很严格。由于帧格式固定,每帧均需起始位、校验位和停止位等附加位,因而其传输速度和效率不如同步串行通信方式。一般常用于传输数据信息不太大、传输速率要求不太高的场合。

异步串行通信方式,在接收与发送之间必须有以下两项设定:

① 帧格式的设定。即一帧所含字符的长度,即对起始位、数据信息位、奇偶校验位以及停止位等的设定。例如,以ASCII码为例,其数据信息位长度为7位,一位起始位,一位奇偶校验位和一位停止位,则一帧总的字符长度为10位。一经约定后,在实际通信中双方就必须以此为准。

② 波特率的设定。异步串行通信的每一帧均按位顺序传输的,每位信息的宽度(持续

时间)由设定的传输速率所限定。波特率即是信息传输的速率:单位时间内传输信息位的量,以每秒传输信息位(bit)数量表示,单位为波特,即 1 波特=1 位/秒(1 bps)。

例 6 设某应用系统的异步串行通信的传输速率为 120 字符(帧)/秒,而每个字符(帧)的长度为 10 位,则其传输速率为:

$$120(帧) \times 10(位) / 秒 = 1\ 200\ 位 / 秒 = 1\ 200\ 波特率$$

每位传输的时间(位宽)为波特率的倒数:

$$T_d = \frac{1}{1\ 200}(秒 / 位) = 0.833\ \text{ms}/\ 位$$

在异步串行通信中,接收与发送双方必须按设定的字符(帧)长度和波特率进行传输,这样才能成功而正确地实现数据信息的传输。

2) 串行通信中数据信息的传输方向

一般情况下,串行通信中数据信息的传输总是在两个通信端口之间进行的。根据数据信息的传输方向可分为以下几种方式:

(1) 单工方式

在串行通信单工方式下,用一根通信传输线的一端与发送方相连接,称为发送端,其另一端与接收方相连接,称为接收端。数据信息只允许按照一个固定的单方向(由发送端向接收端)传送,也就是只能甲方(发送端)向乙方(接收端)传输数据信息,而不能反过来传输。这就极大地限制了通信双方互相传输的功能要求。

(2) 半双工方式

半双工方式的串行通信系统中设有接收器和发送器,通过控制电子模拟开关进行切换,两台串行通信设备或计算机之间只用一根通信传输线相互连接。这样,通信双方可以相互进行数据信息的接收或发送,但在同一时间仍只能单方向传输,即数据信息可以从 A 设备发送给 B 设备,也可以切换成由 B 设备向 A 设备发送数据信息,但不能同时进行接收和发送。由于只有一根通信传输线,所以每次只能从一方传输给另一方,要改变传输方向时,必须通过电子模拟开关互相切换,即由一方的接收切换成发送,另一方由发送切换成接收状态,然后才能进行反方向数据信息的传输。其中电子模拟开关,由软件按设定的通信协议编程控制。其优点是节省了一根通信传输线,其缺点是显而易见的。

(3) 全双工方式

半双工通信方式只用一根通信传输线进行数据信息的接收或发送,其通信的速度和效率较低。要改变数据信息的传输方向,即由原来的由 A 向 B 发送数据信息改成由 B 向 A 发送,必须通过软件编程双方均需进行方向切换,由方向切换所产生的延时较长(毫秒级),由无数次重复切换所引起的延时积累,正是半双工串行通信效率不高的主要原因。

克服上述半双工缺点的方法是采用信道划分技术,即一方的发送端与另一方的接收端用一根专用的信息传输线相连接,再用另一根信息传输线相反方向连接。所谓全双工方式,就是采用两根通信传输线各自连接发送与接收端,从而实现数据信息的双向传输。这样,既可随机并及时地进行数据信息的接收或发送,更可方便地同时实施接收、发送数据信息的双向传输,大大提高了数据信息的传输速率和效率,操作简单而方便,故而得以被广泛应用。

3) 串行通信中的奇偶校验

串行通信的关键不仅能够传输数据信息,更重要的是能正确、可靠地传输。为了能提高串行通信的可靠性。在串行通信传输的过程中能有效地检查出差错并加以及时纠正。随着通信技术的广泛应用,校验、纠错技术的发展也很快。目前应用于通信系统中的校验、纠错方法有多种,从早期只能校验差错,发展为不仅能正确查错,而且能及时并自动地进行纠错,使在传输中出错的信息纠正成正确的信息,从而提高了通信的可靠性和有效性。诸多方法中最简单、较普遍应用的是奇偶校验法。

串行通信中奇偶校验法,是在数据信息发送时每帧数据之后均附有一位奇偶校验位,这个校验位可以是"1"或"0",通过对数据信息位半加和的运算,以保证一帧中整个字符,包括校验位在内,每位内容为"1"的位数为偶数者称为偶校验,为奇数者称为奇校验。在串行通信时按照设定的通信协议,接收端所接收到的数据信息应与发送端所发送的数据信息具有相同的奇偶性,若接收端接收到的数据信息经校验,发现两者奇偶性不相同,说明数据信息在传输中发生了差错。例如,通信协议约定为偶校验,则发送数据信息时按偶校验生成校验位,接收时发现接收到的数据信息中"1"的数不是偶数,则表示通信传输中出错。按通信协议,由软件采取补救措施。

在异步串行通信中,每传输一帧数据信息进行一次奇偶校验,在接收端只能校验出是否发生了奇偶性的错误。例如,一帧数据信息发送时正确的奇偶为"0",表示数据信息位为偶数个"1",而接收端接收到的奇偶位为"1",表明该帧数据信息位为奇数个"1"。显然发生了其中的某位由"0"变"1"或由"1"变"0"的错误。是哪一位发生了错误,甚至有奇数个位发生了错误,无法识别! 如果发生了偶数个位出错,因为它并不影响奇偶位的确切表示,所以这种奇偶校验法就无能为力。由于偶数个位出错不会改变它的奇偶性,不会改变奇偶位的内容,就无法校验是否出错;对于奇数个位出错,可以校验出错误,但不能校验出哪一位或哪些奇数个位出错,即能校验出错,但不能纠正错误。所以这种奇偶校验法属于早期的、功能简单、较低级水平的校验方法。

4) 串行口的电路结构

目前串行通信接口电路种类较多。将能够完成异步串行通信的硬件电路称为 UART,即通用异步接收/发送器;能够完成同步串行通信的硬件电路称为 USRT;既能同步又能异步串行通信的硬件电路称为 USART。

从本质上讲,所有串行通信接口电路均以并行数据形式与计算机的 CPU 接口,以串行数据形式与外部通信逻辑部件接口。其基本功能是:将从外部通信逻辑部件接收到的串行数据信息,转换成并行的数据信息,传送给 CPU 进行处理;或者将由 CPU 输出的并行数据信息转换成串行的数据信息,以串行通信方式发送给外部串行逻辑部件,从而完成两者之间数据信息传输。

一般的全双工串行通信接口电路至少包括一个接收器和一个发送器,它们分别设有数据寄存器和移位寄存器,以便实现:CPU 并行输出→串行发送,或者串行接收→并行传送CPU 之间的转换。其他部分还应设有诸如接收/发送控制器,以及波特率发生器等,图6.12 所示为串行接口内部逻辑电路结构示意图。

典型的微型计算机是按功能模块划分集成器件组合而成。所以其串行通信是由专用的集成部件(芯片)提供,例如 INS 8250、Z-80-SIO、8251(USART 型)、MC 6850-ACLA(UART 型)等。而 MCS-51 系列单片机则将串行通信接口电路集成在单片机内部,应用就更简单、方便、可靠。

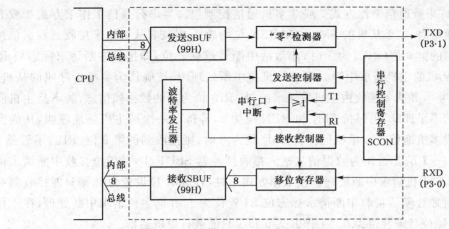

图 6.12 串行通信接口内部逻辑电路结构示意图

6.3.2 MCS-51 系列的串行通信

MCS-51 系列单片机内部集成有功能很强的全双工串行通信接口,属 UART 模式,设有两个互相独立的接收、发送缓冲器,可以同时接收和发送数据信息,发送缓冲器只能由 CPU 并行写入待发送的数据信息,而不能被读出;接收缓冲器只能通过 CPU 读取已接收到的数据信息,因而两个缓冲器可以用同一个符号(SBUF)和同一个地址码 99H。两者在编程时公用。

MCS-51 系列单片机的串行通信可以有 4 种工作方式,其中工作方式 1 和 3 的波特率是可变的,即可根据需要进行设定;工作方式 0 的波特率是固定不变的,且属移位寄存器功能;工作方式 2 的波特率基本固定,但有两种固定的波特率可供选择。串行通信的波特率由单片机内部的定时/计数器计数满回 0 溢出经波特率发生器产生,可以通过软件编程设置不同的波特率和选择不同的工作方式。

MCS-51 系列单片机的串行通信可以实现单机(点对点)或主从式多机通信,也可进行串—并转换或用于外部扩展串行外设等,其用法可以灵活、多样。

1)串行通信特殊功能寄存器

MCS-51 系列单片机的串行通信系统设有两个串行通信控制寄存器:特殊功能寄存器 SCON 和波特率选择特殊功能寄存器 PCON。

(1)特殊功能寄存器 SCON

特殊功能寄存器 SCON 用于选择串行通信的工作方式及其功能控制,其格式及各位功能含义如下。

	7	6	5	4	3	2	1	0	
SCON:	SM_0	SM_1	SM_2	REN	TB_8	RB_8	TI	RI	字节地址:98H 可位寻址

其中 SM_0 和 SM_1 两位按下列组合选择串行通信的工作方式:

SM_0	SM_1	工作方式	功 能 说 明	波 特 率
0	0	方式 0	移位寄存器方式	$1/12\ f_{osc}$
0	1	方式 1	8 位 UART 方式	可变
1	0	方式 2	9 位 UART 方式	$1/64\ f_{osc}$ 或 $1/32\ f_{osc}$
1	1	方式 3	9 位 UART 方式	可变

SM$_2$:允许串行通信工作方式 2 或 3 多机通信控制位。当串行通信工作于方式 2 或方式 3 的多机通信时,如果从机的 SM$_2$ 位和 REN 位均为 1,则只有从机处于接收到数据信息(呼叫地址帧)的第 9 位(RB$_8$)为 1 时,才激活中断请求标志位,即接收中断请求标志位 RI 置位为 1,向从机的主机请求中断处理。从机在中断处理中,被确认为主机所呼叫的从机,则复位 SM$_2$ 为 0,并准备接收由主机发送来的,且 RB$_8$ 位为 0 的数据帧信息,若不是主机所呼叫的从机则不予理睬,仍保持 SM$_2$ 和 REN 位为 1,等待下一次被主机寻址呼叫,从而实现了主—从式多机通信。在单机通信且 SM$_2$ 位为 0 时,则接收到的第 9 位(RB$_8$)不管是 0 或是 1,都将 0~7 的 8 位作为数据信息送入接收缓冲器 SBUF 中,并置位接收中断请求标志位 RI 为 1,向主机请求中断处理。在工作方式 1 时,若 SM$_2$ 位设置为 1,则只能接收到有效的停止位时才会激活接收中断请求标志位 RI 置位为 1,并向主机请求中断处理;在工作方式 0 时,SM$_2$ 位必须复位为 0。工作方式 0 和 1 只能进行单机通信。

REN:允许/禁止串行通信接收控制位。当由软件编程设置 REN 位为 1 时,允许串行接收;复位为 0 时,则禁止串行接收。

TB$_8$:在串行通信工作方式 2 或 3 时,TB$_8$ 为发送的一帧信息中的第 9 位数据信息,可通过软件编程设置 TB$_8$ 位为 1,或复位为 0。常用于串行通信中的校验位或主—从式多机通信中区别呼叫地址帧或数据信息帧的标志位。

RB$_8$:工作在方式 2 或 3 时接收端接收到的一帧中的第 9 位数据信息;在工作方式 1,若 SM$_2$ 位为 0,则接收到的 RB$_8$ 为停止位;在工作方式 0 中,不用 RB$_8$ 位。

TI:串行通信发送数据信息中断请求标志位。在工作方式 0,当串行通信发送完一帧的第 8 位数据信息时,由内部硬件自动置位 TI 位为 1,向主机请求中断处理,在主机响应中断后必须用软件复位 TI 位为 0。在其他的工作方式中,在一帧的停止位开始发送时由内部硬件自动置位 TI 位为 1,向主机请求中断处理,在主机响应中断后,必须通过软件复位 TI 位为 0。

RI:串行通信接收数据信息中断请求标志位。在工作方式 0,当串行通信接收到一帧的第 8 位数据信息时,由内部硬件自动置位 RI 位为 1,向主机请求中断处理,在主机响应中断后必须通过软件复位 RI 位为 0;在其他工作方式中,当串行通信接收到一帧的停止位的中间时刻由内部硬件自动置位 RI 位为 1(例外情况见 SM$_2$ 位说明),向主机请求中断处理,在主机响应中断后必须由软件进行复位 RI 位为 0。

在主机上电复位时,SCON 寄存器的各位均被复位为 0(00H)。SCON 的字节地址为 98H,可以位寻址,即可通过软件对任一位进行设置,通过软件对 SCON 寄存器的编程,以实施串行通信的功能设置、控制和工作方式的选择等。当用软件指令改变 SCON 寄存器中的有关内容时,其改变后的状态需在下一条指令的第一个机器周期的 S$_1$P$_1$ 状态开始发生作用。如果一帧串行发送已经开始,则发送中的第 9 位 TB$_8$ 仍将是原先设置的值,而新改变的 TB$_8$ 值将在下一帧发送。

关于串行通信的中断请求,分两种情况:当一帧数据信息被发送完,由内部硬件自动置位发送中断请求标志位 TI 为 1,向主机请求中断处理;当接收完一帧数据信息后,亦由内部硬件自动置位接收中断请求标志位 RI 为 1,向主机请求中断处理。两个中断请求标志位 TI 和 RI 通过"或门逻辑"向主机请求中断响应和处理,而且两个中断请求公用同一个中断矢量(中断响应入口地址),由于主机在响应中断请求时事先并不知道被响应的是哪一个中断请求:是 TI 还是 RI? 因此,必须在响应后的中断服务程序中通过软件查询 TI 和 RI 中断请求标志进行判别,然后转向对应的中断服务程序进行处理。为此,这两个中断请求标志位

TI 或 RI 在主机响应中断请求后均不能由内部硬件自动复位为 0,而必须在中断服务程序通过软件编程进行复位为 0,否则将会出现一次中断请求被主机多次响应的错误。

(2) 特殊功能寄存器 PCON

特殊功能寄存器 PCON 已在节电运行方式一节中作了叙述,其中串行通信只占用 PCON 寄存器的最高位(PCON·7)一位,其余位均用于节电运行方式,是一个两种功能合用的特殊功能寄存器。

PCON·7 位为 SMOD 波特率选择位。当通过软件编程置位 SMOD 位为 1 时,则使串行通信工作方式 1、2、3 的波特率加倍,而复位为 0 时,则原设置的波特率保持不变,故称 SMOD 为波特率加倍位。

PCON 寄存器的字节地址为 87H,无位寻址功能。

(3) 数据缓冲寄存器 SBUF

串行通信系统内部设有两个 8 位字长的数据缓冲寄存器:发送缓冲寄存器 SBUF 和接收缓冲寄存器 SBUF。

进行数据信息串行发送时,通过写 SBUF 指令的执行,将即将发送的 8 位数据信息并行写入发送缓冲寄存器 SBUF。另有一位第 9 位寄存器,可根据不同的工作方式自动地将"1"或设置的"TB_8"值装入这个第 9 位寄存器中。在进行串行通信的发送过程中,从数据信息的最低位开始按顺序逐位移出,完成数据信息的串行发送。

串行接收通道的接收寄存器是一个移位寄存器,在工作方式 0 时,它的字长为 8 位,其他工作方式为 9 位。当一帧数据信息接收完毕,将移位寄存器中接收到的数据字节装入接收数据缓冲器 SBUF 中,其中的第 9 位的内容则装入特殊功能寄存器 SCON 中的 RB_8 位。如果工作在多机通信中由于 SM_2 位的设置使得已接收到的数据信息无效时,已接收到的 RB_8 和接收 SBUF 中的内容保持不变,不会被 CPU 及时读取走,属无效数据信息被丢弃。

由于串行接收通道内设有接收移位寄存器和接收数据信息缓冲器 SBUF,从而能在一帧数据信息接收完毕并将此数据信息从移位寄存器装入接收缓冲器 SBUF 后,又可立即开始接收下一帧数据信息,主机(CPU)应在新的一帧数据信息接收完之前从接收缓冲器 SBUF 中将该帧数据信息读取走,否则该帧数据信息将被新接收完的数据信息所取代而丢失! 主机(CPU)以并行方式通过内部总线从接收缓冲器 SBUF 中将数据信息读取走。

2) 串行通信的工作方式

MCS-51 系列单片机的串行通信共有 4 种工作方式。通过软件编程对串行控制特殊功能寄存器 SCON 中的 SM_0、SM_1 两位的设置进行选择。

(1) 串行通信工作方式 0

通过软件编程或应用系统上电复位使 SCON 中的 SM_0、SM_1 位为 0 时,就选定串行通信工作于方式 0。

串行通信工作方式 0,即系统的串行通信工作于同步移位寄存器方式,常用于外接移位寄存器型设备进行串行信息传输,也可用外部扩展并行 I/O 口。

串行通信工作方式 0 是以 8 位数据为一帧,不设起始位和停止位,从数的低位(0 位)开始发送和接收,波特率为 $\frac{1}{2} f_{osc}$。工作方式 0 的帧格式如下所示。

......	D_7	D_6	D_5	D_4	D_3	D_2	D_1	D_0	......

数据传输方向→

图 6.13 所示为串行通信工作方式 0 的功能结构简化及时序示意图。

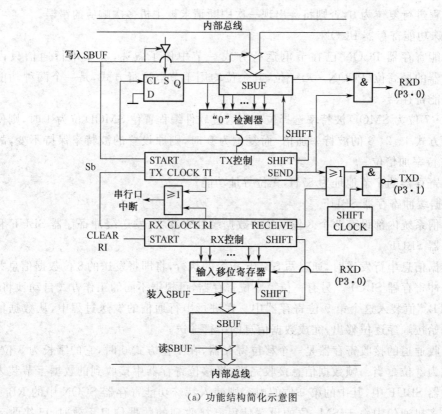

(a) 功能结构简化示意图

(b) 时序图

图 6.13　串行通信工作方式 0 功能结构及时序示意图

从图 6.13 所示可见,串行通信工作方式 0 的数据信息传输由接收端口 RXD(P3 · 0)进行接收与发送,移位同步脉冲则由发送端口 TXD(P3·1)输出。传输的是 8 位字长的数据信息,从低位(D_0 位)开始按顺序接收/发送。

① 方式 0 数据信息发送过程

当主机(CPU)执行将数据信息并行写入发送缓冲器 SBUF 指令时启动串行发送,在 S_6P_2 状态将"1"写入发送移位寄存器的第 9 位,启动发送控制单元 TX 进行数据信息的发送。

SEND 高电平有效信号允许移位寄存器的输出通过串行接收端口 RXD(P3·0)进行数据信息发送,同时允许 SHIFT CLOCK(同步移位脉冲)通过串行发送端口 TXD(P3·1)输出。在 SEND 保持高电平有效时期内,在每个机器周期的 S_6P_2 状态,发送移位寄存器的内容右移一位,发送出一位数据信息,每右移一位即从左边(最高位)补充一位"0",当数据字节的最高位(D_7 位)右移到移位寄存器的输出端口(RXD)时,第 9 位的"1"正好右移到移位寄存器的最低位(D_0),在其左边的所有位均为"0",这一条件通知发送控制单元 TX 完成最后一次移位后,便使 SEND 由高电平跳变成低电平无效,并置位发送中断请求标志位 TI 为 1,向主机请求中断处理。这两个操作是在"写入 SBUF"信号有效后的第 10 个机器周期的 S_1P_1 状态时进行的。主机在响应中断请求后必须软件编程复位发送中断请求位 TI 为 0。

② 方式 0 的数据信息接收过程

接收数据信息时,应先复位接收中断请求标志位 RI 为 0,并置位允许接收数据信息控制位 REN 为 1,启动串行方式 0 接收数据信息。在启动后的下一个机器周期的 S_6P_2 状态,接收控制单元 RX 将数据"111111110"写入输入移位寄存器,并在下一个时钟相位接收允许(RECEIVE)信号有效(高电平),允许"SHIFT CLOCK"信号通过串行发送端口 TXD(P3·1)输出同步脉冲。在允许接收(RECEIVE)信号高电平有效的每个机器周期的 S_6P_2 状态对串行接收端口 RXD(P3·0)进行采样,当采样(接收)到的数据信息从右边移入,而原预置在移位寄存器中的"111111110"数值一位位从左边移出,其中最右边(最低位)的 0 被左移到最左边时,这一条件使接收控制单元 RX 控制最后一次移位操作,并将接收到的 8 位数据信息并行装入接收缓冲器 SBUF 中,在第 10 个机器周期的 S_1P_1 状态,将接收允许(RECEIVE)信号由高电平(有效)跳变为低电平(无效),同时置位接收中断请求标志位 RI 为 1,向主机请求中断处理,主机在响应中断后必须通过软件编程复位 RI 为 0。

在选择串行工作方式 0 时,必须清 0 多机通信控制位 SM_2,使之不受 TB_8 和 RB_8 的影响。由于串行方式 0 的波特率固定为 $\frac{1}{12}f_{osc}$,无需由定时/计数器提供波特率生成信号,而是直接由应用系统的时钟、机器周期作为同步移位脉冲。

从图 6.13 所示可见,由发送控制单元 TX 和接收控制单元分别产生的中断请求标志位 TI 和 RI,两者经"或门逻辑"送往主机请求中断处理。所以,主机在响应中断请求后不会由硬件自动复位中断请求标志位 TI 或 RI 为 0,而必须通过软件编程进行复位为 0 的处理。

(2) 串行通信工作方式 1

通过软件编程设置串行通信控制寄存器 SCON 中的 SM_0SM_1 位为 01 时,就选择了串行通信工作方式 1。此方式为 8 位数据信息的异步接收/发送(UART)格式,每帧字长为 10 位:1 位起始位,8 位数据位,1 位停止位。波特率可变,即可根据需要进行选择与设置。TXD(P3·1)为串行发送数据信息端口,RXD(P3·0)为串行接收数据信息端口。工作方式 1 为全双工接收/发送异步串行通信。

图 6.14 所示为串行通信工作方式 1 的功能结构简化示意图和接收/发送相关时序图。

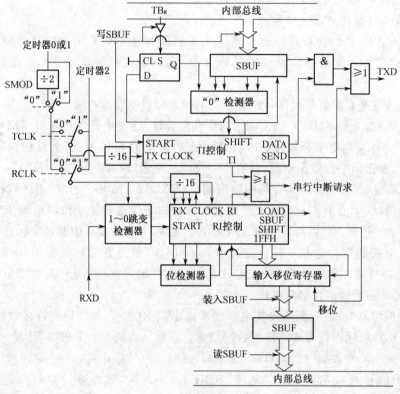

(a) 功能结构

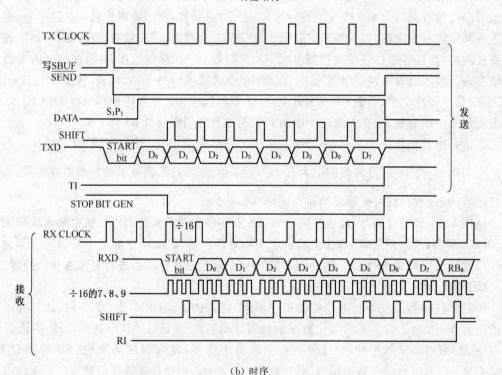

（b）时序

图 6.14　串行方式 1 的功能结构及时序示意图

① 方式 1 数据信息发送过程

异步串行通信工作方式 1 发送数据信息时,由串行发送端口 TXD(P3·1)输出进行发送。当主机(CPU)执行一条"写 SBUF"的指令,就开始启动串行通信的发送,"写 SBUF"信号把"1"装入发送移位寄存器第 9 位,并启动发送控制单元 TX 开始发送数据信息。发送每位数据信息的定时由 16 分频计数器同步,发送控制单元的发送频率即为设定的波特率。

发送开始,允许发送控制信号 $\overline{\text{SEND}}$ 变成低电平有效,发送移位寄存器将发送的数据信息按顺序一位位不断地右移,往发送端口 TXD(P3·1)输出进行串行发送。当数据信息的最高位右移到发送移位寄存器的输出位置时,紧跟其后的是第 9 位为"1",在它的右边各位全都是补充的"0",在这个状态条件下,发送控制单元 TX 控制发送移位寄存器进行最后一次移位,送发送端口 TXD(P3·1)进行输出(数据信息的最后一位),然后使允许发送信号 $\overline{\text{SEND}}$ 由低电平有效跳变成高电平无效,从而完成并结束一帧数据信息的串行发送,并置位发送中断请求标志位 TI 位为 1,向主机请求中断处理。主机在响应中断后,经软件查询判别后转向对应的发送中断服务程序进行中断处理,并通过软件编程对发送中断请求标志位 TI 复位为 0。

② 方式 1 数据信息接收过程

当用软件编程置位允许接收标志位 REN 位为 1,并清 0 接收中断请求标志位 RI 位为 0 后,接收器便以设定的波特率以 16 分频的速率采样接收端口 RXD(P3·0),当检测到接收端口 RXD 的电平由"1"(高电平)跳变成"0"(低电平)的负跳变时,就启动接收器准备接收数据信息,并立即复位 16 分频计数器,将 1FFH(9 位全"1")值预置入接收移位寄存器中。复位 16 分频计数器是使它与输入时间同步。

16 分频计数器是将 1 个波特(每位接收的时间)均分成 16 等分,并进行计数。在每位的 7、8、9(16 分频的中间时段)状态时间检测器对接收端口 RXD(P3·0)的每位输入信息进行连续 3 次采样,将连续 3 次采样值以"3 中取 2"为准作为这位的采样确定值,即将 3 次采样取其中 2 次相同的值认定为接收确定值,以此消除干扰影响,提高接收可靠性。在启动接收检测一帧的起始位,如果接收到的起始位不为"0"(低电平),即负跳变,则接收到的起始位无效,复位接收电路,并重新继续检测"1"→"0"的电平负跳变,直到检测并接收到的起始位有效,并将有效起始位输入到移位寄存器中,接着开始接收本帧的其余数据信息。

接收到的数据信息从接收移位寄存器的右边输入,已预置在接收移位寄存器中的 1FFH 数不断向左边移出,当起始位的"0"移到接收移位寄存器的最左边时,使接收控制单元进行最后一次移位操作,从而完成并结束一帧数据信息的接收。若同时满足以下两个条件:

a. 接收中断请求位 RI 位为 0;

b. 多机通信控制位 SM_2 为 0,或者 SM_2 为 1 时,接收到停止位为 1。

则接收到的一帧数据信息有效,并将 8 位数据信息装入接收缓冲器 SBUF 中,第 9 位(停止位)装入 RB_8 位中,并置位接收中断请求标志位 RI 位为 1,向主机请求接收中断处理。若上述两条件不能同时被满足,则接收到的一帧数据信息作废并丢弃。不管两条件是否满足,接收器总是重新检测 RXD 接收端口(P3·0)上的"1"→"0"负跳变电平信号,即起始信号,继续进行下一帧数据信息的接收操作。接收有效,在主机响应中断后,同样必须进行中断请求判别和软件复位 RI 位为 0。通常情况下,串行通信工作于方式 1 时,应设置多机通信控制位 SM_2 位复位为 0。

串行通信工作方式 1 的波特率是可变的,即可根据实际通信需要进行设置。可变的波特率由定时/计数器产生。对于串行通信方式 1 的波特率为：

$$波特率 = \frac{2^{\text{SMOD}}}{32} \times (定时／计数器的溢出率)$$

有关波特率的设置与计算，将在后续一节详细介绍。

（3）串行通信工作方式 2 和 3

MCS-51 系列单片机的串行通信工作 2 和 3 均为 9 位数据信息的异步接收/发送串行通信 UART 格式，其一帧的信息的组成由 1 位起始位、9 位数据位、1 位停止位共 11 位。发送时第 9 位数据信息由串行通信控制寄存器 SCON 中的 TB_8 提供，可由软件编程设置 TB_8 位为 1 或 0，或者可将程序状态寄存器 PSW 中的奇偶校验位装入 TB_8 位中，用于一帧数据信息的奇偶校验；串行接收时将接收到的第 9 位数据信息装入 SCON 中的 RB_8 位中。TXD（P3·1）为串行发送端口，RXD（P3·0）为串行接收端口。

串行通信工作方式 2 和方式 3，两者仅各自的波特率不相同。

$$串行通信工作方式 2 的波特率 = \frac{2^{\text{SMOD}}}{64} \times (振荡器频率)$$

上述波特率可通过软件编程对特殊功能寄存器 PCON 中的 SMOD 位进行设置，当设置 SMOD 位为 1 时，选择波特率为 $\frac{1}{32} f_{\text{osc}}$（主振频率）；当复位 SMOD 位为 0 时，则选择波特率为 $\frac{1}{64} f_{\text{osc}}$，故而称 SMOD 为波特率加倍位。由此可见，串行通信工作方式 2 的波特率基本上是固定的。具体串行通信波特率取决于主机的振荡器频率。

$$串行通信工作方式 3 的波特率 = \frac{2^{\text{SMOD}}}{32} \times (定时／计数器的溢出率)$$

可见串行通信工作方式 3 的波特率与工作方式 1 的波特率一样，都是可以根据需要进行设置和改变的。即可通过软件编程对定时/计数器的溢出率进行设置，从而使波特率随溢出率的变化而改变。这里溢出率是个变数，可以根据确定的波特率设置对应的溢出率。所以工作方式 1 和方式 3 的波特率都是可变的。

图 6.15（a）和（b）为串行通信工作方式 2 和 3 的功能结构简化示意图和接收/发送时序图。其中两个虚框图分别表示不同的波特率生成，其余部分两者完全相同。与上虚框相连接，即为工作方式 2 的组成结构示意图；与下面的虚框相连接，即成工作方式 3 的组成结构示意图。

由图 6.15 所示，串行通信工作方式 2 和工作方式 3 与工作方式 1 相比较，除各自的波特率生成源略有不同，发送时由 TB_8 提供给发送移位寄存器的第 9 位数据信息不同外，其余功能结构基本相，其接收/发送的操作过程及时序也基本相同，故此不再赘述。

串行通信工作方式 2 和 3 与工作方式 1 最大的区别在于工作方式 2 和 3 提供了第 9 位（TB_8 和 RB_8）数据信息，通过对第 9 位 TB_8 和 SM_2 位的设置，为主从式多机串行通信提供了方便。

同样，当接收器接收完一帧数据信息后必须满足下列条件：

① 接收中断请求标志位 RI 为 0，这表示前一帧数据信息已接收完毕，并且主机已响应接收中断请求，已通过软件编程复位 RI 为 0，或者应用系统启动上电复位，使 RI 复位为 0，为接收新一帧数据信息做好了准备。

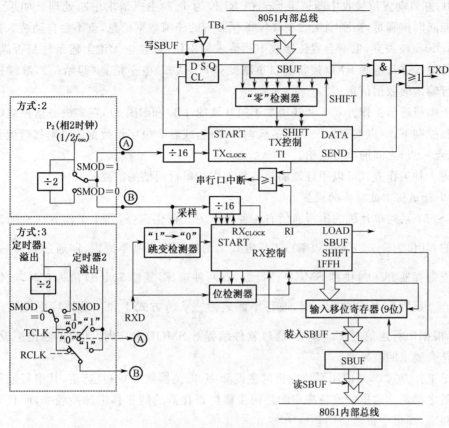

(a) 方式 2 和 3 功能结构简化示意图

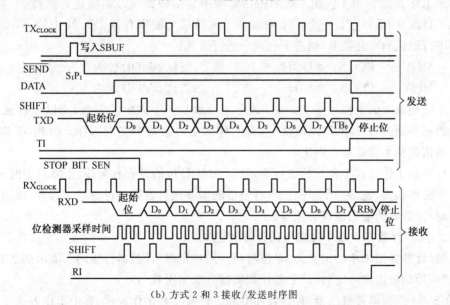

(b) 方式 2 和 3 接收/发送时序图

图 6.15 方式 2 和 3 功能结构简化示意图及其时序图

② 多机通信控制位 SM_2 为 0 且接收到的第 9 位 RB_8 为 0，或者 SM_2 为 1，且接收到的 RB_8 为 1。

同时满足上述两条件，才能将接收到的移位寄存器中的一帧数据信息装入接收缓冲器

SBUF 中,并自动置位接收中断请求标志位 RI 位为 1,向主机请求中断处理。如果上述两条件不能同时被满足,则刚刚接收在移位寄存器中的一帧数据信息,就不会自动装入接收缓冲器 SBUF 而被丢弃,也不会置位接收中断请求标志位 RI 位。无论上述条件是否满足,接收器总是继续进行检测 RXD 接收端口负跳变("1"→"0")电平信息(起始位),继续接收新一帧串行输入的数据信息。

由于串行通信工作方式 2 和 3 增加了第 9 位的 TB_8 和 RB_8 位,在多机通信控制位 SM_2 的设置和控制下,可以实现主—从式多机串行通信,或者 8 位字长数据信息附加奇偶校验位的单机(点—点)之间的串行通信。

上述 4 种工作方式可以很好地满足各种不同的串行通信的需要。

3) 串行通信中波特率的设置

MCS-51 系列单片机的串行通信有 4 种工作方式可供选择,其中工作方式 0 的波特率是固定的,其值为 $\frac{1}{12}f_{osc}$(主振频率);工作方式 2 的波特率为基本固定,即通过软件编程,对特殊功能寄存器 PCON 中的 SMOD 位设置,有两种选择:复位 SMOD 位为 0 时,波特率固定为 $\frac{1}{64}f_{osc}$;设置 SMOD 位为 1 时,波特率固定 $\frac{1}{32}f_{osc}$;方式 1 和 3 的波特率是可以改变的,即可根据串行通信的实际需要,通过软件编程对 SMOD 和定时/计数器溢出率设置,进行选择符合要求的波特率。

对于工作方式 0,当应用系统主机的主振频率(振荡器频率)一旦选定,其串行通信的波特率也随之确定。这里的波特率实际是同步移位寄存器的同步移位脉冲频率,而且等于机器周期频率,即每个机器周期移位一次。

对于工作方式 2,由于应用系统的振荡器频率总是根据实际需要进行选择,一旦选定,一般就不再改变,所以它是一个固定的常数。而特殊功能寄存器 PCON 中的 SMOD 位可以根据串行通信的实际需要,通过下列指令进行设置:

```
MOV     PCON,♯OOH               ;复位 SMOD 位为 0
MOV     PCON,♯80H               ;置位 SMOD 位为 1
```

由于应用系统的主振频率 f_{osc} 一旦选定之后就是一个固定的常数,所以串行通信工作方式 2 的频率通过对 SMOD 位的设置,有两种固定的波特率提供选择。因此,工作方式 2 的串行通信波特率也就基本固定。

串行通信工作方式 1 和 3 的波特率,除与 SMOD 位的设置有关外,主要与定时/计数器的溢出率密切相关,这是一个可根据串行通信的需要进行设置的可变量。因此,如何计算和设置定时/计数器的溢出率成为关键。

(1) 定时/计数器 0 或 1 溢出率的计算和设置

定时/计数器溢出率的定义为:单位时间(秒)内定时/计数器计满回 0 溢出的次数。即:

定时/计数器的溢出率=定时/计数器计数满回 0 溢出次数/秒。

MCS-51 系列单片机的定时/计数器 0 和 1 设有 4 种工作方式,其中工作方式 2 为 8 位自动再装入连续不间断计数满回 0 溢出模式,其溢出信号一方面去触发三态门,将预置在 TH_x 高 8 位计数器中的计数初值自动装入 TL_x 低 8 位计数器中,以实现连续、不间断地计数操作,同时其溢出信号送往串行通信波特率发生器,从而生成串行通信所需的波特率。控制异步串行通信数据信息的传输速率。

用于生成串行通信波特率信息源的定时/计数器均工作于定时模式,即对应用系统主机的机器周期进行加1计数。可见,定时/计数器的溢出率与主机的主振频率 f_{osc} 和自动再装入的定时计数初值 N 有关。主振频率 f_{osc} 的振荡频率越高,特别是定时计数初值 N 越大(亦即定时计数次数值越小),则对应的溢出率就越高。

例如,定时/计数器0或1,工作于定时方式2的计数初值 $N=0FFH$,即计数1次立即就计满回0产生溢出,亦即每一个机器周期产生一次溢出;如果计数初值 $N=00H$,则需每隔256个机器周期才产生一次溢出。如果选用8052增强型单片机的定时/计数器2自动再装入定时模式,当定时计数初值 $N'=0000H$,其溢出率就更低,相应的波特率变化范围也就更大。

现以定时/计数器0或1,工作于定时模式、工作方式2、8位自动再装入为例,每次溢出所需的时间为:

$$(2^8 - N) \times 12 \times 主频振荡周期 = (2^8 - N) \times 12 \times \frac{1}{f_{osc}} (秒)$$

于是可以求得定时/计数器0或1,工作于定时方式2,每秒溢出次数为:

$$溢出率 = \frac{f_{osc}}{12 \times (2^8 - N)} 次/秒$$

式中 f_{osc} 为应用系统的主振频率,N 为自动再装入的计数初值。现以定时/计数器1,定时模式,工作于方式2为例,设 $f_{osc}=6\,MHz$,$N=0FFH$,则对应的

$$溢出率 = \frac{6 \times 10^6}{12 \times (256 - 255)} = 0.5 \times 10^6 次/秒$$

设 $f_{osc}=12\,MHz$ 时,则对应的溢出率为 1×10^6 次/秒

设:$f_{osc}=12\,MHz$,$N=00H$,则对应的溢出率 $= \frac{12 \times 10^6}{12 \times 256} \approx 3\,906$ 次/秒

(2) 串行通信波特率的计算与设置

MCS-51系列单片机的串行通信工作于方式1或方式3,选用定时/计数器1,定时模式、工作方式2时,其串行通信的波特率由下式求得:

$$波特率 = \frac{2^{SMOD}}{32} \times (定时/计数器/溢出率)$$

$$= \frac{2^{SMOD}}{32} \times \frac{f_{osc}}{12 \times (2^8 - N)} b/s(即位/秒)$$

设 $f_{osc}=12\,MHz$,SMOD位为1,$N=0FFH$,则

$$串行通信工作方式1或3的波特率 = \frac{2^{SMOD}}{32} \times \frac{f_{osc}}{12 \times (256 - N)} b/s$$

$$= \frac{2}{32} \times \frac{12 \times 10^6}{12} b/s$$

$$= 62.5\,Kb/s$$

在实际的串行通信应用中,往往是在已设定的 f_{osc} 和波特率的情况,计算并求出定时计数初值 N:

$$定时计数初值 \ N = 256 - \frac{2^{SMOD} \times f_{osc}}{波特率 \times 32 \times 12}$$

设：$f_{osc} = 6 \ MHz$，SMOD 位为 1，波特率 = 2 400 b/s 则

$$定时计数初值 \ N = 256 - \frac{2 \times 6 \times 10^{6}}{2 \ 400 \times 32 \times 12}$$

$$= 242.98 \approx 243$$

$$= 0F3H$$

所以求得定时/计数器 1、定时模式、工作于方式 2，在 $f_{osc} = 6 \ MHz$，SMOD 位为 1，要求波特率为 2 400 b/s 时的计数初值 $N = 243 = 0F3H$

表 6.3 给出多种常用波特率与定时/计数器 0 或 1 的各参数之间的关系。

表 6.3 常用波特率与定时/计数器 1、0 各参数之间的关系

常用波特率 (b/s)	主振频率 (MHz)	SMOD (取值)	定时/计数器 0 或 1		
			$C/\overline{T}$	方式	重新装入值
方式 0　MAX：1M	12	×	×	×	×
方式 2　MAX：375k	12	1	×	×	×
方式 1 和 3	62.5K	12	1	0	2	FFH
	19.2k	11.059	1	0	2	FDH
	9.6k	11.059	0	0	2	FDH
	4.8k	11.059	0	0	2	FAH
	1.2k	11.059	0	0	2	E8H
	137.5	11.986	0	0	2	1DH
	110	6	0	0	2	72H
	110	12	0	0	1	FFFBH

从上述波特率的设置和计算过程中可以看出，在已确的主振频率 f_{osc} 条件求得的定时计数初值所产生的波特率，与设定的波特率之间会产生一定的误差，对波特率的精确度要求较高的串行通信，可通过适当调整主振频率 f_{osc} 的方法来实现。

采用定时工作方式 1 虽然可以产生频率很宽的波特率，但由于工作方式 1 不能自动而且及时地将计数初值装入计数器中，进行连续、不间断地加 1 计数，而是要在主机响应中断后在中断服务程序中通过软件编程进行计数初值的再设置，因而会造成较大误差，而且计算复杂，在硬件结构上计数满回 0 溢出信号没有送往串行通信的波特率发生器，所以一般不宜采用。如果实际应用中确实需要，可选用增强型 8052 单片机的定时/计数器 2 的自动再装入方式。

在实际应用中，串行通信的波特率往往是一个较大范围的整数，如 9 600 b/s、4 800 b/s、1 200 b/s 等。因此，在计算计数初值 N 与实际要求的波特率之间可能会存在一定的误差。这在一般应用中对波特率要求不很严格的场合是允许的。表 6.3 所列参数，供参考。

另外，波特率加倍位 SMOD 的不同设置，对波特率的精确度也会产生一定的影响，通过下列可以看出：

设:波特率＝2 400 b/s(位/秒),f_{osc}＝6 MHz,定时/计数器 1 工作于定时模式、工作方式 2。波特率加倍位 SMOD 可根据需要选择 0 或 1。由于对 SMOD 位的不同选择,对所求波特率会产生不同的误差。

当 SMOD 位设置为 0 时,可求得:

$$定时计数初值\ N = 256 - \frac{2^{SMOD} \times f_{osc}}{波特率 \times 32 \times 12}$$

$$= 256 - \frac{2^0 \times 6 \times 10^6}{2\,400 \times 32 \times 12}$$

$$= 256 - 6.5 \approx 249 = 0F9H$$

将上述求得的计数初值 N＝0F9H 代入,可求得波特率为:

$$波特率 = \frac{2^{SMOD}}{32} \times \frac{f_{osc}}{12(2^8 - N)} = \frac{2^0 \times 6 \times 10^6}{32 \times 12(256 - 249)} \approx 2\,232\ b/s$$

$$产生的误差:\quad \frac{2\,400 - 2\,232}{2\,400} \times 100\% = 7\%$$

当 SMOD 位设置为 1 时,可求得

$$定时计数初值\ N = 256 - \frac{2 \times 6 \times 10^6}{2\,400 \times 32 \times 12}$$

$$= 256 - 13.02 \approx 243 = 0F3H$$

将此 N 值代入可求得:

$$波特率 = \frac{2}{32} \times \frac{6 \times 10^6}{12(256 - 243)} = 2\,403.85\ b/s$$

$$产生的误差:\frac{2\,403.85 - 2\,400}{2\,400} \times 100\% = 0.16\%$$

从上例分析可见,虽然 SMOD 可以任选,但在某些情况下会影响波特率的误差范围。因此,在实际应用中对波特率的设置时,应考虑 SMOD 的选取。为确保串行通信的可靠性,一般情况下波特率的相对误差应不大于 2.5%,对不同机种或设置之间的串行通信尤需注意。

(3) 选用定时/计数器 2 产生波特率

当嵌入式应用系统选用增强型 8052 单片机为主机时,它具有 3 个 16 位的定时/计数器,其中的定时/计数器 2 具有专用的"波特率发生器"工作方式。

波特率发生器工作方式与自动再装入工作方式相似,当计数器 TH_2、TL_2(两个 8 位计数器)组合成 16 位的加 1 计数满回 0 溢出时,陷阱寄存器 $RCAP_2H$ 和 $RCAP_2L$ 中预置的 16 位计数初值将自动装入 TH_2 和 TL_2 16 位计数器中,继续进行新一轮的计数。

采用定时/计数器作为串行通信波特率生成源时,设置波特率的决定因素是定时/计数器 2 的定时计数溢出率。即:

$$串行通信工作方式 1 或 3 的波特率 = \frac{1}{16} \times (定时/计数器 2 的定时溢出率)$$

当定时/计数器 2 设置为"波特率发生器"方式时,其操作方式与常规的"定时器"方式不相同。在作"定时器"方式时,是每个机器周期(f_{osc}经 12 分频)产生一次增量,即计数器进行一次加 1 计数操作,而工作于"波特率发生器"方式时,是每个"S"状态(一个机器周期=6 个 S 状态)产生一次增量,即每个"S"状态计数器进行一次加 1 计数操作,显然计数速度加快了。因此,选用定时/计数器 2 工作于波特率发生器方式时,波特率的计算方式由下式表示:

$$串行通信工作方式 1 和 3 的波特率 = \frac{f_{osc}}{32 \times [2^{16} - (RCAP_2 HRCAP_2 L)]}$$

式中陷阱寄存器 $RCAP_2 HRCAP_2 L$ 中的内容是一个 16 位的预置计数初值 N'。

设置定时/计数器 2 工作于波特率发生器方式,仅当特殊功能寄存器 $T_2 CON$ 中的 RCLK+TCLK 为 1 时才有效。其中的"+"符号表示"或逻辑"操作,即可以是 RCLK 为 1,或者 TCLK 为 1,或两者均为 1。请注意,这时的 TH_2、TL_2 16 位计数器加 1 计数满 0 溢出并不会置位中断请求标志位 TF_2 为 1,即不会产生中断请求。因此,当定时/计数器 2 设置成波特率发生器工作方式时,不必对定时/计数器 2 的允许/禁止中断控制标志位进行控制,即不需关中断。

如果特殊功能寄存器 $T_2 CON$ 中的 $EXEN_2$ 位为 1,$T_2 EN$ 引脚上的负电平跳变"1"→"0"将使 EXF_2 置位成 1,但不会产生由陷阱寄存器 $RCAP_2 HRCAP_2 L$ 中内容(预置的计数初值)自动装入 $TH_2 TL_2$。因此,如果实际应用中外部中断请求端口 $\overline{INT_0}$、$\overline{INT_1}$ 不够用时,可将 $T_2 EX$ 端口(引脚)更改成一个附加的外部中断请求输入端口,作为外部中断请求 2 用。

6.3.3 串行通信应用举例

MCS-51 系列单片机的串行通信根据其应用可分为双机通信和主—从式多机通信两种。

1) 双机串行通信

两台计算机或应用系统之间进行 1 对 1 互相串行通信。例如 8051 型单片机之间、8051 型单片机与上档机(PC 机)之间、8051 型单片机与串行通信设备之间等等进行一对一的相互串行接收/发送通信均属之。如果两机之间的串行通信距离很近,可将相互之间串行端口用通信线直接相连接(TXD-RXD、RXD-TXD、GND-GND-地),即可实现两机之间的串行通信。如果两机之间的串行通信有一定距离,为了能因串行通信距离的增加,防止或减少通信信号的衰减和干扰,可采用 RS-232C 或 RS-422、RS-485 等标准通信方式,两通信系统之间采用光—电隔技术等措施,以防止和减少通道及电源的干扰,提高串行通信的可靠性。

为确保通信成功,串行通信双方必须在软件设置上有一系列的约定,通常称为软件通信"协议"。现举例简介双机异步串行通信软件"协议"相关内容。

设通信双方约定选用 2 400 波特传输速率,应用系统的主振频率 f_{osc}=6 MHz,当甲机发送数据信息,乙机接收数据信息,则在双方开始通信时,先由甲机发送一组呼叫信号(例如"06H"),用以询问乙机是否可以接收数据信息;乙机在接收到"06H"呼叫信号后,若同意接收数据信息,则回发"00H"给甲机作为应答信号,否则回发"05H"给甲机,表示暂不能接收数据信息;甲机只有在接收到乙机的应答信号为"00H"后才可将需发送给乙机的数据信息逐一发送给乙机,否则甲机继续给乙机发送呼叫"06H"信号,直到乙机同意接收数据信息为止。

甲乙两机双方在通信协议中应约定一帧信息的具体格式,在通信中严格遵守。

一般甲机发送一批数据信息的格式为:

累加校验和	数据 n	…	数据 3	数据 2	数据 1	帧数 n

数据发送方向→

式中:帧数 n 是甲机本次向乙机共发送的数据帧数。

数据 1~数据 n 是甲机向乙机发送的 n 帧数据信息。

累加校验和为帧数 n、数据 1、数据 2……数据 n 共 $n+1$ 帧内容的算术累加和。

乙机接收完本次传输的数据信息。根据最后接收到的"累加校验和"进行判别已接收完的 n 帧数据信息的正确性。若接收正确,则向甲机回发接收正确信号"0FH",否则回发"F0H"信号,表示接收错误。甲机只有在接收到乙机回发的"0FH"接收正确信号,才算完成本次发送任务,结束本次数据信息的发送,否则继续呼叫,重新发送,直到发送—接收完全正确为止。

不同的串行通信要求,软件"通信协议"的内容也不尽相同,但甲乙双方制订的通信协议应尽量完善,在执行过程中必须共同遵守,以防止因通信协议不够严密、完善而导致通信失败。

MCS-51 系列单片机应用系统的串行通信,可直接采用查询法,也可采用中断法,可视实际需要而选择。

(1)查询方式双机串行通信举例

① 甲机发送数据信息子程序段

发送方通信协议:

波特率设置:选用定时/计数器 1、定时模式、工作方式 2,计数初值 $N=0F3H$,置位 SMOD 波特率加倍位为 1,波特率设定为 2 400 b/s。

串行通信方式设置:异步串行通信工作方式 1,允许接收状态。

片内 RAM 和工作寄存器设置:内部 RAM 的 31H、32H 两字节单元存放发送的数据块地址,2FH 字节单元存放发送的数据帧数量,工作寄存器 R_6 为累加和寄存器。

双机串行通信发送方发送子程序流程图如图 6.16 所示。

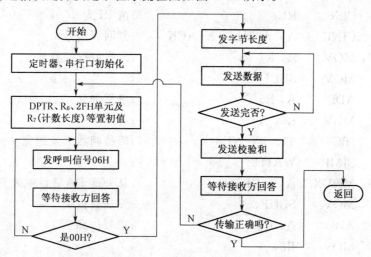

图 6.16　双机通信发送子程序流程图

为了叙述方便,在举例中将串行通信的全过程均融合在一起,以子程序方式进行叙述。在实际应用中应视具体情况,将有关部分另行组合到相关的程序段中。例如,有关初始化设置部分,可融合到相关的初始化程序段中。整个程序组合、结构应从实际出发,灵活、多样,不拘一格。

结合图 6.16 程序流程图,相应的发送子程序清单如下。

```
START:  MOV    TMOD, #20H        ;设置定时/计数器 1,工作方式 2
        MOV    TH1, #0F3H        ;设置定时计数初值
        MOV    TL1, #0F3H        ;
        MOV    SCON, #50H        ;串行通信初始化
        MOV    PCON, #80H        ;设置 SMOD 为 1
        SETB   TR1               ;启动定时器 1 开始计数
        CLR    RI                ;清 RI 为 0
        CLR    TI                ;清 TI 为 0
        CLR    ES                ;禁止串行通信中断
ST-RAM: MOV    DPH, 31H          ;外部 RAM 发送数据首址送 DPTR
        MOV    DPL, 30H          ;
        MOV    R7, 2FH           ;发送数据帧数送 R7
        MOV    R6, #00H          ;累加和寄存器 R6 清 0
TX-ACK: MOV    A, #06H           ;发送呼叫信号"06H"
        MOV    SBUF, A           ;
WAIT1:  JBC    TI, RX-YES        ;等待发送完呼叫信号
        SJMP   WAIT1             ;未发送完继续等待
RX-YES: CLR    TI                ;已发送完呼叫信号,清 TI 为 0
RXYES0: JBC    RI, EXET1         ;等待回答信号
        SJMP   RXYES0            ;
EXET1:  MOV    A, SBUF           ;读取回答信号送 A
        CLR    RI                ;清 RI 为 0
        CJNE   A, #00H, TX-ACK   ;判回答信号
TX-BYT: MOV    A, R7             ;发送数据帧数 n
        MOV    SBUF, A           ;
        ADD    A, R6             ;求累加和
        MOV    R6, A             ;
WAIT2:  JBC    TI, TX-NES        ;等待帧数 n 发送完
        SJMP   WAIT2             ;
TX-NES: MOVX   A, @DPTR          ;从外部 RAM 读取发送数据送 A
        MOV    SBUF, A           ;发送数据块
        ADD    A, R6             ;求累加和
        MOV    R6, A             ;
        CLR    TI                ;清 0 TI
        INC    DPTR              ;指向下一个发送数据
```

```
WAIT3：   JBC    TI，NEXT2        ;等待发送完
          SJMP   WAIT3           ;
NEXT2：   CLR    TI              ;清 0 TI
          DJNZ   R7，TX-NES       ;判数据全部发送完否
TX-SUM：  MOV    A，R6            ;发送累加和
          MOV    SBUF，A          ;
WAIT4：   JBC    TI，RD-0FH        ;等待发送完
          SJMP   WAIT4           ;
RD-0FH：  CLR    TI              ;
          JBC    RI，IF-0FH        ;等待接收回答信号
          SJMP   RI-0FH          ;
IF-0FH：  MOV    A，SBUF          ;读取回答信号
          CJNE   A，♯0FH，ST-RAM    ;判传送是否正确
          CLR    RI              ;传送正确，清 0 RI
          RET                    ;返回
```

② 乙机接收数据信息子程序段

接收方通信协议

波特率设置：同发送方的波特率(2 400 b/s)。

串行通信方式设置：同发送方。

寄存器及片内 RAM 设置：内部 RAM 区的 31H 和 30H 两字节单元用于存放接收数据信息存储区的首地址，工作寄存器 R_7 用于存放接收数据帧帧数 n，R_6 为接收累加和寄存器。

回送应答信号："0FH"为接收正确，"F0H"为传输出错，"00H"为同意接收，"05H"为暂不接收。

图 6.17 所示为双机串行通信查询方式接收子程序流程图。

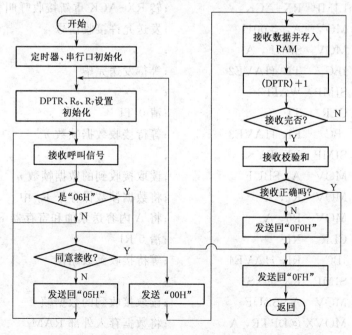

图 6.17　双机串行通信接收子程序流程图

结合图 6.17 所示程序流程,接收子程序程序段如下。

```
START：  MOV   TMOD，＃20H        ;设置定时器 1,方式 2
         MOV   TH1，＃0F3H        ;设置定时计数初值
         MOV   TL1，＃0F3H        ;
         SETB  TR1               ;启动定时器开始计数
         MOV   SCON，＃50H        ;设置串行方式 1,允许接收
         MOV   PCON，＃80H        ;
ST-RAM：  MOV   DPH，31H          ;设置接收数据首地址送 DPTR
         MOV   DPL，30H          ;
         MOV   R6，＃00H          ;清 0 累加和寄存器
         CLR   RI                ;清 0 RT
         CLR   TI                ;清 0 TI
         CLR   ES                ;关中断
RX-ACK：  JBC   RI, IF-06H        ;等待接收呼叫信号
         SJMP  RX-ACK            ;
IF-06H：  MOV   A, SBUF           ;读取呼叫信号
         CLR   RI                ;清 0 RI
         CJNE  A，＃06H, TX-05     ;判呼叫信号
         JBC   F0, TX-00         ;判标志位为 1,允许接收
TX-05：   MOV   A，＃05H           ;发送禁止接收信号"05H"
         MOV   SBUF, A           ;
WAIT2：   JBC   TI, HAVE1         ;等待发送完毕
         SJMP  WAIT2             ;
HAVE1：   CLR   TI                ;清 TI
         LJMP  RX-ACK            ;转 RX-ACK 重新接收呼叫
TX-00    MOV   A，＃00H           ;发送允许接收信号
         MOV   SBUF, A           ;
WAIT3：   JBC   TI, HAVE2         ;等待发送完毕
         SJMP  WAIT3             ;
HAVE2：   CLR   TI                ;清 0 TI
RX-BYS：  JBC   RI, HAVE3         ;等待接收数据帧数 n
         SJMP  RX-BYS            ;
HAVE3：   MOV   A, SBUF           ;读取接收到的数据帧数 n
         MOV   R7, A             ;将数据帧数保存于 R7 中
         MOV   R6, A             ;将 A 内容送累加和寄存器 R7 中
         CLR   RI                ;清 0 RI
RX-ENS：  JBC   RI, HAVE4         ;等待接收到数据帧
         SJMP  RX-ENS            ;
HAVE4：   MOV   A, SBUF           ;读取接收到的数据帧
         MOVX  @DPTR, A          ;将数据存入外部 RAM
```

```
          INC   DPTR                  ;指向下一个存储单元
          CLR   RI                    ;清 0 RI
          ADD   A, R6                 ;求累加和
          MOV   R6, A                 ;
          DJNZ  R7, RX-ENS            ;判接收完否
RX-SUM：JBC    RI, HAVE5             ;等待接收累加和
          SJMP  RX-SUM                ;
HAVE5：  MOV   V, SBUF               ;读取接收到的累加和
          CJNE  A, R6, TX-ERR        ;判两累加和相同否
TX-RIT： MOV   A, #0FH              ;两累加和相同,传输正确,发送"0FH"信号
          MOV   SBUF, A               ;
          CLR   RI                    ;清 0 RI
          SJMP  GOOD                  ;转返回
TX-ERR： MOV   A, #0F0H             ;传输出错,发送"0F0H"信号
          MOV   SBUF, A               ;
HAVE6：  JBC    TI, HAVE7            ;等待发送结束
          SJMP  HAVE6                 ;
HAVE7：  CLR   TI                    ;清 0 TI
          LJMP  ST-RAM               ;转向重新开始接收
GOOD：   RET                         ;返回
```

上述举例是在关闭串行通信中断的情况下,用软件查询串行通信中断请求标志位 TI 和 RI 的状态,用以判别串行通信中接收或发送一帧数据信息是否已经完成,并且必须用软件编程及时清 0 中断请求标志位 TI 或 RI。在接收方接收到甲机发送的呼叫信号后,接收方这时是否允许打断当前正在执行的程序(诸如主程序、中断服务程序等),转向接收数据信息的问题。为此,在本例中采用 F_0 标志位提供判跳条件。由主程序或紧急处理程序段及时对 F_0 标志位进行设置。在实际应用中,可能还会有其他诸多条件,这里就不一一详述了。

由于 MCS-51 系列单片机的串行通信是全双工的,既可发送,也可接收,可同时进行接收、发送,也可单独进行接收或发送。因此,在同一台单片计算机应用系统中,接收与发送子程序应用时配备。

采用软件查询法,其优点是程序调试简单、方便、容易控制。缺点是实时性差,影响主机处理和通信效率。故一般常用于不追求主机处理效率和实时性等场合。

(2) 中断方式双机串行通信举例

在很多应用场合,双机通信双方或一方选用中断方式以提高效率和实时性。由于 MCS-51 系列单片机的串行通信具有全双工功能,而中断系统仅提供一个串行通信中断矢量入口地址,所以在实际处理中必须是中断响应与查询相结合,即主机在响应串行通信中断请求后仍需查询中断请求标志位 TI 和 RI,以判别和确认中断请求,并转向对应的中断服务程序进行处理。必须用软件编程复位串行通信中断请求标志位 TI 或 RI 为 0。

这里仍以上述协议为例,发送方仍以软件查询方式通信(从略),而接收方则改用中断请求和查询相结合方式进行串行接收。

在接收中断服务程序中,需设置三个标志位进行判别所接收到的信息是呼叫信号还是

数据帧数,是数据信息还是校验和,增设寄存单元为:内部 RAM 区的 32H 字节单元为存储数据块(帧)个数,33H 字节单元存储校验和,位地址 7FH、7EH、7DH 3 个位单元为标志位。

图 6.18 所示为双机串行通信接收方接收中断服务程序流程框图。

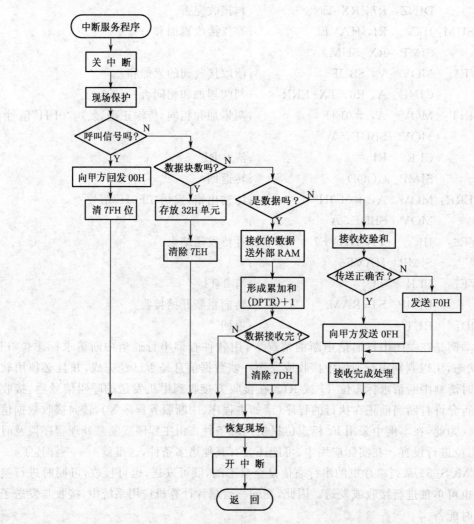

图 6.18 双机串行通信接收中断服务程序流程框图

采用中断方式时,应在主程序中设置定时/计数器。串行通信、中断控制等初始化程序段。通信中接收到的数据信息存储在外部数据存储器(外部 RAM)的首地址,也需在主程序中的初始化程序中设定。

① 主程序段

```
            ORG 0000H
      AJMP  START                    ;转主程序起始处
            ORG 0023H
      LJMP  SERVE                    ;转中断服务程序首地址
             ⋮
```

```
START：          …
                 ┆
        MOV    TMOD，#20H        ;设置定时器 1、工作方式 2
        MOV    TH1，#0F3H        ;设置定时计数初值
        MOV    TL1，#0F3H        ;
        MOV    SCON，#50H        ;设置串行方式 1,允许接收
        MOV    PCON，#80H        ;设置 SMOD 位为 1
        SETB   TR1              ;启动定时计数
        CLR    7FH              ;清标志位为 0
        CLR    7EH              ;
        CLR    7DH              ;
        MOV    31H，#10H         ;设置外部 RAM 接收数据
        MOV    30H，#00H         ;首地址为 1000H
        MOV    33H，#00H         ;累加和单元清 0
        SETB   EA               ;开中断
        SETB   ES               ;
                 ┆
② 中断服务程序段：
SERVE：  CLR    ES               ;关中断
        PUSH   DPH              ;保护现场
        PUSH   DPL              ;
        PUSH   A                ;
                 ┆                 ;判 TI、RI 等
RX-RI：  CLR    RI               ;清 0 RI,进行接收处理
        JBC    7FH，RXACK        ;判是否是呼叫信号?
        JBC    7EH，RXBYS        ;判是数据块数吗?
        JBC    7DH，RXDATA       ;判是否是数据帧?
RXSUM：  MOV    A，SBUF           ;接收到的是校验和
        CJNE   A，33H，TXERR      ;判通信是否正确
TX-RI：  MOV    A，#0FH           ;回送接收正确信号"0F0H"
        MOV    SBUF，A           ;
WAIT1：  JNB    TI，WAIT1         ;等待发送完毕
        CLR    TI               ;清 0 TI
        LJMP   AGAIN            ;转结束处理
TXERR：  MOV    A，#0F0H          ;回送接收错误信号"0F0H"
        MOV    SBUF，A           ;
WAIT2：  JNB    TI，WAIT2         ;等待发送完毕
        CLR    TI               ;清 0 TI
        LJMP   AGAIN            ;转结束处理
RXACK：  MOV    A，SBUF           ;判呼叫信号"06H"?
```

```
            XRL    A,#06H              ;
            JZ     TXREE               ;是呼叫信号转去 TXREE 处理
TXNACK:MOV   A,#05H              ;不是呼叫信号,回送"05H"
            MOV    SBUF,A              ;
WAIT3:  JNB    TI,WAIT3            ;等待发送完毕
            CLR    TI                  ;清 0 TI
            LJMP   RETURN              ;转恢复现场并结束
TXREE:  MOV    A,#00H              ;是呼叫信号"06H",回送"00H"
            MOV    SBUF,A              ;
WAIT4:  JNB    TI,WAIT4            ;等待发送完毕
            CLR    TI                  ;清 0 TI
            CLR    7FH                 ;清 0 呼叫信号标志位
            LJMP   RETURN              ;转恢复现场,等待接收数据帧
RXBYS:  MOV    A,SBUF              ;接收到的数据块数
            MOV    32H,A               ;存 32H 单元
            ADD    A,33H               ;求累加和
            MOV    33H,A               ;
            CLR    7EH                 ;清 0 数据块数标志位
            LJMP   RETURN              ;转恢复现场,等待接收数据信息
RXDATA:MOV   DPH,31H             ;设置 DPTR 首地址
            MOV    DPL,30H             ;
            MOV    A,SBUF              ;读取数据帧,并存外部 RAM 中
            MOVX   @DPTR,A             ;
            INC    DPTR                ;指向下一个存储单元
            MOV    31H,DPH             ;保存 DPTR 地址
            MOV    30H,DPL             ;
            ADD    A,33H               ;求累加和
            MOV    33H,A               ;
            DJNZ   32H,RETURN          ;判数据帧接收完否?
            CLR    7DH                 ;已接收完,清接收数据帧标志
            SJMP   RETURN              ;转恢复现场处理
AGAIN:  CLR    7FH                 ;清 0 标志位
            CLR    7EH                 ;
            CLR    7DH                 ;
            MOV    33H,#00H            ;清 0 累加和单元
            MOV    31H,#10H            ;恢复接收数据存储区首地址
            MOV    30H,#00H            ;
RETURN:POP    A                   ;恢复现场
            POP    DPL                 ;
            POP    DPH                 ;
```

RETI　　　　　　　　　　　　　　　　　　;返回

上例程序清单中,"ORG"为程序段起始地址说明伪指令。在应用程序进行汇编时,它向汇编程序指明所示表达式即为该程序段的起始地址。有关伪指令的具体内容将在程序设计基础一案中详细论述。

在实际应用中串行通信情况多种多样,而且是两台计算机应用系统之间的信息传输。因此,应周密考虑共同遵守的通信协议,以保证通信的正确性和成功率。另外,采用汇编语言进行程序设计和编程,其最大特点是紧凑而灵活,而且可以具体到每一条指令,每一个操作细节,这就要求程序设计者必须详细了解所需完成的功能要求及其操作过程和顺序,了解得越透彻越好,这也是汇编语言程序设计和编程的烦、难之处。

由于汇编语言程序设计和编程极其灵活的特点,故而对同一功能要求,出于不同的思路,实现的方法、所选指令的不同等,所设计和编写的程序可以是很多个版本。因此,上述举例,仅作启示,供参考。

2) 主—从式多机串行通信

在很多实际应用系统中,需要多台计算机分工协调工作。MCS-51 系列单片机的串行通信系统工作于方式 2 或 3,具备多机通信的功能,可以构成多种形式的主—从式多机串行通信。

最常见的有如图 6.19 所示的组成结构,如以一台 8051 型单片机为主机,若干台 8051 型单片机($n=0\sim255$)为从机,这是一种较简单的主—从式多机串行通信组成结构,当然也可组成较复杂的主—从式多机串行通信系统。主机可以是 MCS-51 系列单片机。如图 6.19(a)所示,也可以是功能较强的上档系统机(例如 PC 微机类),如图 6.19 所示。上档系统机常用于对多台下档机(单片机)实施综合管理。

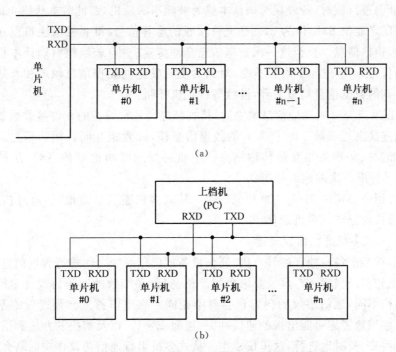

(a)

(b)

图 6.19　主—从式多机串行通信结构示意图

(1) 主—从式多机通信基本原理

在主—从式多机通信应用系统中,为保证主机与多台从机之间的可靠通信,串行通信系统必须具有识别功能。MCS-51 系列单片机的串行通信工作方式 2 和 3 设置有第 9 位 TB_8 和 RB_8,用于区别是呼叫从机的地址信息还是传输的数据信息。特殊功能寄存器 SCON 中的 SM_2 位则用于是双机通信还是主—从式多机通信的选择:当用软件设置 SM_2 位内容为 1,且串行通信工作于方式 2 或方式 3 时,主机通过对第 9 位 TB_8 的设置,用以区别主机发送的是呼叫地址信息帧(TB_8 位内容为 1)还是数据信息帧(TB_8 位内容为 0),而诸从机在 SM_2 位为 1 的情况下,当接收到的 RB_8 位内容为 1 时,则确认接收到的是呼叫地址信息帧,将接收到的呼叫地址信息帧内容装入 SBUF 缓冲器,并置位接收中断请求标志位 RI 位为 1,向主机请求中断处理。主机响应中断请求后,进行地址呼叫处理。当确认主机呼叫的地址正是本从机,则复位 SM_2 位为 0,并回送给主机可以开始接收数据信息的信号,以后接收到的 RB_8 位均为 0 的数据信息帧,直至一轮数据信息全部接收完毕。其余不是被主机呼叫的从机继续保持 SM_2 位 1,对其后接收到的 RB_8 位为 0 的数据信息帧均不予理睬,接收到的数据信息被丢弃。

图 6.19 所示呼叫地址范围 $n=0\sim255$,表示从机数量最多可达 256 台。

实现主—从式多机串行通信的设置过程如下:

① 按照通信协议,主、从机均应工作于相同的波特率、帧格式、工作方式等。

② 全部从机均应设置多机通信控制位 SM_2 位为 1,处于接收主机发送呼叫地址信息帧状态,并置位允许/禁止串行接收控制位 RNE 位为 1,处于允许接收状态。

③ 主机需要与从机进行通信时,首先要发送呼叫地址信息帧,并将第 9 位 TB_8 位设置为 1,表示发送的是呼叫地址信息帧。

④ 所有从机在接收到主机发送来的呼叫地址信息帧后,各自将接收到的呼叫地址信息与本从机地址码进行核对,若经核对确认本机为被呼叫的从机,若此时本从机允许接收数据信息传输,则随之复位 SM_2 位为 0,回送允许接收的应答信号,准备接收主机发送来的数据信息或者互相传输信息。直至这一次数据信息全部传输完毕;若经核对确认本机不是被呼叫的从机,仍保持 SM_2 位为 1 内容不变,对其后主机发送的数据信息帧或相互通信传输不予理睬,接收到的数据信息均被丢弃,继续等待主机呼叫。

⑤ 主机在发送完呼叫地址信息帧之后,接收到寻址从机回送的允许接收数据信息的信号之后,随之连续发送一批 TB_8 位为 0 的数据信息帧,或者相互间传输的信息。这一轮数据信息帧全部发送完毕或相互间传输结束。主机再发送呼叫地址信息帧,从机重新置位 SM_2 位为 1,等待下一次的地址呼叫。

在实际应用中,MCS-51 系列单片机的主—从式多机通信功能很强,通过核心设计,可以实现多种形式的分布式多机通信。

(2) 主—从式多机通信协议简述

串行通信在多个各自独立的计算机、通信设备或应用系统之间进行数据信息的传输,所涉及的问题比较多,比较复杂,这就要求更加严格、完善和细致的通信协议。串行通信方式不同,组成结构不同,通信协议的内容也会各不相同。除通信各方必须遵守的基本约定之外,还需认真细致地考虑可能出现的通信冲突、遗漏或矛盾,以及解决的办法和措施,以确保通信的正确、可靠、及时地进行,这里仅以主—从式多机串行通信协议作一简略介绍。

① 图 6.19 所示的主—从式多机串行通信系统结构,理论上允许设有多达 256 台从机,各从机的呼叫地址可分别设置为 00H~0FFH。一般情况下不会配置全满,未被安排的地址码可留作他用。例如,可用 0FFH 码约定为全部从机的控制命令,主机可通过发送 0FFH

呼叫信息,命令所有从机设置 SM$_2$ 位为 1 状态,准备接收主机发送的呼叫地址信息等等。

② 规定全部从机均初始化为多机通信的接收状态,即初始化置位 SM$_2$ 位为 1,接收中断请求标志位 RI 位为 0,串行通信波特率,串行通信工作方式等。

③ 主—从机通信的联络、应答约定。例如,主机首先发送地址呼叫信息帧,被寻址到的从机回送本从机的地址码以便主机核对,还需回送是否允许立即进行数据信息的传输。经双方确认后,主机再向从机发送命令字(帧),被寻址的从机根据命令字(帧)要求回送本从机的当前状态,若双方确认状态正确,符合通信要求,则握手成功,接着开始发送/接收数据信息的传输。在每帧数据信息的传输过程中,双方还需附加某些约定。例如,在数据信息帧传输过程中出现差错、遗漏、冲突等情况如何发现、克服和补救,以确保通过数据信息的正确性和可靠性。

④ 主机发送给寻址从机的命令字,诸如:

00H:要求从机接收数据信息块(帧);

01H:要求从机发送数据信息块(帧);

⋮

其他:非法命令

⋮

⑤ 从机回送的状态字格式,例如:

D$_7$	D$_6$	D$_5$	D$_4$	D$_3$	D$_2$	D$_1$	D$_0$
ERR	0	0	0	0	0	TRDY	RRDY

其中:若 ERR 位为 1,表示从机接收到非法命令;

若 TRDY 位为 1,表示从机发送准备就绪;

若 RRDY 位为 1,表示从机接收准备就绪;

"0"表示余下的 5 位未定义,可根据实际需要加以定义,如传输出错要求重发等。

多机通信种类很多,主—从式多机通信属于简单的一种。但同单机通信(一对一通信)相比要复杂得多,需考虑的通信协议亦复杂些。例如,从机主动要求主机发送急需数据信息问题,这就涉及从机间竞争问题等等。不同的功能要求,定会涉及不同的协议内容,这里就不一一详述了。上述内容仅作为一般性启迪,仅供参考。

有关具体的主—从式多机串行通信程序设计这里就不列举了。

思考题与习题

1. 什么是 I/O 接口? I/O 接口的作用是什么?

2. 8051 型单片机片内设有 4 个 8 位的并行 I/O 口,使用时有哪些特点和分工?简述各个并行 I/O 口的结构特点。

3. 何谓准双向并行 I/O 口?在使用中如何正确处理?

4. 何谓分时复用?在什么场合会出现分时复用?是哪个 I/O 口需分时复用?分时复用时在硬件上应做何处理?

5. 8051 型单片机的并行 I/O 口有几种读取端口信息的方法?读—修改—写操作是针

对 I/O 口中哪一部分进行的？有什么优点？

6. 何谓总线结构？采用总线结构有何突出优点？8051 型单片机的 4 个并行 I/O 口，在什么情况下组成三总线结构？如何组成三总线结构？

7. 8051 型单片机内部设有几个字时/计数器？何谓定时/计数器？其核心部件是什么？简述定时/计数器 0 和 1 的工作方式。为什么只有定时/计数器 0 具有工作方式 3 的功能？

8. 何谓可编程器件？如何通过软件选择定时/计数器 0 或 1、定时或计数、工作方式？设某系统选择定时/计数器 0、定时模式、工作方式 1；定时/计数器 1、计数模式、工作方式 2，请写出其控制字。

9. 加 1 计数器和减 1 计数器两者有何根本区别？设定时/计数器 0 为定时模式、工作于方式 1，主频 $f_{osc} = 6\,\mathrm{MHz}$，要求定时时间 $T_c = 10\,\mathrm{ms}$，请计算定时计数初值，并写出初始化程序段。

10. 增强型 8052 单片机内部设有几个定时/计数器？其中定时/计数器 2 有哪些独特功能？如何正确编程和应用？

11. 何谓全双工串行通信系统？异步通信和同步通信的主要区别是什么？8051 型单片机的串行通信工作方式 0 属于哪种类型串行通信？与其他方式的异步通信有什么不同？

12. 波特率的定义是什么？何谓定时/计数器溢出率？请比较定时/计数器 1、定时模式、工作方式 2 和定时/计数器 2 所生成的波特率范围。

13. 如何实现主从式多机通信？简述通信过程。

14. 何谓通信协议？为什么串行通信要拟订通信协议？

15. 为什么接收、发送缓冲器同用一个寻址地址（在编程时同用一个缓冲器符号 SBUF）？接收器部分设有接收移位寄存器和接收缓冲寄存器 SBUF，具有什么优点？在应用中如何避免接收数据的丢失？

16. 串行通信中的中断响应和处理应注意些什么？

7 应用系统功能扩展与设计

MCS-51 系列单片机具有极强的外部功能扩展性和广泛应用的通用性。本章就 MCS-51 系列单片机构成嵌入式应用系统中常用的外部功能扩展与设计进行论述,这是构成应用系统硬件设计的重要组成部分,希望能认真学习,深刻理解外部功能扩展的基本原理及其设计方法,在实际应用中能举一反三,为各种应用系统的全面设计打好扎实基础。

当前超大规模集成技术快速发展,单片机的集成度也随之越来越高,国际上多家著名半导体公司纷纷推出以 8051 为内核的各种系列单片机,并注入了各具特色的功能模块或元件,使单片机的功能有了明显的提高,尽管如此,仍满足不了各类应用领域、不同用户对单片机不同功能的要求。而 MCS-51 系列单片机特在其体系结构上为外部功能扩展提供了很大方便,而且硬件设计简单、灵活、方便,故而深受广大用户欢迎。

能为 MCS-51 系列单片机进行外部功能扩展配套的各类元件品种齐全、功能强,且多数为 8 位字长。接口十分简单、方便,从而可以设计出功能、规模各异的嵌入式应用系统。

7.1 概述

单片机的应用特点是"面向实时测控"。因此,它主要用于强有力的数据信息处理、检测、控制等,成为整个嵌入式应用系统的首脑、指挥中心,从而对单片机的功能、组件的规模大小和复杂程度等方面的要求均随着应用系统的不同而各异。MCS-51 系列单片机是以其本机功能较强,外部功能扩展简单、灵活、方便等特点,既可构成简单的单片应用系统,又可组合成相当复杂的嵌入式应用系统。

7.1.1 应用系统硬件部分总体方案的设定

一个以单片机为内核的嵌入式应用系统,总是包含两大部分:硬件和软件。首先必须进行硬件部分的组成与设计,软件是在硬件基本设定的基础上进行的。在进行硬件部分的设计时,应根据应用系统的功能要求,首先对硬件系统的总体方案进行论证与设定。

1) 应用系统功能要求分析

由于单片机在整个嵌入式应用系统中负有信息检测、数据处理和控制等核心指挥作用,它的功能配置取决于应用系统的具体功能要求,受其功能要求的制约。因此,硬件系统的总体方案考虑的第一步,应对应用系统的整体功能要求、信息来源与流向、被控对象、工作环境、主要技术指标等进行详细的、全面细致的分析和研究,明确应用系统对计算机整体部分的具体功能要求。

功能要求和技术指标是两个不同的概念,同一种功能要求可以有多种不同的技术指标,不同的技术指标所配置的硬件设施和技术措施差别很大。所有这些都与计算机的硬件系统配置与设计密切相关,是确定应用系统计算机硬件结构,进行总体设计的关键。

2) 主机的选择

嵌入式应用系统总体功能以及有关技术指标的确定,为主机的选择提供了可靠的依据。选择合适的主机机型,应考虑如下诸因素。

(1) 所选主机所具备的功能必须能完全满足总体对它的要求。例如,存储器容量、运算速度、I/O 端口、中断源、定时/计数器、串行通信等。

(2) 应用环境对主机系统的要求。大多数单片机嵌入式应用系统均需工作在现场,因此对工作环境的温/湿度、强电干扰、化学成分、电源等因素都应关注与考虑,以保证计算机系统工作稳定、可靠。

(3) 性能/价格比。在某些应用场合,性能价格比是个重要因素。在满足应用系统总体要求的前提下应尽可能地选择性价比高的机型和配套元件,以降低整个应用系统的成本,使上市的产品具有很强的竞争力。

(4) 其他特殊要求。例如,在某些应用场合要求应用系统具有很高的可靠性,某些应用场合要求低功耗或所占用空间小等,均应认真考虑,选择合适的主机和配套元件,采取有效合理措施,力求满足要求。

近年来国际单片机市场十分兴旺,不断推陈出新,品种繁多,以 8051 为内核的单片机系列产品就有多家国际著名公司生产,且功能各异,各具特色,国产单片机也频频推向市场,选择机型的范围愈加宽广。

3) 硬件系统配置

通过上述对应用系统的详尽分析、论证,在总体方案已初步拟定,主机也已基本选定的基础上,就可以进一步考虑硬件系统的组成结构及其配置。

(1) 主机功能的合理分配

单片机本身具有很强的功能,应根据总体要求对其进行合理分配和设定。例如,对存储器的要求以及地址空间的分配;4 个并行 I/O 端口的安排与分配;2 或 3 个定时/计数器功能分配与工作方式的选择;中断源及其优先级的分配与设置;堆栈深度的预留与设置等等。这些都与应用系统总体功能的实施有关。

(2) 外部功能部件的扩展与配置

当前单片机的应用大致可以分为两类:

① 不需(不具备)外部功能扩展,单片机本身具有的功能已能满足应用的需要,即称之为单片应用,名副其实的单片机应用,这类产品呈发展势头。主要应用于诸如仪器仪表、微型通信、小家电等,满足于产品的自动化、智能化需要。例如,PIC 的部分产品,Motorola 的 MC68HC05,Intel 的 MCS-2051(20 条外部引脚),以及各种专用单片机系列等均属此类。

② 既可单片应用,又具备外部功能扩展能力,经外部功能扩展可满足和配置成各种不同功能要求的应用系统。这类单片机具有较强的可扩展性、灵活性和通用性,从而大大拓宽了应用领域与范围。这样,它既适用于小型而较简单的应用场合,也可组合成较复杂的应用系统,但这需要根据应用系统的功能要求进行外部功能元件的扩展与设计。通常把应用系统的硬件部分集中设置在一块印制板上,成为典型的嵌入式单片机应用系统。

随着超大规模集成技术的快速发展,各类单片机的内部功能也随之有了很大的增强与发展,逐步减少外部功能的扩展,简化应用系统的硬件设计,这是单片机发展的主流方向。当然,外部功能扩展也将更加优化,各类功能元件日渐向增强功能、多功能、可编程方向发展。从而使应用系统的整体组成结构及设计更加简单、灵活、方便,不断地小型化,逐步向单片集成应用系统 SOC 过渡。

在当前情况下,MCS-51 系列单片机特为外部功能扩展提供了极大方便,且组成结构与设计简单、灵活。

以 MCS-51 系列单片机为主机的应用系统,在进行外部功能扩展时,一般应考虑以下功能元件的扩展与配置。

① 外部存储器的扩展与配置

MCS-51 系列单片机的程序存储器和数据存储器两者是截然分开的。因此,在外部存储器扩展时亦需分别考虑。

MCS-51 系列单片机不同的机型,其配置的程序存储器也不同。如 8051、8751 等,片内配置有一定容量的程序存储器,其存储容量有 8 KB、16 KB、32 KB 等,如不够用时,可进行外部扩展。而 8031、8032 等机型,片内没有配置程序存储器,必须全部由外部进行扩展和配置。由于受 16 位地址线制约,片内、片外相加,总的寻址空间为 64 KB。MCS-51 系列单片机各机型片内数据存储器的配置基本相同。对于数据量较大的应用系统,还可进行外部扩展和配置,而且外部扩展的数据存储器的存储容量,即寻址空间可达 64 KB。

② 外部并行 I/O 口的扩展与配置

MCS-51 系列单片机的重要特点之一就是设置有功能极强的、端口众多的并行 I/O 口,它是主机与外部信息流的通道,相互连接的接口。当应用系统总体需要进行外部功能特别是存储器之类的扩展时,就需将其中的 P0 口和 P2 口专用于地址/数据总线,P3 改成变异功能的选通、控制线。这样就只剩下 8 位 P1 口,可用于真正的 I/O 口,由于其具有位寻址功能,通常就特配置用于对外部进行检测或控制场合,需要一般的并行 I/O 口,就需通过外部扩展来进行补充。

③ 其他外部功能元件的扩展与配置

由于 MCS-51 系列单片机应用领域十分广泛,适用于各种不同的应用场合。除单片机本身所具有的功能外,其应用要求与场合不同,所需外部功能扩展与配置也不尽相同。例如,进行信息采集,就需配置相应的传感器、信号放大器、A/D 转换器等;要求能人—机对话,就可能要配置键盘/显示器,扩展 I/O 口;为了实现闭环控制,就需配置 D/A、A/D 转换器,执行机构等等。有关这方面所涉及的内容丰富、广泛,各种类型的可编程、多功能元件也很多,可根据应用系统具体要求合理选择和配置。

就通用性较强的 MCS-51 系列单片机所构成的嵌入式应用系统整体而言,大致可划分为三个层次:单片机是整个应用系统的首脑,是指挥和处理中心,居于最内层;与单片机紧密相连、功能密切相关的外部扩展功能元件,属中间(第二)层次;外围的执行机构、被检测控制对象及其配套附件等,属外层(第三层)次。这就要求应用系统设计者具有较扎实的硬件基础,以及相关的专业知识和电子技术基础。

本章主要就应用系统中单片机及与其密切相关的、常用的外部功能元件进行论述,对于外围部分(外围层次),恕不详述。

7.1.2 外部总线概述

当 MCS-51 系列单片机的应用系统需要进行外部功能元件扩展时,这些外部扩展的元件均需从属于主机(单片机),受主机的控制、支配和指挥。为实现主机与外部扩展的功能元件之间的相互连接,沟通相互间的信息流,MCS-51 系列单片机特提供一组共享的公用连接线,称之为外部总线。

每个可编程、单功能或者多功能元件,为便于主机对它的寻址与管理,都必须赋予一个对应的地址。可供多个元件公用的地址线,称为地址总线。MCS-51 系列单片机在进行外部功能扩展时,就将 8 位的 P0 口和 P2 口,组成 16 位的外部总线。

为实现主机与外部扩展元件之间数据信息的流通,由 P0 口组成 8 位字长的数据总线。

可见,MCS-51 系列单片机的 P0 口,既是低 8 位的地址总线,又是 8 位字长的数据总线,两者实行分时复用。

各外部扩展的功能元件均从属于主机(单片机),受主机的支配与管理。为此,主机需通过选通、控制信号来实现。这些选通、控制信号由控制总线来传递。P3 口即为选通、控制总线,除此之外,还有诸如 $\overline{\text{PSEN}}$ 等专用选通线。

这样,MCS-51 系列单片机在进行外部功能元件扩展时,就将三个 8 位的并行 I/O 口:P0 口、P2 口、P3 口,转变成由 P0 口和 P2 口组成的 16 位寻址地址总线,P0 口成为 8 位字长的数据总线,P3 口成为选通、控制总线,统称外部三总线。

三总线结构的突出优点就是所有外部扩展的功能元件,均可十分方便地通过三总线与主机紧密相连。

通过外部三总线结构进行外部功能元件的扩展,具有整体结构灵活、规范,硬件设计简单、方便、成本低,印制电路板占用面积小等优点。图 7.1 所示为 MCS-51 系列单片机外部功能扩展三总线组成结构示意图。

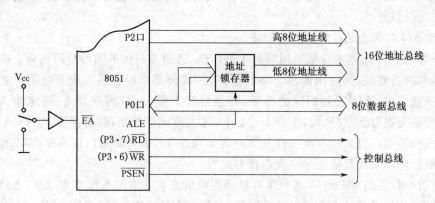

图 7.1 MCS-51 系列单片机外部三总线结构示意图

图中外部 $\overline{\text{EA}}$ 应根据程序存储器的不同配置而有两种不同的连接方式。

(1) 当单片机片内配置有一定容量的程序存储器,外部还需扩展程序存储器时,$\overline{\text{EA}}$ 引脚应接高电平(V_{cc})。存储器地址编码应从片内程序存储器开始,亦即 0000H 地址从片内程序存储器开始,并排顺序递增,顺延到片外扩展的程序存储器。主机(CPU)开始访问程序存储器时,首先从片内程序存储器的 0000H 地址单元开始寻址,当主机(CPU)寻址到片内程序存储器最后一个存储单元时,会自动转向外部扩展的程序存储器,按顺序继续寻址与访问。如果外部没有扩展程序存储器,请注意,程序就不能全部编满,最后几个存储单元必须是空余的。否则在主机(CPU)访问完最末一个存储单元后,就会自动转向外部而出错。

(2) 当片内没有配置程序存储器,所有程序全部从外部程序存储器的 0000H 地址单元开始存储并访问。则外部引脚$\overline{EA}$必须接低电平(接地)有效。主机(CPU)全部从外部扩展的程序存储器 0000H 地址单元开始访问。

从上可见,P0 口既是低 8 位地址线,又是 8 位字长的数据线,为了实现其 8 位地址/数据分时复用功能,采用硬件地址锁存器分流法,在 ALE(地址锁存允许)信号的下降沿(负跳变)允许锁存有效,将输出在 P0 口上的低 8 位地址码打入地址锁存器,它的输出继续保证低 8 位地址线上的地址的信号有效,从此就把 P0 口改变成 8 位字长的数据口(数据总线),用于完成 8 位数据信息的输入/输出。在时间上 P0 口先输出低 8 位地址码信息,通过锁存器进行转换,尔后空出来用于 8 位数据的输入/输出。P0 口是多功能的,称之为分时复用。这就是 P0 口完成地址/数据分时复用的基本原理。

$\overline{PSEN}$是访问外部程序存储器的专用选通信号线。低电平有效。在主机(CPU)访问片内程序存储器时$\overline{PSEN}$呈高电平无效状态。只有在访问外部程序存储器时呈低电平有效,选通外部程序存储器进行访问操作。

$\overline{RD}$(读)、$\overline{WR}$(写)是专用于访问外部数据存储器或功能元件的读/写数据选通信号线,均为低电平有效。由此可见,不仅程序存储器和数据存储器(包括相关的功能元件)以及存储单元和地址空间两者完全分开的,而且进行读/写、访问等,也各有自己的专用选通控制线。所以,单片机应用系统外部扩展的程序存储器和数据存储器也是各自独立、截然分开的。这是它与典型微机(PC 机之类)所不同之处。

MCS-51 系列单片机为外部功能扩展所提供的 16 位地址线、8 位字长数据线以及相应选通、控制线是典型的公用外部三总线。应用系统外部扩展的相关功能元件都可直接挂在外部三总线(相连接)上,实现两者紧密相连、信息流通。这就大大简化了外部功能扩展硬件系统的组成与设计,而且极其灵活和方便。这也正是 MCS-51 系列单片机的突出优点之一。

7.1.3 地址空间的分配

集成于 MCS-51 系列单片机片内的程序存储器,从工艺上分有掩膜 ROM 型、OTP 型、EPROM 型和 Flash 型等,其存储容量也在不断发展与增加,有 4 KB、8 KB、16 KB、24 KB等。这对于一般的、程序量不太大的应用系统,已基本能满足应用要求,而对于程序量较大的应用系统,片内程序存储器容量不够用时,则可进行外部扩展,但片内、片外总的存储容量不宜超 64 KB。片内数据存储器 RAM 的容量分别有 128 B、256 K、1 KB 等。对于数据信息量不太大的应用系统,已能满足要求。不够用时,还可进行外部扩展。其外部扩展的寻址空间(不含片内容量)为 64 KB。其中包括外部扩展的数据存储器 RAM 以及外部扩展的需寻址的功能元件,统一编址在这 64 KB 空间内。

程序存储器和数据存储器各有自己的 64 KB 寻址空间,各自独立编址。由于主机只提供一组 16 位的公用地址总线,这就在一定程度上给两个 64 KB 寻址空间的地址分配和编址带来了一定的麻烦。

　　地址空间的分配,实际上是以 16 位地址线对 64 KB 地址空间按外部扩展的可编程或可寻址的元件划分地址空间范围,这是单片机嵌入式应用系统外部功能扩展硬件设计中至关重要的问题。这与外部扩展的功能元件的存储容量以及数量的多少有关,必须综合考虑,统一分配。特别是外部数据存储器容量与其他需寻址的功能元件的寻址空间,在 64 KB 范围内统一编址,所编地址不允许有重叠,以避免主机访问时发生数据信息冲突。

　　当主机(单片机)外部扩展存储器和多片需寻址的功能元件芯片时,主机的访问是通过地址总线来选择和确定某一个被寻址的器件芯片并访问某一个存储单元的。要完成这一操作功能需进行两方面的寻址:一是必须选择并确定被寻址的器件(芯片),称为片选;二是对选定的器件(芯片)进行寻址某一个存储单元,称为字选。通常,这样的地址空间分配和寻址有两种方法:线性选择法(简称线选法)和地址译码法。在实际应用和设计中应根据不同情况进行选择。

　　1) 线性选择法

　　线性选择法是将空余的地址线(即除去存储器容量所需占用的地址线外)中的某一位线直接用于选通某一个(片)需寻址的功能元件(芯片)的片选信号线,此线信号有效,该器件(芯片)即被选通激活,处于工作状态,等待主机进行访问。因此,每一个寻址器件(芯片)均需占用一位地址线作为该器件(芯片)的片选信号线。例如,外部扩展了一片 6264 RAM,其存储容量为 8 KB,需占用 13 位地址线,外加一位片选信号线。这样,16 位地址线只有最高 2 位线空余(未用),只能用来片选两个寻址器件(芯片),而且这 2 位占用了很大的地址空间,白白浪费了这一大片的地址空间;如果外部只需扩展小容量数据存储器 RAM,例如扩展一片多功能的 8155/8156 器件(芯片),它片内没有 256 B 的 RAM, 22 位(线)I/O 端口和一个 14 位的计数器,它只占用 8 位地址线以寻址 256 B 存储单元,另加一位片选信号线,尚空余 7 位地址可用于另外 7 个寻址器件的片选信号线;如果应用系统的数据信息量不大,仅片内存储容量已够用,不需外部扩展数据存储器 RAM,这对外部扩展元件(芯片)就很简单、方便了。

　　线性选择法中用于寻址器件(芯片)片选信号的地址线,确定了该器件(芯片)的寻址空间。例如,地址线的第 8 位用于 8155(或 8156)多功能器件的片选信号,直接与它的片选信号引脚CS相连接,低电平有效,即激活该器件(芯片),而 0～7 低 8 位地址线用于寻址 256 B RAM 的存储单元,即与它的 8 位地址/数据信号线相连接。这样,8155(8156)的寻址空间就被确定为 111…100…00～111…101…11。即 FE00H～FEFFH,地址线的低 8 位占用了 256 B 地址空间,加上第 8 位地址线的片选信号线,8155(8156)器件(芯片)共占用了 512 B 的地址空间。假设第 9 位地址线(A9)用于外部扩展的 8255 器件(并行 I/O 口芯片)的片选信号(CS引脚)线,则它的寻址空间就被确定为 FD00H～FDFFH。它占用了 8155(8156)其后的 512 B 地址空间,而且是白白浪费了的,因为它根本不需要任何寻址空间。其余以此类推,越往地址线高位,所占地址空间越大。

　　如果外部扩展了一片 6264 数据存储器(RAM)芯片,其容量为 8 KB,就需占用 13 位地址线。再加上一位片选信号线,共占用 14 位,空余的地址线仅剩下最高 2 位线。这样就只能扩展两个功能元件了,而且占用大量的地址空间,还大大地限制了外部功能元件的扩展。这也正是线性选择法的主要缺点。对于不需外部扩展或只需扩展较小容量的数据存储器(诸如 8155/8156 多功能器件),则其缺点就变成了优点,不需附加其他器件,可降低硬件成本,简化硬件电路设计。

线性选择法较适合于只需外部扩展存储容量较小或者无需扩展外部数据存储器的场合。从而使硬件设计简单,成本低。

2)地址译码法

由于线性选择法一根地址线只能选通一个外部扩展的功能元件,特别是高位地址线,占用的地址空间较大,甚至很大。当应用系统需要外部扩展存储容量较大的数据存储器(RAM)时,外部可扩展的功能元件数量明显受限,从而无法满足应用系统对多种功能的要求。

采用地址译码法可以只占用少量的高位地址线,经过译码可以生成多根元件(芯片)的片选信号线,减少每个扩展元件(芯片)所占用的地址空间,增加外部可扩展的元件的数量。例如,选用地址线的最高 3 位(A_{15} A_{14} A_{13})通过 3-8 译码器,就可以生成 0~7 共 8 位状态线,就可用于选通 8 个功能元件,从而由原来的 3 个扩大到 8 个。如上例所述,在外部扩展一个 8 KB 存储容量的 6264 型数据存储器 RAM 外,还可扩展 8 个功能元件,每根译码输出线占用 8 KB 地址空间,而且这 8 根译码输出线可以任意配置。例如,可以配置一片或一片以上的 6264 型 RAM。通过逻辑电路组合,还可更灵活地进行外部扩展配置。如果选用地址线的最高 4 位(A_{15}~A_{12})进行 4—16 译码,则可生成 16 位输出状态线,可用于选通 16 个功能元件,每位占用 4 KB 地址空间。这是地址译码法的主要优点,但需增用一个译码器件,相应地应增加一定的硬件成本

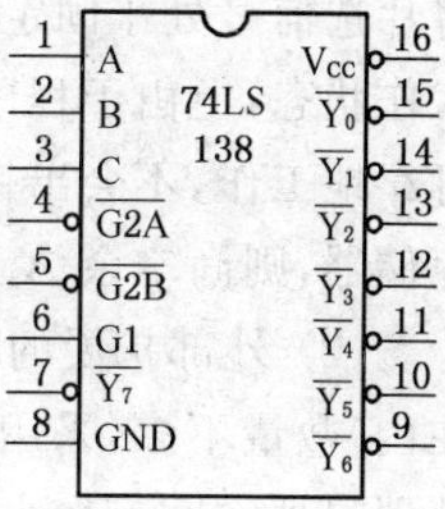

图 7.2　74LS138 引脚图

常用的 3-8 译码器有 74 系列的 74LS 138、139 等。图 7.2 所示为 74LS138 3-8 译码器的外部引脚图。图中 A、B、C 为编码输入口,A 为高位,顺序排列。通常 A 接地址线的最高位 A_{15},B 接 A_{14},C 接 A_{13}。其译码真值表如表 7.1 所示。

表 7.1　3-8 译码器 74LS138 译码真值表

译　码　器　输　入						译　码　器　输　出
控　制　端			编　码　器			$\overline{Y_0}$~$\overline{Y_7}$
G1	$\overline{G2A}$	$\overline{G2B}$	A	B	C	
1	0	0	0	0	0	$\overline{Y_0}$=0,其余均为 1
			0	0	1	$\overline{Y_1}$=0,其余均为 1
			0	1	0	$\overline{Y_2}$=0,其余均为 1
			0	1	1	$\overline{Y_3}$=0,其余均为 1
			1	0	0	$\overline{Y_4}$=0,其余均为 1
			1	0	1	$\overline{Y_5}$=0,其余均为 1
			1	1	0	$\overline{Y_6}$=0,其余均为 1
			1	1	1	$\overline{Y_7}$=0,其余均为 1
0	×	×	×	×	×	$\overline{Y_0}$~$\overline{Y_7}$均为 1
×	1	×				
×	×	1				

注:1—高电平,0—低电平,×—高或低电平。

74LS138 译码器为 16 引脚器件,除 A、B、C 3 个端口为编码输入口外,其中的 G1、$\overline{G2A}$、$\overline{G2B}$为片选引脚,G1 为高电平有效,$\overline{G2A}$、$\overline{G2B}$为低电平有效。只有当 3 个选通引脚的片选信号为 100 时,才激活 74LS138 处于选中的工作状态。一般常将 G1 接 V_{CC} 电源(tsv 高电平),$\overline{G2A}$、$\overline{G2B}$均接地(低电平),这样,74LS138 就处于常开的工作状态,如需加强管理,可接专用信号线进行控制。$\overline{Y_0}$～$\overline{Y_7}$ 8 位译码输出端口,低电平有效。

从上可见,采用地址译码法,其优点是显而易见的。所以单片机嵌入式应用系统,其外部功能扩展,多数选用地址译码法。

对于外部扩展的程序存储器有两种编址方法:

(1) 单独编址。单片机系统结构的最大特点之一,就是程序存储器和数据存储器截然分开,各有自己专用、独立的编址、寻址和访问系统。近年来,随着超大规模集成技术的发展,程序存储器单块芯片集成的存储容量不断扩大,常见的有 8 KB、16 KB、24 KB 以及 32 KB 或 64 KB。对于外部扩展大容量的程序存储器的片选信号,可以有两种处理方法:一是将片选信号处于固定有效状态,即片选信号($\overline{CS}$)端口直接固定接地,尽管它一直处于常开工作状态,但由于程序存储器的访问极其频繁,由专用的$\overline{PSEN}$信号进行读选通,一般都很可靠地工作,不会出错;二是如果 16 位地址线有空余,例如外部扩展了 32 KB 容量的程序存储器,则尚空余 A_{15} 地址线可用于该程序存储器的片选信号线。

(2) 外部扩展的程序存储器容量较小,且外部扩展的其他需寻址功能元件(包括 RAM 在内)数量不多,采用地址译码法的译码输出位(线)有多余。亦即外部扩展 64 KB 数据存储器寻址空间有较大空余。则可两者合并,统一编制在 64 KB 的地址空间内。选用地址译码输出($\overline{Y_0}$～$\overline{Y_7}$)作为程序存储器的片选信号选通输入,使程序存储器的工作状态受地址译码输出控制,增加了访问程序存储器的可靠性。如果不需外部扩展程序存储器,则上述情况就不复存在。

上述地址译码法中,除用于字选地址线外,剩余的地址线全部用于地址译码器的编码输入,称之为全译码方式。

如果采用 3-8 译码法仍不能满足需要,可采用两片 3-8 译码器(74LS138)进行逻辑组合译码,或者选用 4-16 译码器等等。这里就不一一详述。

综上所述,采用地址译码法,可将原地址空间划分成符合需要的合理的若干区域地址块,被划分的各地址块之间的地址空间是连续的,在一定程度上提高了应用系统的可靠性。在实际应用中,设计方法可多种多样,应视应用系统的实际需要选择不同的具体方法。

7.2 外部存储器的扩展与电路设计

MCS-51 系列单片机由其组成的系统结构决定了程序存储器与数据存储器在结构上截然分开,各有自己独占的寻址空间和访问系统。片内集成有一定容量的存储器,还可根据需要进行外部扩展。

7.2.1 外部程序存储器的扩展与电路设计

MCS-51 系列单片机按不同机型对程序存储器有不同的设置。一类片内集成有一定容量的程序存储器,如有 4 KB、8 KB、16 KB 等,有掩模型、OTP 型、EPROM 型和 Flash 型等;另一类则没有集成程序存储器。前者根据需要,还可进行外部扩展,后者必须进行外部配置。片内、片外总的存储容量额定为 64 KB。

1) 外部扩展程序存储器逻辑结构

当前 MCS-51 系列单片机外部扩展程序存储器多数选用 EPROM 型,以便于对程序的修改或反复固化,对定型、成熟的程序可选用 OTP 型等。以下举例和阐述均以 8051 单片机为代表,选用 EPROM 型程序存储器,具体论述扩展外部程序存储器硬件电路的配置与设计。图 7.3 所示为 8051 型单片机扩展 EPROM 型外部程序存储器的逻辑结构示意图。

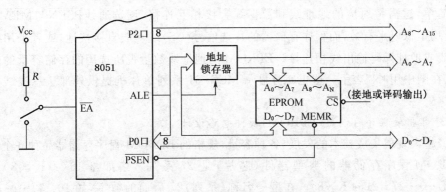

图 7.3　外部扩展 EPROM 逻辑结构框图

图中 $\overline{EA}$ 引脚应根据所选不同的单片机机型而决定不同的连接方法:当所选单片机内部集成有一定容量的程序存储器时,$\overline{EA}$ 引脚应外接高电平(V_{CC}),处于无效状态;若片内无程序存储器(如 8031 型单片机),必须外部扩展程序存储器,则 $\overline{EA}$ 引脚外接低电平(地电平),处于有效状态。

为了满足 P0 口的地址/数据总线分时复用功能的要求,选用 8 位锁存器 74LS373 器件。74LS373 集成芯片是一个常有三态门的 8D 锁存器,其外部引脚以及内部逻辑结构如图 7.4 所示。

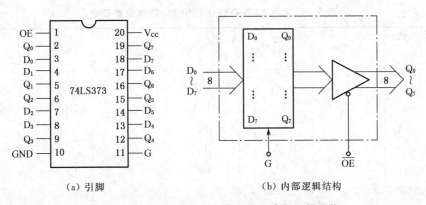

(a) 引脚　　　　　　　　(b) 内部逻辑结构

图 7.4　74LS373 锁存器外部引脚和内部逻辑结构

图中 $D_0 \sim D_7$ 为低 8 位地址输入端口,$Q_0 \sim Q_7$ 为锁存的低 8 位地址输出端口,G 为地址输入锁存选通信号,高电平有效。当地址锁存允许信号由高电平负跳变下降沿时,将输入的 8 位地址码打入(锁存)锁存器中。$\overline{OE}$ 为三态门控制信号,低电平有效。当 $\overline{OE}$ 端口为低电平时,三态门打开,锁存器中锁存的低 8 位地址码即加载在 $Q_0 \sim Q_7$ 输出线上。在实际使用中常将 $\overline{OE}$ 端口引脚接地电平,使三态门处于常开状态,锁存的低 8 位地址信号成为直通。从而既保证主机访问外部程序存储器期间低 8 位地址信息稳定不变,又把 P0 口从原来的低 8 位地址线转变为 8 位字长的数据线,以承担紧接着的 8 位数据信息的输入/输出。

除 74LS373 外,常用的还有如 Intel 8282,也是一种常三态缓冲器的 8D 锁存器,其内部结构两者也基本相同。还有其他类似的 8 位锁存器,如 74 系列的 74LS573 等,这里就不一一详述了。

从图 7.3 所示结构逻辑图可见,外部扩展 EPROM 程序存储器,其组成结构与硬件设计均很简单,这需将对应的地址线和数据线直接相互连接,读选通线 $\overline{PSEN}$ 与 $\overline{MEMR}$ 相连接,两者均是低电平有效,而程序存储器的片选信号($\overline{CS}$)线一般直接接地,或者采用线性选择地址线或地址译码输出线相连接。EPROM 的地址线数量视所选用的存储容量的多少而定,所以在图中用"N"表示。这也充分显示 MCS-51 系列单片机提供外部三总线结构的优越性。

2)外部扩展程序存储器(EPROM)硬件电路设计

随着超大规模集成技术的发展,各种容量、规格的 EPROM 程序存储器品种齐全。

EPROM 程序存储器的典型器件(芯片)是 27 系列。诸如 2716(2 K×8)、2732(4 K×8)……27512(64 K×8)。在型号名称(系列)27 后面的数字,如 16、32……表示位容量,例如 16,表示其存储容量为 16 KB(位)。如除以 8,就是 2 K×8,即 2 KB(字节),亦即存储容量为 2 K 字节单元。其余类推。另一种中间带"C"者(为 27C 64)为 CMOS 工艺 EPROM 程序存储器。

由于超大规模集成技术的发展,因集成度的提高而大容量 EPROM 器件(芯片)大量推向市场,售价不断下降,小容量 EPROM 存储器(如 2716、2732)已停止生产,在实际应用中应选择 2764(8 K×8)以上的 EPROM 存储器。这样不仅可以缩小印制板面积,降低整机功耗,减少控制逻辑电路,从而提高应用系统的稳定性和可靠性。

表 7.2 为常用 27 系列 EPROM 程序存储器芯片应用参数。

表 7.2　常用 27 系列部分 EPROM 芯片应用参数

参数型号	$V_{CC}(V)$	$V_{PP}(V)$	$I_m(mA)$	$I_s(mA)$	TRM(ns)	容量
TMS2732A	5	21	132	32	200~450	4 K×8 位
TMS2764	5	21	100	35	200~450	8 K×8 位
INTEL2764A	5	12.5	60	20	200	8 K×8 位
INTEL27C64	5	12.5	10	0.1	200	8 K×8 位
INTEL27128A	5	12.5	100	40	150~200	16 K×8 位
SCM27C128	5	12.5	30	0.1	200	16 K×8 位
INTEL27256	5	12.5	100	40	200	32 K×8 位
MBM27C256	5	12.5	8	0.1	250~300	32 K×8 位
INTEL27512	5	12.5	125	40	250	64 K×8 位

注:V_{CC}—芯片工作电压,V_{PP}—编程固化电压,I_m—最大静态电流,I_s—维持电流,TRM—最大读出时间。

表中所示的编程固化电压(V_{PP}),较早期生产的器件其编程电压较高,有如 $V_{PP}=21$ V、25 V 等不是很规范,近年来大多统一标准为 12.5 V。在程序固化时,对 V_{PP} 编程电压要求较高,电压偏高了会烧毁芯片,偏低了会造成固化不正确,一般芯片外壳上均注有 V_{PP} 电压值,若无标明,必须查询有关资料,获取明确答案,绝不能马虎行事!

图 7.5 所示为常用 27 系列 EPROM 芯片外部引脚排列。

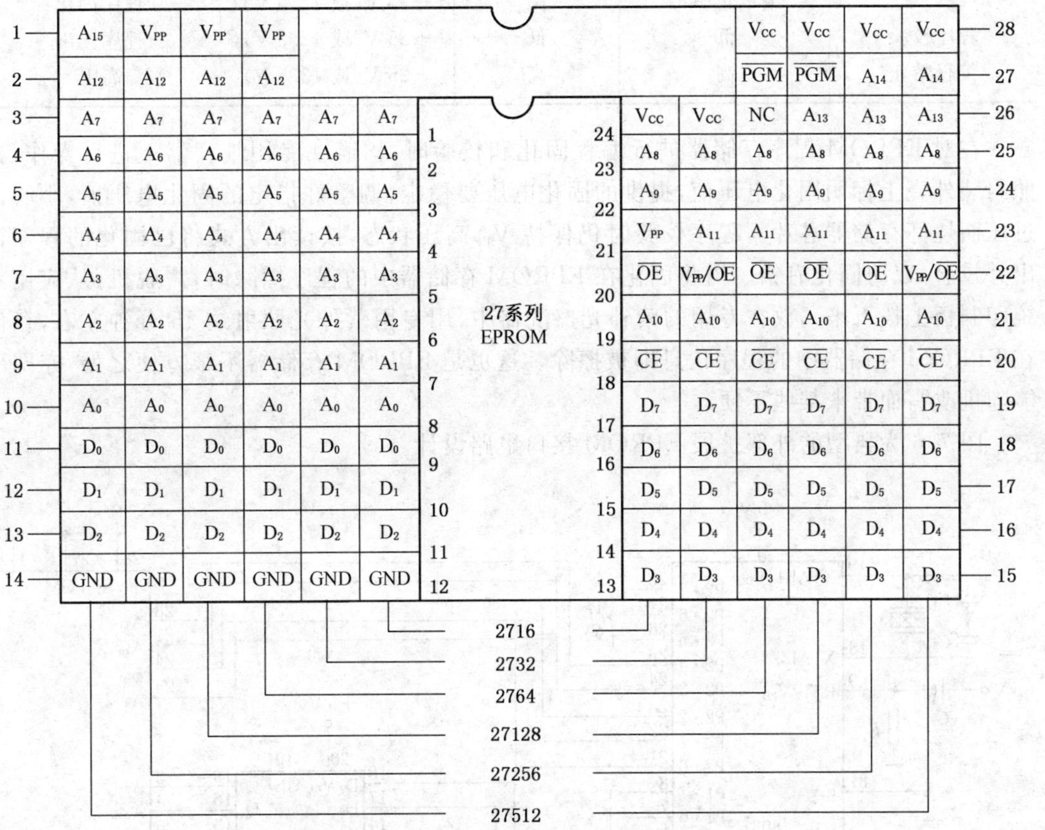

左半部分(引脚 1~14):

引脚	27512	27256	27128	2764	2732	2716
1	A_{15}	V_{PP}	V_{PP}	V_{PP}		
2	A_{12}	A_{12}	A_{12}	A_{12}		
3	A_7	A_7	A_7	A_7	A_7	A_7
4	A_6	A_6	A_6	A_6	A_6	A_6
5	A_5	A_5	A_5	A_5	A_5	A_5
6	A_4	A_4	A_4	A_4	A_4	A_4
7	A_3	A_3	A_3	A_3	A_3	A_3
8	A_2	A_2	A_2	A_2	A_2	A_2
9	A_1	A_1	A_1	A_1	A_1	A_1
10	A_0	A_0	A_0	A_0	A_0	A_0
11	D_0	D_0	D_0	D_0	D_0	D_0
12	D_1	D_1	D_1	D_1	D_1	D_1
13	D_2	D_2	D_2	D_2	D_2	D_2
14	GND	GND	GND	GND	GND	GND

中心:27系列 EPROM(24 引脚,左侧 1~12,右侧 24~13)

右半部分(引脚 28~15):

引脚	2716	2732	2764	27128	27256	27512
28	V_{cc}	V_{cc}	V_{cc}	V_{cc}		
27	$\overline{PGM}$	$\overline{PGM}$	A_{14}	A_{14}		
26	V_{cc}	V_{cc}	NC	A_{13}	A_{13}	A_{13}
25	A_8	A_8	A_8	A_8	A_8	A_8
24	A_9	A_9	A_9	A_9	A_9	A_9
23	V_{PP}	A_{11}	A_{11}	A_{11}	A_{11}	A_{11}
22	$\overline{OE}$	$V_{PP}/\overline{OE}$	$\overline{OE}$	$\overline{OE}$	$\overline{OE}$	$V_{PP}/\overline{OE}$
21	A_{10}	A_{10}	A_{10}	A_{10}	A_{10}	A_{10}
20	$\overline{CE}$	$\overline{CE}$	$\overline{CE}$	$\overline{CE}$	$\overline{CE}$	$\overline{CE}$
19	D_7	D_7	D_7	D_7	D_7	D_7
18	D_6	D_6	D_6	D_6	D_6	D_6
17	D_5	D_5	D_5	D_5	D_5	D_5
16	D_4	D_4	D_4	D_4	D_4	D_4
15	D_3	D_3	D_3	D_3	D_3	D_3

图 7.5 常用 27 系列 EPROM 芯片外特性

图中 2716、2732 为 24 引脚双列直插式封装,其余均为 28 引脚双列直插式封装。各引脚功能说明如下:

$A_0 \sim A_N$:地址线引脚、容量不同,地址线引脚数也不同。

$D_0 \sim D_7$:8 位数据(指令代码)线引脚。

$\overline{CE}$:片选信号输入端口引脚,低电平有效。

$\overline{OE}$:8 位数据(指令代码)输出允许控制线引脚,低电平有效。

$\overline{PGM}$:编程脉冲输入端口引脚。

V_{PP}:编程固化电压输入端口引脚,视芯片型号而定。

V_{cc}:工作电压输入端口引脚,+5 V 电压。

GND:接地端口引脚。

NC:未用引脚。

表 7.3 所示为常用 27 系列 EPROM 的工作状态。

表 7.3　常用 27 系列 EPROM 工作状态

引　脚 工作状态	$\overline{CE}/PGM$	$\overline{OE}$	V_{PP}	$D_0 \sim D_7$
读　出	低	低	+5 V	程序代码读出
未选中	高	×	+5 V	高阻
编　程	编程正脉冲	高	+25 V(或 12.5 V)	程序固化
程序校验	低	低	+25 V(或 12.5 V)	程序读出
编程禁止	高	高	+25 V(或 12.5 V)	高阻

在对 EPROM 程序存储器进行编程固化和校验时,均需在专用编程器上进行操作,按照封装外壳上标明固化电压值,提供的固化电压要稳定,调整好指定的固化电压值,小心因过压而烧坏存储器芯片。程序校验时仍保持 V_{PP} 高压状态,按读出方式将已固化的程序读出并校验,以防固化有错。需将固化在 EPROM 存储器中的程序擦除时,需脱机(从应用系统印制板上拨下来),放在专用的紫外光擦洗器中,用专用紫外光照射约 15 分钟左右,存储在 EPROM 存储器中的程序信息即被擦除。这也是 EPROM 存储器不很方便之处,亦即不能随机改写而带来某些不便。

图 7.6 为典型的外部扩展 EPROM 接口电路设计。

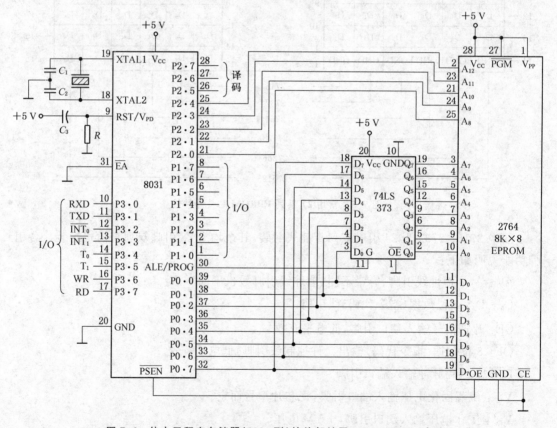

图 7.6　片内无程序存储器(8031 型)的外部扩展 2764 EPROM 电路

MCS-51 系列单片机根据程序存储器的设置分为两类:一是片内集成有一定容量的程序存储器,如不够用时,可进行外部扩展;另一类则是片内没有设置程序存储器,必须全部由外部进行扩展。

　　为便于举例,选用片内无程序存储器的 8031 型单片机为主机,外部扩展存储容量为8 K×8 的 2764 EPROM。为使设计简单易懂、突出重点,现暂不考虑其他功能元件扩展的综合设计,希望读者能举一反三,带着这个问题深入一步思考。

　　图中,因 8031 型单片机片内无程序存储器,因而$\overline{EA}$引脚直接接地,低电平有效,片选信号$\overline{CE}$引脚也直接接地,低电平有效,从而使 2764 程序存储器处于常开状态,其寻址地址为 0000H～1FFFH,属独立编址方式。当然,片选信号$\overline{CE}$也可与译码器输出线$\overline{Y_0}$相连接。如果与其他译码输出线相连,则不同的译码输出线,其对应的寻址空间也不同。这样连接,就归属于统一编址。

　　V_{CC}、$\overline{PGM}$、V_{PP}均接＋5 V 电源。P0 口的低 8 位地址与 74LS373 地址锁存器的 D_0～D_7 相连,在地址锁存允许信号 ALE 的下降沿选通,把由 P0 口输出的低 8 位地址打入锁存器。由于$\overline{OE}$(三态门控制输出信号)接地,低电平有效,锁存的低 8 位地址直通送 2764 程序存储器的低 8 位地址输入线(A_0～A_7),高 5 位地址直接由 P2 口的 P2·0～P2·4 与 2764 程序存储器的高 5 位 A_8～A_{12}相连并加载。这样保证了主机访问程序存储器,读取指令代码期间,提供稳定的 13 位地址信号。另外,P0 口除输出低 8 位地址码打入地址锁存器锁存后,另一路又与 2764 程序存储器的指令代码输出线 D_0～D_7 直接相连。从而完成主机通过 P0 口读取外部程序存储器 2764 的指令代码。这就是 P0 口地址/数据总线双功能分时复用的具体含义和操作过程。

　　主机 P2 口的最高 3 位地址线(P2·5～P2·7)一般用于 3—8 地址译码。当外部扩展不同容量的 EPROM 程序存储器时,除占不同数量的地址线和寻址空间外,其他电路设计基本相同,希望读者能举一反三地理解。

　　从上述以及电路设计图可见,采用外部三总线结构,为外部功能元件的扩展提供了极大的方便,简化了硬件电路设计。因此,当掌握了地址空间分配与外部三总线结构的基本概念和原理后,对外部功能元件的扩展就迎刃而解,不会再感到困难了。

　　2) 外部扩展 EEPROM 程序存储器

　　尽管 EPROM 程序存储器可以进行多次改写,比掩膜 ROM、OTP 程序存储器方便了很多,但进行改写时需脱机(脱离主机板),并需配备专用的编程器、高压电源等设备,才能进行擦除和固化,仍有诸多不便。对于某些重要的随机数据,如果存储在静态 RAM 数据存储器中,一旦电源电压波动或停电,均将危及所存储的数据信息。为此,不少应用系统采用掉电保护等措施,这将增加硬件电路设计的复杂性。近年来,随着集成技术的发展,先后推出了电可擦除、随机改写的 EEPROM、Flash 程序存储器,为此类应用提供了方便。

　　(1) 外部扩展 E^2PROM 程序存储器

　　电可擦可编程、随机改写只读程序存储器 E^2PROM,其主要特点是在停电情况下,存储的信息可长期保存,掉电时所存信息不会丢失,保持了原有只读存储器的特性,在应用系统正常运行工作状态(＋5 V 电源电压)下,可以在线(不停机、不脱机)随机地改写指令代码或重要数据信息。这样就可程序和数据合用同一个存储器器件(芯片),并为现场在线调试提供了方便。因此,在智能仪表、制控装置、分布式测控系统子站、开发装置等中得到广泛应用。

　　① E^2PROM 存储器的应用特性

　　• 对硬件电路没有特殊要求,操作简便。

　　• 选用＋5 V 电源电可擦、改写 E^2PROM,通常不需另设单独的擦除操作,可在写入操作过程中自动进行原信息擦除。但目前尚存在擦除时间较长的问题(约需 10 ms 左右),故需保证有足够的写入时间。有的 E^2PROM 器件(芯片)没有写入结束标志,可供主机查询或中断处理。

• EPROM 程序存储器大多采用并行总线进行信息传输,而 E^2PROM 存储器的信息传输有并行总线型,另有串行信息传输型,这类 E^2PROM 器件(芯片)具有体积小、成本低、电路设计简单、占用系统地址线和数据线少等优点,但其存在信息传输速率较低的问题。

• 将 E^2PROM 存储器作为程序存储器使用时,应按程序存储器的寻址方式进行编址和连接;如果用于数据存储器,可按数据存储器的寻址方式进行编址和连接;如果两者合用,则数据部分主要用于保存重要数据信息,可将这部分重要数据信息以固定数据形式存储于 E^2PROM 存储器中,主机以访问 E^2PROM 程序存储器中固定数据进行读取等等。

表 7.4 所示为 Intel 公司推出的 28 系列中的 2816、2817、2864 型 E^2PROM 典型产品的主要性能,其中 2816、2817 均为 $2K \times 8$ 位(即 2 KB),2864 为 $8K \times 8$ 位,而 A 型与非 A 型的区别仅在于 A 型产品设置了写入结束查询、控制信号引脚(端口),其余两者均相同。

表 7.4　Intel 28 系列 E^2PROM 部分产品主要性能

产品型号 技术参数	2816	2816A	2817	2817A	2864A
读取数据时间(ns)	250	200/250	250	200/250	250
读操作电压 V_{PP}(V)	5	5	5	5	5
写/擦操作电压 V_{PP}(V)	21	5	21	5	5
字节擦除时间(ms)	10	9~15	10	10	10
写入时间(ms)	10	9~15	10	10	10
封装	DIP 24	DIP 24	DIP 28	DIP 28	DIP 28

从表 7.4 所示可见,A 型产品只需+5 V 工作电源,而非 A 型产品需提供写入/擦除操作电源,其电压为 21 V,需单独提供,A 型产品的读取数据时间为 200~250 ns 之间,最长时间为 250 ns。另外功能上没有写入结束标志信号引脚,便于主机采样或中断处理。

以上参数供参考。

② E^2PROM 2817A 型外特性

Intel 2817A 型是一个存储容量为 2 K 字节的电可擦、可改写、可编程 E^2PROM 只读存储器,由单一+5 V 电源供电,最大工作电流约为 150 mA,维持电流为 55 mA,读取数据最大时间为 250 ns。由于片内设置有写入、擦除所需的高电压及写入脉冲产生电路,故无需外部另加改写/擦除高压电源以及写入脉冲,即可进行随机改写操作。2817A 型 E^2PROM 器件(芯片)为 28 条引脚双列直插式封装(DIP 28),其引脚排列如图 7.7 所示。

各引脚功能定义如下:

$A_0 \sim A_{10}$:共 11 位地址线,寻址 2 KB。

$IO_0 \sim IO_7$:共 8 位数据线。

$\overline{CE}$:片选信号线,低电平有效。

$\overline{OE}$:读出允许线,低电平有效。

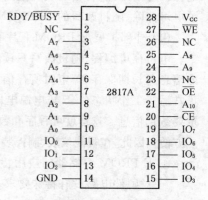

图 7.7　2817A 引脚排列图

$\overline{WE}$：写入允许线，低电平有效。

RDY/$\overline{BUSY}$：忙/闲状态指示线。

NC：悬空未用线。

V_{CC}：工作电源线，+5 V。

GND：接地线。

表 7.5 所示为 2817A E^2PROM 外特性

表 7.5　2817A E^2PROM 外特性

控制信号 工作方式	$\overline{CE}$ (20)	$\overline{OE}$ (22)	$\overline{WE}$ (27)	RDY/$\overline{BUSY}$ (1)	输入/输出 (11~13, 15~19)
读	0	0	1	高阻	数据从 2817A 读出
写	0	1	0	0	数据写入 2817A
维持	1	×	×	高阻	高阻
擦除	数据写入之前自动擦除				

　　Intel 2817A 应属程序/数据双用只读存储器。当用于程序存储器时，应按程序存储器寻址和编址的接口方式进行硬件电路设计；如果用作数据存储器使用时，其接口方式灵活选用，即可按数据存储器或可寻址器件设计接口和编址。

　　③ 外部扩展 2817A E^2PROM 的接口电路设计

　　Intel 2817A E^2PROM 采用 HMOS 工艺，提高了集成度，片内没有地址、数据锁存器和写操作定时电路，故无需外加硬件逻辑电路，即可与 MCS-51 系列单片机的外部总线直接相连接，大大简化了应用系统的硬件电路设计。

　　图 7.8 所示为 8051 型单片机外部扩展一片 2817A 存储器 E^2PROM 的硬件电路设计图。

　　从图 7.8 可见，8051 型单片机外部扩展一片 2817A E^2PROM 存储器的接口电路设计亦很简单，2817A 的 11 位地址线和 8 位数据线直接和外部地址总线和数据总线相连接，片选信号线（端口）$\overline{CE}$ 与 74LS138 译码器的 $\overline{Y_1}$ 输出口相连接，这就决定了 2817A 的寻址空间为 2000H~27FFH 的 2 KB。显然，这是一种与 64 KB 的数据存储器寻址空间统一编址的接口方式。主机访问外部程序存储器的读指令码的 $\overline{PSEN}$ 与读外部数据存储器的读数据 $\overline{RD}$，两者通过"与逻辑门"与 2817A 的读出允许 $\overline{OE}$ 相连接，这一逻辑电路设计表明 2817A E^2PROM 存储器既可作外部程序存储器存储程序（指令代码），又可用于外部数据存储器存储重要数据信息，在两者写信号 $\overline{WR}$ 与 $\overline{WE}$ 直接相连的情况下，可进行随机读/写操作。这样就保证了在+5 V 电源电压波动、干扰或停电，均不会造成重要数据受破坏或丢失。由于 2817A 的片选信号线 $\overline{CE}$ 与 3—8 译码输出 $\overline{Y_1}$ 相连接，因此主机片内可设有 8 KB 的程序存储器，相当于外部扩展了 2 KB 的 2817A 存储器，而且两者地址编址延续相连，片内程序存储器的地址空间为 0000H~1FFFH，片外 2817A 的地址空间为 2000H~27FFH。在本例中，主机可对 2817A 中存储的数据信息随机读/写，但需选用 MOVX 类指令进行读/写操作。2817A 中的程序区与数据区应划分开，而且数据区应划分在高地址一端。

　　从上述举例中可见，外部扩展 2817A 类型的存储器，其编址与接口方式较为灵活，在本例中，2817A E^2PROM 既是程序存储器，又可以是数据存储器，可灵活划分与使用。不同的编址

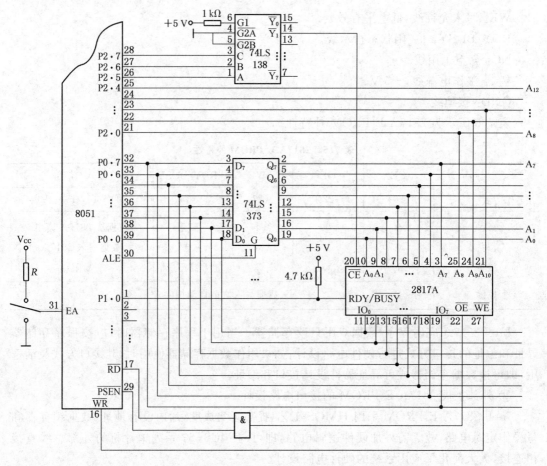

图 7.8　8051 型单片机外部扩展一片 2817A E² PROM 接口电路

与接口方式,其对应的寻址空间和功能也不一样,希望能加深理解,举一反三,熟练灵活地应用。

在进行写操作时,在写入一个字节的指令代码或者数据信息之前,它会自动将要写入的字节单元进行电擦除。由于在写入前要对即将写入的字节单元中原存信息进行电擦除,然后再进行写入操作,因此信息写入的操作时间较长,属 ms 级。而 2817A 的读操作则与 EPROM 或 SRAM 相同。

当主机向 2817A E² PROM 发出写入命令后,2817A 便锁存写入字节单元的地址、需写入的数据信息或指令代码和控制信号,从而启动一次字节单元的写入操作。2817A 进行一次字节单元写操作的时间均为 10ms,在写入期间,2817A 的 RDY/$\overline{\text{BUSY}}$信号端口呈低电平(忙)状态,表示它正在忙于进行写操作,此时的数据线(IO₀~IO₇)呈高阻状态,在此期间,主机可进行其他任务的处理。一旦一次字节写入操作完成,立即将 RDY/$\overline{\text{BUSY}}$信号端口(引脚)变成高电平(闲)状态,以此信息告之主机,可对 2817A 进行下一个字节数据的写入或者读出操作了。在本例中,将 RDY/$\overline{\text{BUSY}}$引脚与主机的 P1·0 I/O 端口直接相连接,供主机采样,以实现程控 2817A 的读/写操作。为了减少主机的软件开销,也可采用中断方法对 2817A 的写入操作进行监控,即将 RDY/$\overline{\text{BUSY}}$端口(引脚)通过反相逻辑门与主机的外部中断请求$\overline{\text{INT}}_x$引脚(端口)相连接(x=0 或 1)。这样,每当 2817A 完成一次字节写入操作,便向主机提出中断请求,一旦已完成所需的写入操作,由软件关闭该中断。

Intel 2864A 是存储容量为 8 KB 的 E^2PROM 存储器,其余特性与封装均与 2817A 相同。近期还不断推出 28F256,容量为 32 KB,外部封装与 27C256 兼容;28F512,容量为 64 KB,引脚与 27C512 兼容;28F010,容量为 128 KB,引脚与 27C010 兼容……这里就不一一详述。

3) Flash 程序存储器简介

Flash 存储器,又称闪速存储器或 PEROM(Programmable Erasable ROM),它是在 EPROM 工艺的基础上增加了整体电可擦除和重复编程、改写功能,使之成为性能/价格比高、可靠性高、快速擦写、非易失性的 E^2PROM 存储器,因其快速改写,故常称之为 Flash 存储器。其主要性能具有以下诸多特点:

(1) 芯片具有整体高速擦除。Flash 为电可擦除,在同一系统或同一编程器的插座上即可完成擦除操作。

(2) 高速编程。采用快速脉冲编程算法,例如 28F256A 芯片,容量为 32 KB,全部编程完只需 0.5 s(秒)。

(3) 可重复擦写/编程约一万次。

(4) 高速存储器访问,最大读取时间不超过 150 ns。

(5) 大多 Flash 芯片内部集成有 DC/DC 变换器,使读出、擦除和编程使用单一电源(根据不同型号,有单一+5 V 或+3 V 低电压),从而使在系统编程成为可能。

(6) 低功耗、低价格,集成度高、可靠性高,优于普通 E^2PROM。

由于以上诸多优点,Flash 将逐步取代 E^2PROM,美国 ATMEL 公司首先推出在片内集成 Flash 程序存储器的单片机系列。近年来,Flash 的应用日益广泛。

① Flash 存储器的内部结构简介

一般 Flash 芯片内部设有厂商和产品型号编码(ID 码,Identification),其擦除和编程都是通过对内部寄存器写命令字进行读取和识别,以确定编程算法。不同的厂商产品,命令字也不同,内部命令字寄存器的地址不同,存放 ID 码的地址也不相同。用户可以从网上对厂家进行查询。

图 7.9 所示为 ATMEL 公司推出的 Flash 存储器结构框图,它内部由总线接口逻辑、地址译码器、数据缓冲器、存储阵列(存储单元电路)等组合而成。对它的编程是先将数据(指令码)送入缓冲器,由内部产生编程脉冲 T_W,再固化进存储阵列,固化时需延时 T_W 的时间,不同产品的 T_W 时间是不同的。

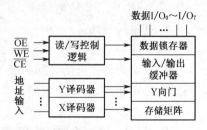

图 7.9　Flash 内部结构逻辑图

对 Flash 的编程(写入)多数产品是按扇区进行的,写入一个扇区所需的时间为 T_W,T_W 的具体数字(时间)可以从产品有关资料中查获。对 Flash 的编程写入方法简述如下:写查被使用产品 ID 码的命令字→从指定单元读取 ID 码→发编程命令字→设置扇区地址→设扇区内字节地址→写一个字节数据(指令码),一个字节一个字节地逐个写入(选用 MOVX 类指令),直到一个扇区内所有字节单元都写完→延时 T_W→再写下一个扇区。如已获知 T_W,则其中读 ID 码可省略。

对 Flash 存储内容的擦除方法是对指定的地址写入 3 个以上的命令字就可完成整片的擦除。

在硬件电路的正确设计与连接下,执行上述软件就会产生 Flash 存储器的擦除与编程所需的时序信号,完成擦除和编程操作。

很多编程器生产厂家,针对不同厂商生产的各种 Flash 产品进行综合,从而可以完成不同型号的 Flash 编程。

② 外部扩展 Flash 存储器简介

Flash 存储器是在 E^2PROM 的基础上作了改进,外部封装基本兼容,所以 MCS-51 系列单片机外部扩展 Flash 存储器接口电路的设计基本相同。

外部扩展的 Flash 存储器同 E^2PROM 一样,既可以存储重要而基本固定的,或者需周期性修改的数据信息,又可以是存储程序指令的程序存储器,由于它的扇区写入特点,可以以扇区进行划分。

现列举 ATMEL 公司生产的 CMOS Flash AT29C256 型存储器,其存储容量为 32 K×8,其性能特点简介如下。

- 存储的信息可长期保存,电可擦除,可任意次擦除、编程或改写。
- 读出数据信息(指令代码)时间约为 70 ns,芯片电擦除时间约 10 ms,写入时间约为 10 ms/页(一页容量为 64 Byte)。
- 单一＋5 V 电源供电。
- 重复擦除、编程或改写次数约＞1 万次。
- 低功耗,工作电流 50 mA,待机状态电流约 300 μA。

图 7.10 所示为 AT29C256 Flash 的引脚图。

AT29C256 型 Flash 是 28 条引脚双列直插式封装。各引脚功能定义如下:

$A_0 \sim A_{14}$:15 位地址线。

$I/O_0 \sim I/O_7$:8 位数据 I/O 线。

$\overline{CE}$:片选信号线,低电平有效。

$\overline{OE}$:读出允许线,低电平有效。

$\overline{WE}$:写入允许线,低电平有效。

V_{CC}:单一 ＋5 V 电源线。

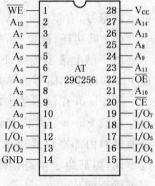

图 7.10　AT29C256 Flash 外部引脚图

GND:接地线。

从上述可见,AT29 系列 Flash 与 Intel 28 系列 E^2PROM 两者外特性基本相同,对于 MCS-51 系列单片机的外部扩展 Flash(AT29 系列)或 E^2PROM(Intel 28 系列),其接口电路设计基本相同,故而这里就不重述了,详细的接口电路设计也从略。

7.2.2　外部数据存储器的扩展与电路设计

MCS-51 系列单片机片内均集成有一定容量(128 B、256 B、1 KB……)的随机存取数据存储器 RAM。一般对于数据处理量不大的应用系统可以够用,不必进行外部扩展。当数据处理量较大而不够用时,则可进行外部扩展。由于 MCS-51 系列单片机的系统结构所限定,外部可扩展的数据存储器,并包含需寻址的功能元件(芯片)在内,统一编址在 64 KB 寻址空间范围内,这 64 KB 寻址空间是外部独立的,不包含片内 RAM 容量。

目前,随机存取(读/写)数据存储器 RAM,主要有静态 RAM(SRAM)和动态 RAM(DRAM)。当前在单片机嵌入式应用系统中,大多选用静态 RAM 作为外部扩展的数据存储器(SRAM)。因此,在本节主要论述 MCS-51 系列单片机外部扩展静态数据存储器(SRAM)相关的理论技术与电路设计。

1) 常用静态 RAM(SRAM)简介

在 MCS-51 系列单片机应用系统中,常用的静态 RAM(SRAM),早期选用的有 6116
型(2 K×8)、6232 型(4 K×8)。近年来一般选用 6264 型(8 K×8)、62128 型(32 K×8)等等。早期产品 6116、6232 型芯片已基本停产,不再选用。为此,这里主要论述常用的几种静态 RAM(SRAM)芯片。图 7.11 所示为常用 SRAM 双列直插式封装的引脚排列及其外特性。

这类 62 系列 SRAM 都为 28 引脚双列直插式封装,各引脚功能定义如下:

$A_0 \sim A_N$:地址线。N 随存储容量的不同而不同。

$D_0 \sim D_7$:8 位数据线。

$\overline{WE}$:写通信号线,低电平有效。

$\overline{OE}$:读选通信号线,低电平有效。

$\overline{CE_1}$:片选信号 1,低电平有效。

CE_2:片选信号 2,高电平有效。

NC:未用,可悬空或接地。

V_{CC}:+5 V 电源。

GND:接地线。

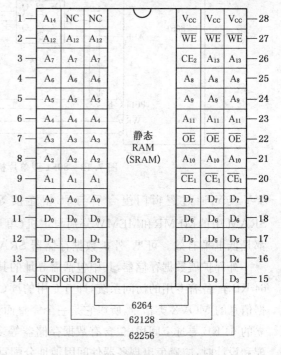

图 7.11　常用 SRAM 引脚排列

表 7.6　常用 SRAM 外特性表

控制信号 工作方式	$\overline{CE_1}$	CE_2	$\overline{WE}$	$\overline{OE}$	$D_0 \sim D_7$ 数据信号线
写操作	0	1	0	1	将 $D_0 \sim D_7$ 上的数据写入对应单元
读操作	0	1	1	0	将对应单元的数据经 $D_0 \sim D_7$ 读取
未选中	1 (×)	× (0)	×	×	$D_0 \sim D_7$ 数据线呈高阻态

注:6264 有 2 位片选信号:$\overline{CE_1}$ 低电平有效,CE_2 高电平有效。

0—低电平;1—高电平;×—任意电平。

2) 外部扩展数据存储器 SRAM 逻辑框图及时序图

MCS-51 系列单片机具有单独的外部扩展 64 KB 寻址空间的数据存储器以及其他需寻址的功能元件,需统一编址。图 7.12 所示为 8051 型单片机外部扩展 SRAM 的逻辑框图。

从图可见,与外扩 EPROM 程序存储器一样,只需将数据存储器 SRAM 的地址线、数据线分别与对应的地址、数据外部总线相连接。这里同样采用 74LS138 3-8 地址译码,SRAM 的 $\overline{CS}$ 片选信号线与 3-8 译码器输出端口相连接。图中"…"表示其连接应视具体情况而定。例如,SRAM 选用 6264(8 K×8),则应与 $\overline{Y_0}$ 相连,如选用 62128(16 K×8),则就需

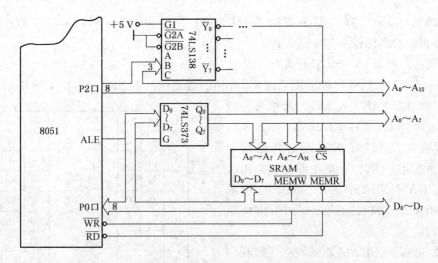

图 7.12　8051 型单片机外扩 SRAM 逻辑框图

要 $\overline{Y_0}$ 与 $\overline{Y_1}$ 通过逻辑门组合后与 $\overline{CS}$ 相连接等等。地址线中的 A_N 亦视存储容量而定。SRAM 中的 $\overline{MEMR}$ 和 $\overline{MEMW}$ 分别与主机(单片机)的 $\overline{RD}$(读)/ $\overline{WR}$(写)信号线直接相连接,都是低电平有效。可见,外扩数据存储器 SRAM 其逻辑结构同样很简单。

外部扩展数据存储器,其中包括需寻址的其他各种功能元件(芯片)在内,总的寻址空间为 64 KB,配备有专用的访问系统,即有专用的读($\overline{RD}$)/写($\overline{WR}$)选通信号,有专用于访问外部数据信息的 MOVX 类指令,所以它是一个完整而独立的外部扩展存储和访问系统。因为在这独立的 64 KB 寻址空间里,包含有数据存储器等多种寻址功能元件。因此,在进行编址、地址分配和设计时,应避免出现各器件间因地址分配重叠而产生读/写数据冲突的错误。

图 7.13 所示为主机(单片机)访问外部数据存储器或寻址元件,执行 MOVX 类指令的时序示意图。

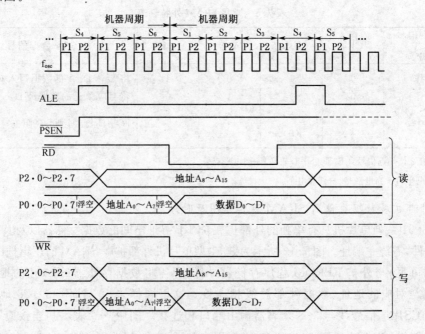

图 7.13　执行 MOVX 类指令操作时序示意图

上图所示为主机(单片机)执行 MOVX 类指令中进行读/写操作部分的时序,即前一个机器周期的后半个周期的 S_4、S_5、S_6 三个状态和后一个机器周期的前半个周期的 S_1、S_2、S_3 三个状态完成读/写操作。所以,执行一条完整的 MOVX 类指令,需占用两个机器周期。即前一个机器周期的 S_1、S_2、S_3 状态完成读取 MOVX 类指令的指令代码(访问程序存储器),S_4、S_5、S_6 三个状态将访问外部数据存储器寻址地址输出到外部地址总线上,在后一个机器周期的 S_1、S_2、S_3 三状态完成对外部存储单元进行读/写数据操作。在此期间,访问外部程序存储器的选通信号 $\overline{PSEN}$ 呈高电平无效状态。

上述时序图分两部分:读操作时序和写操作时序,为方便起见,将两部分合并在一个时序图上表示。

3) 外部扩展数据存储器 SRAM 接口电路设计

目前在单片机嵌入式应用系统中,普遍选用静态随机存取数据存储器 SRAM 进行外部扩展。现以常用的 6264(8 K×8)SRAM 作为典型的外部扩展接口电路设计举例,以达到举一反三之目的。

图 7.14 所示为外部扩展 6264 SRAM 接口电路设计。

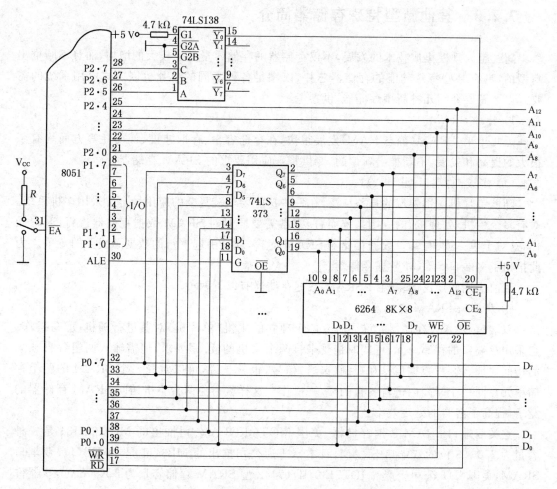

图 7.14 外部扩展 SRAM 6264 接口电路图

6264 为 SRAM,存储容量为 8 K×8,需 13 位地址线 $A_0 \sim A_{12}$,直接与主机的外部地址

总线 $A_0 \sim A_{12}$ 对应相连接，它设有两位片选信号 $\overline{CE_1}$ 和 CE_2，这里 CE_2 通过一个 $4.7\ k\Omega$ 电阻器与 V_{CC}（＋5 V 电源）相连，另一片选信号 $\overline{CE_1}$ 则与译码器输出端 $\overline{Y_0}$ 相连。这样，6264 SRAM 由 $\overline{Y_0}$ 译码选通。它所占地址空间为 0000H～1FFFH 共 8 KB。接法不同，其对应的寻址空间也不相同。同样，$\overline{EA}$ 引脚的设置应视主机（单片机）的机型，即片内是否设置有程序存储器而定。6264 的 $\overline{OE}$（读）和 $\overline{WE}$（写）分别与主机（单片机）的 $\overline{RD}$（读）和 $\overline{WR}$（写）选通信号线对应直接相连，以实现读/写操作。由于所有外部扩展的 SRAM 以及其寻址元件（芯片），都是通过主机的 $\overline{RD}/\overline{WR}$ 进行读/写操作，所以每一个器件以及存储数据单元的地址（编址）必须是唯一的，否则就可能出现读/写数据发生冲突。这也是应用系统硬件电路设计的难点之一，必须引起足够重视。

为了叙述方便，并突出重点，在举例中只考虑了一块 6264 SRAM 的硬件电路设计。在实际的应用系统外部功能元件（芯片）的扩展时，应综合考虑设计方案。只要能深刻理解外部三总线的结构特点，以及各地址分配的基本原理和技术方法，复杂的接口电路设计也会迎刃而解，不会感到困难了。

7.2.3 其他新型特殊存储器简介

随着超大规模集成技术的发展，不仅存储器的存储容量有了较大的增加，而且不断推出新型的，具有某些特殊功能的存储器芯片，以满足各种不同的单片机嵌入式应用系统的需要。以下简要介绍几种新型存储器，供参考。

1）特种 SRAM

近几年来，SRAM（静态 RAM）发展很快，在存储容量、存取速度、低功耗等方面均有了很大的提高和发展，不断推出新型的、专供特殊应用要求的 SRAM 存储器。

（1）多读/写端口型 SRAM。

随着单片机应用领域的日益广泛，在一些功能要求较复杂的应用场合常采用多机系统。对有多个主机（处理机）的应用系统而言，常常需要同时对 SRAM 数据存储器进行读/写操作，这对于单一读/写端口数据存储器 SRAM 而言，就会引起严重的数据总线上的竞争。为此推出了多端口 SRAM 数据存储器。

目前应用较广泛的多端口 SRAM 数据存储器有以下两种。

① 双端口 SRAM 存储器

双端口 SRAM 存储器允许同时有两个独立的主机（单片机）对其进行随机读/写操作。它采用双端口的存储单元，可同时接受来自两个主机的读/写要求，但需输入两组各自独立的访问地址、读/写数据信息和控制（选通）信号，也就是说，可以对同一个 SRAM 的两个存储单元在同一个时间内进行各自的读/写操作。这样就避免两台主机访问 SRAM 存储器的竞争，提高了各自的处理效率。

这类双端口 SRAM 数据存储器，美国 MOTOROLA 公司推出的 MCM68H34 是一种容量为 256×8 位的双端口 SRAM，日本富士通公司推出的 MB8411 是 64 KB（位）双端口 SRAM，美国 IDT 公司生产的 IDT7132/IDT7142 型 SRAM 存储容量为 $2\ K \times 8$ 位，该器件在左、右两边各设置有独立的地址、控制（选通）和 I/O（输入/输出）数据端口，可分别从两侧对各自的存储器内任一地址单元进行同步读/写操作。读/写时间最快可达 20 ns，并设有协调端口电路，在左、右两侧端口出现同一地址时，可避免存取冲突。

② 四端口 SRAM 存储器

RISC CPU 的时钟频率可以高达 500 MHz，甚至更高，这远远超出了双端口 SRAM 所能达到的读/写速度。而采用最新的 QDR SRAM 结构的存储器子系统可以提高系统性能，它的数据频率可达 200 MHz。在 QDR SRAM 存储器中用于读/写操作的输入/输出端口是互相独立的，尽管这些端口共享地址线，但输入/输出端口都有各自独立的差分时钟。数据可以采用 DDR 协议在输入/输出端口上进行传输。这就意味着在每个时钟周期都可以有 4 组数据被传输，即两组输入、两组输出。

有关四端口 SRAM 存储器的详细内容这里就不详述了。

(2) 先进先出(FIFO)型 SRAM 存储器

所谓先进先出，即先被写进(入)的数据先被读出的存储器，称为先进先出(FIFO)型存储器。移位寄存器，尽管它的操作过程也是先进先出型的，但它不属于 FIFO(先进先出)的概念，因为它每次写入一个数据就必须读出一个数据，亦即它的写入和读出不是先进先出FIFO 方式的。FIFO SRAM 通常为双端口的数据存储器，其中一个端口用于数据的写入，另一个端口则用于数据的读出，从而可以同时对存储器的存储单元进行写入和读出操作。FIFO 结构确定了存储和读出数据的操作方法：需写入的数据被存储在高速缓冲寄存器中，一次一组；写入后的数据又按写入的顺序依次读出。普通 SRAM 的读/写操作是无此顺序规律的，是随机的。采用 FIFO 结构的 SRAM 存储器可以同时执行写入操作和读出操作。因此，它的数据传输吞吐率是普通 SRAM 型存储器的两倍。

在先进先出(FIFO)型存储器 SRAM 结构中，如果移入和移出(写入和读出)是由两个不同的时钟信号进行控制的，则称之为异步操作模式；如果由同一个时钟信号进行控制，则称之为同步操作模式。

FIFO 型 SRAM 不需要由地址寻址来进行数据的存与取(写或读)，这和普通 SRAM 或 EPROM 等存储器是不同的，另一个不同点在于先进先出 FIFO 型 SRAM 和普通存储器保存数据的特性不同：普通 SRAM 存储器在存储单元中写入数据后，一般不会改变，除非写入新的数据，而且一次次从该单元读出数据后仍不会改变或擦除原存数据内容，而对于先进先出 FIFO 型存储器来说，则不一定，它可以是空的(没有数据)，也可以是有部分数据或者全部有数据，它必须要有专用的信号线(或标志信号)来指明存储单元中的内容状态。

目前 FIFO 型存储器采用 SRAM 存储单元，它是基于两个指针的环形 FIFO 结构，需要写入的数据的存储单元地址存放在写指针中，而要被读出的第一个数据的存储单元地址存放在读指针中。复位后，两个指针都指向存储器的同一个存储单元，每次写操作后，写指针指向下一个存储单元，同样，数据的读出操作后会使读指针向下一个要读取数据的存储单元。这样，读指针就不断地跟随着写指针。当读指针跟上写指针后，即两个指针同指一个存储单元地址，则该单元内容为空；如果写指针跟上读指针，则存储器中的内容为满载。

目前市场上提供的 FIFO SRAM 存储器有多种容量深度、字宽和速度，有的还具有其他特征。选用 FIFO SRAM 存储器的主要准则为：

① 它的容量深度必须和数据的输入/输出频率相匹配；

② 字宽(即字长)；

③ 数据的通路和方向。一般把数据的流向分为单向和双向两种。其他的数据的传输机制这里就不一一详述了。

目前 FIFO SRAM 的典型产品有：IDT 7200 型，容量为 256×9 位；IDT 7201 型，容量

为 512×9 位；IDT 7202 型，容量为 1K×9 位等等。这些产品的读/写时间为 15 ns。

(3) NOVRAM

NOVRAM 的全称为不挥发型随机存取存储器。典型产品的形式为背负锂电池保护存储信息的 SRAM。它实际是属于厚膜集成芯片，它将微型电池、电源检测、切换开关和 SRAM 存储器集成于一体，外部封装和外特性与 JEDEC 相兼容，器件(芯片)厚度较普通 SRAM 略厚些。由于采用 CMOS 工艺，存储在存储器内的数据保存期可达 10 年之久。它的读/写时序也与 SRAM 兼容。所不同的是 NOVRAM 在上电、掉电时存储的数据保护要求有独特的时序。

NOVRAM 主要用于具有掉电保护的随机存取数据信息。与 EPROM 存储器相比，它写入数据的速度快、方便，能随机读/写，但运行期间被保存的数据信息的可靠性远不及 EPROM。故而 NOVRAM 存储器适宜存储重要的，又需快速读/写的数据信息，而不宜存储固定的、需长期运行的程序代码。

在实际应用中，常采用 SRAM 加上后备电池进行数据信息保护。对于 CMOS 工艺的 SRAM，采用后备电池而使之处于数据保护状态时，其电能消耗仅几微安电流。

2) 加密型 EPROM 只读存储器

为了防止固化在程序存储器中的应用程序不被非法读出或复制。MCS-51 系列单片机片内设置有程序存储器的机型，对片内程序存储器设置有加密位，在进行应用程序固化时，通过对加密位的设置，可以实施对固化的程序进行加密保护。而对于片内无程序存储器的机型，例如 8031、8032 等单片机，全部程序必须全部固化在外部扩展的程序存储器中，一般常用的程序存储器芯片(EPROM)均无加密功能，因而固化的程序就无法加密保护。为了满足市场竞争的需要，近期推出的 KEPROM 程序存储器，在进行程序固化时可以实施固化程序加密。一旦经加密而固化的程序，就不可能以非正常运行的操作方式读出或复制。KEPROM 只读存储器的加密关键字有 2^{64} 种组合方式，因而一般很难进行解密。典型的 KEPROM 只读存储器的集成芯片为 27916，存储容量为 16 K×8 位，读出时间为 250 ns，单一 +5 V 电源供电。

随着集成技术的发展，今后还会不断推出新的特色存储器，以极大地满足各种应用领域的需要，敬请多加关注。

7.3 并行 I/O 接口的扩展

MCS-51 系列单片机虽然配置有富足的 4 组共 32 位(线)并行 I/O 端口，但一旦应用系统需要外部存储器以及其他功能元件后，原有的 P0 口和 P2 口就变成了专用的地址/数据总线，P3 口就成为了变异功能的专用选通、控制信号总线，这就仅剩下 P1 口仍保留为 I/O 端口。由于 P1 口具有很强的位操作功能，因而在实际的测控应用系统中就专用于位测、控场合。这样就没有了并行 I/O 口，在实际应用中，并行 I/O 口往往又是不可或缺的，这就必须采取外部扩展的办法来满足应用系统对并行 I/O 口实施并行信息传输的需要。

Intel 公司为 MCS-51 系列单片机外部扩展而配套的各类元件品种齐全、功能强，而且进行外部扩展的逻辑电路简单、方便。这也正是 MCS-51 系列单片机应用广泛、深受广大用户欢迎的原因之一。

7.3.1 外部扩展并行 I/O 口的相关要求

在单片机的嵌入式应用系统中,主要有两种类型的数据信息流进行传输和操作:一类是主机与存储器之间的数据信息流的传输;另一类则是主机与其他功能元件(芯片)之间的数据信息流的传输,其中包括其他外围器件、设备之间的数据信息流。而后者主要是通过 I/O口进行传输。

对于与 MCS-51 系列单片机相配套的外部扩展功能元件,与单片机之间一般具有兼容的接口电路结构和信号形式,两者能相互兼容直接配接。因此,这类元件(芯片)与单片机之间一般采用同步、定时工作方式,两者之间只需在时序、速度关系上能互相满足就可以正常工作,而且两者之间的接口十分简单。直接挂在外部三总线上即可。应该说这部分外扩的元件属于单片机本身功能的延伸,所以通常称之为外部功能扩展,属于单片机功能的同一层次。

另一类则是非单片机配套元件,诸如测控对象,或者外围设备等。其接口形式和信息流的传输就比较复杂。因为它们与单片机之间,在结构与功能等方面,没有直接的连接关系,一般需通过相关的接口器件,使两者之间达到协调,特别是通过外部扩展的 I/O 接口,以实现两者信息流的传输。对于这一类功能元件和设备等进行外部配置,存在较大的复杂性。

1)主要技术、性能差异较大

这类非配套的功能元件和外围设备等,品种繁多,其技术、性能差异较大,其复杂性主要有以下几个方面。

(1)信息流的传输速度差异大

这类器件有些属慢速设备,诸如电子开关、继电器、各类传感器、机械类设备等。信息传输速度很慢,每秒钟都传输不了一个数据信息;而高速采样检测等设备,每秒钟可传输成千上万或上亿个数据信息。面对这类信息传输速度差异甚大的各类外围器件、设备,单片机无法以一个固定的时序与它们按同步方式协调工作。这就需要配置相应的转换器件和接口电路,以实现主机与这类器件、设备之间信息流传输速度的匹配。

(2)品种繁多而规格不一

随着科学、社会急速发展与需要,单片机的应用领域不断扩大,所需配置的各类外围器件、设备也随之越来越多,相互之间的性能差异也越来越大,并且还涉及相关领域的专业知识和技术要求,这就使这类单片机应用系统的复杂性增强,给其设计带来较大的难度与困难。所以单片机的实际应用并不简单。

(3)数据格式、传输类型、测控信号要求多种多样

单片机应用系统所面对的数据格式、测控信号类型也是多种多样的,如十进制数、BCD码、ASCII 码、电压信号、电流信号,数字信息、模拟信息,强信号、弱信号、微弱信号等等。

由于上述诸多差异,使得单片机嵌入式应用系统的外围元件和设备等的扩展与配置,以及接口电路的设计就变得相当的复杂,仅靠单片机所提供的 I/O 端口是难以满足要求的,必须通过相应的转换器件和接口电路,才能使两者之间实现协调工作。不同的应用系统,所需的外部扩展与配置也各不相同,各类应用系统可谓千姿百态,所涉及的面极广,这也给单片机嵌入式应用系统的设计带来了相应的难度,涉及多方面的技术与知识。

综合以上所述,从单片机嵌入式应用系统整体硬件组成结构的层次分析,大致可分为以

下三层:作为应用系统核心的单片机,它是整个应用系统的首脑部分,指挥一切的中心,为最内层(第一层次);因应用系统对单片机功能的不同需要,需进行外部功能元件的扩展,是因片内功能不足而进行外部扩展与延伸,结构上与单片机紧密相连,并直接受主机的指挥与控制,这类功能元件(芯片),属第二层次;与第二层次接口电路相连接的外围设备,包括系统的测控对象,以及各种功能元件等,属第三层次,称为应用系统的外围部分。这部分的配置完全随不同的应用场合、目的和需要而定,与单片机功能没有直接的关系,所涉及的面极广。因此,本来仅限于单片机与功能延伸的外部功能元件(芯片)扩展的基本原理与设计方法,通过具体用例进行阐述。有关外围(第三层次)部分的内容,与各应用专业有关,本章就不作论述了。

2) 外部扩展的相关技术

进行外部功能扩展,由于不同功能的元件(芯片),所涉及的相关技术也不同,不同的功能或性能要求,所采取的设计方法与技术措施也不尽相同。应视应用系统的具体要求而定。

接口(Interace)的含义是指具有界面、实现相互连接等。在计算机中的接口是指计算机与外部设备之间架设的桥梁,以实现两者之间的连接和数据信息流相互传输的联系和通道,并实现两者之间信息等的匹配。因为上述作用是通过具体器件或电路来实现的,因而称之为接口器件或电路。一般在接口电路中主要包含有数据寄存器,用以寄存输入/输出的相关数据信息;状态寄存器用以寄存外界或内部的状态信息,提供相应状态的查询;命令寄存器则用来保存来自计算机或者外部设备等相关的控制命令信息等。上述诸信息为计算机的运行和操作提供了方便。此外,有些接口电路或器件(芯片)还包含有相关的锁存器、三态缓冲器、中断请求等功能设置。

随着超大规模集成技术的发展,把多种所需功能器件或电路集成在一块芯片上进行封装,而且大多已将多种功能与相应的接口电路集成在一起,组合成可编程的、多种功能的、或者功能单一但强而多的器件(芯片),把必须与外部联系的信息通道,通过外部封装口(引脚)引出。例如,进行输入/输出的称为 I/O 口、专用的选通口、控制口、电源口等等。这些口统称为端口,通过这些端口与外部实现各信息通道的连接。

另有一些专用的 I/O 接口器件,它可提供多组(或个)端口,从而可以扩大多个外部器件(芯片)的连接与配置。

一台单片计算机,本身所具备的功能总是有限的,很多应用场合均需进行外部功能扩展,通过接口电路或器件,组合成整体的应用系统,这是它的主要功能和作用。

3) 信息线的隔离技术

在单片机与外部扩展的各类功能元件(芯片)之间进行信息传输的操作过程中,为了能确保信息传输稳定、正确、可靠,防止干扰信号的窜入,需要解决好信息线之间的隔离问题。

从总线的角度考虑,总线上一般均连接有多个信息源(信息传输)的元件(芯片)或相关设备,进行各种信息的传输,但在任何同一时刻,只能和一个源之间进行唯一的信息传输,这就要求其他与此次操作无关的信息源在电器性能上进行隔离。

如何能使两者之间需要进行信息传输的时候,能及时地畅通无阻,而在不需要的时候使两者传输隔离,这就需要采取行之有效的相关隔离技术。

目前相关的隔离器、部件已很多,主要有电、磁隔离器,诸如变压器、继电器之类;光、电隔离类,诸如光电耦合器之类等等。

4) 信息传输中的切换与缓冲

在单片机嵌入式应用系统中。主机(单片机)与外部扩展的各种功能元件(芯片)之间进行信息传输过程中,存在有各种不同的差异。例如,MCS-51 系列单片机的 P0 端口,在进行外部功能扩展时,它改变成为低 8 位地址和 8 位字长数据多功能的地址/数据分时复用总线,必须进行适时的信息切换;再如,主机(单片机)与外部扩展的元件(芯片)之间信息传输的速度不一定匹配(兼容),有的相差甚远,必须进行信息缓冲,以满足各自要求。常用锁存器实施信息的切换,采用缓冲寄存器等进行信息传输速度的调节。

为了能协调相互间信息的传输,很多功能元件(芯片)已经把相关的技术措施(电路)融入其中,即器件内集有所需的锁存器、三态门、缓冲寄存器等于一体。

锁存器实际是一个触发器,由触发端 G 控制闩锁,输入信息经锁存后,输入端口上的输入信息即可撤离,由锁存器接替原信息的输出,直到锁存器更换(即锁入)新的信息为止,实现了信息载体的切换。

三态门是一个具有三种状态的门电路,所谓三态,意指输出呈三种状态:高电平、低电平、高阻三种状态。其中的高、低电平为信息输出的驱动(传输)状态,呈高阻状态时,即为信息隔离状态(也称浮动状态)。三态门的输出与否,是可以控制的。图 7.15 为三态门缓冲器的逻辑符号。

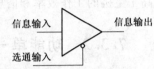

图 7.15　三态门逻辑符号

选通输入低电平(O)有效,即当选通输入为低电平时,三态门被激活,将输入三态门缓冲器中的信息输出。选通输入为高电平时,三态门的输出被封锁,信息输出端口呈高阻状态。

三态门缓冲器的主要技术特点:信息传输速度快、延迟时间短,典型的延迟时间为 8～13 ns;具有较强的输出驱动能力,即输出负载能力强;呈高阻状态时对信息线不呈现负载,最多只能被负载吸收不大于 0.04 mA 的电流。

上述锁存器、三态门缓冲器是单片机应用系统中最常用的器件,除此之外还有许多其他器件可供选用,这里就不一一详述。

5) 信息传输的受控方式

在单片机嵌入式应用系统中,信息流的传输一般有三种受控方式,即:无条件(不受控)方式、查询方式和中断请求方式。

(1) 无条件信息传输方式

无条件信息传输方式,也称之为同步程序传输方式,只有那些与主机(单片机)配套或匹配的、或者始终为信息传输做好一切准备的元件和设备之类,才能采用无条件信息传输方式。这种方式可根据需要随时、随机地进行信息的传输操作。

(2) 查询信息传输方式

查询信息传输方式又称之为有条件信息传输方式,即信息能否进行传输是有条件的。在进行信息传输操作之前,首先要查询接受信息传输方所处的状态,是否允许立即可进行接受信息的传输的操作。只有在确认其已处于"准备就绪"状态的条件下,才能执行信息传输的操作。一般这类元件或设备均设置有状态标志,为提供查询之用。主机(单片机)要进行这类信息传输时,均通过软件(程序)进

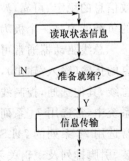

图 7.16　程序查询流程

行查询。软件查询方式程序流程如图 7.16 所示。

从流程图可见,主机(单片机)不断通过程序进行查询,直到准备就绪,可以进行信息传输为止,从而保证信息传输正确、可靠。

(3) 中断请求方式

中断请求方式是外部扩展的功能元件或设备等向主机(单片机)提出中断请求,暂时中断正在执行的程序,响应中断请求,及时进行相关信息的处理。所以又称之为程序中断请求方式。中断请求方式是由外部扩展的功能元件或设备主动提出请求,要求主机及时响应请求,进行相关信息的传输和处理;查询方式是主机(单片机)主动要求与外部扩展的某功能元件或设备进行信息传输和处理,是通过查询方式了解并确定对方是否为信息传输做好了一切准备,只有确认已"准备就绪"才能进行信息传输和处理。可见,两种方式要求信息传输的主动方不相同,而且查询方式因不断查询而影响程序运行的效率,信息传输和处理的及时性也差些。

采用中断请求方式可以实现主机(单片机)与其他功能元件或设备等并行工作,从而提高了主机的工作效率和信息传输和处理的实时性。

7.3.2 功能单一的 I/O 口扩展

这类 I/O 口器件结构简单,功能单一,可以无条件地进行信息传输。一般常为锁存器或缓冲器结构,具有驱动能力强和信息隔离功能。

在单片机嵌入式应用系统中,单片机本身提供的 I/O 端口,其驱动能力是有限的,通常只能驱动几个 TTL(或十几个 MOS)电路器件(芯片),对于构成的应用系统规模较大,外部扩展功能元件很多的情况下,作为外部总线的 I/O 口,其驱动能力就不能满足要求,这时就需在原有 I/O 口(P0、P2 口)上配置相应的驱动能力强的 I/O 器件,以提高主机的外部总线驱动能力。这类器件结构简单,接口十分方便,功能单一,是外部功能扩展常用的附件。

对于单片机应用系统而言,每个这类驱动器只需消耗一个同类型门电路负载,可换取很强的驱动能力。例如 74 系列的 74LS245 驱动器能驱动 100 多个 TTL(74 系列)门电路器件,若把驱动负载的各种因素均考虑在内,至少能驱动 50 余个同类门电路器件,相比于 P0 口、P2 口本身的驱动能力,提高了很多倍。另外,这类驱动器不仅可以减轻主机(单片机)的负载,而且通过转换,大大增强主机的负载能力,这能为负载电阻和分布电容提供较大的驱动电流,还能清除驱动器后级的负载电路器件对主机的干扰和影响,较好地保证信息线上有效信息的稳定、可靠,波形的完整性。单片机嵌入式应用系统中,外部总线以及其他信息线的负载能力是一个极为重要的问题,在实际的应用设计中必须多加重视。

总线驱动器通常可分为两类:一类为双向驱动器。例如,数据总线,需进行双向数据信息的传输(输入/输出),为其配置的驱动器,应选用具有双向功能的驱动器;另一类诸如地址总线,其他选通,控制线均为单向传输,因此应选用单向传输功能的驱动器。在单片机应用系统中,常选用 74 系列的 74LS244(或 8228)8 位并行同相三态缓冲型驱动器,双向驱动器常选用 74 系列的 74LS245(或 8215)8 位并行同相三态收发(即输入/输出)器。它们外部封装、引脚排列及逻辑关系,如图 7.17 所示。

$\overline{CE_2}$	$\overline{CE_1}$	功　　能
0	0	$1A_{1\sim4}\rightarrow1Y_{1\sim4}$, $2A_{1\sim4}\rightarrow2Y_{1\sim4}$
0	1	$1A_{1\sim4}$三态, $2A_{1\sim4}\rightarrow2Y_{1\sim4}$
1	0	$1A_{1\sim4}\rightarrow1Y_{1\sim4}$, $2A_{1\sim4}$三态
1	1	$1A_{1\sim4}$三态, $2A_{1\sim4}$三态

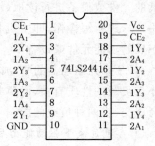

(a) 74LS244

$\overline{E_2}$	$\overline{E_1}$	功　　能
0	0	$B_{1\sim8}\rightarrow A_{1\sim8}$
0	1	$A_{1\sim8}\rightarrow B_{1\sim8}$
1	0	三态
1	1	三态

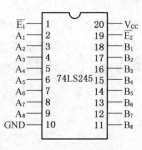

(b) 74LS245

图 7.17　74LS244/74LS245 外部封装、引脚排列与逻辑功能

74LS244 和 74LS245 8 位并行 I/O 驱动器均为 20 条引脚双列直插式封装。图 7.18 所示为 8051 型单片机的外部地址/数据总线增设了 74LS244 和 74LS245 并行 I/O 驱动器的逻辑电路，以加强外部地址/数据总线的驱动能力和信息传输的稳定性。

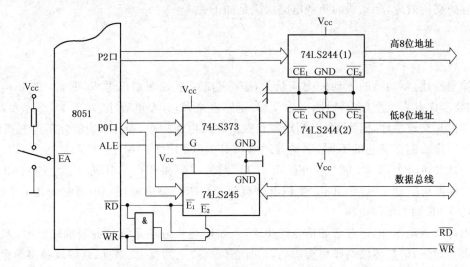

图 7.18　8051 型单片机外部总线配置 74LS244/74LS245 逻辑电路

图中采用两片 74LS244 用于单向高、低 8 位地址线输出驱动/隔离器，采用一片 74LS245 用于双向 8 位数据线驱动/隔离器。从图可见，两片 74LS244 的片选信号端口 $\overline{CE_1}$、$\overline{CE_2}$ 均直接接地，处于常开直通状态。双向驱动器 27LS245 受 P0 口驱动，片选信号 $\overline{E_1}$ 直接与读($\overline{RD}$)选通信号相连，片选信号 $\overline{E_2}$ 由选通信号 $\overline{RD}$(读)/$\overline{WR}$(写)经"与逻辑"门相连。当 $\overline{RD}$ 为 0(低电平)、$\overline{WR}$ 为 1(高电平)时，则主机通过 P0 口和 74LS245 驱动器对外部

扩展的元件或设备进行读取(输入)数据信息操作;当 $\overline{\mathrm{RD}}$(读)为 1(高电平),$\overline{\mathrm{WR}}$(写)为 0(低电平)时,进行写操作,即主机将片内数据信息经 P0 口和 74LS245 驱动器写入(输出)到外部扩展的功能元件或设备中。

74LS 系列驱动器的驱动能力是以能驱动同类(TTL)门的个数度量的,而驱动能力的大小与负载的性质有关,而负载有交流型和直流型之分,所以进行总线驱动能力的估算应同时考虑交、直两种负载的影响。

1) 直流负载下驱动能力的估算

在直流负载的情况下,驱动器的驱动能力主要取决于高电平输出时驱动器提供的最大电流和低电平输出时驱动器能吸纳的最大电流,同时还需考虑驱动器为每个同类门电路提供的吸入电流。设 I_{OH} 为驱动器输出高电平时提供的最大电流,I_{iH} 为每个同类门电路负载所吸入的电流,I_{OL} 为驱动器输出低电平时最大吸入电流,I_{iL} 为驱动器为每个同类门电路提供的吸入电流。当以下关系满足时才能使驱动器正常、可靠地工作:

$$I_{\mathrm{OH}} \geqslant \sum_{i=1}^{N_1} I_{\mathrm{iH}}; \quad I_{\mathrm{OL}} \geqslant \sum_{i=1}^{N_2} I_{\mathrm{iL}}$$

设 $I_{\mathrm{OH}} = 15 \text{ mA}$,$I_{\mathrm{OL}} = 24 \text{ mA}$,而 $I_{\mathrm{iH}} = 0.1 \text{ mA}$ 和 $I_{\mathrm{iL}} = 0.2 \text{ mA}$,则可根据上式求得 $N_1 = 150$ 和 $N_2 = 120$,因此可估算出驱动器的实际驱动能力为 120 个同类门电路。

2) 交流负载下驱动能力的估算

如果总线上传输的信息流是脉冲型信号,在同类门电路负载为容性(分布电容等所造成)时,就必须考虑分布电容等的影响。当驱动器驱动的是容性负载时,设驱动器的最大驱动电容为 C_{P},每个同类门电路的分布电容为 $C_i (i = 1, 2, 3, \cdots, N_3)$,为了解满足同类门电路电容的交流效应,驱动器的负载电路应满足如下关系:

$$C_{\mathrm{P}} \geqslant \sum_{i=1}^{N_3} C_i$$

综上所述,驱动器的驱动能力应从交流和直流两个方面加以考虑,通常,TTL 电路负载,主要考虑其直流型负载特性,因为 TTL 电路电流大,分布电容小;对于 MOS 型负载,则主要考虑其交流特性,因为 MOS 型电路负载的输入电流很小,而分布电容是不可忽视的。

按照集成制造工艺的不同,驱动器通常可分为 TTL 型和 MOS 型两大类。TTL 型总线驱动器又可分为:TTL 集电极开路型、TTL 图腾柱型和 TTL 三态驱动型三种;MOS 型总线驱动器可驱动 1~2 个 TTL 型门电路负载,而 TTL 型驱动器一般可驱动几十个,甚或更多的 TTL 同类型门电路。

除总线驱动器外,还有诸如信息线驱动器,如模块板或子系统彼此间隔较远时,系统互连线也会加强,信息传输的频率会增高,信号在传输线上的反射、串扰、衰减或噪声等也会随之加大,这在短线传输中问题还不大,但在长线传输中就不容忽视了。这类驱动器有双线、四线驱动器,外围设备驱动器,白炽灯、显示器驱动器等。随着集成和电子技术的发展,各种类型的驱动器越发齐全,驱动能力更强,可供各类用户广泛选用。这里就不一一详述。

在应用系统硬件电路的设计中,各类信息传输线的负载能力是个十分重要的问题,这里简略论述的目的是希望能引起广大设计者的重视。

7.3.3 多功能 8155H/8156H 并行 I/O 口的扩展

Intel 8155H/8156H 是一种多功能可编程的 RAM、I/O 口、计数器三者合一的扩展器。在片内集成有 256 字节单元的数据存储器 RAM,三个并行 I/O 口(PA、PB、PC 口)其 22 位和一个 14 位的计数器,并设置有地址锁存器,可直接与 MCS-51 系列单片机的外部总线相连接,接口电路设计十分简单而方便,能达到一片多功能应用,因而是单片机外部功能扩展中最常用的多功能器件之一。

1) 8155H/8156H 器件内部结构与外特性

(1) 8155H/8156H 器件内部逻辑结构

8155H 与 8156H 的差别仅在于对片选信号的电平要求不同:8155H 型的片选 $\overline{CE}$ 信号为低电平有效,而 8156H 型的片选 CE 信号则为高电平有效。其差别的目的是为应用系统具体电路设计提供合理选择。图 7.19 所示为 8155H/8156H 多功能可编程器件的组成逻辑结构。

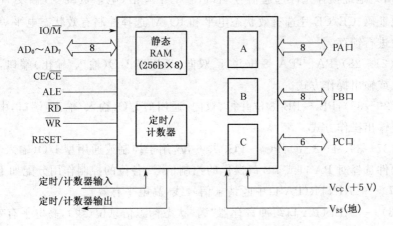

图 7.19　8155H/8156H 组成逻辑结构

图中所示 8155H/8156H 片内设置有 256 字节单元的 SRAM、3 个 I/O 口(PA、PB、PC)共 22 位逻辑电路和一个 14 位的定时/计数器,以及外部接口信号线等。这是一个多功能可编程的集成器件(芯片)。

(2) 8155H/8156H 器件的外特性

8155H/8156H 为 40 条引脚双列直插式(DIP)封装的多功能可编程集成器件(芯片),其引脚排列如图 7.20 所示。各引脚功能定义如下:

RESET(4):内部功能复位输入端口,在 RESET 端口上输入脉宽约 $5\mu s$ 的正脉冲或高电平,即进行内部逻辑功能初始化,复位后的 3 个 I/O 口(PA、PB、PC)均处于输入方式。

$AD_0 \sim AD_7$(12~19):三态地址/数据线。此 8 位地址可以是寻址片内 256B SRAM 的地址,也可以是 I/O 的端口地址。这 8 位地址信号由 ALE(主机的锁存允

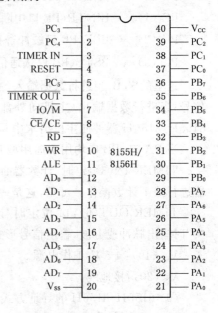

图 7.20　8155H/8156H 引脚排列

许)信号的下降沿触发并锁于内部(8155H/8156H)的锁存器中,其输出供内部寻址用,由 IO/$\overline{M}$ 端口上的有效电平确定其访问的对象:是 SRAM 还是三个 I/O 端口。8 位的数据输入/输出操作由主机的 $\overline{RD}$(读)/$\overline{WR}$(写)有效信号选通。所以,$AD_0 \sim AD_7$ 也是双功能、分时复用的。

$\overline{CE}$/CE(8):片选信号端口,8155H 型的片选端口为 $\overline{CE}$,低电平有效;8156H 型的片选端口为 CE,高电平有效。片选信号的有效状态(电平),亦由 ALE 的下降沿触发一并锁存于片内锁存器中。

IO/$\overline{M}$(7):寻址片内 SRAM 或者 I/O(输入/输出)端口的可供选择控制的端口。当 IO/$\overline{M}$ 端口(引脚)上加载高电平为有效状态时,出现在 $AD_0 \sim AD_7$ 上的地址为访问 8155H/8156H 的 I/O 端口(PA 口、PB 口、PC 口)地址,进行 I/O(输入/输出)操作;当 IO/$\overline{M}$ 端口上加载的是低电平有效状态时,则选择为主机访问片内 SRAM,出现在 $AD_0 \sim AD_7$ 上的地址码为寻址片内 SRAM 的存储单元地址,对寻址的存储单元进行读/写操作。

$\overline{RD}$/$\overline{WR}$(9、10):读/写选通信号端口,均为低电平有效。

ALE(11):地址锁存允许选通信号端口,它的下降沿(电平负跳变)触发 $AD_0 \sim AD_7$ 线上的有效地址码、$\overline{CE}$/CE 片选有效状态电平和 IO/$\overline{M}$ 选择控制有效状态电平等一并打入片内锁存器中进行锁存。

PA 口(21~28):$PA_0 \sim PA_7$ 8 位并行、双向、通用型 I/O(输入/输出)端口,由程序软件选择其输入或输出操作方式。

PB 口(29~36):$PB_0 \sim PB_7$ 8 位并行、双向、通用型 I/O(输入/输出)端口,由程序软件选择其输入或输出操作方式。

PC 口(37~39、1、2、5):$PC_0 \sim PC_5$ 共 6 位,用于控制或通用型 I/O(输入/输出)端口,通过程序软件选择对 PA 口或 PB 口操作的控制信号,各位的控制作用分配如下:

PC_0(37)——AINTR(PA 口中断请求信号线,高电平有效)。

PC_1(38)——ABF(PA 口缓冲寄存器"满"状态标志信息位(线),高电平有效)。

PC_2(39)——$\overline{ASTB}$(PA 口选通信号输入线,低电平有效)。

PC_3(1)——BINTR(PB 口中断请求信号线,高电平有效)。

PC_4(2)——BBF(PB 口缓冲寄存器"满"状态标志输出信号线,高电平有效)。

PC_5(5)——$\overline{BSTB}$(PB 口选通信号输入线低电平有效)。

这里的 $\overline{STB}$,当进行数据输入(主机从外部读取数据)操作时,$\overline{STB}$ 是由外部提供的选通信号;当进行数据输出(主机向外部写数据)时,$\overline{STB}$ 是由外部提供的应答信号。INTR 是 8155H/8156H 器件向主机请求中断处理的信号,高电平为有效请求信号。

当 PA 口、PB 口均用于通用型并行 I/O 操作时,则 $PC_0 \sim PC_5$ 亦用于通用型 I/O 口。

TIMER IN(3):定时/计数器的计数输入信号线,其输入计数脉冲的上升沿、触发计数器进行减 1 计数操作。可见,这是一个 14 位的减 1 计数器。

TIMER OUT(6):14 位定时/计数器的输出信号线。当 14 位计数器不断减 1 计数回"0"时输出脉冲或方波,输出信号形式取决于定时/计数器的工作方式。

V_{CC}(40):+5 V 工作电源。

V_{SS}(20):接地线。

(3) 8155H/8156H 的寻址方式

8155H/8156H 的寻址分为是访问片内 SRAM 数据存储器,还是访问 3 个并行 I/O 口,由 IO/$\overline{\text{M}}$ 端口的电平状态进行选择:当 IO/$\overline{\text{M}}$ 端口上加载低电平有效信息状态时,主机访问片内 SRAM 存储单元,其寻址空间为 00H~FFH;当 IO/$\overline{\text{M}}$ 端口上加载高电平有效信息状态时,则主机访问的是 3 个 I/O 端口,其寻址编址格式如表 7.7 所示。

表 7.7 8155H/8156H I/O 端口编址格式

$AD_0 \sim AD_7$								寻址 I/O 口寄存器
A_7	A_6	A_5	A_4	A_3	A_2	A_1	A_0	
×	×	×	×	×	0	0	0	命令/状态寄存器
×	×	×	×	×	0	0	1	$PA_0 \sim PA_7$ 寄存器
×	×	×	×	×	0	1	0	$PB_0 \sim PB_7$ 寄存器
×	×	×	×	×	0	1	1	$PC_0 \sim PC_5$ 寄存器
×	×	×	×	×	1	0	0	定时/计数器低 8 位
×	×	×	×	×	1	0	1	定时/计数器高 6 位

注:×—无定义

从表所示可见,当主机访问 3 个 I/O 端口时,提供的 8 位地址 $AD_0 \sim AD_7$ 中只需低 3 位 $AD_0 \sim AD_2$ 编址有效,共寻址 8 种功能状态,如表所示。其余高 5 位地址无定义。其中被寻址的相关寄存器:

① 命令寄存器。它是由 8 位锁存器组成,用于存放主机通过软件命令字指示被寻址的 I/O 口执行何种操作方式。命令寄存器只能写入命令字,但不能够被读出,即只能写入,不能读出。

② 状态寄存器。8155H/8156H 内部设置有一个 8 位的状态寄存器,由 8 位锁存器组成,其中 7 位有效,最高位 D_7 无定义。其作用是用于锁存 I/O 口和定时/计数器的当前状态,供主机进行软件查询,故只能读出,而不能被写入。由于命令寄存器只能写入命令字,而状态寄存器只能被读出当前状态信息,故两者可合用一个地址编码,而且不会相互产生错误影响。状态寄存器各位的含义如下。

D_7	D_6	D_5	D_4	D_3	D_2	D_1	D_0
×	TIMER	INTE B	BF B	INTR B	INTE A	BF A	INTR A

×:D_7,无定义。

INTR:中断请求标志位,其中 D_0 位为 PA 口,D_3 位为 PB 口。高电平为有效信号。

BF:缓冲寄存器"满"标志位,D_1 位为 PA 口,D_4 位为 PB 口,高电平有效,即高电平表示缓冲寄存器"满"信息,低电平表示"空"。

INTE:中断请求允许标志位,其中 D_2 位为 PA 口,D_5 位为 PB 口。

TIMER:定时/计数器中断请求标志位,当计数器不断减 1 计数达到终值(回 0)时,置 TIMER 位为 1(高电平),并启动新一轮计数操作,主机读取该状态字后自动清"0" TIMER 位。

③ PA 口、PB 口、PC 口寄存器。PA 口和 PB 口分别设置有 8 位的寄存器,PC 口设置为 6 位寄存器。每位对应各自的端口(引脚)。

图 7.21 所示为 8155H/8156H 命令字格式及其相关位的功能定义。

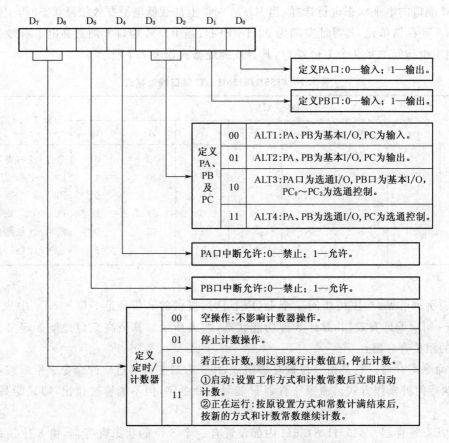

图 7.21 8155H/8156H 命令格式及各位功能定义

2) 8155H/8156H I/O 口的工作方式

8155H/8156H 的 I/O 口可以分为以下两种工作方式。

(1) 基本通用型 I/O(输入/输出)工作方式

所谓基本通用型 I/O 口是指其 I/O(输入/输出)操作无任何制约条件。输入和输出直通。当命令字的次低二位 $D_3 D_2$ 编码为 00—ALT1 和 01—ALT2 时,即定义 8155H/8156H 的 PA 口、PB 口和 P3 口均工作于基本通用型输入/输出工作方式。由 $D_1 D_0$ 两位编码设置值决定 PA 口和 PB 口的输入或输出(单向),而 $D_3 D_2$ 两位的编码值为 00 时设置 PC 口为输入方式,为 01 时 PC 口设置为输出方式。

(2) 选通型 I/O(输入/输出)工作方式

选通型 I/O 口的输入/输出操作是受某些选通控制信号所制约,只有在被选通的情况下,才能进行输入/输出操作。当命令字的 $D_3 D_2$ 两位的编码值为 10—ALT3 时,PA 口为选通工作方式,其输入/输出操作受 PC 口的 $PC_0 \sim PC_2$ 选通信号的控制;当 $D_3 D_2$ 两位的编码值为 11 时,PB 口为选通工作方式,其输入/输出操作受 PC 口的 $PC_3 \sim PC_5$ 选通信号所控制。如果 PA 口和 PB 口只有其中之一被命令为选通型 I/O 口,另一个为基本通用型 I/O 口时,对应于该 I/O 口的选通信号口,即 PC 口的 $PC_0 \sim PC_2$ 或 $PC_3 \sim PC_5$ 仍可用于基本通用型 I/O 口工作方式。被命令为选通型的 PA 口或 PB 口,是进行输入还是输出操作,仍由命令字的 $D_1 D_0$ 位的编码确定。图 7.22 所示为 8155H/8156H 的 PA 口、PB 口工作于选通型 I/O 工作方式时,对应的 PC 口选通控制信号功能示意图。

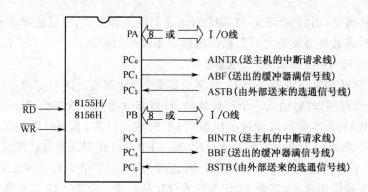

图 7.22　8155H/8156H PC 口选通控制信号功能示意图

　　图中所示的 PA 口、PB 口的 I/O 口表示单向 8 位输入或输出。进行任何操作都须由命令字的 D_1、D_0 位的编码设置所确定。8155H/8156H 的 $AD_0 \sim AD_7$ 地址/数据线和 $\overline{RD}$ (读)/$\overline{WR}$(写)信号线可直接与主机(单片机)的对应线相连接,以实现主机(单片机)对 8155H/8156H 的访问,AINTR、BINTR 应与主机(单片机)的外部中断请求端口($\overline{INT_0}$、$\overline{INT_1}$)相连接,以便主机及时响应中断请求,也可采用软件查询方式,特别是主机的两个外部中断请求不够安排时。

　　当 PA 口或 PB 口的缓冲寄存器接收到来自外部其他器件或设备送来的数据信息,或者外设或外部其他器件已将 PA 口或 PB 口缓冲寄存器中的数据信息取走时,INTR 中断请求线信号上升为高电平有效状态。而主机的 $\overline{INT_0}$、$\overline{INT_1}$ 为低电平有效,显然两者的有效电平不相一致,因而在具体电路设计时应进行有效电平逻辑变换。

　　BF 为 I/O 口缓冲寄存器"满"标志信号输出线,当缓冲寄存器中存储有数据信息时,表示为"满"状态,BF 输出高电平有效状态,否则为低电平无效,提供查询。

　　$\overline{STB}$ 是由外部元件或外部设备提供并输入的选通或应答信号,低电平有效。

　　当由命令字确定 8155H/8156H 为选通输出工作方式时,先由主机将数据信息输出送至 8155H/8156H,8155H/8156H 接收完数据信息后,缓冲寄存器存储该数据信息后处于"满"状态,BF 标志位输出高电平有效("满")信息,通知有关外部元件或外部设备将数据信息取走,当数据被取走后,该元件或设备通过 $\overline{STB}$ 线向 8155H/8156H 发送低电平有效应答信号,表示数据信息已被取走,这时 BF 标志位变成低电平无效状态,并表示缓冲寄存器处于"空"状态,INTR 中断请求线变成高电平有效,向主机发出中断请求或等待主机软件查询,请求主机输出下一个数据信息。不断重复上述操作过程,直到全部数据信息输出完毕为止。

　　当由命令字命令 8155H/8156H 的 I/O 口为选通输入工作方式时,是由外设或外部功能元件中的数据信息通过 8155H/8156H 的 I/O 口输入给主机(单片机)的操作。当 8155H/8156H I/O 缓冲寄存器为"空",即 BF 呈低电平状态时,由外部器件或外设通过 $\overline{STB}$ 向 8155H/8156H 发出低电平有效选通信号,将已发送到 PA 口或 PB 口上的数据信息打入(输入)到对应的缓冲寄存器中,然后该缓冲寄存器"满",BF 变成高电平有效,表示缓冲寄存器已处于"满"状态,禁止外设或外部元件打入新的数据信息,同时 INTR 变成高电平有效状态,向主机请求中断处理,或供主机软件查询,要求主机从 $AD_0 \sim AD_7$ 数据线(端口)上读取数据信息。待主机读取完数据信息后,I/O 口缓冲寄存器"空",BF 标志线(位)变成低电平无效,表示缓冲寄存器处于"空"状态。告之外设或外部元件可以输入新的下一个数据信息。不断重复上述操作过程,直到外设或外部元件全部数据信息输送完为止。

从以上所述可见,通过 8155H/8156H 的选通 I/O 工作方式,可以协调主机(单片机)与外部扩展的元件或者外部设备之间数据传输速率不匹配的问题。

3) 8155H/8156H 14 位定时/计数器

8155H/8156H 内部设置有一个 14 位字长的定时/计数器。既可定时,也可进行计数。从 TIMER IN 引脚端口,每输入一个计数脉冲,计数器就进行一次"减 1"计数操作,当计数器从设定的计数初值(实际的需计数的次数值)不断减 1 计数,直至计数初值为 0 时,就在 TIMER OUT 引脚端口上输出一个方波或脉冲。输出的格式可以通过软件编程选择确定。

14 位定时/计数器是由两个 8 位的寄存器组成,其中高字节寄存器的最高两位($D_7 D_6$)用于软件编程选择输出模式,其余 14 位为计数设定值长度。其两个字节的格式如下所示。

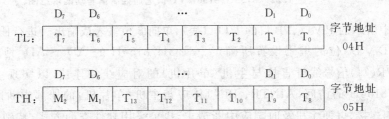

其中 TL 为低 8 位的计数寄存器,TH 为高 8 位的计数寄存器,TH 的最高两位 $M_2 M_1$ 用于软件编程,可设置 4 种输出波形模式。由 $M_2 M_1$ 两位设置如下 4 种输出波形模式。

$M_2 M_1$	输出模式	TIMER OUT 波形
0 0	单个方波	
0 1	连续方波	
1 0	单个脉冲	
1 1	连续脉冲	

这是一个 14 字长的减 1 计数器,每计数一次计数器值减 1,因此可以直接将需计数的次数作为计数初值进行设置。无论用于定时还是对外部事件进行计数,均由外部提供减 1 计数脉冲经 TIMER IN 端口(引脚)输入。由 TIMER OUT 端口输出本次计数结束波形,而输出波形模式通过对 $M_2 M_1$ 两位的软件编程,选择所需要的波形模式。

当计数器用于定时时,则输入的是时钟脉冲,根据所需定时时间计算求得计数次数;用于对外部事件计数时,则输入的是计数脉冲。低 8 位计数器的地址码为 04H(TL),高 8 位的计数器地址码为 05H(TH)。通过软件编程,将求得的计数初值和输出波形模式选择($M_2 M_1$ 两位的编码值),一并赋值给计数器 TH 和 TL。

当设置的计数初值为奇数时,则输出的连续方波是不对称的,前半个周期的高电平宽度将比后半个周期的低电平宽度要长一个计数脉冲周期。

需注意的是,设置的计数初值不能从 0 或 1 开始,而是要从 2 开始。即计数范围应为 2H~3FFFH,这是因为如果选择输出为方波模(无论是单个方波或是连续方波),其输出方波规定从启动计数减 1 开始,前一半计数输出为高电平,后一半计数输出为低电平。显然,如果设置的计数初值是 0 或 1,就无法产生这种方波输出,如果硬要将计数初值设置为 0 或

1,则其输出的效果将与计数初值设置为 2 的情况相同。因此,方波输出模式的计数初值范围应是 2H～3FFFH。

硬件复位时不会预置计数输出模式和计数初值,但它将会中止计数操作,即停止计数。因此,复位后应直接通过写命令字寄存器操作,发出启动计数命令时才开始继续重新计数。任何时候均可设置新的计数初值和计数输出模式,但必须随之将启动命令字写入命令寄存器。如果定时/计数器正在执行计数操作,则只有在执行写入启动命令字之后,定时/计数器才会接受新的计数初值,并按新设置的计数输出模式进行输出。

从上可见,8155H/8156H 的 14 位定时/计数器与 MCS-51 系列单片机提供的定时/计数器 0、1 或 2 相比,无论计数初值的计算、计数方式以及启动计数等,均不相同,使用时应多加注意。

8155H/8156H 属可编程多功能集成器件,具有的功能多而且强,但随之制约条件也多而复杂,故而实际使用、设计时,应加深理解不同功能模式的制约条件。

4) 外部扩展 8155H 的硬件接口

由于 8155H/8156H 集成器件可编程、功能多而强,所以是 MCS-51 系列单片机嵌入式应用系统中最常用的外部功能扩展元件之一。由于它本身就设置有锁存器、缓冲器等,功能附件配套齐全,因此它与主机(单片机)的扩展接口也十分简单、方便。图 7.23 所示为 8051 型单片机外部扩展一片 8155H 可编程多功能集成器件的硬件接口电路图。

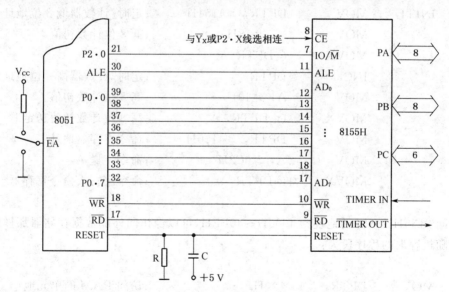

图 7.23 8051 型单片机外部扩展 8155H 硬件接口逻辑图

由于 8155H 内部设置有多种功能的锁存器等器件,AD_0～AD_7 既是 8 位字长的数据线(端口),又是低 8 位地址线,同样是双功能(地址/数据)分时复用,所以可以直接与 8051 型单片机的 P0 口相连接,其他信号线 ALE、$\overline{RD}$、$\overline{WR}$ 等也都相互对应直接相互连接。片选信号 $\overline{CE}$ 端口可以与译码器输出端口 $\overline{Y_x}$(74LS138 译码器)或 P2·X(高 8 位地址线)相连接,不同的连接方式,分配给 8155H 的地址空间也不相同。图中选用 P2·0 端口与 8155H 的 IO/$\overline{M}$ 端口(引脚)相连接,用以选择访问 8155H 的 I/O 口还是 SRAM。RESET(复位)同样直接与主机的系统复位 RESET 相连接,与系统同步复位。8155H 的 3 个 I/O 口(PA、PB、PC)和 14 位的定时/计数器可根据应用系统的实际需要与相应的元件相连接,这里就不作具体阐述了。

8155H 片内的 256 个字节单元数据存储器 SRAM,可在 P2·0 对 IO/$\overline{M}$ 的选通控制下直接进行读/写访问。8155H 的另一个主要功能是三个 I/O 口和一个 14 位的定时/计数器,它们的访问和工作方式,需通过命令字进行定义,是可编程的。因此需通过软件的初始化程序段,来设定它们的操作功能。

假设图 7.23 中,8155H 的片选 $\overline{CE}$ 与译码输出的 $\overline{Y_2}$ 端口相连接,P2·0 端口(高 8 位地址线)用于选通 IO/$\overline{M}$ 相连接,则主机访问 8155H 片内数据存储 SRAM 的有效寻址、访问空间为 4000H~40FFH 或者 5E00H~5EFFH 共 256 个字节存储单元。这是因为高 8 位地址除最高 3 位(P2·7、P2·6、P2·5)用于译码,P2·0 应用于选通 IO/$\overline{M}$ 外,其余位均与此寻址、访问无关,即高 8 位的实际有效地址为 010×××0。其中"×"位无实际意义,可为 0 或 1。I/O 口的寻址、访问地址为 4100H~4107H,或 5FF8H~5FFFH,即 010××××1(高 8 位)和 ××××000~×××××111(低 8 位)。

设 I/O 口的操作模式为:设定 PA 口为基本输入方式,PB 口为基本输出方式,PC 口为基本输入方式,定时/计数器的输出波形设定为连续方波输出,并对定时/计数器的输入计数脉冲进行 24 分频。根据此设定,可求得 I/O 口的操作命令字为 0C2H。假设定时/计数器计数初值为 4018H,则对 8155H 的初始化程序段如下:

```
            ⋮
INITI:   MOV     DPTR,#4104H      ;定时/计数器低 8 位地址
         MOV     A,#18H           ;低 8 位计数初值
         MOVX    @DPTR,A          ;
         INC     DPTR             ;定时/计数器高 8 位地址
         MOV     A,#40H           ;高 8 位计数初值
         MOVX    @DPTR,A          ;高 8 位计数初值送定时/计数器
         MOV     DPTR,#4100H      ;命令寄存器地址
         MOV     A,#0C2H          ;命令字送 A
         MOVX    @DPTR,A          ;命令字写入命令寄存器
            ⋮
```

访问 8155H RAM 的地址为 4000H~40FFH,可以像访问外部数据存储器那样随机存取。其随机存取的程序段为:

```
            ⋮
MOV      DPTR,#40××H              ;访问 RAM 的单元地址
MOVX     A,@DPTR                  ;读该单元内容
```

或

```
            ⋮
MOV      DPTR,#40××H              ;
MOV      A,#××H                   ;立即数"××H"送 A
MOVX     @DPTR,A                  ;将立即数"××H"写入该单元
            ⋮
```

综上所述可见,8155H/8156H 是一个可编程多功能集成器件(芯片)。一片多用,组成应用系统体积小、成本低,接口电路十分简单、方便。因而是单片机嵌入式应用系统中应用

最为广泛的外部功能扩展器件之一。

7.3.4 8255A 型并行 I/O 口的扩展

8255A 是 Intel 公司推出的、与 MCS-51 系列单片机配套并相兼容的、外部扩展并行 I/O(输入/输出)口集成器件(芯片),40 引脚双列直插式(DIP)封装。具有直接位处理(对位置位或复位)能力,应用接口简单,具有较强的直流驱动能力,可组合成多种 I/O(输入/输出)模式,与 MCS-51 系列单片机或相类似的主机相配置,其接口电路设计简单、方便。

1) 8255A 的内部结构及其外特性

8255A 是 Intel 公司生产的、并与 MCS-51 系列单片机进行外部功能扩展 I/O 口配套的集成器件(芯片)。共设置有 3 个 8 位的并行 I/O 口,分别标以 PA 口、PB 口和 PC 口,其中 PC 口又可分成高 4 位和低 4 位两部分。82C55A 是 8255A 的 CMOS 工艺,两者外部封装功能特性均相同,只是 82C55A 的功耗较低。另有 44 引脚 PLCC 封装。

(1) 8255A 的内部结构

图 7.24 所示为 8255A 的内部组成结构逻辑框图。

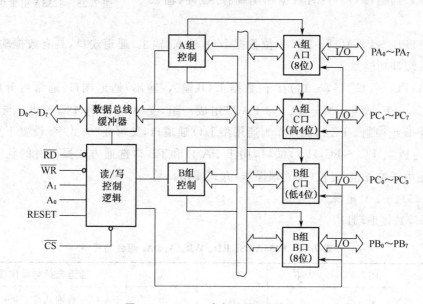

图 7.24 8255A 内部结构逻辑框图

图中所示分成 A 组控制和 B 组控制两部分。可根据主机写入的控制字来选择和控制 8255A 的工作模式。A 组则控制 PA 口和 PC 口的高 4 位 $PC_4 \sim PC_7$,而 B 组则控制 PB 口和 PC 口的低 4 位 $PC_0 \sim PC_3$,PC 口可实现按位置位(置 1)/复位(复位 0)的位操作。

数据总线缓冲器是三态、双向 8 位缓冲器,用于 8255A 与主机(单片机)外部总线之间的接口连接器,以实现两者之间的数据信息的传输、控制命令字的写入、读取外部状态信息等。

读/写控制逻辑电路用于接收主机输出的 $\overline{RD}$(读)、$\overline{WR}$(写)RESET(复位)以及地址信息 $A_1 A_0$ 等有效信号,然后根据命令字、控制信号的要求实现各项具体操作。

(2) 8255A 的外特性

8255A 是 40 引脚双列直插式(DIP)封装。图 7.25 为 8255A 外部封装引脚排列图。各

引脚功能说明如下:

$D_0 \sim D_7$(34~27):双向数据信息端口(总线)。

$A_0 A_1$(9,8):通道选择地址端口(地址线),它与$\overline{CS}$(片选)、$\overline{RD}$(读)、$\overline{WR}$(写)等信息组合,用于选通和控制 3个 I/O 口、控制字及其功能选择。通常与主机的外部地址总线 A_0、A_1 相对应连接,其组合方式如表 7.8 所示。

$\overline{CS}$(6):片选信号口,低电平有效。

$\overline{RD}$(读)/$\overline{WR}$(写)(5、36):读/写选通信号口,低电平有效。

RESET(35):复位信号输入端口,高电平有效。复位后内部各寄存器、包括控制字寄存器等,均被复位为 0,所有 I/O 口(通道)均复位为输入方式,所有 3 个 I/O 端口(引脚)均呈高阻状态。

PA 口($PA_0 \sim PA_7$,4~1、40~37):8 位数据 I/O(输入/输出)通道端口。具有数据输出锁存/缓冲、输入锁存功能。

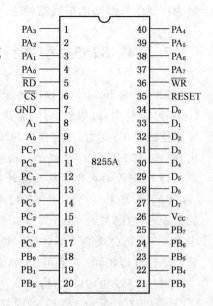

图 7.25 8255A 引脚排列图

PB 口($PB_0 \sim PB_7$)(18~25):8 位数据 I/O(输入/输出)通道端口,具有数据输出锁存/缓冲,输入缓冲功能。

PC 口($PC_0 \sim PC_7$)(17~10):8 位数据 I/O(输入/输出)通道端口,通常可分成 $PC_0 \sim PC_3$ 和 $PC_4 \sim PC_7$ 两组,$PC_4 \sim PC_7$ 与 PA 口组成一组,受 A 组控制;$PC_0 \sim PC_3$ 与 PB 口组成一组,受 B 组控制。PC 口既可作为通用型 I/O 通道口,又可在"方式字"设置下分成两个 4 位($PC_0 \sim PC_3$、$PC_4 \sim PC_7$)I/O 端口,用于 PA 口和 PB 口选通方式操作时的状态控制信息,而且还可按位置位/复位(位处理操作)方式操作。

V_{CC}(26):+5 V 电源。

GND(7):接地端口。

表 7.8 8255A $\overline{CS}$、$\overline{RD}$、$\overline{WR}$、A_1、A_0 组合功能

$\overline{CS}$	$\overline{RD}$	$\overline{WR}$	A_1	A_0	通道选择与操作功能	
0	0	1	0	0	PA 口→数据总线	主机从
0	0	1	0	1	PB 口→数据总线	8255A
0	0	1	1	0	PC 口→数据总线	读数据
0	1	0	0	0	数据总线→PA 口	数据
0	1	0	0	1	数据总线→PB 口	写入
0	1	0	1	0	数据总线→PC 口	8255A
0	1	0	1	1	数据总线→控制寄存器	
1	×	×	×	×	非选通状态	
0	0	1	1	1	非法条件	无操作
0	1	1	×	×	无读/写	

注:"×"可为任意值(0 或 1)。

2）8255A 的操作方式与选择

8255A 具有 3 种基本操作方式：方式 0 为基本通用型 I/O 方式；方式 1 为选通型 I/O 方式；方式 3 为双向传输方式（仅限 PA 口有）。这 3 种操作方式的选择，由主机输出的控制命令字确定。

（1）操作方式选择控制命令字

8255A I/O 的操作方式是通过软件编程，将设定的操作方式控制命令字写入 8255A 的控制命令字寄存器实施所设定的操作方式。控制命令字的格式及其每位的功能定义如图 7.26 所示。

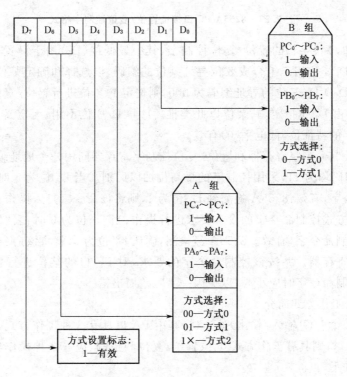

图 7.26　8255A 控制命令字格式及其每位功能定义

从图 7.26 所示可见，8 位字长的控制命令字分成两部分：低 3 位 $D_2D_1D_0$ 分别确定 B 组的 PB 口和 PC 口的低 4 位 $PC_0 \sim PC_3$ 的工作方式以及输入/输出方式；中间 4 位 $D_6 \sim D_3$ 分别选择 A 组的 PA 口和 PC 口的高 4 位 $PC_4 \sim PC_7$ 的工作方式及其输出、输入方式，其中用 D_6D_5 两位组合选择 3 种工作方式，即 PA 口具有 3 种工作方式可供选择的功能。D_7 位为特征位，当 D_7 位为 1 时控制命令字有效。

PA、PB、PC 3 个 I/O 口的工作方式均可分别加以选择和设定，进行不同的组合，从而使 8255A 的 I/O 结构具有很大的灵活性。在操作过程中如需改变操作方式，则需重新设置新的控制命令字，写入 8255A 控制命令字寄存器，所有有关寄存器，包括状态寄存器等全部复位，然后按新的控制命令字所设定的工作方式开始操作。

（2）PC 口按位置位（置 1）/复位（复位 0）控制字

8255A 的 PC 口中的任一位均可通过软件编程使指定的位单独实施置位（1）/复位（0）的位操作，这一功能给位操作带来了方便。图 7.27 所示为 PC 口位操作控制字格式及其组合。

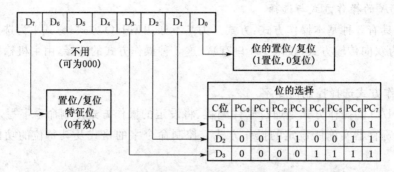

图 7.27　8255A PC 口按位置位/复位控制字格式

从图示可知,8 位字长的置位/复位控制字,其中最低位(D₀)用于设置置位(置 1)或复位(清 0),D₃D₂D₁ 3 位用于组合成 8 位寻址某位的编码,以选择和确定某位(PC₀~PC₇)进行设置。例如,D₃D₂D₁ 三位的寻址编码为 000,则选定 PC₀ 位进行置位/复位,是置位(1)还是复位(清 0)则由 D₀ 位指定,其余位以此类推。D₆D₅D₄ 3 位不用,无定义。D₇ 位为置位/复位控制命令字的特征位,低电平(0)有效。

操作方式控制命令字寄存器和置位/复位控制字寄存器同用一个地址编码,即它们的地址位 A₁A₀ 的编码均为 11,采用控制字的最高位加以区别。当 D₇ 位为 1 时,该控制字是操作方式控制命令字,有效;8255A 检测到 D₇ 位为 1,则将该命令字打入操作方式控制字寄存器,并按该操作方式控制命令字的设定要求进行操作;当 D₇ 位为 0 时,表明该控制字属 PC 口置位/复位控制命令字,有效。8255A 经检测,确认 D₇ 位为 0,就将该命令字打入 PC 口置位/复位控制字寄存器。并按该控制命令字的要求,对 PC 口的某位进行置位/复位操作。因此,在编制控制命令字时应小心,以免因一字之差而出错。

(3) 8255A 工作方式简介

8255A 的 3 个 I/O(输入/输出)通道口,其中 PA 口具有 3 种工作方式,PB 口具有两种工作方式,而 PC 口则具有工作方式 0、位置位/复位和控制、应答 3 种操作功能。现将 3 种工作方式简述如下。

① 工作方式 0

工作方式 0 是属于一种基本通用型 I/O(输入/输出)工作方式,无需任何制约条件,诸如选通、应答或中断等。3 个 I/O 口(PA、PB、PC)均具有这种工作方式功能,但只能设定某一个传输方向,即单向的输入或者输出,而不是既可输入,又可输出的双向性传输。工作方式 0 的基本功能为:

• 将 PA 口、PB 口、PC 口分成 A、B 两组,均可通过软件编程控制命令字选择并设置为输入或输出操作方式。

• 3 个通道口的输出信息均具有锁存功能,而输入信息:PA 口具有锁存功能,PB 口和 PC 口则具有缓冲功能。

• 3 个 I/O 通道口可组成各不相同的 16 种输入或输出操作组合。

主机可以对 3 个通道口中的任何一个 I/O 通道像访问外部数据存储器那样极方便地进行读(将 I/O 通道口上数据信息输入到主机)或写(主机将数据信息输出到 I/O 通道口)操作,这时的 PC 口是一个独立的按 8 位一个整体进行读或者写操作,即不能将 PC₀~PC₃ 和 PC₄~PC₇ 分开单独操作。

② 工作方式 1

8255A I/O 口的工作方式 1 是属控制、选通型 I/O(输入/输出)工作方式。当 PA 口和 PB 口选定为工作方式 1 时,需用 PC 口的相应位作为联络、应答信号和中断请求信号。因此,工作方式 1 常用于中断驱动的应答、联络式 I/O(输入/输出)操作。工作方式 1 的基本功能原理如下。

• 8255A 有两组(A 组和 B 组)I/O 通道,A 组包含有 8 位的 PA 口和 4 位的 $PC_4 \sim PC_7$,PA 口用于 8 位数据信息的输入/输出,$PC_4 \sim PC_7$ 用于输入/输出操作的联络、应答和中断请求,同样 B 组包含有 PB 口,用于 8 位数据信息的传输,$PC_0 \sim PC_3$ 用于 PB 口进行输入/输出操作的联络、应答和中断请求。

• 当只有 PA 口或 PB 口中的一个被选定为工作方式 1,则另一个可选用于工作方式 0,其对应的 PC 口可另行选定某种工作方式,如可选用于工作方式 0 或置位/复位操作方式。当 PA、PB 口均设置为工作方式 1 时,则尚有剩余的 PC 口(位)仍可另行选用于工作方式 0 或置位/复位操作方式。

在 PA 口或 PB 口工作于方式 0 时,其对应的 4 位 PC 口除可选定为工作方式 0 或置位/复位操作方式外,还可单独用于与其他外部扩展的元件或者外部设备作联络、应答信号用。但这与 PA 口或 PB 口工作于方式 1 配套使用时相比较,有如下区别:

• PA 口或 PB 口工作于方式 0 时,其对应的 PC 口另行用于联络,应答信号是由主机根据需要通过软件编程而设置的;而与 PA 口或 PB 口工作于方式 1 配套使用的对应的 PC 口的联络、应答功能是由 8255A 内部控制逻辑电路自动设定和进行的,不能用软件编程进行改变或另行设置。

• • 对于 PC 口单独而另行用于联络、应答信号时,用于输入的联络信号线只能作为状态信号供主机软件查询,对数据信息的输入操作不起控制作用;而与工作方式 1 配套的 PC 口的输入操作联络信号,除可用作状态信息供主机查询外,还起到选通数据信息锁存的控制作用。

∴ 对于 PC 口单独而另行用于联络,应答功能中无中断请求能力,其输入联络信号线的任何变化均不能产生中断请求;而工作方式 1 中配套使用的 PC 口,在允许中断请求的情况下,其输入联络信号的变化将产生中断请求功能。

∷ PC 口单独而另行用于联络、应答信号时,其输出联络信号线完全受软件编程控制,即由主机通过软件编程对 PC 口的相应位按置位/复位操作定义输出联络信号;而与工作方式 1 配套的 PC 口的输出联络信号线是受其他元件或外设提供的输入联络信号线与主机对外部扩展的元件或外设操作时共同控制的,即它们之间有严密的控制逻辑关系,不能随便输出。

工作方式 1 的联络、应答功能,可以选用中断请求方式,即采用中断驱动的联络、应答输入/输出操作方式;在关闭中断状态时,可采用软件查询方法,即为状态驱动的联络,应答输入/输出操作方式。但这与 PA 口或 PB 口工作于方式 0 时,PC 口单独而另行设置联络、应答输入/输出操作在功能和要求上是有区别的。在实际应用中需加以注意。

Ⅰ. 工作方式 1 的输入操作

当 8255A 的 PA 口和 PB 口均被设置为工作方式 1 的输入操作方式时,其对应的 PC 口信号线的分配及其控制格式为:

PA 口设置为工作方式 1 的输入操作时,PC_4 为 $\overline{STBA}$,PC_5 为 IBFA,PC_3 为 INTRA;

PB 口设置为工作方式 1 的输入操作时,PC_2 为 $\overline{STBB}$,PC_1 为 IBFB,PC_0 为 INTRB。其中 PC 口各位的控制联络、应答信号线的功能含义如下:

$\overline{STB}$——输入选通信号线,低电平有效,它是由外设或其他外部元件提供的输入选通信号。当 $\overline{STB}$ 为低电平有效时,是将外设或其他外部元件中的数据信息打入(输入进)8255A I/O 通道(PA 口或 PB 口)的输入锁存器或缓冲器中,然后再由 8255A I/O 通道输入给主机(单片机)。

IBF——缓冲器满信息线,高电平有效,是由 8255A 输出的状态信息。当 IBF 线呈高电平有效状态时,用于对外设或外部元件的应答信号,表示由它们送来(打入)的数据信息正保存在 8255A I/O 通道的锁存器或缓冲器中。只要尚未被主机(单片机)读取走,则 IBF 线就始终保持高电平有效状态。一旦保存在锁存器或缓冲器中的数据信息被主机读取走,则在 $\overline{RD}$(读)信号的后沿(上升沿)将 IBF 信号线复位为低电平无效,表示该锁存器或缓冲器已空闲,允许外设或其他外部元件可将新的数据信息打入到 8255A 的输入锁存器或缓冲器中去。这个 IBF 信号在 $\overline{STB}$ 信号有效之后约 300 ns 变成高电平有效。

INTR——中断请求信息线,高电平有效。它是由 8255A 输出的向主机请求中断的信号,主机可以采用中断响应或者软件查询方式,当 $\overline{STB}$ 和 IBF 为高电平状态,且 INTR 已被置成高电平(为 1)有效状态时,在主机允许中断响应的条件下,向主机请求中断处理(INTR 经反相逻辑门与主机的 $\overline{INT_0}$ 或 $\overline{INT_1}$ 外部中断端口相连接)。在主机响应中断,将 8255A 输入锁存器或缓冲器中的数据信息读取走后,在 $\overline{RD}$(读)信号的下降沿将 INTR 信号复位为低电平(0)无效。

INTE——8255A 内部设置的中断允许/禁止触发器,用于控制 PA 口或 PB 口是否允许向主机请求中断的控制信号。INTE 的状态设置(置位 1 允许/复位 0 禁止)可根据实际应用功能要求,通过软件编程来实现对 PC_4(对应 PA 口)、PC_2(对应 PB 口)的置位/复位操作。这一操作对 PC_4、PC_2 在工作方式 1 时的输入操作无任何影响。因为通过软件编程,实施对 PC_4 或 PC_2 置位/复位操作是在工作方式 1 输入操作之前完成。

工作方式 1 输入操作的控制命令字设置格式为:

D_7	D_6	D_5	D_4	D_3	D_2	D_1	D_0
1	0	1	1	I/O	1	1	×

这是 PA 口、PB 口均设置为工作方式 1 输入操作时的控制命令字,当然,也可将 PA 口和 PB 口分开单独设置各自的控制命令字。由于在工作方式 1 中,$PC_0 \sim PC_3$ 均用于联络、应答信号,故 D_0 位无需进行设置,D_0 位的"×"表示无定义。PC_6 和 PC_7 为未用到的空余位,可用 D_3 位来另行设置其为输入或输出,故用"I/O"表示。总之,不管各 I/O 通道口工作于哪一种工作方式,均需通过控制命令字进行设置与定义,并需将该控制命令字写入到 8255A 的控制命令字寄存器中,然后 8255A 按控制命令字所设置的要求进行具体的操作和执行。

从上述可见,I/O 通道口工作于方式 1 输入时,PC 口的 $PC_0 \sim PC_2$ 用于 PB 口的联络、应答信号,$PC_3 \sim PC_5$ 用于 PA 口的联络、应答信号,尚空余 PC_6、PC_7 两位未用,可单独定义为其他工作方式。

Ⅱ. 工作方式 1 的输出操作

当 8255A 的 PA 口、PB 口工作于方式 1 的输出操作时,其对应的用于联络、应答信号的 PC 口具体分配如下:

PA 口设置为工作方式 1 的输出操作时,其对应的联络、应答信号线为:PC_7 为 $\overline{OBFA}$,PC_6 为 $\overline{ACKA}$,PC_3 为 INTRA。PB 口设置为工作方式 1 的输出操作时,其对应的联络、应答信号线为:PC_1 为 $\overline{OBFB}$, PC_2 为 $\overline{ACKB}$,PC_0 为 INTRB。当 PA 口和 PB 口均设置为工作方 1 的输出操作时,PC 口尚有空余的 PC_4 和 PC_5 两位仍可另行设置为其他的操作方式:输入、输出或置位/复位。

工作方式 1 输出操作时各联络、应答信号的功能含义如下:

$\overline{OBF}$——输出缓冲器"满"信号,低电平有效。当 $\overline{OBF}$ 信号线呈低电平(为 0)有效时,表示主机(单片机)已将输出的数据信息打入到 8255A 指定的输出 I/O 通道缓冲器中或锁存,等待相应的外设或元件把该数据信息读取走。在主机的 $\overline{WR}$(写)信号的上升沿将 $\overline{OBF}$ 信号变成低电平有效。当对应的外设或元件读取走该数据信息且 $\overline{ACK}$ 信号低电平有效时,使 $\overline{OBF}$ 信号变成高电平无效。$\overline{OBF}$ 是 8255A 提供给外设或元件的联络信号。

$\overline{ACK}$——输入响应信号,低电平有效。由外设或相应的外部元件发送给 8255A 对 $\overline{OBF}$ 的应答信号。当 $\overline{ACK}$ 呈低电平有效时,表示外设或外部相关元件已从 8255A I/O 通道锁存器或缓冲器中读取走了主机输出的数据信息。

INTR——中断请求信号,高电平有效。用于 8255A 向主机表示,外设或外部相应元件已将主机写入 8255A I/O 通道内的数据信息取走,请求主机再输出(写入)新的数据信息。这是 8255A 输出给主机的中断请求信号。

INTE——中断允许/禁止触发控制器,其作用与工作方式 1 输入操作功能相同,只是这里是由 PC_6(对应于 PA 口)和 PC_2(对应于 PB 口)通过软件编程按位置位(置 1)/复位(清 0)操作控制 INTE 触发器,8255A 是否允许向主机提出中断请求。只有当 $\overline{ACK}$ 为 1、$\overline{OBF}$ 为 1、INTE 为 1(均为高电平)时,使 INTR 变成高电平有效,向主机请求中断处理。

从以上所述可见,在 I/O 通道工作于方式 1 时,其输入或输出所对应的 PC 口的联络、应答信号线的组合是不相同的,但各自对应的输入或者输出时 PC 线的组合是固定的,并不会因为一组的组合变化而受影响。

无论工作方式 1 的输入或者输出操作,B 组的 PC 通道口均无空余的位(线),而 A 组的 PC 通道口总是有两位空余的 I/O 口(线),可以另行设置其输入、输出或按位置位/复位操作。由于空余的这两位均居于 A 组的 PC 口的上半部子通道,故而均可由控制命令字的 D_0 位来设置,或者按位置位/复位控制命令字进行设置。

设 PA 口和 PB 口同为工作方式 1 输出操作的控制命令字格式如下:

D_7	D_6	D_5	D_4	D_3	D_2	D_1	D_0
1	0	1	0	I/O	1	1	×

由于 PB 口无多余 PC 位线,故 D_0 位无需定义,用"×"表示无定义。PA 口有两位空余的 PC 位线,可由 D_3 位另行定义,用"I/O"表示可单独定义为输入或输出操作方式。为方便叙述,把 PA 口和 PB 口同时设定为工作方式 1 的输出,并合用一个控制命令字。当然也可分开设置,也可同为工作方式 1,但一个是输入操作,另一个则是输出操作,可以有不同的组合方式。其各自的控制命令字内容也不相同。不同的功能设置,对应的控制命令字当然各不相同。如何应用 8255A,控制命令字的设置是关键!

Ⅲ. 工作方式 1 操作的状态字

通常,8255A 工作于方式 1 操作时,均可采用中断请求驱动方法,但主机获知 8255A 提出的中断请求后,并不能及时知道是哪一个 I/O 通道口提出的有效中断请求,只能通过查询 8255A 的工作状态字来区分并确认是哪一个 I/O 通道口提出的中断请求,以便主机分别进行正确处理。如果附设专用外部中断矢量产生电路,则主机不需进行查询状态字而直接转向对应的 I/O 通道进行中断处理。8255A 提供的操作状态字便于主机等的查询。

由于工作方式 1 操作的所有联络、应答信号均由配套的 PC 口承担,因此,主机可通过读 PC 口指令,读取 8 位 PC I/O 口的当前信息内容,即可获得 8255A I/O 通道口工作于方式 1 操作时当前的状态信息(操作状态字)。所以,主机只需查询 PC 口的有关位(口)即可得知该位(口)对应的当前状态信息。

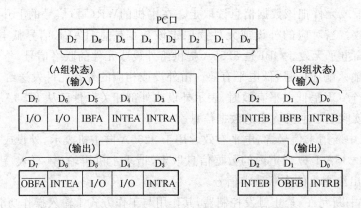

图 7.28　8255A 工作方式 1 各操作 PC 口各位状态分布

图 7.28 所示为 8255A I/O 通道口工作于方式 1 不同操作时,PC 口各位所对应的状态信息,PC 的 8 位功能状态组成 8 位操作状态字。PC 口的低 3 位($D_0 D_1 D_2$)归属于 PB 口工作方式 1 输入/输出操作时的状态信息;PC 口的高 5 位($D_3 \sim D_7$)归属于 PA 口工作方式 1 输入/输出操作时的状态信息。

应注意的是,主机用读 PC 口指令所读取的工作方式 1 操作状态字和 PC 口输入/输出引脚上的状态信息是有区别的。例如,工作方式 1 输入操作时,PC_4 和 PC_2 的引脚是联络、应答信号,而从 PC 口读取操作状态字中的 PC_4 和 PC_2(D_4、D_2 位)则是中断允许/禁止触发器状态,在输出操作时 PC_6 和 PC_2 引脚上的信息与作为状态字的 D_6 和 D_2 的含义也不相同。

③ 工作方式 2

8255A 只有 PA 口具有工作方式 2 的功能。PA 口的工作方式 2 为输入/输出均具锁存功能的双向 I/O 总线口,既可采用查询方式或者中断驱动。由于当 PA 口设置为工作方式 2 时,需占用 5 位 PC 口线作为联络、应答信号,所以 PB 口就不具备工作方式 2 的功能。PA 口工作于方式 2 操作时所需 PC 口的联络、应答信号如下:

Ⅰ. 工作方式 2 输出操作联络、应答信号

INTRA(PC_3)——中断请求信号线,高电平有效。在工作方式 2 的输出或输入操作时均作为向主机请求中断处理信号。

$\overline{OBFA}$(PC_7)——输出缓冲器"满"信号,低电平有效。是输出给外设或外部元件的联络、选通信号,表示主机已将数据信息输出到(写入)8255A 的 PA 输出缓冲器中,示意外设或外部元件及时将数据信息取走。

$\overline{ACKA}$(PC_6)——选通响应信号,低电平有效,是由外设或外部元件响应 $\overline{OBFA}$ 有效(低

电平)信号,发向 8255A 的选通信号。由 $\overline{ACKA}$ 低电平有效信号选通 PA 口的三态数据缓冲器,将数据缓冲器中的数据信息输出给外设或外部元件。

INTEA₁——输出操作中断允许/禁止触发控制器,由 PC₆ 按位置位(置 1)/复位(清 0)进行控制,置位 1 时为允许(开)中断;复位 0 时则禁止(关)中断。

Ⅱ. 工作方式 2 输入操作联络、应答信号

IBFA(PC₅)——输入数据缓冲器"满"信号,高电平有效。是一个状态信息,表示由外设或外部元件提供给主机(输入)的数据信息已打入到 8255A 输入数据缓冲器中,提请主机来读取走。

$\overline{STBA}$(P4)——选通信号,低电平有效,它是由外设或外部元件给 8255A 发来的选通信号。它由外设或外部元件输入给 8255A 的有效数据信息经 $\overline{STBA}$ 有效选通后打入到 8255A 的输入数据缓冲器中。

INTEA₂——输入操作中断允许/禁止触发器,由 PC₄ 位按位置位(置 1)/复位(清 0)进行设置和控制。置位 1 时为开(允许)中断;复位 0 时为关(禁止)中断。

INTEA₁ 为输出操作中断允许(开)/禁止(关)触发器,INTEA₂ 为输入操作允许(开)/禁止(关)触发器,两者通过"或逻辑门"电路,共同控制 INTR 中断请求信号。因此,主机在检测到中断请求有效信号后应通过软件查询 INTEA₁ 和 INTEA₂ 中断允许/禁止控制触发器的状态,以便识别和确定能否响应中断请求进行处理。

8255A PA 口的工作方式 2,实质上是工作方式 1 输入和输出两种操作的组合,其输入或输出的操作是随机并任意的。输出操作是从主机执行数据信息写入 8255A 指令开始的,只要 $\overline{WR}$(写)信号在 $\overline{ACK}$ 信号有效之前发生;输入操作是由外设或外部元件的选通信号开始的,只要 $\overline{STB}$ 的有效信号在 $\overline{RD}$(读)之前生效就行。

工作方式 2 的输入、输出操作均可采用中断方式驱动,中断请求的逻辑表达式为:

$$INTRA = IBFA \cdot INTEA_2 \cdot \overline{STBA} \cdot \overline{RD} + OBFA \cdot INTEA_1 \cdot \overline{ACKA} \cdot \overline{WR}$$

当 PA 口被设置为工作方式 2(双向 I/O)时,PB 口可设置为工作方式 0 或 1,这时对应的控制命令字的格式为:

D_7	D_6	D_5	D_4	D_3	D_2	D_1	D_0
1	1	×	×	×	1或0	1或0	1或0

控制命令字中的 $D_2D_1D_0$ 三位归属于 B 组(PB 口)定义位,故可根据具体设置要求选择工作方式 0 或 1,故用"1"或"0"表示;$D_5D_4D_3$ 三位未用,可为任意值,故用"×"表示;D_6 位为 1,D_5 位为×(任意值),表示 PA 口设置为工作方式 2;D_7 位为特征位,D_7 位为 1,表示这是控制命令字,有效。

8255A PA 口工作方式 2 的状态字格式如图 7.29 所示。从图示可见,当 PA 口工作于方式 2 时,由于 PB 口可工作于方式 0 或 1,其工作于方式 1 时的联络、应答信号由 PC 口的 PC_0、PC_1、PC_2 三位承担,故由 $D_2D_1D_0$ 三位表示。余下 5 位则为 PA 口工作方式 2 的状态字信息。

8255A 的 PA 口工作于方式 2 时,如采用中断方式驱动,则有输入中断请求和输出中断请求;当 PB 口工作于方式 1 时,如亦采用中断方式驱动,亦有输入中断请求或者输出中断请求,这样就会共有 3 个中断源产生两个中断请求信号。因此,主机在响应中断请求后,首

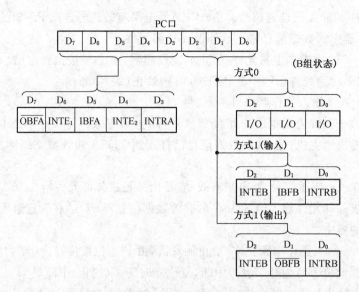

图 7. 29　8255A PA 口工作方式 2 状态字格式

先要通过软件查询 PC 口状态字的 D_0 和 D_3 位,以确认是 PA 口还是 PB 口的中断请求。如果是 PA 口的中断请求,则还需进一步查询 PC 口的 D_5 和 D_7 位,以确定是输入还是输出操作的中断请求。所有这些均需通过软件编程来完成。

8255A 的 PA 口工作方式 2 为双向输入/输出数据信息的传输提供了方便,但使用要求较复杂,在进行系统设计时,应正确把握其功能特性与要求。

由上所述可见,8255A 具有功能很强的可编程 I/O 口集成器件,是 MCS-51 系列单片机外部功能扩展的配套器件,因而其接口电路设计简单,使用灵活、方便,常被广泛选用。在实际应用中应注意联络、应答信号线、中断控制等相关功能要求,硬件连接以及软件编程。

3) 外部扩展 8255A 的硬件接口

8255A 是一种功能很强的可编程并行 I/O(输入/输出)口集成器件(芯片),它与 MCS-51系列单片机完全兼容、配套,因此硬件接口电路设计简单、方便。图 7.30 所示为 8051 型单片机外部扩展一片 8255A 的硬件接口电路。

如图 7.30 所示,8255A 的片选信号线 $\overline{CS}$ 与系统的地址译码器(74LS138)输出端口 y_2 直接相连接,8255A 的 I/O 口地址线 A_0A_1 与系统的外部总线 A_1A_0 对应直接相连接。设系统采用 P2 口的最高 3 位地址线进行 3-8 译码,则分配给 8255A 的寻址地址空间为:4000H～4003H 或者 5FFCH～5FFFH,亦即 010××××××××××00B～010××××××××××11B。其中"×"表示无实际意义,可为 1 或 0。它占了 64 KB 外部数据存储器寻址空间的第 3 个 8 KB 寻址空间。而实际只需 00～11 共 4 个地址,大量的地址空间没有用。数据线(端口)与系统的外部数据总线 P0 口(P0·0～P0·7)直接相连接,$\overline{RD}$、$\overline{WR}$也对应相连接,8255A 的 RESET(复位)与系统合用同一个复位电路,但两者的复位速度可能不尽相同,应保证 8255A 复位完成之后再进行初始化,为此,可将涉及 8255A 的初始化程序段安排在稍后程序区域进行。

8255A 的 3 个 I/O 通道 PA、PB、PC 可根据实际应用需要进行分配和硬件设计,这里没有具体展开。学者可作为练习题进行具体的外围电路设计。

一般外部扩展多功能可编程集成器件均需通过软件编程进行功能设置和定义。因此,

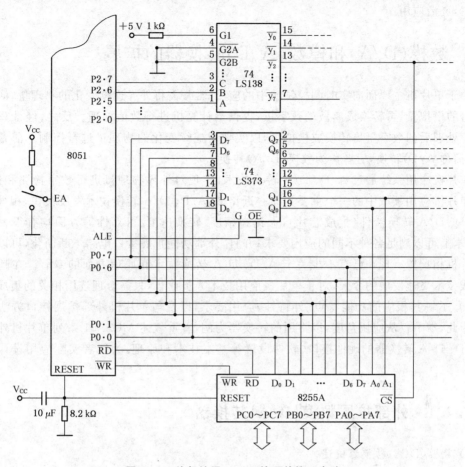

图 7.30　外部扩展 8255A 的硬件接口电路

主机需通过写控制命令字、初始化程序进行具体的功能设置和定义。当然,8255A 也不例外。

　　例:按照应用系统对外扩的 8255A 的具体功能要求,设 PA 口工作于方式 0、输入操作;PB 口工作于方式 1、输出操作;PC 口的 PC0～PC2 3 位用于 PB 口的联络、应答配套信号,尚余下的 PC3 用于方式 0 的输入操作,PC4～PC7(A 组)的 4 位用于方式 0 的输出操作。根据这样的功能分配要求,8255A 的工作方式控制命令字为 10010101B 即 95H,则 8255A 的工作方式控制命令字的初始化程序段如下:

$$\vdots$$

```
P18255：MOV   DPTR，#4003H ;控制命令字寄存器地址送 DPTR
        MOV   A，#95H      ;控制命令字送 A
        MOVX @DPTR，A      ;控制命令字写入 8255A
```

$$\vdots$$

　　执行完上述初始化程序段,8255A 即按命令字设定的工作方式进行具体操作。

　　与 MCS-51 系列单片机配套的外部扩展并行 I/O 口的部器件还有很多,功能强、品种齐全,可根据应用系统的实际需要进行选配。但一般外部扩展的配置方法、硬件接口设计、软件编程与设置大同小异,希望读者能通过上述典型举例,深入理解和掌握其核心环节,举一反三,灵活应用。

7.4 数模(D/A)和模数(A/D)转换器的扩展

由于单片机主要面向实时测控领域中的应用,常常需将外界连续变化的物理量,演化成电信号的模拟量,再转换成离散的数字量,提供给计算机进行数值处理。反之,经计算机进行数值处理后的数字量再转换成模拟量,以实现对连续变化的物理量进行控制。前者称为模数(简称 A/D)转换,后者称为数模(D/A)转换。

单片机应用系统通过 A/D、D/A 转换技术,实现对外界物理量进行数字检测和控制。这是单片机应用领域中的一个重要方面。近年来,A/D、D/A 转换技术发展很快,相继推出的 A/D、D/A 转换器件(集成芯片),无论在精度、转换速度、可靠性等方面均有很大的提高,基本上可以满足各种不同的应用要求;并且,外部功能扩展接口电路不断简化,可以直接与单片机相配置。现在已有不少关于 A/D、D/A 转换技术和原理方面的专著。在超大规模集成技术飞速发展的今天,对于单片机应用技术人员而言,只需合理选用相关的集成器件(芯片),了解其相应的功能特点、外特性、应用要求,以及与单片机外部扩展接口方法等即可。为此,本节仅从应用角度,以常用的转换器为例,着重叙述 MCS-51 系列单片机外部扩展 A/D、D/A 转换器的硬件接口、软件设置等基本技术和原理,为读者实际应用设计打好基础。

7.4.1 外部扩展数模(D/A)转换器

1) 数模(D/A)转换器概述

数模(D/A)转换器有并行和串行两种,在实时测控应用系统中,常对转换速度有一定要求,因此采用并行转换方式的数模(D/A)转换器较多。

(1) 数模(D/A)转换器的基本原理与结构

数模(D/A)转换器是将离散的数字量转换成连续变化的模拟量——电流或电压。如何实现这两个完全不同量的转换呢?从理论分析可知,一个数字量是由数字代码按位组成的。每一个数字代码代表一定的"权",一个数字代码与其对应"权"相结合,就代表了一个具体的数量(值),把全部的数值量相加,就是该数的数字量。例如,一个二进制数:1101,其最高位的"权"为 $2^3 = 8$,其数字代码为 1,则该位所表示的数值为:$1 \times 2^3 = 8$;次高位的"权"为 $2^2 = 4$,其数字代码为 1,则该位所表示的数值为:$1 \times 2^2 = 4$;再次位的数值为:$0 \times 2^1 = 0$;最低位数值为:$1 \times 2^0 = 1$。因此,二进制数 1101 的数值可用如下展开式表示:

$$(1101)_2 = 1 \times 2^3 + 1 \times 2^2 + 0 \times 2^1 + 1 \times 2^0 = 8 + 4 + 0 + 1 = (13)_{10}$$

从这里得到了启发,若要求取该数字量所对应的模拟量,则只需将各位数字量分别变换成相应的模拟量,然后将所有模拟量相加,所得的和数即为该数字量相对应的模拟量。这就是数模(D/A)转换技术的理论依据,基本原理。

按照上述理论构成的数模(D/A)转换器,将数字量的所有位同时进行转换,称之为并行数模(D/A)转换器。这种 D/A 转换器由电解网络、电子开关、标准电源等电路所组成。其构成结构如图 7.31 所示。其中数字量(二进制数)的位数与电子开关一一对应。输入数字量的各位数字代码$(D_n D_{n-1} \cdots\cdots D_1 D_0)$将决定各对应的电子开关状态:数字代码为 1,电子开关闭合;为 0 电子开关断开。标准电源提供的电流将通过闭合的电子开关流入解码网络,解码网络将标准化电压转换成相应的电流,经求和放大器电路形成与输入数值大小相对应的模拟输出电压 V_O。

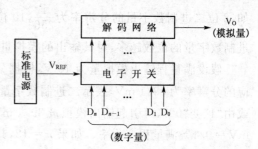

图 7.31　并行 D/A 转换器基本结构

并行 D/A 转换器根据解码网络的不同,可分为:权电阻译码网络、T 型解码网络和变型权电阻解码网络等多种结构。目前已商品化的集成 DAC 器件(芯片)多半采用 R/2R T 型解码网络和 TTL 或 CMOS 型电子开关结构。有关更详细、具体的内容,这里就不详述了。

并行 D/A 转换器的转换速度快,这是因为数字量的所有位同时输入到转换器各对应的端口,转换的时间主要取决于转换器中电源电压的建立时间和求和时间。而这些时间实际上是很短暂的,一般为毫微秒数量级,因而被广泛应用于单片机嵌入式测控系统中。

对于 D/A 转换器的选用,要注意区分输出形式和内部是否常有锁存功能。

D/A 转换器的输出有两种形式:一种是电压输出形式,即输入的是数字量,而输出的为电压;另一种则为电流输出形式,即输出的是电流。在实际应用中,如需要输出电压模拟量,对于电流输出型的 D/A 转换器,可在其输出端加一级运算放大器,以构成电流—电压转换电路,从而可以将 D/A 转换器由电流输出改变为电压输出。

由于 D/A 转换器从数字量的输入,到完成转换后模拟量的输出,是需要一定的转换时间的。因此,在转换过程中的一段时间内,D/A 转换器输入端上输入的数字量应保持稳定不变。由于主机输出给 D/A 转换器的数字量信息速度快,保持时间短,因此需提供数据锁存功能,以保证 D/A 转换器完成 D/A 转换的需要。为此,根据 D/A 转换器内部是否设数据锁存器而分成两种 D/A 转换器类型:

一是内部无锁存器功能的 D/A 转换器。这类 D/A 转换器内部结构简单,价格相对便宜,但在实际应用设计时,一般需在 D/A 转换器的数据输入端口前加设数据锁存器,以保证 D/A 转换的需要。这类转换器有 DAC800(8 位数字量输入),AD7520(10 位数字量输入),AD7521(12 位数字量输入)等。

二是内部集成有锁存功能的 D/A 转换器。这类 D/A 转换器内部不仅集成有数据输入锁存器,而且还包含有地址译码电路,有的还设有双重或多重数据缓冲功能,并可直接与主机相连接,接口电路简单,应用方便。常用的有 DAC8031、DAC1230、AD7542、AD7549等。这些产品都是 8 位以上数字量输入的 D/A 转换器。

(2) D/A 转换器的主要技术、性能指标

D/A 转换器的技术性能指标有很多,诸如绝对精度、相对精度、线性度、输出电压范围、温度系数、输入数字量代码种类(二进制码、BCD 码)等。这里仅对应用者最关心的几个技术性能指标作一简介。

① 分辨率

D/A 转换器的分辨率是对输入数字量的变化引起模拟量输出敏感度的描述,这与输入数字量的位数有关。通常定义为满刻度值与 2^n 之比(n 为 D/A 转换器输入数字量二进制码的位数)。显然,n 越大,即二进制码输入数字量的位数越多,则对应的分辨率越高。例

如，8 位二进制数字量的分辨率为 $\frac{1}{256}$，10 位的分辨率为 $\frac{1}{1\,024}$……可见 D/A 转换器输入二进制数字量的位数越多，对其输出的模拟量的敏感度也越高。

假设满量程输出模拟量为 10 V，根据分辨率的定义，其分辨率为 $10\ V/2^n$。$n=8$，则对应的分辨率为 39.1 mV，表示二进制数字量最低一位的变化(例如最低一位 D_0 由"0"变"1"或由"1"变"0")，可引起输出模拟量 39.1 mV 的变化；$n=10$，其分辨率为 10 V/1 024＝9.77 mV＝0.1％满量程变化率。如果 $n=12$，其分辨率为 10 V/4 096＝2.44 mV＝0.024％满量程变化率。其余以此类推。

当然输入数字量位数不同的 D/A 转换器售价也不同，位数越多，售价越高。因此，选用时应根据分辨率的实际需要选择相应的 D/A 转换器。

② 转换建立时间

D/A 转换器的转换建立时间是描述 D/A 转换器从输入的数字量转换成模拟量的输出，其整个转换速度快慢的一个参数，用于表示 D/A 转换器的转换速度。其值为从数字量输入到模拟量输出达到终值误差 $\pm\frac{1}{2}$LSB(最低有效位)时所需的转换时间。输出为电流型的转换建立时间较短，而输出为电压型的 D/A 转换器，因需增加运算放大器的延迟时间，故而其建立时间要稍长一些。但从总体上讲，D/A 转换器的转换速度远比 A/D 转换器快。例如，快速的 D/A 转换器的建立时间可达 1 μs 以下。

③ 转换精度

在理想情况下转换精度与分辨率基本一致，输入数字量位数越多，其转换精度越高。但由于电源电压、参考电压、电阻器等各种因素所存在的误差，因此，严格地讲，精度与分辨率并不完全一致。对分辨率而言，只要输入的数字量位数相同，其分辨率就相同。但数字量位数相同的转换器，其对应的转换精度会有所不同。例如，某种型号的 8 位 D/A 转换器，其标明的精度为 ±0.19％，而另一种型号的 8 位 D/A 转换器的精度则为 ±0.05％。

④ 线性度

线性度是指 D/A 转换器的实际转换特性曲线与理想直线之间的最大偏差。通常线性度不应超过 $\pm\frac{1}{2}$LSB。

其他一些技术性能指标应根据实际应用需要加以考虑，这里就不一一详述了。

2) 外部扩展 DAC0832 型 D/A 转换器

DAC0832 是一个 8 位的 D/A 转换器芯片，由单一电源供电，＋5 V～＋15 V 均可正常工作，基准电压范围为 ±10 V，电流建立时间为 1 μs，CMOS/Si-Cr 工艺，低功耗 20 mW，芯片为 20 引脚双列直插式封装，与 MCS-51 系列单片机进行外部功能扩展，硬件接口电路简单，设计方便。

(1) DAC0832 的内部结构及其外特性

DAC0832 是由输入数据寄存器、DAC 寄存器和 D/A 转换器(R/2RT 型解码网络)等组成的 CMOS 工艺集成器件，其主要特点是内部设有两个独立的 8 位寄存器，而且具有双缓冲器功能。在将输入的转换数据打入到 DAC 寄存器中供 D/A 转换器进行转换的同时，又可接受新的转换数据输入到输入数据寄存器中。这样就可根据需要快速修改 DAC0832 的转换输出，亦即提高了测控速度。图 7.32 所示为 DAC0832 的内部结构及其引脚排列图。

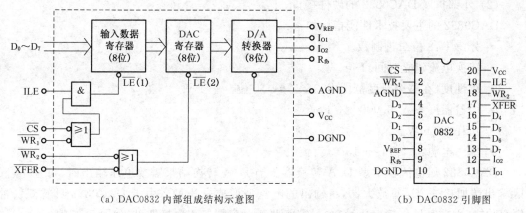

（a）DAC0832 内部组成结构示意图   （b）DAC0832 引脚图

图 7.32   DAC0832 内部组成结构及其引脚图

DAC0832 各引脚的功能含义如下：

$\overline{CS}$——片选信号端口，低电平有效。

ILE——允许转换数据输入信号端口，高电平有效。

$\overline{WR_1}$——写信号1输入端口，低电平有效。选通转换数字量写入输入数据寄存器中。由 ILE、$\overline{CS}$、$\overline{WR_1}$ 三信号同时有效来控制输入数据寄存器的有效选通。

$\overline{WR_2}$——写信号2输入端口，低电平有效。

$\overline{XFER}$——DAC 转换寄存器控制信号端口，低电平有效。当 $\overline{XFER}$ 和 $\overline{WR_2}$ 两信号同时有效时选通 DAC 转换寄存器，将锁存在输入数据寄存器中的转换数字量信息（数据）打入 DAC 转换寄存器中，供 DA 转换器进行 D/A 转换。如果在电路设计中，将 $\overline{CS}$ 和 $\overline{XFER}$ 两信号端口直接接地，ILE 接 +5 V 电源（V_{CC}），$\overline{WR_1}$ 和 $\overline{WR_2}$ 合并，同接主机的 $\overline{WR}$，则能将输入转换数据（数字量）直通送 D/A 转换器进行 D/A 转换。

$D_0 \sim D_7$——8 位转换数字量（数据）输入端口。

I_{O1}、I_{O2}——DAC 转换电流输出端口。

R_{fb}——放大器反馈电阻连接端口，用于外接直流放大器接入分路反馈电阻，以保持输出转换电流的线性度。要保持输出电流的线性度，很重要的一点是两个电流输入端的电位应尽可能地接近于 0 V。例如，当 V_{REF} 为 10 V 时，I_{O1} 和 I_{O2} 上有 1 mV 的电压，将会产生 0.01% 的线性误差。因此，在大多数的情况下，输出电流通过运算放大器转换成电压输出，其反相输入端是一个"虚"地，它是由运算放大器的输出端通过 15 kΩ 内部电阻 R_{fb} 反馈而形成的。

V_{REF}——标准电压（也称参考电压）输入端口。通过该端口将外部标准电源和内部 R/2R T 形网络相连接，为 R/2R T 形网络提供精确度较高的标准电源。V_{REF} 可工作在 ±10 V 范围内。

V_{CC}——工作电压输入端口，可工作于 +2 V～+15 V，最佳工作状态是采用 +15 V。

AGND——模拟量接地端口。

DGND——数字量接地端口。

AGND 和 DGND 是两种不同性质的接地端，必须分别单独处理，绝不能含混地连接在一起，特别是 AGND 必须很好地妥善处理，否则将影响转换的稳定性和精度。两者最后以一点接地。

（2）外部扩展 DAC0832 的硬件接口

DAC0832 的主要技术性能指标如下：

- 分辨率：8 位二进制数。
- 转换电流建立时间：$1\ \mu s$。
- 线性度（在整个温度范围内）：8、9 或 10 位。
- 增益温度系数：$0.000\ 2\%$ FS/℃。
- 功耗：20 mW。
- 单一电源：$+5\ V \sim +15\ V$（直流）。

DAC0832 属电流输出型 D/A 转换器。当 D/A 转换结果需要电压输出时，可在 I_{O1} 和 I_{O2} 输出端加接一个运算放大器，将输出的电流型变成电压型。由于 DAC0832 具有双缓冲锁存功能，因此其硬件接口较简单，只需将两者对应端口相连接即可，如图 7.33 所示。

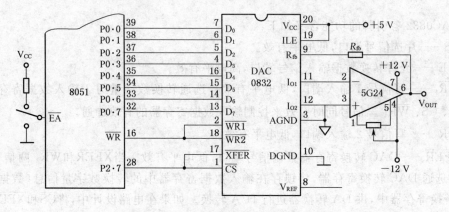

图 7.33　8051 配置 DAC0832 硬件接口电路

为突出重点，叙述方便，特意将与此无关的其他元件部分略去。在本例中，将 DAC0832 的片选信号采用地址线性选择法直接与 P2·7 相连，当然也可采用与 3-8 译码器输出端 $\overline{Y_x}$ 相连，不同的连接方式，相应的寻址空间也不同。在这里，DAC0832 对应的地址空间为：$0 \times \times \cdots \cdots \times \times$B，即 0000H～7FFFH，只要 P2·7 位为 0，即选通 DAC0832。由此可见，选用 P2·7 作为片选信号，严重地浪费了寻址地址空间。

DAC0832 的电流输出 I_{O1} 和 I_{O2} 经运算放大器 5G24，变换成电压输出 V_{OUT}。运放 5G24 需 $\pm 12\ V$ 两挡工作电源，现在改进的新型运放，大多已改成单一 $+5\ V$ 电源，这样就省事、方便多了。V_{REF}（参考电压）接标准电源。当 V_{REF} 接 $+10\ V$ 标准电源时，V_{OUT} 的输出为 $0 \sim +10\ V$，而接 $-10\ V$ 时，V_{OUT} 的输出电压为 $0 \sim -10\ V$；如果 V_{REF} 接 $+5\ V$ 或 $-5\ V$ 时，其输出电压为 $0 \sim +5\ V$ 或 $0 \sim -5\ V$。

在本例中，DAC0832 的工作时序图如图 7.34 所示。每当主机对 DAC0832 进行一次写操作，把 D/A 转换数字量写入到 DAC0832 的输入数据寄存器，由于 $\overline{WR_1}$ 和 $\overline{WR_2}$ 合并，并与主机的 $\overline{WR}$（写）直接相连接，形成直通方式，直接将转换数字量（数据）经输入数据寄存器送入 DAC 寄存器供 D/A 转换器进行 D/A 转换，

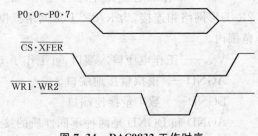

图 7.34　DAC0832 工作时序

经 D/A 转换后输出对应的电流,再经 5G24 运算放大器变换成对应的电压量输出。对应的写操作程序段如下:

```
            ⋮
OUTDA: MOV    DPTR,#7FFFH    ;DAC 寻址地址→DPTR
       MOV    A,#××H        ;转换数字量→A
       MOVX   @DPTR,A        ;数字量写入 DAC0832
            ⋮
```

DAC0832 具有双缓冲器功能,可利用此特点配置多片 DAC0832,以实现同时输出多个模拟量,达到多维测控的目的。

3) 外部扩展 DAC1020 或 DAC1220 型 D/A 转换器

由上述可知,DAC0832 型 D/A 转换器的分辨率较低,只有 8 位,对某些应用场合不能满足性能要求。而 DAC1020 和 DAC1220 系列是美国半导体公司推出的 10 位和 12 位二进制乘法方式的 D/A 转换器。其主要性能指标如下:

- 只需调整零点和满刻度就可确定其线性度。
- 在整个满刻度范围内可确保其非线性度。
- 分辨率:DAC1020 为 10 位二进制数字量(1/1 024),DAC1220 为 12 位二进制数字量(1/4 096)。
- 低功耗,在工作电源电压为 +15 V 时,功耗的典型值为 10 mW。
- 采用固定或可变的基准电压。
- 具有四象限乘法功能。
- 可直接与 DTL、TTL、CMOS 型电路接口。
- 稳定时间短,典型值为 500 ns。

(1) DAC1020 和 DAC1220 型 D/A 转换器的外特性

DAC1020 系列包括 DAC1020、DAC1021、DAC1022 等产品,它们可直接代换 DA 公司的 AD7520、AD7530 型产品,其引脚排列如图 7.35(a)所示,为 16 引脚双列直插式封装。

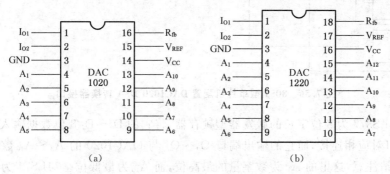

(a)   (b)

图 7.35 DAC1020 和 DAC1220 外部引脚图

其中各引脚功能说明如下:

I_{O1}、I_{O2}——输出电流型端口。

$A_1 \sim A_{10}$——10 位数字量输入端口(DAC1020 型);$A_1 \sim A_{12}$——12 位数字量输入端口(DAC1220 型)。

V_{REF}——标准电源端口。

V_{CC}——直流工作电源端口。+5 V～+15 V。

R_{fb}——反馈电阻连接端口。

G_{ND}——接地端口。

（2）外部扩展 DAC1020 型 D/A 转换器硬件接口

DAC1020 型 D/A 转换器内部不带数据输入寄存器,必须在外部增设锁存器才能与 MCS-51 系列单片机的 P0 口相连接。由于 MCS-51 系列单片机的数据字长为 8 位,故必须分两次写操作才能把一个 10 位的二进制数据写入到 DAC1020 中进行 D/A 转换。为了能使 10 位数据同时写入 DAC1020（对于 12 位的 DAC1220 也一样）,以避免输出的电压波形出现毛刺现象,必须选用双缓冲器方式,分两次输入给两个缓冲器,由两个缓冲器同时输出 10 位数据送 DAC1020 进行 D/A 转换。同样,DAC1020 型 D/A 转换器属电流输出型,为了能变成电压输出型模拟量,通常将输出电流 I_{O1}、I_{O2} 通过运算放大器进行转换。

由于 DAC1020 与 DAC1220 两者仅分辨率不同,为此仅以 DAC1020 为例。外部扩展 DAC1020 型 D/A 转换器的硬件接口电路如图 7.36 所示。为了节省图的版面以及叙述方便、重点突出,与 DAC1020 扩展无关的部分均省略。

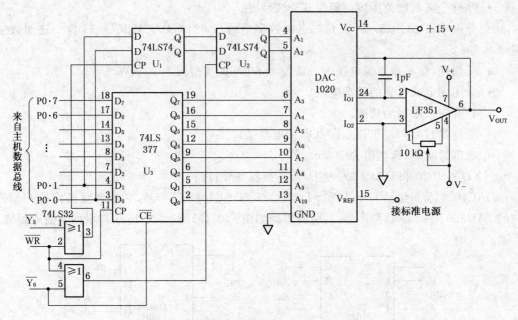

图 7.36 8051 型单片机配置 DAC1020 D/A 转换器接口

图中 74LS377 为 8 位字长的触发器型锁存器,将它的 D_0～D_7 8 位数据输入端口直接与主机的 P0 口对应相连接,而它的输出端口 Q_0～Q_7 与 OAC1020 的 A_3～A_{10} 数字量输入端口相连接。请注意,这里的 A_1 为数字量的最高位,而 A_{10} 为最低位。74LS74 为 2 位字长的触发器型锁存器,在这里用于锁存最高二位数字量的输入。由两片 74LS74（U_1 和 U_2）组合成两级锁存。74LS32 为“或”逻辑门电路,由主机的地址译码输出的 $\overline{Y_5}$ 与 U_1 的 CP 相连接,因此,U_1 的选通地址为:101××…××B＝BFFFH(或 A000H),由 $\overline{Y_6}$ 与 U_2 的 CP 和 U_3（74LS377）的 $\overline{CE}$ 相连接,它们的选通地址为:110×…××B＝DFFFH(或 C000H)。

在 10 位数字量进行输出操作时,先将最高两位通过 P0 口的 P0·0 和 P0·1 输出,并锁存于 U_1 锁存器中,然后再输出数字量低 8 位送入 U_3 锁存器中,再由 U_2（最高二位）和

U_3（低 8 位）组成 10 位数字量同时输出给 DAC1020D/A 转换器，从而实现高二位由 U_1 二次锁存于 U_2，并与 U_3 锁存低 8 位数字量在时间上同步，达到 10 位数字量同时输出给 DAC1020D/A 转换器进行 D/A 转换。对应的 D/A 转换程序段如下：

```
          ⋮
OUTDAC: MOV    DPTR, ♯OBFFFH      ;U₁ 选通地址→DPTR
        MOV    A, ♯XXH            ;最高 2 位数据→A
        MOVX   @DPTR, A           ;最高 2 位数据写入 U₁
        MOV    DPTR, ♯ODFFFH      ;U₂、U₃ 选通地址→DPTR
        MOV    A, ♯××H            ;低 8 位数据→A
        MOVX   @PPTR, A           ;低 8 位连同高 2 位同时写入
                                   DAC1020 中
          ⋮
```

上述列举了两个具有代表性的 D/A 转换器功能特性及其与 MCS-51 系列单片机的外部扩展接口电路设计、软件驱动程序段等。希能举一反三,正确理解和掌握各类 D/A 转换器的选用和配置。

7.4.2　外部扩展模数(A/D)转换器

在单片机嵌入式应用系统中应用较多的是用模数(A/D)转换器对外部数据信息进行采集。

随着超大规模集成技术的快速发展,目前市场上推出的 A/D 转换器在功能、精度(分辨率)、速度上均有了很大的提高。由于精度、分辨率、速度的不同,价格也千差万别。从 A/D 转换器的组成结构分,有计数比较型(速度慢,价格便宜),逐次逼近型(分辨率、速度、价格适中),双积分型(分辨率高、抗干扰能力强、价格便宜)和并行转换型(高速)。近年来又推出了新型的电压—频率(V/F)转换器(高精度、低价格,但转换速度慢)等产品,可供用户、设计者按需要选用。本节就目前广泛应用的 A/D 转换器举例论述。

1) 模数(A/D)转换器概述

A/D 转换器主要功能和作用,是把模拟量转换成数字量,以利于计算机进行处理。这一进程,极大地推动了各个领域的自动化、智能化水平的提高,促进了科学技术的发展。

为了满足广泛的、各种不同应用领域的需求,以及超大规模集成技术的快速发展,A/D 转换器新的设计思想和制造、集成技术层出不穷,大量结构不同、性能各异的 A/D 转换器推陈出新、应运而生。

(1) A/D 转换器的分类

根据目前 A/D 转换器的组成原理可分成两大类:一类是直接型 A/D 转换器,即直接将输入的模拟量转换成数字量,期间不经任何中间变量;另一类为间接型 A/D 转换器,首先需将输入的模拟量转换成某种中间变量(时间、频率、脉宽等),然后再把这个中间变量转换成数字量输出,送计算机进行数值处理。当前市场上推出的 A/D 转换器的分类如图 7.37 所示。

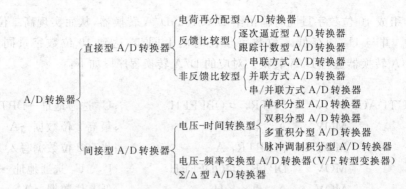

图 7.37 A/D 转换器的分类

从图 7.37 可见,目前市场上推出的 A/D 转换器品种较多,但被广泛应用的主要是逐次逼近型、双积分型、Σ/Δ 型和 V/F 型。其中 Σ/Δ 型 A/D 转换器具有积分型和逐次逼近型的双重优点,它对工业现场的串模干扰具有较强的抑制能力,又具有较高的信噪比,分辨率高、线性度好,不需要采用保持电路等优点,因而得到了应用领域的广泛重视,并派生出多种 Σ/Δ 型 A/D 转换器。而 V/F 型 A/D 转换器适用于转换速度要求不高,需进行较远距离信号传输的 A/D 转换过程的应用场合。

(2) A/D 转换器的主要技术指标

① 转换时间和速率

A/D 转换器完成一次模数转换所需的时间,称为转换时间,转换时间的倒数称为转换速率。并联方式 A/D 转换器的转换时间最短,一般约为 20～50 ns,其速率为 $(20\sim50)\times10^6$ 次/秒;双极性逐次逼近型 A/D 转换器的转换时间约为 0.4 μs,速率为 2.5×10^6 次/秒。

② 分辨率

A/D 转换器的分辨率常用其转换结果输出的数字量二进制数码位数或 BCD 码位数表示。例如 AD754 的输出为 12 位二进制数码,即用 2^{12} 个数进行量化,其分辨率为 1/4 096,用百分比表示为 0.024 4%;MC14433 的输出为 $3\frac{1}{2}$ 位 BCD 码,其满字位为 1 999,其分辨率为 1/1 999,用百分比表示为 0.05%。

由量化过程所引起的误差,是由有限位数的数字量对模拟量进行量化而引起的。量化误差理论上规定为一个单位分辨率的 $\pm\frac{1}{2}$ LSB(最低一位数字量的变化)。量化误差与分辨率密切相关,提高分辨率(即增加数字量的位数),可以减小量化误差。

③ 转换精度

A/D 转换器的转换精度定义为一个实际的 A/D 转换器和一个理想的 A/D 转换器在量化值上的差值。可以用绝对误差或相对误差来表示。

(3) A/D 转换器的选择

A/D 转换器按其输出数字量代码的有效位数可分为多种:二进制代码有 4 位、8 位、10 位、12 位、14 位、16 位等,以及 BCD 码的 $3\frac{1}{2}$ 位、$4\frac{1}{2}$ 位、$5\frac{1}{2}$ 位等;按其转换速度可分为超高速(转换时间≤1 ns)、高速(转换时间≤1 μs)、中速(转换时间≤1 ms)和低速(转换时间≤1 s)等多种不同转换速度的 A/D 转换器。为了能适应广大用户和应用系统组成的需要,有些 A/D 转换器还将多路转换开关、时钟电路、基准电压源、二-十进制译码器和转换电路等集成在一个芯片内,大大简化了应用系统的硬件电路设计。在设计数据采集、测控系统以及智能仪器、仪表等应用中,如何选择合适的 A/D 转换器,以满足应用系统实际需要和设计要求,一般应从以下几个方面进行权衡和考虑:

① A/D 转换器输出数字量位数的选择与确定

A/D 转换器输出数字量位数的选择与确定和整个测控系统所需测控的范围和精确度有关,但又不是用以确定测控系统精确度的唯一因素。因为影响测控系统精确度所涉及的环节较多,包括传感器的变换精度、信息量与处理电路精度、A/D 转换器、输出电路、测控机构,甚至包括软件测控算法等等。因此,在实际估算时,A/D 转换器输出数字量的位数至少要比系统总精度要求的最低分辨率多一位。虽然分辨率与转换精度不属于同一个概念,但分辨率是转换精度的基础,没有分辨率就谈不上转换精度。实际选取的 A/D 转换器输出数字量的位数应与在考虑上述诸环节后所能达到的精度要求相适应,一般不应低于这个值。如果选得较高或过高,则无实际意义,而且价格会贵很多,不符合性价比要求。

② A/D 转换器速率的选择与确定

A/D 转换器从模拟量输入,启动 A/D 转换到转换结束,输出稳定的数字量所需要的时间,称为 A/D 转换器的转换时间,其倒数就是每秒(单位时间)钟能完成的转换次数,称为转换速率。不同类型的 A/D 转换器,其所需的转换时间是不同的。一般低速类 A/D 转换器的转换时间需几毫秒至几十毫秒,通常用于诸如温度、压力、流量等缓慢变化参量的检测与控制;中速 A/D 转换器的转换时间约在几微秒至 100 微秒之间,常用于工业多通道测控系统或声频数字转换系统;高速 A/D 转换器的转换时间在 20 纳秒至 100 纳秒之间,主要适用于数字通信、雷达、实时光谱分析、实时瞬态记录、视频数字转换等系统。

对于一般的单片机而言,要在 10 μs 内完成 A/D 转换器转换操作以外的工作,如读数据、再启动、存储数据、循环计数等已经比较困难。若再提高数据采集的速度和频率,一般主机(单片机)就难以操作和控制了,需另想别法,如采用 DMA 直接存储器技术来实现。

③ 采样保持器的选择

原则上对于直流和变化缓慢的模拟信号,可以不用采样保护器,其他情况应加设采样保护器。根据分辨率、转换时间、信号带宽关系式,可以求得如下数据,作为是否加设采样保护器的参考:如果 A/D 转换器的转换时间为 100 ms,ADC 转换器是 8 位二进制数,没有采样保护器时,信号的允许频率为 0.12 Hz;如果 ADC 转换器是 12 位二进制数,其允许频率为 0.007 7 Hz。如果转换时间为 100 μs,ADC 转换器为 8 位二进制数时,其允许频率为 12 Hz,12 位时为 0.77 Hz。上述数据仅供参考,最好应通过实验,视采样数据是否稳定、可靠为准。

④ 工作电压与基准电压

目前多数 A/D 转换器改用单一的 +5 V 工作电压,与主机系统共用一个工作电压源,因此比较方便。尚有少数 A/D 转换器与主机系统工作电源不一致或需多挡工作电压源,这就会给系统设计带来较大麻烦。

基准电压源在转换过程中给 A/D 转换器提供所需要的参考电压,是保证转换精度、稳定可靠的基本条件。对转换精度和稳定性较高的应用场合,应考虑采用单独的、高精度稳压电源供电。近年来,不少新型 A/D 转换器,自身提供(不再需要外加)符合要求的基准电压源。

目前市场上提供的各类 A/D 转换器品种繁多,而且不断推陈出新,在具体设计应用系统时,应根据实际需要,正确选用合适的 A/D 转换器。

2) 外部扩展 ADC0809 型 A/D 转换器

ADC0809 是单片机应用系统中最常用的 8 位二进制码 A/D 转换器,其组成结构属逐次逼近型。ADC0809 由单一的 +5 V 电压源供电,内部带有锁存功能的 8 路模拟电子开关,可对 0~5 V 的 8 路输入模拟量电压信号进行分时采样、转换,完成一次采样和转换约需 $100~\mu s$,转换后输出的数字量具有 TTL 三态锁存缓冲功能,可直接与主机的外部数据总线(P0 口)相连接。通过适当的外接电路,可设计成双极性模拟信号的 A/D 转换器。

(1) ADC0809 的内部结构与外特性

ADC0809 型 A/D 转换器属 CMOS 工艺、逐次逼近型结构,其转换结果输出 8 位二进制码的数字量,可以有 8 路模拟量输入,并进行分时转换。其内部组成结构及其外特性如图 7.38 所示。

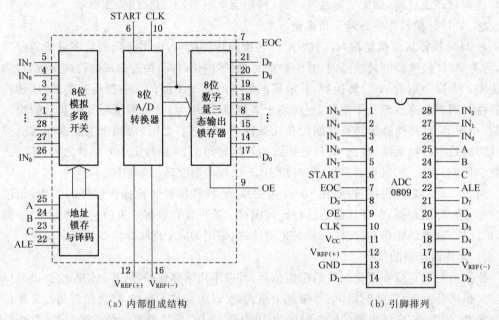

(a) 内部组成结构　　　　　　　　　　(b) 引脚排列

图 7.38　ADC0809 内部组成结构与引脚排列

如图所示,ADC0809 型 A/D 转换器,内部由 8 位模拟多路开关、地址锁存与译码器、8 位 A/D 转换器和 8 位数字量三态输出锁存器等所组成。其外部为 28 引脚双列直插式封装。各引脚的功能含义如下:

$D_0 \sim D_7$ ——8 位二进制数字量输出端口。

$IN_0 \sim IN_7$ ——8 路模拟量输入端口。

V_{CC} ——单一 +5 V 工作电压源。

GND ——接地端口。

$V_{REF(+)}$、$V_{REF(-)}$ ——参考电压 +、- 连接端口。

START ——启动 A/D 转换选通信号输入端口,高电平有效。

ALE ——地址锁存允许信号输入端口,ALE 的下降沿将寻址地址打入锁存器进行锁存。

EOC ——A/D 转换结束信号输出端口,高电平有效。当模拟量输入,开始进行 A/D 转换时,EOC 呈低电平无效状态,一旦转换结束,并将转换结果的数字量打入三态输出锁存器即变成高电平输出有效。

OE——A/D 转换完成后数字量输出允许控制信号输入端口,高电平有效。用于选通和激活三态数字量锁存器的输出。

CLK——时钟信号输入端口。

A、B、C——三位寻址地址码输入端口,这三位地址码经 3-8 译码器的输出,寻址并控制 8 路模拟量输入电子开关的选通,以实现对 $IN_0 \sim IN_7$ 8 路模拟量输入的寻址。A、B、C 三位地址码的输入编码与 8 路模拟通道的对应关系如下:

C	B	A	对应输入通道
0	0	0	IN_0
0	0	1	IN_1
0	1	0	IN_2
⋮	⋮	⋮	⋮
1	1	0	IN_6
1	1	1	IN_7

(2) ADC0809 型 A/D 转换器的主要特性

• 分辨率:8 位二进制码数字量。
• 转换时间:约 $100~\mu s$。
• 无零点和满刻度调正。
• 单一+5 V 工作电压源供电。
• 8 路通道模拟量输入,自带锁存控制逻辑。模拟量输入电压可分为 $0 \sim +5$ V、± 5 V、± 10 V 3 挡。
• 具有锁存的三态输出功能,与 TTL 兼容。
• 功耗:15 mW。

(3) 外部扩展 ADC0809 硬件接口

根据对 ADC0809 转换结束输出信号 EOC 的不同处理方法,可分为查询方式和中断请求方式。图 7.39 所示为 8051 型单片机外部扩展 ADC0809 8 路 A/D 转换器的硬件接口电路。

如图所示,借用主机的 ALE 信号(锁存允许)作为 ADC0809 的 CLK 输入的时钟信号,因为主机的 ALE 信号的频率基本固定,且在 ADC0809CLK 所要求的频率范围之内,两者是相匹配的,这样就可省略一个单独的时钟信号源。由于 ADC0809 片内设有地址译码锁存器,所以 ADC0809 的多路地址编码 A、B、C 可以直接与主机的低 8 位地址总线的 P0·0~P0·2 直接相连接。在本例中采用地址分配线性选择法,采用 P2 口的 P2·6 位线与主机的 $\overline{RD}$(读)、$\overline{WR}$(写)选通信号线相逻辑组合,作为 ADC0809 的 START、ALE 和 OE 的选通输入信号。它们之间有如下的逻辑关系:

$$ALE = START = \overline{\overline{WR} + P2 \cdot 6}, \quad OE = \overline{\overline{RD} + P2 \cdot 6}$$

可见,当 P2·6 为低电平时有效。因此,在进行软件编程设计时,ADC0809 的选通地址

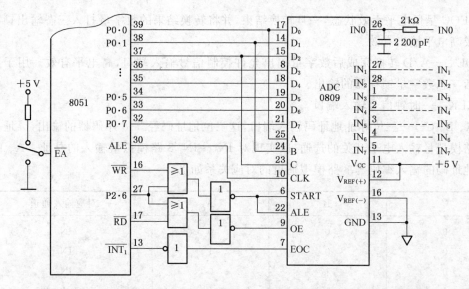

图 7.39 8051 型单片机外部扩展 ADC0809 8 路 A/D 转换器的硬件接口电路

为:P2·6(即 A₁₄ 地址线)为 0(低电平),并由地址线的最低 3 位地址码 A₂、A₁、A₀,作为 8
路模拟量输入通道(IN₀～IN₇)的选通地址码。主机每执行一条采样指令,就选通某路模拟
量的输入通道(INₓ),并启动一次 A/D 转换。当某路 A/D 转换结束,OE 即呈高电平有效,
主机即可执行一条读(RD、输入)指令,就从 ADC0809 中读取转换结果(数字量),从而完成
一次某路模拟量的 A/D 转换。在本例中采用中断请求方式,将 ADC0809 的转换结束信号
OE 经反相器与主机的 $\overline{INT_1}$ 相连接,每当一次模拟量转换结束时,OE 呈高电平有效,经反
相器激活,$\overline{INT_1}$ 呈低电平有效,向主机请求中断处理。

在本例中,每一路模拟量输入通道,均加设了一个阻—容耦合滤波电路,以增强输入通
道的抗干扰能力。这里考虑 $V_{REF(+)}$ 接 V_{CC},$V_{REF(-)}$ 接地(模拟地)。这是单极型用法,模拟
量的输入范围为 0～+5 V。

本例的 A/D 转换程序段如下:

```
           ORG 0000H
START：     …
            ⋮
INTT0：     LJMP    PINT1              ;INT₁ 的中断矢量口转 INT₁ 的中断服务程序
            ⋮
           ORG 0050H
START1：    …                          ;主程序开始
            ⋮
INTT1：     SETB    EA                 ;开中断
           SETB    IT1                ;
           SETB    EX1                ;
           MOV     DPTR,♯0BFFFH        ;ADC0809 选通地址送 DPTR
           MOV     A,♯01H              ;选通模拟输入通道口(IN₁)
           MOVX    @DPTR,A            ;启动 IN₁ 通道采样
```

```
                    ⋮
            ORG 1000H
PINT1：    ⋯                           ;INT₁的中断服务程序
                    ⋮
            MOV    DPTR，#0BFFFH    ;ADC0809 地址码送 DPTR
            MOVX   A，@DPTR         ;从 ADC0809 读取 IN₁ 转换结果
            MOV    50H，A           ;将转换结果存入 50H 单元
            MOV    A，#01H          ;重新启动 IN₁ 通道采样
            MOVX   @DPTR，A         ;
                    ⋮
            RETI                     ;返回
```

这里是按照 MCS-51 系列单片机应用软件编程结构要求所编写的程序段，8 路模拟量输入通道，以 IN₁ 路的模拟量输入（采样）为例所编写的程序段。对于 8 路多通道进行采样输入时，则需注意编程的顺序与方法。

如果改用查询方法，则应将 OE 转换结束信号线与主机的 I/O P1 口的 P1·x 位线相连接。启动 A/D 开始转换，约经 100 μs 之后，主机查询 P1·x I/O 端口上的输入电平，一旦出现由低电平变为高电平有效时，表示某路 A/D 转换已经结束，即可从 ADC0809 中读取该路的转换结果的数据。在这约 100 μs 的时间里，主机可以停止其他工作，延时等待；也可继续运行其他程序，预计约 100 μs 时再进行查询等等，可视实际情况而定。

3）外部扩展 AD574 12 位 A/D 转换器

在单片机嵌入式应用系统中，有时 8 位字长的 A/D 转换器不能满足要求，常需选用 8 位以上分辨率的 A/D 转换器。目前市场上这类 A/D 转换器已很普遍。如 10 位、12 位、14 位、16 位 A/D 转换器等。由于 10 位、16 位的外部接口与 12 位类似。因此，这里仅以最常用的 12 位字长 AD574 A/D 转换器为例进行论述。

（1）AD574 A/D 转换器的主要功能

AD574 是 AD 公司生产的快速 12 位二进制码 A/D 转换器，其完成转换时间为 25 μs，适用于精度要求较高，快速采样的应用系统。

AD574 A/D 转换器采用快速逐次逼近法，内部逻辑结构由两部分组成：模拟部分，包括高精度的 12 位 DAC 和 10 V 参考电压源；数字部分，包括比较器、SAR、时钟、输出三态缓冲器以及控制逻辑等。它具有以下主要功能特性：

• 内部设置有高精度参考电压（10.00 V），只要外接一个适当阻值的电阻器，便可向 ADC 部分的解码网络提供 I_BFE 电流，省去了外部另加的参考电压源，转换所需的时钟信号亦由内部提供，不需外部加载。

• 模拟量信号的输入单端口、单通道，设有外接补偿电路引脚（端口），用以纠正 ADC 的补偿误差。其输入量程 10 V 和 20 V 两挡，提供给用户选择。满刻度范围内无误码。

• 利用不同的控制信号，既可实现高精度的 12 位 A/D 转换，又可用于快速的 8 位转换。转换结束后的数字量也有两种读取方式：12 位数字量一次输出，或者分 8 位、4 位两次输出。设置有三态输出缓冲器，可以直接与单片机相配置。

• 完成一次 A/D 转换的时间为 25 μs。

• 需三组电源：+5 V，+12 V～+15 V 和−5 V～−12 V。由于精度高，所需的电源

必须具有良好的稳定性，并加以充分滤波，以防止高频噪声的干扰。

• 输入模拟信号：单极性时为 0 V～＋10 V 或 0 V～＋20 V；双极性时为 ±5 V 或 ±10 V。

• 低功耗：390 mW。

（2）AD574 的外特性

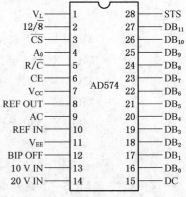

AD574 型 A/D 转换器为 28 引脚双列直插式封装，其引脚排列如图 7.40 所示。各引脚的功能特性如下：

10 V IN、20 V IN——两挡模拟量输入端口。

DB_0～DB_{11}——12 位转换结果数字量输出端口。

REF IN——内部解码网络所需参考电压输入端口。

REF OUT——10 V 内部参考电压输出端口。

BIP OFF——补偿调整，接至＋、－可调的分压网络。用于无信号输入时，ADC 输出数字量调零。

图 7.40 AD574 引脚图

$\overline{CS}$——片选信号输入端口，低电平有效。

CE——允许信号端口，高电平有效。可用于 A/D 转换的启动或读取转换结果数字量的信号。

R/$\overline{C}$——读数据/转换控制信号端口。当 R/$\overline{C}$为 1（高电平）时，A/D 转换数字量允许被读出；当 R/$\overline{C}$为 0（低电平）时，则允许启动 A/D 开始转换。

A_0、12/$\overline{8}$——两者组合，用于选择转换数字量长度（12 位或 8 位）和输出 8 位或 12 位（高 4 位、低 8 位）。一般 A_0 与主机的地址线 A_0 相连接，当 12/$\overline{8}$引脚为 1（高电平）时 ADC 为 12 位数字量输出；当 12/$\overline{8}$引脚为 0（低电平）时，则为 8 位数字量输出。在主机进行读取转换结果（数字量）期间，A_0 必须稳定不变，即不允许有变化。

控制信号$\overline{CS}$、CE、R/$\overline{C}$、12/$\overline{8}$和 A_0 的组合功能如表 7.9 所示。

表 7.9 控制信号$\overline{CS}$、CE、R/$\overline{C}$、12/$\overline{8}$和 A_0 的组合功能

$\overline{CS}$	CE	R/$\overline{C}$	12/$\overline{8}$	A_0	组 合 功 能
0	1	0	×	0	12 位 A/D 转换启动
0	1	0	×	1	8 位 A/D 转换启动
0	1	1	0	0	12 位转换结果数据输出
0	1	1	0	0	高 8 位转换结果数据输出
0	1	1	0	1	低 4 位和后跟 4 位"0"转换结果输出

不在此列的其余组合均无操作功能。

STS——转换状态标志，用于表示 A/D 转换状态。当启动 A/D 进行转换时，STS 呈现高电平；当 A/D 转换结束时，则立即转变成低电平。

AC——模拟量公共接地端口，它是 AD574 的内部参考点，必须与应用系统的模拟参考点相连接。为了能在高频数字噪声含量的环境中，从 AD574 获得最良好的转换性能，AC 和 DC 在内部封装时已连接在一起。在某些情况下，AC 端口可在最方便的地方与参考点相连接。

DC——数字量公共接地（数字地）端口。

V_L、V_{CC}、V_{EE}——三组电源端口。$V_L = +5\,V$（工作电压源），$V_{CC} = 12\sim15\,V$，$V_{EE} = -12\sim-15\,V$。要求有良好的稳定性，且经充分滤波。图 7.41 为 AD574 的启动与转换，以及转换结束数字量输出的时序图。

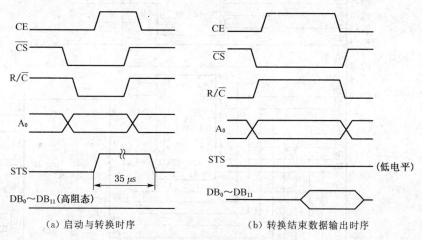

（a）启动与转换时序　　　　　　　（b）转换结束数据输出时序

图 7.41　AD574 转换时序

从上图所示可见，只有当 CE 为高电平，而 $\overline{CS}$ 为低电平时，才能启动 A/D 进行转换操作。在启动信号有效之前，$R/\overline{C}$ 必须为低电平，否则将会产生数字量（数据）操作。

（3）外部扩展 AD574 的硬件接口

图 7.42 所示为 8051 型单片机外部扩展 AD574 A/D 转换器的硬件接口电路。

由图 7.42 所示，AD574 的片选信号端口（线）与系统的 3-8 译码器的 $\overline{Y_6}$ 输出端口（线）相连接，因此外部总线的高 8 位中的 P2·7、P2·6、P2·5 三位为"110"时译码输出 $\overline{Y_6}$ 低电平有效，选中 AD574，使之处于工作状态。AD574 的 A_0 与地址总线 A_0 相连接、$R/\overline{C}$ 与 A_1 相连接。转换状态（结束）信号 STS 与主机的外部中断请求 $\overline{INT_1}$ 端口相连接，即采用中断方式读取转换结果的数字量。将 AD574 的 12/8 端口（引脚）直接接地，从而把 12 位数字量分成高 8 位和低 4 位通过两次读数据操作，完成转换结果的读取。$\overline{RD}$（读）和 $\overline{WR}$（写）信号经逻辑"与非"门与 CE 相连接，用于对 AD574 A/D 转换器的启动或读取转换结果数字量的操作。

AD574 具有单极性和双极性两种功能，图 7.42 是用于双极性方式的设计，即将其 12 引脚（BIP OFF）的偏移端口通过 $100\,\Omega$ 的电位器与第 8 引脚的基准电压源输出端口相连接，这样就构成了双极性 A/D 转换方式。这个 $100\,\Omega$ 电位器用来校正偏移二进制码的零点，补偿零点偏移。如果第 12 引脚悬空，不与第 8 引脚相连接，就构成单极性 A/D 转换方式。

AD574 的第 13、14 引脚用于量程的选择。若模拟量输入在 13 引脚与模拟地之间且为单极性方式时，其量程为 $0\sim+10\,V$；双极性方式时为 $\pm5\,V$。若模拟量输入在 14 引脚与模拟地之间，则单极性方式时的量程为 $0\sim+20\,V$；双极性方式时的量程为 $\pm10\,V$。

（4）软件编程

由于 8051 型单片机的字长为 8 位二进制码，而 AD574 为 12 位二进制码 A/D 转换器，因此当主机读取转换结果 12 位数字量时，需分两次进行：先读取高 8 位，再读取低 4 位，由 A_0 位的状态来进行区分和控制。

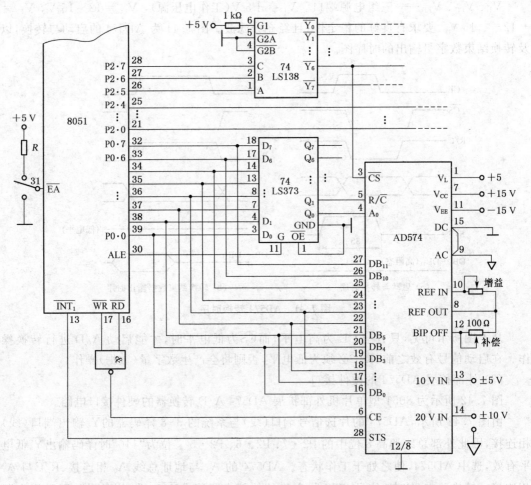

图 7.42 8051 型单片机外部扩展 AD574 A/D 转换器的硬件接口电路

主机可采用中断、查询或延时方式读取 AD574 转换结果数字量,可视具体情况和实际要求进行合理选择。在本例中是采用中断方式。

在本例中,AD574 的 $\overline{CS}$ 片选信号端口(线)是与 3-8 译码器的 $\overline{Y_6}$ 输出端口(线)相连接,这就决定了 AD574 的寻址空间。主机执行 MOVX 类写指令,在 $\overline{CS}$ 为 0(低电平)、CE 为 1(高电平)、R/$\overline{C}$ 为 0(低电平)和 A_0 为 0(低电平)的组合有效状态下,启动 AD574 进行 A/D 转换操作。A/D 转换结束,STS 端口(引脚)由高电平变为低电平,向主机请求中断处理。当主机响应中断请求,转入该中断服务程序,分两次读取转换结果的 12 位数字量:当 CE 为 1(高电平)、$\overline{CS}$ 为 0(低电平)、R/$\overline{C}$ 为 1(高电平)的组合有效状态下,A_0 为 0(低电平)时,主机读取高 8 位的数字量;当 A_0 为 1(高电平)时,主机读取低 4 位的数字量。

当主机通过写指令启动 AD574 进行 A/D 转换的寻址地址为: $\overline{Y_6}$ = $\overline{CS}$ = 0(低电平)有效,即高 8 位地址总线的最高 3 位为 110,R/$\overline{C}$ = A_1 = 0,A_0 为 0,CE 由写选通信号产生。这样,写 AD574 的寻址地址为:

$$110\times\cdots\times\times00B$$

其中的"×"为无意义位,可为 0 或 1,当"×"为 0 时,寻址地址为 DFFCH;当"×"为 1

时,寻址地址为 C000H。

在主机进行读 AD574 操作时的寻址地址为:

读高 8 位数字量的寻址地址为:110××…××10B;

读低 4 位数字量的寻址地址为:110××…××11B。

读/写 AD574 A/D 转换器的程序段如下:

主程序

⋮

```
AD574：  SETB    EA              ;开中断
         SETB    IT1             ;设INT₁为跳变触发方式
         SETB    EX1             ;开INT₁中断

         MOV     DPTR，#0DFFCH    ;AD574 写地址送 DPTR
         MOV     A，#××H          ;任意值送 A
         MOVX    @DPTR，A         ;启动 AD574
                 ⋮
中断服务程序
ADINT1：  …                      ;现场保护等
                 ⋮
         MOV     DPTR，#0DFFEH    ;读取高 8 位端口地址
         MOVX    A，@DPTR         ;读取转换结果高 8 位
         MOV     40H，A           ;高 8 位转换结果值送 40H 单元
         INC     DPTR            ;读低 4 位端口地址
         MOVX    A，@DPTR         ;读取低 4 位转换数据
         MOV     41H，A           ;低 4 位值送 41H 单元
                 ⋮
         RETI                    ;返回
```

如果采用以 P1·x 端口采样 STS 状态信息的查询方式,则在主机启动 AD574 进行 A/D 转换操作后,约经 25 μs 之后,即可通过 P1·x 查询 STS 的状态,进行读取 A/D 转换结果的 12 位数字量。

同一系列的 AD578 高速 A/D 转换器,其转换时间仅需 3 μs,但片内无三态输出锁存器,可用于某些需高速转换的应用场合。这里就不一一详述了。

由于单片机应用领域不断扩大,应用场合十分广泛,需对各种各样的物理量进行检测、采集、处理和控制,加上超大规模集成技术的飞速发展,因而集成化、系列化的 A/D、D/A 转换器的品种、类型层出不穷,而且发展十分迅速。用户可根据实际应用要求进行合理配置。本节仅以目前最常用的 A/D、D/A 转换器作为典型例子,进行了一般功能介绍、硬件接口电路设计以及软件应用编程等论述,通过上述举例,希能达到举一反三的目的,打好基础,为今后的实际应用开创良好的开端。

由于各类 A/D、D/A 转换器,其基本原理、功能特点、组成结构基本类同,这里就不再赘述。

7.4.3　模拟电路设计中应注意的问题

上述列举了目前常用的几种 A/D、D/A 转换器及其与 MCS-51 系列单片机进行外部功能扩展的硬件接口电路设计和软件应用编程。但仅有正确的逻辑电路设计是不够的,还需考虑电路的稳定性、可靠性和精确度,使应用系统的设计达到设定的目标。

由于单片机和 ADC、DAC 组合在一起的模数采样、检测和控制系统,是模拟量和数字量电路混合应用的典型范例。在这样的应用系统中,不仅要防止市电频率的感应干扰,而且还必须想方设法地防止数字电路对模拟电路的干扰,这也是抑制系统误差来源,提高应用系统的稳定性、可靠性的重要措施与关键。

影响模拟电路与信号的干扰噪声是很复杂的,但随着集成技术的发展,集成器件(芯片)本身的稳定性和可靠性均有了很大的提高,这就为用户提供了很大的方便。究其干扰噪声源大致有:来自输入部分的干扰,来自接地线的干扰,来自直流电源的干扰,来自复杂环境的电磁辐射的干扰等等。因此,应根据不同情况,在电路设计时应考虑相对有效的保护措施。从总体上说,目前一般所采用的措施有如下几个方面。

(1) 电路结构法

就电路结构而言,问题往往在输入部分。当从外部输入到系统内的模拟信号很微弱时,自然可以认为输入信号是被淹没在市电频率噪声(交流电)中的。因此,作为单端输入形式取得的模拟信号中,真正的输入信号照样被淹没在噪声中,为能从混杂的噪声中提取到真正的输入信号,必须清除噪声。一般可采用差分放大器来实现这一目的。

差分放大器的共模抑制比(CMRR)可以做得很大,利用这一特性,常可将市电频率噪声加以清除,从而提取到真正的输入信号。

(2) 电路的排列、地线的布局和电源的去耦法

在系统硬件的电路排列布局方面,常将所有模拟电路集中布局在一起,模拟电路之间的连线应注意信号的流向,并尽可能地缩短信号连线,必须避免模拟电路和数字电路混杂排列与布线,模拟电路与数字电路之间的布线应避免迂回交叠,要尽量使其接近直线。

处理微弱电平的模拟信号电路,其接地线的处理尤为重要,原则上要求一点接地并接触良好。在 A/D、D/A 转换电路中,要注意地线的正确连接,否则受到的干扰影响会很严重,其转换结果有可能是不正确的,或者造成的误差很大。A/D、D/A 转换器芯片一般均单独提供模拟地和数字地,并分别由相应的端口(引脚)引出,在具体电路设计时,应将系统中所有器件的模拟地和数字地,分别各自互连,然后模拟地和数字地仅在一点处相连,在整个系统的印制板上均不可再有公共接地点(模拟地和数字地之间)。图 7.43 所示为模拟地和数字地的正确连接方法。

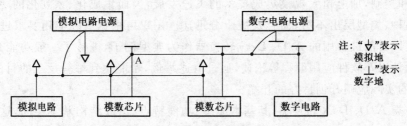

图 7.43　模拟地和数字地的正确连接方法

从上图所示可见,正确的接地方法是:所有的模拟地、数字地,分别各自相连接,然后仅在 A 点(一个点)处将模拟地和数字地相连接,否则将会造成数字地回路通过模拟电路的地线到数字电路电源形成通路,从而数字量信息将对模拟电路产生干扰噪声,造成无法正确完成 A/D、D/A 转换。

在 A/D、D/A 转换电路中,电源电压的不稳定将影响转换精度,一般要求电源电压的纹波系数小于 1%。除增强电容滤波外,还需加强高频滤波,以改善高频性能。一般在印制板布线时,在 A/D、D/A 转换器电源引脚附近,一般选用 $0.01\ \mu F$ 钽电容实现对高频滤波,有些将 $10\ \mu F$ 左右的电解电容或钽电容与 $0.01\ \mu F$ 钽电容并列配对使用。从另一个角度看,电源线与地线之间采用旁路电容,降低了电源的交流阻抗,这不仅防止了模拟电路的自振和噪声干扰,而且也改善了暂态特性,防止了误动作和自振以及干扰,这也是数字电路所不可缺少的环节,所以在数字电路的电源与地之间也常加设滤波旁路电容。

(3) 隔离和屏蔽法

所谓"隔离",就是用变压器或者光电耦合器把模拟电路和数字电路、模拟电路的低电平放大部分和高电平放大部分等从电器上隔离开来。

采用隔离技术可以有效地防止各种电信号交换时所带来的严重影响。例如,数字电路对模拟电路的噪声干扰,市电频率噪声和尖锋噪声对低电平放大器部分的感应干扰,高电平放大器部分对低频放大器部分的干扰等。

隔离的方法有多种,有只用变压器的,有用变压器和光电耦合器组合而成的,或者单一光电耦合隔离器等等。采用这些隔离措施,虽然能将电信号隔离,但不能为隔离的电路提供隔离的电源,因而这样的隔离电路并没有真正的完全隔离。因此,系统还必须采用互相隔离的电源。例如,采用变压器进行电源隔离,而与数字系统之间的信号交换,则采用光电耦合器。为了能满足这类应用的需要,近年来各种类型的隔离器发展很快,特别是光电耦合隔离器(芯片),品种多,功能强,能为各种类型的应用需要提供选择。

对于逐次逼近型 ADC 在进行隔离时,对 ADC 器件常选用串行输出方式而较少选用并行输出方式,是因为选用串行输出方式可以减少光电隔离器的数量。显然,串行输出方式又必然会使输出速度慢很多。为解决这一矛盾,近年来不断推出多位光电耦合隔离器,以满足这方面的需求。因此,在实际应用中应视具体要求而选择合适的隔离器件。

有些应用环境十分恶劣,例如有高压、强电,电磁波辐射等噪声,干扰特别强,则应采用有效的隔离措施来减少市电频率噪声和数字系统噪声干扰,特别是把多路转换器到 ADC 部分设置在屏蔽盒内进行屏蔽时,其抗噪声的效果将会更好。屏蔽盒的接地处理也很重要。

配置有模拟电路的单片机嵌入式应用系统,特别是模拟信号很微弱的应用场合,整个硬件电路的设计就显得较为复杂,必须进行认真、细致的合理处理。

为了提高单片机嵌入式应用系统的稳定性和可靠性,各种抗干扰的技术和措施尤显重要。近年来已出版有多部专著,设计者可根据需要进行参考。

7.5　外部中断源的扩展

MCS-51 系列单片机提供给用户的外部中断只有两个:$\overline{INT_0}$ 和 $\overline{INT_1}$。在某些应用场合就深感紧张,不够分配。

进行外部中断源的扩展有多种方案,比较常用而又较简单的方法有:

一是单片机本身提供的定时/计数器有空余不用的,则可将它原为对外部事件计数功能改变成外部中断源(前面已有举例);

二是将原有的外部中断源,以查询方式扩展成多个外部中断源;

三是通过外部扩展可编程中断控制器,诸如 8259A 等,来扩展外部中断源。这类中断控制器,一般多为可编程的,而且中断功能强,但需进行专门的外部扩展电路设计,选择合适的中断控制器,因而成本高、使用较为繁杂。

现简要介绍以下几种外部扩展中断源的方法。

7.5.1 片内定时/计数器扩展外部中断源

MCS-51 系列单片机片内设有 2 或 3 个 16 位的定时/计数器,如果在实际应用系统中,经总体安排,有空余而不用,而外部中断源又恰好不够用,在数量上余、缺平衡,正好能满足外部中断源不够的需要,则就可将空余的定时/计数器改变成外部中断源。

MCS-51 系列单片机内设的定时/计数器,其对外部事件计数的基本功能是:当外部计数输入端口 $T_x(x=0$ 或 1)呈现出"1"(高电平)到下一个机器周期变成 0(低电平)的负跳变电平信号时,计数器则进行一次加 1 计数。计数器计满回 0 溢出,置位中断请求标志位,向主机请求中断处理。因此,将定时/计数器 0 或 1 设置为外部事件计数模式,工作于方式 2(8 位自动再装入),并将计数初值设置为 FFH,即经一次加 1 计数操作(FFH+1⇒00H),就计满回 0 产生溢出,并置位中断请求标志位,向主机请求中断处理。因为设置成 8 位的自动再装入的工作方式 2,所以在计数满 0 后又自动将 FFH 计数初值置入计数器中,等待下一次计数脉冲的到来。

这样就把内部的定时/计数器的外部计数端口 T_x 改变成外部中断源输入端口,在 T_x 端口上每产生一次负跳变电平(前一个机器周期为高电平,后一个机器周期负跳变为低电平),就激活一次中断请求。并把对应的定时/计数器的中断矢量改成新扩展的外部中断源的中断矢量,即新扩展的中断源的中断服务程序的入口地址。

采用此方法需在主程序中通过软件编程,对定时/计数器进行初始化定义,即将定时/计数器定义为对外部事件计数模式,工作于 8 位自动再装入的工作方式 2,计数初值设置为 FFH,开中断等。将该中断源的中断服务程序设置为经定时/计数器的中断矢量入口转向该中断服务程序去执行。亦即需在主程序中预先进行一系列的软件初始化设置。

采用上述方法,不需任何硬件设置,效果好、应用方便、成本低,但必须满足余、缺平衡的条件。现以定时/计数器 0 改变成扩展的外部中断源 $\overline{INT_2}$ 为例。其软件初始化程序段如下:

```
        ORG  000BH
INTT00: LJMP    INT01              ;转扩展外部中断服务程序
        ORG    0050H
START:  ⋯                          ;主程序
          ⋮
```

```
        MOV        TMOD，♯06H          ;定时/计数器0,计数方式2
        MOV        TL0，♯0FFH          ;设置计数初值
        MOV        TH0，♯0FFH          ;
        SETB       EA                  ;开中断
        SETB       ET0                 ;
        SETB       TR0                 ;启动定时/计数器0
        ⋮
        ORG 8000H
INT01L：  ⋯                            ;新扩展的外部中断源中断服务程序
        ⋮
        RETI                           ;返回主程序
```

借用内部定时/计数器进行扩展外部中断源,实际上是将定时/计数器的 T_x 外部计数输入端口改变成负跳变触发的外部中断源中断请求信号的输入端口。当然,采用此方法的首要条件是有空余不用的定时/计数器,而且正好能弥补外部中断源所需。否则,采用此方法就没有太大的意义。

7.5.2　采用查询法扩展外部中断源

查询法就是利用一个外部中断请求端口 $\overline{INT_x}$ 来扩展多个外部中断源。一旦外部中断请求端口 $\overline{INT_x}$ 产生中断请求有效(低电平)信号,主机在响应该中断请求后,在执行中断服务程序中通过软件进行查询,以确定是哪一个中断源提出的中断请求,并转向对应的中断服务程序去执行。图7.44所示为软件查询法扩展外部中断源的逻辑框图。

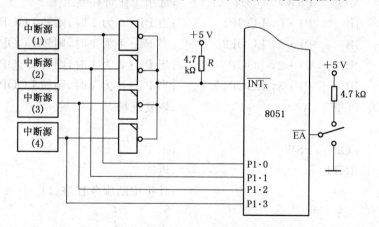

图7.44　查询法扩展外部中断源逻辑框图

如图所示,这里采用一个外部中断请求输入端口 $\overline{INT_x}$ 扩展了4个外部中断源。每一个扩展的外部中断源通过一个"OC"逻辑门以"线或"方式向 $\overline{INT_x}$ (X=0或1)提出中断请求。不管哪一个扩展的中断源产生中断请求有效信号,都能激活 $\overline{INT_x}$ 低电平有效,向主机请求中断响应和处理,主机在响应 $\overline{INT_x}$ 的中断请求后,一律转向 $\overline{INT_x}$ 的中断矢量入口,在该中断服务程序中,通过软件对P1口的P1·0~P1·3进行逐个查询,查询的顺序即为该扩展

的 4 个中断优先顺序,在本例中,定义 P1·0(中断源 1)为优先级最高,顺序排列,一旦出现有两个或两个以上的扩展中断请求时,主机首先响应和处理优先级高的中断请求,优先级低的只能等待。通过软件查询,立即转向对应的中断服务分支程序进行处理。图 7.45 为软件查询外部扩展的中断请求程序流程框图。其查询顺序即为外部扩展中断源的中断优先级顺序。

当外部扩展的中断源请求中断处理时,输出高电平请求有效信号,经"OC"门电路变成低电平,激活外部中断请求 $\overline{INT_x}$ 输入端口,向主机请求中断处理。

在本例中,由于是电平触发中断请求有效,因此,在主机响应该中断请求,并转向对应的中断服务分支程序进行处理时,应及时撤除该中断请求有效电平,以防止发生被主机再次响应的错误。

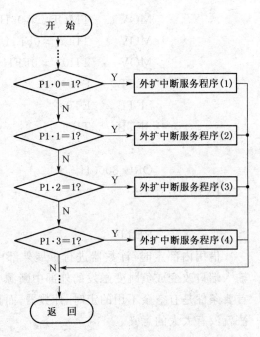

图 7.45　扩展中断源中断查询程序流程图

本例的中断服务程序段清单如下:

```
                    ORG   INTXTO
INTXT0: PUSH  PSW              ;现场保护
        ⋮
        PUSH  A                ;
        MOV   PSW, #08H        ;选用工作寄存器组 1
        JB    P1·0, LOOP1      ;当 P1·0 为 1 时,则转 LOOP1 处理
        JB    P1·1, LOOP2      ;当 P1·1 为 1 时,则转 LOOP2 处理
        JB    P1·2, LOOP3      ;当 P1·2 为 1 时,则转 LOOP3 处理
        JB    P1·3, LOOP4      ;当 P1·3 为 1 时,则转 LOOP4 处理
INTEND: POP   A                ;恢复现场
        ⋮
        POP   PSW              ;
        RETI                   ;返回
LOOP1:  …                      ;外扩中断服务程序(1)
        ⋮
        LJMP  INTEND           ;转中断结束处理
LOOP2:  …                      ;外扩中断服务程序(2)
        ⋮
        LJMP  INTEND           ;转中断结束处理
LOOP3:  …                      ;外扩中断服务程序(3)
        ⋮
        LJMP  INTEND           ;转中断结束处理
```

```
LOOP4:      …                        ;外扩中断服务程序(4)
            ⋮                         ⋮
            LJMP  INTEND             ;转中断结束处理
```

在本例中,为叙述方便、简单、明了起见,选用 P1 口的 P1·0～P1·3 作为外部扩展中断源请求中断的状态信息查询端口。一般情况下,P1 口的选用是比较紧张的,如果 P1 I/O 口的 8 位已全部安排他用,则可选用其他的外部扩展的 I/O 口,如 8155A、8255A 或其他 I/O 口等等。电路图中的 R 为上拉电阻,一般可选用 4.7 kΩ 或 5.1 kΩ 电阻器。

采用中断查询方法扩展外部中断源,简单、方便,成本低,但要占用相应的 I/O,在实际应用中应酌情选用。

7.5.3 优先权编程器扩展外部中断源

当所要处理的外部中断源的数目较多,而且要求主机响应的速度较快时,若采用软件查询的方法需进行优先级排队,排在后面的中断源请求常会处于等待状态,甚至较难被主机及时响应,这是采用软件按中断优先级顺序查询方法的主要缺点。如果采用硬件排队方法就可以避免这个问题。

74LS148 是一个优先权编码器,它设 8 个输入端口($\overline{IR_0} \sim \overline{IR_7}$),用于 8 个外部中断源的中断请求有效信号的输入,形成 3 位编码输出端口 $A_2 \sim A_0$,一个中断请求输出端口 $\overline{GS}$,一个使能端口 $\overline{EI}$,均为低电平有效。在使能(片选)端口 $\overline{EI}$ 输入低电平有效信号的情况下,只要 8 个输入端口($\overline{IR_0} \sim \overline{IR_7}$)中任何一个输入端口输入低电平有效信号,就有一组相对应的编码从 A_2、A_1、A_0 三端口输出,且使编码器的 $\overline{GS}$(中断请求)端口输出低电平有效信号,向主机请求中断处理。如果 8 个中断源输入端口同时有两个或两个以上输入(中断源请求)低电平有效信号,则编码器将输出($A_2 \sim A_0$)其中最高优先级中断源请求的编码。表 7.10 列出了 74LS148 编码器的真值表。

表 7.10 74LS148 编码器真值表

$\overline{EI}$	0	1	2	3	4	5	6	7	A_2	A_1	A_0	$\overline{GS}$
H	×	×	×	×	×	×	×	×	H	H	H	H
L	H	H	H	H	H	H	H	H	H	H	H	H
L	×	×	×	×	×	×	×	L	L	L	L	L
L	×	×	×	×	×	×	L	H	L	L	H	L
L	×	×	×	×	×	L	H	H	L	H	L	L
L	×	×	×	×	L	H	H	H	L	H	H	L
L	×	×	×	L	H	H	H	H	H	L	L	L
L	×	×	L	H	H	H	H	H	H	L	H	L
L	×	L	H	H	H	H	H	H	H	H	L	L
L	L	H	H	H	H	H	H	H	H	H	H	L

其中:H—高电平,L—低电平,×—无信号。

图 7.46 所示为 8051 型单片机采用 74LS148 编码器扩展外部中断源的基本硬件接口电路。

图中所示,74LS148 编码器的中断请求输出端口 $\overline{GS}$ 直接与 8051 主机的 $\overline{INT_x}$ 相连接,编码输出端口 $A_2 \sim A_0$ 与主机的 P1 口的 P1·0、P1·1、P1·2 直接相连接,使能(片选)端口 $\overline{EI}$ 直接接地(低电平有效),使 74LS148 编码器处于常开(工作)状态。当 8 个中断源中断请求输入端口 $\overline{IR_0} \sim \overline{IR_7}$ 中有中断请求有效信号(低电平)输入时,与其对应的一组编码呈现在 A_2、A_1、A_0 三个输出端口上,并直接传输给 P1 口的 P1·2、P1·1、P1·0 I/O 端口上。同时编码器的 $\overline{GS}$(中断请求)端口

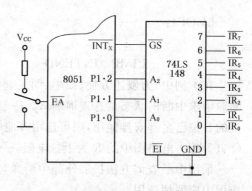

图 7.46 8051 配置 74LS148 扩展外部中断源

输出低电平(有效电平),向主机发出中断请求信号,若主机的 $\overline{INT_x}$ 中断允许,并满足中断响应条件,主机立即响应 $\overline{INT_x}$ 中断请求。为了能使程序转向对应的外部扩展的中断源的中断请求服务程序去执行,必须使 $\overline{INT_x}$ 所对应的中断矢量为入口地址的中断服务程序先执行如下程序段:

```
INT00:  …  ⋮  …        ;外部扩展中断服务程序
        ORL   P1,#03H    ;设置 P1 口的 P1·0、P1·1、P1·2 为输入方式
        MOV   A,P1        ;由 P1 口输入的内容送 A
        ANL   A,#03H      ;将 P1·0、P1·1、P1·2 以外的位内容屏蔽为 0
        MOV   DPTR,#1000H ;中断服务程序转移表首地址送 DPTR
        JMP   @A+DPTR     ;转向中断服务程序转移表
              ⋮
RET00:  RETI              ;中断返回
        ORG   1000H
JMPTB1: AJMP  IR0         ;转向 IR₀ 的中断处理
        AJMP  IR1         ;转向 IR₁ 的中断处理
              ⋮
        AJMP  IR7         ;转向 IR₇ 的中断处理
```

在每个中断处理程序的末尾均应将程序转向"RET00"处,使中断服务程序正确返回。

外部扩展的中断源中断请求有效信号(低电平)应一直保持到主机将 74LS148 编码器所提供的编码信号读取走为止,否则将会产生错误。

74LS148 编码器的输入端口 7($\overline{IR_7}$)具有最高优先级,输入端口 0($\overline{IR_0}$)的优先级最低,其余按中断优先顺序排列。当有两个或两个以上的中断源同时提出中断请求时,74LS148 编码器只给出最高优先级编码输出,亦即主机只响应具有最高优先级的中断请求。

采用 74LS148 编码器的主要优点在于由编码器快速决定出优先编码,而不是由软件按优先顺序逐个查询,从而提高了中断响应速度。另外,硬件电路结构简单,成本较低,其缺点是无法实现中断优先嵌套,当然仅限于外部扩展的 $\overline{IR_0} \sim \overline{IR_7}$ 8 个中断源。

由于采用此方法需执行一段引导程序,因此,实际的中断响应时间比原有的 $\overline{INT_x}$ 响应时间要长,对于外部扩展的中断源提供给 $\overline{IR_0} \sim \overline{IR_7}$ 的每个中断请求有效信号(低电平),要求其低电平有效部分保持足够的宽度,以保证主机能读取到 74LS148 编码器输出的有效编

码。例如,应用系统的主振频率选定为 12 MHz 时,则外部扩展的中断源中断请求有效信号的低电平宽度至少应大于 15 μs。

除上述几种方法外,也有选用 8279 中断控制器来扩展外部中断源的。8279 中断控制器是专为 8086/8088 等典型微型计算机配套的专用可编程中断控制器,它与 MCS-51 系列单片机不完全配套、兼容,选用时必须进行相应的调整,其硬件接口与应用较为复杂,一般较少选用。为此,这里就不作介绍了。

7.6 串行标准接口的扩展

当前,单片机的应用已从单机逐渐转向双机、多机、联网,特别是与 PC 类上档计算机联机进行信息管理,串行通信的应用越来越广泛、频繁。

MCS-51 系列单片机设有功能很强的全双工串行通信系统,并有 4 种操作方式可供选用,特别是可以实现主—从式多机通信功能,通信波特率可变等,大大拓宽了单片机串行通信的应用范围。

MCS-51 系列单片机配置的串行通信系统,其输入/输出的是 TTL 电平,即高电平(1状态)为 3.8 V 以上,低电平(0 状态)为 0.3 V 左右,这种以 TTL 电平传输数据信息的方式,其本身抗干扰能力较弱,且只能在短距离(几米范围之内)相互传输数据信息。为了提高这种串行通信的可靠性和实现较远距离之间的数据信息传输,国际上相继推出了诸如 RS-232-C 等多种标准串行通信接口器件,用以重新定义传输数据信息的电平,使"1"(高电平)和"0"(低电平)的信号电平之差增大,以便克服信号电平在传输线上的衰减,并增强抗干扰的能力,提高信号传输的可靠性,实现较远距离的串行通信。

随着串行通信的广泛应用,目前国际开发商不断推出新的、功能很强的各种不同类型的串行通信标准接口元件,以适应各种不同要求的串行通信。本节仅介绍几种目前最常用的串行通信标准接口器件(芯片)及其应用。

7.6.1 配置 RS-232-C 标准接口

EIA RS-232-C 串行通信标准接口器件是美国电子工业协会正式公布的串行通信总线标准接口,也是目前普遍采用的串行通信标准接口,常用以实现计算机与计算机之间、计算机与外部设备之间的串行数据信息的传输。RS-232-C 串行通信接口总线一般适用于:两者之间的通信距离不大于 15 m,传输速率最大为 20 kb/s。

1) RS-232-C 的电气特性及串行信息格式

RS-232-C 的主要电气特性:

- RS-232-C 采用负逻辑,即逻辑"1"为 $-12\sim-5$ V;逻辑"0"为 $+5\sim+15$ V。
- 带 $3\sim7$ kΩ 负载时驱动器的输出电平:逻辑"1"为 $-12\sim-5$ V;逻辑"0"为 $+5\sim+12$ V;不带负载时驱动器的输出电平为 $-25\sim+25$ V。
- 驱动器在通断时的输出阻抗大于 300 Ω。
- 输出短路电流为 0.5 A。
- 驱动器的转换速率小于 30 V/μs。
- 接收器的输入阻抗为 $3\sim7$ kΩ。

- 接收器输入电压的允许范围为 $-25\sim+25$ V。
- 输入开路状态时接收器的输出电平为逻辑"1"。
- 输入经 300 Ω 接地时接收器的输出电平为逻辑"1"。$+3$ V 输入时接收器的输出电平为逻辑"0";-3 V 输入时接收器的输出电平为逻辑"1"。
- 最大负载为 2 500 pF。

在 RS-232-C 串行通信总线上传输的数据信息与 MCS-51 系列单片机的串行通信系统的 UART 格式相同,只是逻辑电平进行了置换。其串行通信的数据信息格式如下所示:

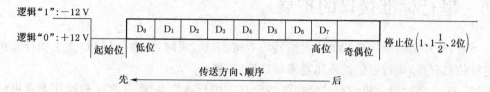

2) RS-232-C 的电平转换

RS-232-C 采用的负逻辑,即逻辑"1"用 $-15\sim-5$ V 表示;逻辑"0"用 $+5\sim+15$ V 表示,而 MCS-51 系列单片机的串行通信采用的是 TTL 正逻辑,即逻辑"1"为 3.8 V 以上,逻辑"0"为 0.4 V。因此,当 MCS-51 系列单片机的串行通信与 RS-232-C 接口时必须进行电平转换。

常用的 RS-232-C 与 MCS-51 系列单片机的串行通信(TTL 型)之间进行电平转换的集成器件(芯片)为 MC1488 传输驱动器和 MC1489 传输接收器。其内部组成结构与引脚排列如图 7.47 所示。

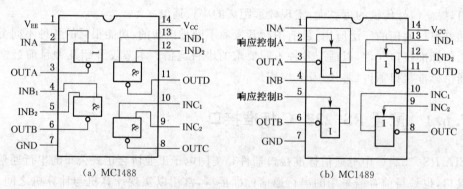

图 7.47 MC1488、MC1489 内部结构与引脚排列

MC1488 和 1489 除进行电平转换之外,还完成正、负逻辑电平的转换。

MC1488 内部设有 3 个"与非"逻辑门和一个反相器,工作电压为 ±12 V,输入为 TTL 电平,输出为 RS-232-C 电平。MC1489 内部设有 4 个反相器,输入为 RS-232-C 电平,输出为 TTL 电平,工作电压为 $+5$ V,其中每个反相器均有一个控制端口,高电平有效,可用于 RS-232-C 操作的控制端。

采用标准的 MC1488 和 MC1489 进行 RS-232-C 电平转换时,需要提供 ±12 V 电源,而当今单片机的工作电压均为 $+5$ V,很多外部功能元件也都改成单一 $+5$ V 工作电压,这就需要专门配备 ±12 V 电源,从而给应用系统的设计带来了麻烦,提高了造价。为克服这一缺点,目前市场上已推出只需单一 $+5$ V 供电的 TTL-RS-232-C 型电平转换器集成芯片,它是在内部设有提升电路,这就大大简化了电路设计中的供电系统。

3）RS-232-C 串行通信总线规则及其接口方法

标准 RS-232-C 串行通信总线共有 25 线,大多采用 DB-25 型 25 针的连接器,它的每根引针号都按规定连接 RS-232-C 所对应的信号线,从而把数据终端与数据设备连接起来。在 PC 类微机系统中,通常使用的 RS-232-C 接口信号只有 9 根引针的"D"型 RS-232-C 连接器。如图 7.48 所示。

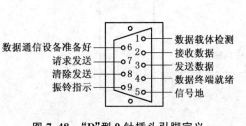

图 7.48 "D"型 9 针插头引脚定义

表 7.11 RS-232-C 常用信号线及对应引脚

信 号 线	DB-25 型连接器引脚
信号地(共线)	7
保护地	1
发送数据(输出)	2
接收数据(输入)	3
请求发送 RTS(输出)	4
允许发送 CTS(输入)	5
数据装置准备好 DSRC(输入)	6
数据终端准备好 DTR(输出)	20
载波检测 DCD(输入)	8

在 RS-232-C DB-25 型连接器中最常用的信号线如表 7.11 所列。

采用 RS-232-C 串行通信总线连接系统时,有近程通信和远程通信之分。近程通信是指信息传输距离不超过 15 米,这时可用 RS-232-C 电缆线直接连接。15 米以外的长距离通信,则需加设调制解调器(MODEM)实现远程通信。图 7.49 所示为常用的调制解调器远程通信连接示意图。

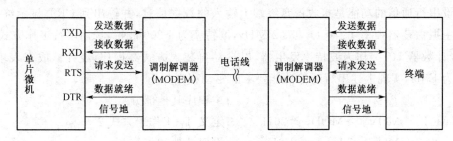

图 7.49 远程通信连接示意图

当计算机与终端之间通过 RS-232-C 进行近程通信连接时,有几根连线是互换交替连接的,如图 7.50 所示。其中"发送数据"与"接收数据"是进行交叉相连的,使得两者之间都能正确地进行数据信息的接收和发送。"数据终端就绪"与"数据设备就绪"也是交叉互连,使得两者都能检测到对方数据信息是否已准备好。最简单的用法是仅将"发送数据"和"接收数据"交叉互连,再加上信号地线共三根线,其余信号线均被省略。当然还有其他各种连接方法,这里就不一一详述了。

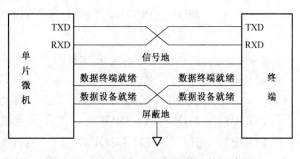

图 7.50 RS-232-C 近程通信连接示意图

4) 8051 型单片机配置 RS-232-C 硬件接口

现以 8051 型单片机为应用系统主机,进行串行通信端口直接与 MC1488 和 MC1489 相连接,即可构成 RS-232-C 串行通信接口,其示意图如图 7.51 所示。

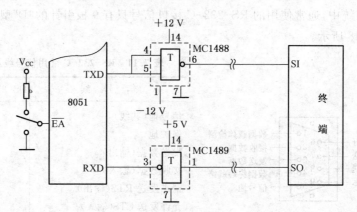

图 7.51 8051 构成 RS-232-C 串行通信接口示意图

图中的终端设备采用 RS-232-C 方式进行串行通信,终端设备诸如 CRT 屏幕显示、打印机、系统主机等等。如果是 8051 型单片机与 8051 型单片机采用 RS-232-C 进行点对点串行通信时,则两边均需配置 MC1488 和 MC1489,即一方 8051(甲方)TXD 发送端发送的 TTL 电平信号(数据信息)经 MC1488 转换成 RS-232-C 负逻辑电平在总线上进行传输,信号到达另一方(乙方)8051 一端,需经 MC1489 还原成 TTL 正逻辑电平信号,输入到乙方的 8051 的 RXD 接收端,反之亦然。

5) 驱动程序举例

假设串行通信的功能是接收键盘终端上输入的数据信息,并输出到 CRT 显示终端,设主机的主振振荡器频率 $f_{osc} = 11.059\,2$ MHz,波特率为 1 200 波特,选用串行工作方式 1,选用定时/计数器 1(T_1)作为波特率发生器,以自动再装入方式 2 操作,经计算或查表求得计数初值为 E8H,实现上述串行通信功能要求的驱动程序如下:

```
        ⋮                     ;主程序其他部分
START:  MOV   TMOD, ♯20H       ;定义 T₁ 工作于方式 2
        MOV   TH1, ♯0E8H       ;设置计数初值
        MOV   TL1, ♯0E8H       ;
        MOV   TCON, ♯40H       ;启动 T₁ 计数
        MOV   SCON, ♯50H       ;定义串行工作方式 1
        MOV   PCON, ♯00H       ;设置 SMOD 位为 0
        ⋮
        MOV   SBUF, ♯3FH       ;发送"?"符号代码
LOOP0:  JBC   RI, LOOP1        ;判断输入键盘终端字符
        AJMP  LOOP0            ;等待
LOOP1:  MOV   A, SBUF          ;接收到的字符送 A
LOOP2:  JBC   TI, LOOP3        ;判断上次发送完否
        AJMP  LOOP2            ;等待上次发送完
```

```
LOOP3:   MOV   SBUF，A              ;发送已接收到的字符
         AJMP  LOOP0                ;转 LOOP0,继续接收新的字符
          ⋮
```

在本例中采用了软件查询方式进行接收/发送串行通信,也可采用中断方式,这里就不一一详述了。

从上可见,采用 RS-232-C 标准接口器件,整个通信软件编程不会发生变化。

7.6.2 RS-422A、RS-423A 和 RS-485 标准接口简介

RS-232-C 标准接口,虽然应用很广,但由于属早期产品,在现代串行通信中已暴露出明显缺点,诸如数据传输速率低、传输距离不远、接口处各信号间易产生串扰、可靠性差等,随着科学技术的发展,通信技术要求的不断提高,近年来相继推出新的高性能的串行通信标准接口器件。在这里仅介绍与 MCS-51 系列单片机全双工串行通信相兼容的标准接口器件。

1) RS-422A 标准接口

RS-422A 与 RS-232-C 的主要区别是信号在总线上传输的方式不相同。RS-232-C 是利用转输信号线与公共地之间的电压差,而 RS-422A 系列则是利用信号线之间的信号电压差,其标准是双端线传输信号,是一种电气标准。

(1) RS-422A 的电气特性

RS-422A 标准通信接口规定了差分平衡的电气特性,采用平衡驱动和差分接收的方法,这相当于两个单端驱动器,输入同一个信号时,其中一个驱动器的输出永远是另一个驱动器的反相信号,于是在两条线上传输的信号,一个定义为逻辑"1",另一个定义为逻辑"0"。当干扰信号作为共模信号出现时,接收器接收差分输入电压,只要接收器具有足够强的抗共模电压工作范围,就能识别两个信号,并正确接收传输的真正信息。因此,RS-422A 能在长距离、高速度下传输数据信息。最大传输速率为 10 Mb/s ,在此速率下,传输电缆线的允许长度为 12 m。如果采用较低的传输速率时,其传输的最长距离可达 1 200 m。

RS-422A 由发送器、平衡连接器、电缆终端负载、接收器 4 部分组成。在电路中规定,只许有一个发送器,但可有多个接收器。因此,常用于点对点的通信方式。该标准允许的驱动器输出为±2~±6 V,接收器可以检测的输入信号电平可以低到 200 mV。

(2) RS-422A 的内部组成结构与外特性

由 TTL 电平转换成 RS-422A 电平的常用器件(芯片)有 SN75172、SN75174、MC3487、AM26LS30、AM26LS31、UA9638 等。其器件特性为:最大电缆长度为 1.2 km,最大数据传输速率为 10 Mb/s,无负载输出电压小于等于 6 V,加负载输出电压大于等于 2 V,断电状态下输出阻抗大于等于 4 kΩ,短路时输出电流小于等于 150 mA。

由 RS-422A 电平转换成 TTL 电平的常用器件(芯片)有:SN75173、SN75175、MC3486、AM26LS32、AM26LS33、UA9637 等。其器件特性为:其输入阻抗大于等于 4 kΩ,电压阈值为-0.2~+0.2 V,最大输出电压为±12 V。

目前最常用的 RS-422A 和 TTL 电平集成转换器芯片有传输线驱动器 SN75174 和传输线接收器 SN75175。其内部结构如图 7.52 所示。

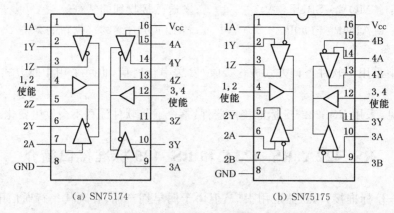

(a) SN75174   (b) SN75175

图 7.52   RS-422A 和 TTL 电平集成转换器内部组成结构与外特性

SN75174 是一种具有三态输出的单片 4 差分线驱动器。其设计符合 EIA 标准 RS-422A 规范,适用于噪声环境的中长总线线路的多点总线传输,采用+5 V 电源供电。功能特性上可与 MC3487 互换。

SN75175 是一种具有三态输出的单片 4 差分接收器,其设计符合 EIA RS-422A 规范,适用于噪声环境的中长总线线路上的多点总线传输,采用+5 V 电源供电。功能特性上可与 MC3486 互换。

(3) RS-422A 的接口电路

SN75174 驱动器是将串行输出的 TTL 电平信息转换成标准的 RS-422A 电平信息;SN75175 接收器是将 RS-422A 接口输出的信息电平还原成 TTL 电平信息,借接收端进行串行输入。其接口电路如图 7.53 所示。

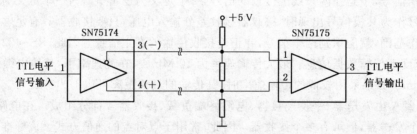

图 7.53   RS-422A 接口电平转换电路

2) RS-423A 标准接口

RS-422A 给出的是平衡信号差的规范,而 RS-423A 则给出的是不平衡信号差的规范。

RS-423A 规定为单端线,且与 RS-232-C 相兼容,参考电平为地,要求正信号的逻辑电平为 200 mV～6 V,负信号逻辑电平为-6 V～-200 mV。RS-423A 的驱动器在 90 m 长的电缆线上传输数据信息的最大速率为 100 kb/s;若数据信息的传输速率降低至 1 000 b/s,则允许传输电缆线的长度为 1 200 m。RS-423A 允许在传输线上连接多个接收器,接收器为平衡传输接收方式。因此,允许接收器和驱动器之间有接地电位差。逻辑“1”状态的电平信号必须超过 4 V,但不能高于 6 V,即必须在 4～6 V 之间;逻辑“0”状态的电平信号必须低于-4 V,但不能低于-6 V,即必须在-6～-4 V 之间。图 7.54 所示为 RS-423A 的接口电平转换电路图。

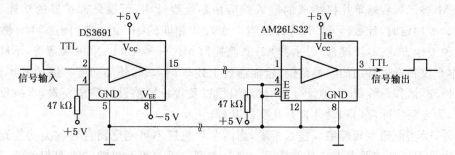

图 7.54   RS-423A 接口电平转换电路

图中采用 DS3691 为传输驱动器，AM26LS32 为传输接收器，该电路用于将 TTL 电平信号转换为 RS-423A 的标准接口电平信号，再将经过传输的 RS-423A 电平信号经 AM265LS32 转换成 TTL 电平信号输出。

3）RS-485 标准接口

RS-485 是一种多发送器的标准转换电路，它扩展了 RS-422A 的性能，允许在双导线上一个发送驱动器能驱动 32 个负载设备。负载可以是被动发送器、接收器或收发器（即接收/发送的组合器）。RS-485 电路允许用公用电话线进行通信。电路组成结构是在平衡连接电缆两端有终端电阻，在平衡电缆线上接挂发送器、接收器或组合收发器等。RS-485 标准没有规定控制发送器发送信息或接收器接收数据信息的规则。电缆线的选择要求要比 RS-422A 更严格。以失真度（%）为纵轴，电缆线的工作时间（t_r）或时间间隔单位（U、I）为模轴，画出表示接收器在不同信号电压 U_0 下的不同直线，并根据直线进行选择合适的电缆。RS-485 的接口电路如图 7.55 所示。

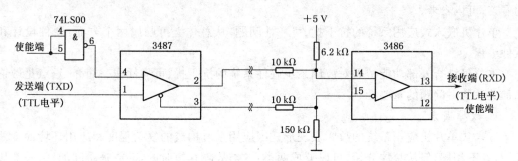

图 7.55   RS-485 的接口电路

图中的 3487 和 3486 器件（芯片）与 SN75175 和 SN75174 相兼容，引脚排列亦相同。

RS-485 的最小型用法可由两条信号线组成，每条连接电路必须有接大地的参考点，该电缆能支持 32 个接收/发送器。为了避免地面电流，每台设备一定要很好接地。电缆应包括连接至每台设备电缆地的第三信号参考线。若采用屏蔽电缆，屏蔽线应接到电缆设备的机壳上。

随着单片机串行通信的广泛应用，以及应用系统对串行通信的不同功能要求，一方面对单片机本身所设置的串行通信功能不断进行改进和提高，如 I^2C、CAN 总线等；另一方面则不断推出新的、不同类型、功能更强的串行通信标准接口器件（芯片），可供用户广泛选择。本节仅阐述了上述几种最常用的串行通信标准接口器件（芯片）及其与 MSC-51 系列单片机的接口电路设计，希望能通过上例加深理解，举一反三，为实际应用打好基础。

由 MCS-51 系列单片机构成的嵌入式应用系统设计中,可供外部扩展的功能元件很多,例如,专用定时/计数器 8253,内部设有 3 个功能相同的 16 位二进制码减 1 计数器,同样有 4 种工作方式;专用键盘/显示器 8279;监控器 MAX690A/MAX692A 等等,不胜枚举。为此,本章仅精选最常用的经典范例,希能通过上述举例,掌握外部功能扩展的基本而关键的功能原理,诸如总线概念、地址分配、软件编程以及接口电路设计等诸要素,举一反三、熟练掌握,为今后实际应用和设计打好扎实的基础。

另外,受当前超大规模集成技术所限,当前单片机还不可能全面包含各类功能元件,所以需要根据不同功能要求进行外部扩展。因此本章仅对与单片机功能密切相关的、紧密相连的部分功能,进行了外部扩展举例阐述。至于应用系统的外围部分(即应用系统的最外层),因其涉及面极其广泛而繁杂,且不同的应用系统涉及不同的专业层次,为此,在这里就不再举例论述了。

7.7 硬件系统可靠性概述

随着我国工业、农业、国防和科学技术现代化、自动化、智能化建设的蓬勃发展,单片机嵌入式系统的应用已渗透到各个领域和部门。有效地提高了生产效率,改善了工作条件,大大提高了整体质量和经济效益。但是,单片机嵌入式应用系统往往工作在较恶劣且复杂的环境中,应用系统的安全性和可靠性就成为一个极为突出的问题。因此,在设计嵌入式应用系统时,有关系统的可靠性必须认真加以考虑,必须引起足够的重视。

系统的可靠性问题是个很大而又十分复杂和重要的问题,它既包括理论问题,又包括工程实践问题。近年来相继出版发行了多部有关单片机嵌入式应用系统抗干扰、可靠性方面的专著,可供参考。

单片机嵌入式应用系统的抗干扰、可靠性问题,从总体上可归属两个方面:硬件设计和软件编程。

本节仅结合外部功能扩展对应用系统硬件系统的抗干扰、可靠性作一简介,重点是敬请多加关注这一问题的重要性。

1) 故障因素

嵌入式单片机应用系统的故障表现形式因应用系统构成的复杂程度和应用环境而千差万别,各不相同,但从总体分析,可以分成两类:一类故障是暂时的,其或是瞬间的;另一类故障则是永久性的。对于前者,很难捉摸,只能施以防范措施,而对于后者,往往比较固定,一旦被排除,一般不会再重现。不管是前者还是后者,对于嵌入式应用系统而言,设计者必须尽力使其发生率降低到最小,满足应用系统对可靠性指标的要求。造成故障的因素是多方面的,但归纳起来,主要有以下几个方面。

(1) 材质、内部因素

有些故障来自应用系统自身。例如,构成应用系统的元件的等级、质量是否满足总体设计要求。MCS-51 系列单片机本身的可靠性相对比较高,但仍分有三个等级:军品级,质量最好,但价格也贵;工业级,质量次之,价格适中;民用级,质量一般,价格便宜。应根据应用系统的需要,合理选用。再如选配的接、插件质量是否符合要求。接插接触不良是常见的故障;元器件经一段时间运行后变质或失效;硬件连线的遗漏、碰线、开路、短路等等都是常见的故障因素。有些故障的出现,甚或是致命的! 务必不能疏忽大意。

（2）环境因素

嵌入式单片机应用系统较少工作在类似机房的室内,而大多运行在工作现场,现场的工作环境条件千差万别。恶劣的工作环境对应用系统造成很大威胁。诸如环境温度的过高、过低都会对应用系统产生严重影响。曾有一例,某交通检测系统,只能正常工作在江、浙一带中原地区,南方因温度过高不能正常运行;在北方天寒地冻温度过低无法正常工作。大大限制了产品的销售区域。温度之外,如湿度、强电、电磁波辐射、大型机电的启/停、化学腐蚀、振动、粉尘、电网电压的波动等等,都有可能对应用系统产生严重干扰和影响。所有这些,均需因地制宜,认真加以考虑,力求消除环境因素所造成的不利影响。

（3）人为因素

嵌入式单片机应用系统在设计、研制的过程中,因考虑不周、施工不当、遗漏、疏忽、甚至错误所造成的隐患、故障也不少见。诸如应用系统的功能模块布局、布线不尽合理,特别是模、数之间的布局,焊接工艺不过关,可靠性、安全性措施不当,检验、测试不严等等,均会为后期的可靠性、安全性埋藏隐患!

影响应用系统可靠性的因素还有很多、很难尽述。关键在于引以重视、慎重考虑、严谨设计、以防后患。

2）硬件系统可靠性措施

任一个嵌入式单片机应用系统总是由两大部分组成:硬件组成系统与应用软件程序,两者相依相存,缺一不可。硬件组成系统是行使功能的基础。应用软件程序是行使系统功能的命令、指挥和手段。显然,应用系统的可靠性必然与硬件组成系统和应用软件程序是否稳定可靠密切相关。关于应用软件的可靠性问题将在"程序设计基础"一章中阐述。

（1）主机、元器件的合理选择

在进行应用系统总体设计时,应明确该系统的应用场合、环境状况和可靠性要求。作为合理选择主机,元器件,功能元件等的依据。而且还必须预估未来可能发生的变化。在经过全面、综合分析的基础上,制订出应用系统的具体要求和合理指标。

例如,MCS-51系列单片机就分有:军品、工业级和民用级三个等级,其他型号的单片机,功能元件,元件等均分有质量等级。等级之间的价格差别较大或很大,这就涉及应用系统的研制成本问题。所以要合理选择,其出发点就在于此。

（2）元器件的老化筛选

经选择合适的元器件通过特性测试后,再施以外部加压、加温、通电或经过一定时间的工作,再重新测试一遍,剔除部分不合格的元器件,这一过程称之为筛选。

所选的元器件经过外应力的处理,使其特性趋于稳定。施加外应力(加温、冷冻、加湿、通电、振动等等)的过程叫做老化。

研制成的应用系统样机,亦应通电,人工制造某些应用环境,连续运行一段时间,促使暴露隐患。这一过程常称之为考机。

（3）降级应用

各种元器件大多可按其额定的工作条分成几个等级,诸如军品级、工业级、民用级;特级、一级、二级、三级;涂金、涂银、涂镍;不同材质等等。降级应用就是使其低于原额定条件下工作。例如,选用工业级的8051型单片机作为民用级应用系统的主机,其他如一级的元器件,其额定的工作条件肯定高于二级,将其应用在二级额定条件下,其效果肯定是明显,但得权衡研制成本问题。

不同的元器件,其针对的额定条件和指标也不尽相同。应视主要矛盾(如温湿度、冲击、振动等)进行选择。

据有关文献介绍,合适的降级使用,可使硬件使用的失效率降低 1~2 个数量级。

(4) 强化可靠性电路设计

据可靠性资料调查表明,影响嵌入式单片机应用系统可靠性因素中,约有 4 成来自于设计,可见这项工作的重要性。

对于嵌入式单片机应用系统而言,由于超大规模集成技术的发展,单片机本身的可靠性相对而言是比较高的。重点是在外部功能扩展,以及外围电路的设计。

在硬件电路设计中:

• 要尽量简化电路设计。在实现同一功能、技术要求的前提下,使用的元器件愈多、愈复杂,则影响可靠性的因素就愈多,其结果可靠性会愈低。反之,在逻辑电路设计中,应尽量采用简化的方法进行化简,既能节省材料,又可使可靠性提高。

• 尽量采用标准元器件。采用标准化元器件易于更换,便于维修。标准化元器件应该已被前人广泛使用过,以实践证明其可靠性必然较高。

• 采用最不利设计意识

嵌入式单片机应用系统,其工作现场可能会出现最坏、最恶劣的工作环境;各种电子元器件的技术参数都不可能是一个恒定值,总是在其标称值上、下有一定的变化范围;各种电源电压也有一个波动范围等等。如果经过深入分析、仔细核算,找出一组能在最坏、最不利情况下正常工作的技术参数和指标,以此为依据来作为电路设计思想和选取元器件,一定能在正常情况下保证应用系统稳定、可靠地工作。

• 预防瞬态及过应力保护措施

在应用系统运行过程中,会发生瞬态应力变化甚或过应力,这对电子元器件的工作是极为不利的,这在电路设计时尽可能施以保护性措施。

• 减少电路设计中的误差和隐患

在应用系统硬件电路设计时,因选材不当或疏忽,造成所设计的产品的误差较大或过大,以致使应用系统投入运行后,某些功能指标达不到要求,或者出现技术性故障。更有甚者,由于设计上的疏忽或失误,埋藏着深层故障隐患,一旦暴发,就会产生严重后果。现有一例,某厂生产的温控仪,投放市场三年后,突发锅炉爆炸事故。最终究其原因,出于温控仪原始设计中的失误留下的隐患,在特定条件下引发! 这是具有深刻教训的一例。

(5) 其他

由于嵌入式单片机应用系统广泛应用于各个领域,对可靠性要求差别极大,对应用系统电路设计的要求、措施也是千差万别。设计者也是各显神通。上述只是目前最常采用的几种方法。除此之外,还有诸如冗余技术、双机并联、三机表决等等,难以尽述,这里就不费笔墨了。

3) 硬件抗干扰

影响应用系统可靠性的重要源头来自于各种干扰。由干扰所引发的出错或故障,往往捉摸不定,出现故障的时间可长可短,甚或瞬间,一旦干扰消失,就又恢复原状。有些干扰可能随时出现,有些则偶尔出现,很难捕捉故障根源。行之有效的办法就是提高抗干扰能力。

干扰可能来自于自身硬件电路的噪声,也可能来自于工频信号、电火花、电磁辐射等等。从硬件方面考虑,目前常用的抗干扰措施有以下几个方面。

（1）良好的接地措施

在任何电子线路设备中，良好的接地是抑制噪声、防止干扰的重要方法。接地设计的基本要求是消除各电路电流流经一个公共接地线，降低由阻抗所产生的噪声电压，避免形成环路。

嵌入式单片机应用系统，其地线可分为数字电路地线（数字地）、模拟电路地线（模拟地），外围电路中可能还有大功率电气设备（如继电器、电动机之类）的噪声地、机壳地、屏蔽地等。这些地线都应分开布置、各自相连，然后合并在一点和电源地相连接。每一个单元电路宜采用一个接地点，地线宜尽量加粗，以减少地线的阻抗。

（2）采用隔离技术

在嵌入式单片机应用系统中重要而敏感的输入/输出通道，为减少或防止干扰的侵入，常常采用通道隔离技术。目前常用的隔离器件主要有隔离放大器、隔离变压器、纵向扼流圈和光电耦合器等，其中应用最多的是光电耦合器。

光电耦合器具有一般隔离器件的切断地环路、抑制噪声的作用。此外，还可有效地抑制尖锋脉冲和多冲噪声干扰。光电耦合器的输入/输出间无电接触，能有效地防止输入端的电磁干扰以电耦合的方式进入计算机系统。光电耦合器的输入阻抗很小，一般为$100\,\Omega \sim 1\,k\Omega$，噪声源的内阻通常很大，因此，分压到光耦输入端的噪声电压很小。

随着超大规模集成技术和光电技术的结合，光电耦合器件的发展也很快，具有品种多、功能强、体积小等特点。从功能分，有直流输出型：如晶体管输出型、达林顿管输出型、施密特触发器输出型；有交流输出型：如单/双向可控硅输出型、过零触发双向可控硅型等等。从组成结构分，有单通道、双通道和多通道等。可供用户合理选配。

（3）看门狗技术

看门狗是近年来新推出的有效抗干扰技术。看门狗原文为"Wacth Dog Timer"，意为定时看门狗，实质上是一个监视定时器，设定的定时时间固定不变，一旦设定的定时时间到，就产生中断请求或溢出脉冲，使系统强行复位。在系统正常运行下，在小于设定的定时时间内对定时时间进行刷新（即重置定时器，称之为喂狗），所以定时器处于不断刷新中。这就不会产生中断请求或溢出复位信号。利用这一定时原理给应用系统是否正常运行进行监视。一旦因受干扰造成运行程序跑飞，就不能执行正常的程序顺序（在规定的时间内给看门狗"喂狗"），必然会出现定时时间到，产生中断请求或溢出复位信号。这时主机立即进入故障处理。

由于看门狗对于防止因受某种干扰而造成应用程序跑飞成效显著，现已由单独的看门狗电子器件，集成到单片机内部，诸如美国 ATMEL 公司生产的 89 系列单片机内部就集成有看门狗功能器件，不需再外部扩展。另外有很多集成电子厂家，生产了 UP 监控器，如美国 MAXIM 公司生产的 MAX706P（高电平复位）、MAX706R/S/T（低电平复位）、MAX708R/S/T（高、低电平复位），其中 R/S/T 三种型号的差别在于复位的门限电平不相同。这些集成芯片具有复位功能、看门狗功能和电源监视功能。现以 MAX706P 为例作一简要说明。

① UP 监控器 MAX706P

MAX706P 内部由时基信号发生器、看门狗定时器、复位信号发生器、掉电电压比较器等构成。其中时基信号发生器提供看门狗定时器定时脉冲。集成芯片的引脚排列如图 7.56 所示。各引脚功能定义如下：

PF1：电源故障电压监控输入口。

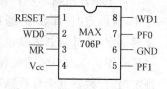

图 7.56 MAX706P 引脚图

PF0：电源故障输出口，当监控电压 $U_{PF1} < 1.25\ V$ 时，PF0 变低。

WD1：看门狗输入口。

RESET：高电平复位信号输出口。

$\overline{MR}$：手动复位输入口。

$\overline{WD0}$：看门狗输出。

- 复位功能

手动复位：当连接在 $\overline{MR}$ 引脚上按键按下时，$\overline{WR}$ 接收低电平有效输入，RESET（复位）变成高电平，延时时间为 200 ms，输出高电平有效复位信号。当电源电压下降至 4.4 V 以下时，内部电压比较器使 RESET（复位）变成高电平，输出高电平有效复位信号，直到工作电源电压（V_{CC}）上升（恢复）到正常值为止。

- 看门狗功能

MAX706P 内部看门狗监视器的定时时间为 1.6 s，如果在 1.6 s 时间以外 WD1（看门狗输入口）引脚保持固定电平（高电平或低电平），看门狗定时器输出端口 $\overline{WD0}$ 变成低电平，并通过二极管导通加载到 $\overline{MR}$ 端口，使 MAX706P 产生 RESET（复位）高电平有效信号，致使主机被复位，直到复位后看门狗定时器被清 0。在程序正常运行情况下，只需在每小于 1.6 s 时间内使定时器清 0 而重新计数，就不会产生溢出、复位信号。如果程序因受干扰出现跑飞、死循环，执行不到产生 WD1 的跳变指令，即不能在 1.6 s 时间内使定时器清 0，重新进行计数，在到达 1.6 s $\overline{WD0}$ 因超时产生溢出而变成低电平有效，产生复位信号，使程序复位。

MAX706P 的看门狗监视器，有 3 种情况被清 0：发生复位；WD1 处于三态；WD1 检测到一个跳变信号（上升沿或下降沿）。

- 电源电压监控功能

当电源电压（漂移或电池电压衰减）下降，监测点小于 1.25 V（即 $U_{PF1} < 1.25\ V$）当电源电压由 5 V 下降至 4.4 V 以下时，PF_0 端口变成低电平输出，产生中断请求，主机在电源故障中断服务程序中采取相应的处理措施。

UP 监控器目前推出的品种、型号已有很多，选用时应注意是高电平复位，还是低电平复位，要与应用系统的机型相匹配。

② 单片机内部看门狗

近年来不少单片机内部已集成有看门狗监视器功能。例如美国 ATMEL 公司推出的 89 系列单片机，其中 89S51/52 型单片机的看门狗定时器是一个 14 位二进制码的计数器，每过 16 384 个机器周期，看门狗定时器就产生溢出信号加载到主机的复位信号（RESET）引脚上，使主机进入复位状态。单片机内部的看门狗，可通过软件编程进行初始化高置，必须在设定的定时时间内进行"喂狗"，即对看门狗重新设置定时时间。这样既省略了外部扩展的麻烦，而且使用也十分方便。

对于单片机内部不带有看门狗功能，但原有的 2 或 3 个定时/计数器有空余未用，则可将 16 位的定时/计数器，通过软件方法改变成看门狗功能，在应用系统正常运行情况下，应及时对定时/计数器重新设置计数初值，不让其计数满回 0 产生溢出，一旦因受干扰，系统程序运行不正常、出错，造成程序跑飞、死循环，执行不到定时/计数器更新计数初值的程序段，则定时/计数器就会计数满回 0，产生溢出，并向主机请求中断处理。主机响应该中断请求，立即进行故障处理。而且应将这一中断请求设置为最高中断优先级，以便主机能及时响应并进行处理。

上述主要通过软件来实现看门狗功能,由于软件运行受单片机状态等因素的影响,其监控效果远不及专用的硬件看门狗好。因此,这类软件看门狗常应用于环境干扰不是很大或对研制成本要求严格的应用系统中。

影响应用系统可靠性的因素很多很多,情况也十分复杂,采用的方法与措施也很广泛、多样,很难全方位地一一详述。以上所述,是目前嵌入式单片机应用系统中最常采用的主要方法和措施,仅供参考。

思考题与习题

1. 8051 型单片机为什么既能单片应用,又能进行外部功能扩展,组成复杂的应用系统? 何谓外部三总线? 总线结构有何优越性? 8051 型单片机用 P0 口、P2 口和部分 P3 口构成的外部三总线有何特点?

2. 为什么要进行地址空间的分配? 何谓线性选择法和译码法? 各有何优、缺点? 为什么 8051 型单片机主要是对外部数据存储器的 64KB 地址空间进行分配? 地址分配中最重要的问题是什么?

3. 设以 8051 型单片机为主机,需外部扩展一片 27C64 EPROM、一片 62C64 SRAM、一片 8255A I/O 口、一片 ADC 0809 A/D 转换器和一片 ADC 0832 D/A 转换器。请完成下列作业:

(1) 画出外部扩展接口电路设计逻辑框图。

(2) 根据设计的逻辑框图列出各功能部件(芯片)的入口地址(包括占用的地址空间)。

(3) 根据自己拟订的功能要求,编写 8255A 的初始化程序段。

(4) 编写 ADC 0809 和 DAC 0832 的初始化程序段。

4. 何谓 8255A 的控制字和状态字? 控制字的主要内容是什么? 状态字有何用途? 访问控制寄存器和状态寄存器有什么区别?

5. 8255A 的按位置位/复位操作功能与 8051 型单片机的 P1 口位操作功能有何区别?

6. D/A 转换器的主要技术性能指标有哪些? 设某 DAC 转换器的数字量为 12 位(二进制码),满量程模拟电压输出为 10 V,试问它的分辨率和转换精度各为多少?

7. DAC 转换器单极性和双极性电压输出的根本区别是什么?

8. AD574 A/D 转换器的主要特性是什么? 有哪些引脚端口信号决定它的选口地址? 假设 AD574 的 $\overline{CS}$ 与译码输出的 $\overline{Y_5}$ 相连,A_0 与 A_0、$R/\overline{C}$ 与 A_1 相连,$12/\overline{8}$ 接地,STS 与 $\overline{INT_0}$ 相连,试确定 AD574 的访问端口地址,并编写初始化和读取转换结果的程序段。

9. 扩展外部中断源的方法有哪些? 各自的优、缺点是什么? 您认为选择哪种方法较合适? 为什么?

10. 8051 型单片机的串行通信功能已很强,为什么在实际应用中常需配置串行通信标准接口? RS-232-C 与 RS-485 在性能上有何区别?

11. 如何正确认识应用系统的可靠性? 由于可靠性措施不力会带来怎样的危害? 可靠性的重要意义何在?

12. 影响应用系统可靠性、安全性的主要因素有哪些? 从应用系统的硬件设计考虑,应采取哪些主要措施?

13. 何谓噪声、干扰? 常见的干扰源有哪些? 目前常用的抗干扰方法和措施有哪些?

14. 何谓看门狗? 目前常用的看门狗有哪几种? 如何正确选用?

15. 何谓一点接地? 为什么要一点接地,其原因是什么? 对于有多种不同性质的接地线,如何实施正确的良好接地?

8 汇编语言程序设计基础

　　一个完整的嵌入式单片机应用系统,总是包含着两大部分:应用系统的硬件组成结构和应用软件程序,两者紧密相连,密不可分。前者是功能构件、基础,后者则是行使功能的命令,发号施令的首脑,指挥中心!能否实现良好的功能要求和性能指标,完美的程序设计是关键。因此,学好本章内容,为从事应用软件程序设计打好扎实基础。

8.1　汇编语言程序设计概述

　　应用软件(程序)是计算机语言的有机组合。计算机语言有机器语言、汇编语言、高级语言之分。随着单片机的广泛应用以及技术发展,近年来部分单片机已配置有高级语言,例如 MCS-51 系列单片机已配置了 C51(C 语言)高级语言,为应用软件程序设计提供了方便。

　　汇编语言和高级 C51 语言各有其优缺点。采用汇编语言编程,具有程序结构紧凑、灵活、直观,汇编成目标程序效率高,占用程序存储器存储空间少,应用程序运行速度快,实时性强,行使功能细腻;其缺点是面向机器,可移植性、通用性差,编程繁琐、工作量大,要求程序设计者既要熟悉应用系统的所有硬件设置以及相关功能和技术要求,又要熟练掌握面向机器的汇编语言指令系统,才能设计并编写出符合功能要求的高质量、高水平的应用软件程序。显然,这对程序设计者提出了较高的要求。选用 C51 高级语言编程的主要优点是编程简单、方便,一个语句可能相当于几条、几十条汇编指令,所以编程速度快,可移植性、通用性较好,主要缺点是实时性差,功能粗糙,要占用较大的程序存储器的存储空间。要注意的是C51 与 C、C++不完全相同,C51 增加了与硬件密切结合的语句,能直接操作系统硬件,是面向 MCS-51 系列单片机的计算机高级语言。

　　由于嵌入式单片机应用系统主要应用于采样、测控等领域,实时性要求较强。所以在单片机的应用程序中,仍以汇编语言编程为主,近来也有采用混合编程(汇编+C51)的趋势。但汇编语言程序设计和编程是基础,作为单片机应用的设计者必须熟练掌握,并打好扎实基础。

　　汇编语言源程序是汇编语言指令的有序集合。汇编语言程序设计与编程的基础与对应的汇编语言指令集、应用系统的硬件组成结构、系统功能的具体要求密切相关。因此,要求设计者必须全面了解和掌握应用系统的硬件组成结构、指令系统、功能要求及其过程与转换、相关算法等等,并尽可能节省存储单元、压缩程序长度的原则。

8.1.1　汇编语言程序设计的基本步骤与方法

　　一个嵌入式单片机应用系统,在经过应用系统总体方案的论证、硬件组成设计基本定型的基础上,即可着手应用软件程序设计。

应用软件程序设计的方法与步骤,各有设计者的思考与经验,无一定论。这里仅以一般常用的思考方法与设计步骤,作一简介,仅供参考。

1) 汇编语言程序设计的基本步骤

一个汇编语言的程序设计大致可分为以下几个步骤进行:

(1) 明确设计任务,确定相关算法或思路

一个应用系统进行程序设计的第一步,必须根据应用系统总体方案所设定的功能要求、技术指标,结合系统硬件所提供的资源以及工作环境等进行详细的分析、研究,有些还需通过某些局部试验,以获取为实现某种功能或技术指标所必需的第一手资料,或者获取相对应的功能程序段,从而明确程序设计应承担的任务,确保应用系统所需的功能要求和技术指标的具体实现。

功能要求和技术指标是两个完全不同的概念。同一种功能要求可以有不同的技术指标。拟订的技术指标必须从实际出发,要防止因技术指标过高而造成无法实现的后果。

算法,即用计算机解决和实现某一个问题或功能的具体方法。这里所说的算法是广义的,即由单片机进行处理和完成的功能性问题是多种多样的,解决问题的算法也是各不相同的。任何一个实际问题、物理功能、技术要求等等,总可以通过严密而简练的数学方式来描述,或者近似模拟方式来描述(如建立数学模型等),这样就可把一个实际问题或物理功能转化成由计算机进行解决和处理的问题。数学模型的形式不拘一格,可以是一系列的数学表达式,也可以是一条曲线,也可以是推理、判断或者是运行状态模拟等等,这都是反映客观事物的抽象结果。

建立一个复杂的数学模型是有一定难度的,但作为单片机应用系统的设计者,如何把一个物理功能所要求的实际问题,在单片机的硬件系统支持下转化为由计算机软件程序来实现和完成。这一切统称为"算法"。

这里所说的"算法",既是广义的,也是多元的,即同一个功能性问题的算法可以有多种,处理结果可能略有差别,应选择优良、最佳者。具体算法反映在程序设计上即为程序设计的思路,或者说程序设计的构思。因此,一个应用程序,在经过上述的分析、研究基础上,有关具体的算法、整体的思路应初步确定。

(2) 应用程序的总体设计及其流程图

在上述的基础上,程序设计的第二步是进行程序设计,即从应用系统的整体要求制订完整的程序整体结构、数据格式、资源分配、参数的计算、设置等等,以及遵循应用系统的具体要求和运行过程,勾画出程序运行的逻辑顺序。这部分的规划和设计要求严密、细致、具体、完整和正确、可靠,而且要落实在文字记载备案。

在上述分析、考虑,总体设计基本定型的基础上,用图形描述的方法将总体设计的构思(思路),程序的逻辑顺序、走向(流向)完整地展现在平面图上,使程序完整、直观、一目了然地展现在流程图上,有利于审核、查错和修改。努力设计好程序流程图,在很大程度上能节省源程序的编写和调试时间,保证源程序的质量和正确性。

程序流程图的制作可先粗后细,或有粗有细,主要描述和展示程序的逻辑结构、顺序、走向和算法。重要部分可加以简要文字说明。常用的流程图图形见表8.1所示。

表 8.1 程序流程图常用图形

图形符号	名 称	说 明
▭	过程框	表示这段程序要做的事
◇	判别框	表示条件判断
▭	始终框	表示流程的起始或终止
○	连接框	表示程序流向连接
▽	换页连接框	表示流程换页连接
⇄ ↓↑	程序流向	表示程序的流向

在程序流程图中,各图形框均应加以注释或简要说明,如框内注写不下,也可在框外加注简要说明,以便于阅读和理解。对于程序结构复杂,而且程序量较大的源程序,应考虑分别设计总体流程图,可画得粗略些,侧重反映源程序的总体结构以及多功能模块之间的相互关系和逻辑流向;另外配有分块图,以反映各主要程序模块的具体实施流程,可粗细结合,对一些简单过程可粗些,而对重要而又较复杂的处理部分应画得细些,以表达清楚、明了为准。有少部分程序设计者嫌画程序流程图麻烦,这是不好的习惯。

另外,还需编制一份详细的资源分配明细表,包括数据结构、参数设置、通信协议、重要的算法演变等,以备随时查阅和存档。

(3) 源程序的编写

一个源程序的设计,经过上述的两个步骤之后,即可进入编程阶段。源程序编制应紧扣总体设计要求,遵循程序流程图所制定的程序结构、算法和流向,选择合适的指令,一框框、一条条地顺序编写。通常把这部分工作称为编程,所编写的程序称为源程序。

编程应力求简练,所选用指令适宜、层次清晰、占用存储单元少。尽量节省资源和提高资源的效率,执行速度快、缩短程序长度等。力求程序正确、可靠。这就要求编程者对主机(单片机)的系统结构、外部扩展的功能元件等的功能与特点、指令、总体要求,以及程序流程图深入理解,才能编制出高质量、高水平的源程序。

汇编语言源程序的设计与编程,实践性很强,来不得半点含糊!哪怕一个标点符号,均会造成程序错误。编制完成的源程序,还必须通过汇编成为目标代码程序(即机器语言程序),调试并在实际环境中考机通过,并达到总体设计要求,稳定、可靠,才能证明所设计、编写的程序是成功的,才能付诸实际使用。

(4) 源程序的汇编与调试

用汇编语言编写的源程序还必须通过汇编成为计算机能识别并执行的机器语言目标程序。汇编的方法有手工代真和计算机自动汇编两种。所谓汇编就是将源程序的汇编语言指令逐条代真(转换)成对应的机器语言代码指令,并自动进行某些设置与换算:诸如偏移量(rel)、标号、符号地址等;手工代真即采用人工方法将汇编语言指令转换成对应的机器语言指令代码。尽管现在可以极方便地进行计算机自动汇编,但仍需掌握手工代真的方法,学会查找指令表,以避免只因极小改动而导致重新汇编的麻烦。

任何一个源程序编写好后即能运行成功,而且正确、可靠的可能性极小,或几乎是不可能的。一般必须通过开发系统进行严格而全方位的调试和极限环境(常采用人工办法)下验证,以及现场考机等,尽一切办法排除错误或故障隐患,经评估,认为已达到原设计各项指标,能正确、稳定可靠地运行为止。

嵌入式单片机应用系统的应用程序必须借助相应的开发系统或开发器进行在线仿真开发与调试。因为编写好的源程序,必须经过汇编,将目标程序灌入,启动程序运行,查错以及调试手段等等,均需依靠开发系统进行。所谓仿真,就是通过开发系统模仿应用系统真实的运行情况与过程。所以,嵌入式单片机应用系统的研制与开发,对应的开发仿真系统是必备的设备。

程序的调试一般可按程序段或功能模块进行初调和分调,然后逐步扩大调试范围,最后进行整体联调、总调。在此基础上,经调试通过后,还需进入现场环境,进行试运行考机。调试、考机的目的就是要想尽一切办法排除一切存在的错误和造成故障的隐患,防止应用系统正式投入运行工作后出现差错或故障!

源程序的调试是程序设计和编程中极为重要的一环。源程序的设计与编程尽管深思熟虑、严密周到,但是某些遗漏、疏忽、错误总是难免,特别是对原设计的功能要求、技术指标等出现差错等问题,只有通过严格调试才能暴露出来,通过调试手段找出原因和错误所在,才能得以排除和纠正。因此,在调试过程中必须严格把关,丝毫不能疏忽、马虎!更不能心存幻想,必须面对现实,才能发现和排除较深的隐患。有的隐患必须在一定的环境或条件下才会暴露出来,有的甚至在付诸实际应用较长时间后才暴露出来。所以对一些可靠性要求高的应用系统,在一般性调试的基础上还应人工模拟恶劣环境、极限环境下检验和考机,尽最大努力使应用系统在规定期限内达到正确、稳定、可靠地运行。

(5) 编写相关的文件资料

程序说明文件是对程序设计工作进行总结的文件资料。完整的程序说明文件是技术存档的必需资料,而且是正确使用、后续发展、维护的必备文件。一般应包含以下几方面内容:

① 程序设计任务书,包括应用系统的功能要求、技术指标等。

② 源程序的总体设计、程序流程图、地址空间和资源分配清单、数据结构、源程序目标程序清单等。

③ 算法、参量计算和设计,错误信息的定义等。

④ 实际功能测试和技术指标测试结果说明书。

⑤ 程序使用及维护说明书等。

为了能编写好说明文件资料,在程序设计一开始就应重视相关资料的收集、积累,在设计工作的每一个阶段做好记录、小结和资料的收集工作。最后只需加以总结、整理和完善。

以上所述的程序设计步骤仅为程序设计者建立了一个完整的概念和过程,在实际设计工作中应视应用软件的具体要求、复杂程序和程序量的大小,选择合适的设计步骤与调试方法。

2) 汇编语言程序设计方法

单片机汇编语言程序设计的方法可以说是不拘一格,灵活多样。不仅与功能要求、规模大小、简单或复杂程序等因素有关,而且即使是同一个开发项目或内容,也会因人而异。因不同的设计者所掌握的设计经验与技巧、技术积累和熟练程度不同而差异很大。对于初学者,应不断总结经验,提高设计技巧,注意技术积累,逐步提高程序设计水平。这里仅简单介绍目前常用的几种设计方法,仅供参考。

(1)汇编语言源程序的基本结构

一个单片机应用系统汇编语言源程序,无论其简单还是复杂,总是由简单程序、分支程序、循环程序、查表程序、子程序(包括中断服务子程序)等结构化的程序段、块有选择地有机组合而成。这是汇编语言源程序的设计与组成基础。有关这些程序结构与特点将在后续章、节中详细介绍。

(2)划分功能模块

对于一个功能单一、相对简单的应用程序,一般可按其功能要求及其操作顺序,合理选择上述结构化程序块,自始至终或自上而下地一气呵成。

对于一个具有多种功能且较复杂的应用程序,则可采用模块化的设计方法。即按不同的功能要求划分成若干个相对独立的程序模块,分别进行分开而独立的程序设计,并分别调试(称为分调),最终按应用系统的整体功能要求和顺序,组合成一个完整的、有机的应用程序,在分调的基础上,通过联合统调(或称统调)、总调,从而完成应用系统源程序的全部设计。

模块化程序设计方法具有明显的优点,它可把一个较大的、多功能、较复杂的应用程序,划分成具有不同功能要求的若干个相对独立的、单一功能的程序模块。这样有利于单独程序设计、编程和调试、优化和分工,有利于提高程序的正确性、稳定性和可靠性,并使程序的整体结构层次清晰、优化精练,从而实现由繁(复杂)化简(简单)的目的。但在划分功能模块时,必须从整体上详尽分析各个功能模块之间的相对独立性、共性和相互关系性,互相连接的方式和相关参数、信息等,以便在一个主干程序的统一管理和联接下组成一个完整的应用程序整体。这样可以避免或减少在最后整体组装和总调时出现差错或麻烦。

模块化程序设计是目前采用较多的设计方法。

(3)自顶而下逐步求精

自顶而下逐步求精的程序设计方法,是在应用软件总体设计的基础上,首先进行主干程序的设计,将从属功能块或子程序(包括中断服务子程序)等用程序标志或过渡程序暂时代替,在主干程序不断打通的前提下按运行顺序逐个充实从属的功能程序段或子程序段,使应用程序的生成逐步展开、深化、求精,最后完成整个应用程序的设计和编程。

这种程序设计方法能使源程序结构紧凑,层次清晰,调试方便,比较接近设计者的思想,设计效率高。缺点是上层(或前面)的错误可能对下层(后面)产生较严重的影响,一处修改可能会牵动全局。所谓逐步求精,是指每一步均需精心设计,考虑周密,尽量避免上述情况的出现。

此设计方法适宜于应用系统不是太复杂,程序量不是很大,自始至终能独自完成的情况。

(4)子程序化

近年来采用子程序化的汇编语言源程序的设计与编程方法也较为普遍。这种设计方法的主导思想是将应用系统的各个主要功能,抑或一个大的功能段划分成若干个子阶段,将每个功能块或子阶段块均设计成子程序块。主干程序则主要完成相关的初始化程序、各功能程序块的辅助程序以及各子程序之间的承上启下、子程序的调用等,成为整个应用程序的组织者,对相关子程序进行有机调用、贯通,并组合和贯穿全过程,形成一个源程序的整体。

这种程序设计与编程方法,同样结构紧凑、层次分明、调试方便,特别适用于某些应用场合。例如,过程测控系统,其每个过程都有相对独立的操作,前一个操作过程与后一个操作过程有着密切相关和联系。每个过程和过程之间按一定的顺序进行操作。调试时可按功能过程顺序逐个延伸,甚为便捷。这种程序设计和编程方式,可能会多占用部分存储单元。例如,调用子程序时需对现场的相关信息进行入栈保护等操作,实时性也会略差些。

汇编语言程序设计和编程的实践性很强,只有通过实际的程序设计和编程,不断积累经验和技巧,才能不断提高技术水平。MCS-51 系列单片机在国内外均应用十分广泛,成功的、高水平的通用程序段很多,十分丰富。一般可根据实际应用的需要,寻找并参考合适的、现成的、已证明稳定可靠的、较高水平的程序段、块,特别是常用的通用子程序,经略加修改即可为己所用。特别要注意自身的技术积累,为今后的程序设计和编程提供方便。

由于汇编语言源程序的设计与编程具有极大的灵活性,所以面对的程序设计与编程方法也是多种多样,无一定格,只要能高质量、高水平、稳定可靠地达到原设计要求和目标就行。以上所述是近年来最常用的、较规范、典型的设计与编程方法,供参考。

8.1.2 常用伪指令简介

随着单片机技术的发展和广泛应用,以及开发系统(包括简易开发器)功能的不断完善和提高,汇编语言源程序普遍借助于功能较强的系统机(如 PC 类计算机)进行编辑、汇编和调试。因此,在编写汇编语言源程序的过程中,常常需要应用伪指令。

伪指令又称汇编程序(实施汇编操作的软件)控制译码指令,属汇编时说明性的语句、指令。"伪"字体现在汇编时不会生成机器指令目标代码,不影响源程序的任何操作,仅产生汇编过程中的某些说明或命令,在汇编时仅执行某些特殊操作。

不同的单片机系列及其开发系统所定义的伪指令不尽相同。下面简单介绍 MCS-51 系列单片机源程序及汇编时常用的几种伪指令。

1) 标号赋值伪指令

(1) 标号等值伪指令——EQU

格式:〈标号:〉EQU〈表达式〉

伪指令 EQU 的含义是为本语句中的标号地址等值于表达式,亦即将表达式值(内容)赋值给标号。在语句中,标号和表达式是必不可少的。例如:

TTY:EQU 1080H

本语句向汇编程序指明,标号 TTY 等值于 1080H。再如:

LOOP1:EQU TTY

如果在此语句前已对标号 TTY 赋值为 1080H,则执行完本语句后,LOOP1=TTY=1080H。这样,在此语句后面的源程序中两个标号 TTY、LOOP1 可以互换使用。用 EQU 语句给一个标号赋值以后,在整个源程序中该标号的值是固定并不能更改的。

(2) 定义标号伪指令——DL

格式:〈标号:〉DL〈表达式〉

其含义是定义该标号的值为表达式值。同样,标号和表达式两者均是不可缺少的。例如:

COUNT1:DL 2300H ;定义标号 COUNT1=2300H

⋮

COUNT2:DL COUNT1+1;定义COUNT2=COUNT1+1=2301H

由上可见,伪指令 DL 和 EQU 的功能均是将表达式值赋给标号,但两者有区别,用 DL 语句可在同一个源程序中对同一个标号进行多次赋值,亦即可更改被 DL 语句定义过的标号值,而用 EQU 语句只能给标号一次赋值,而后在整个源程序中再不能更改。

2)数据存储定义伪指令

数据存储定义伪指令的功能是将数据存储到指定的程序存储器存储单元中。

(1)定义字节数据存储伪指令——DB 或 DEGB

格式:〈标号:〉DB〈表达式或表达式串〉

语句中表达式或表达式串是指一个字节数据或用逗号分隔开的一连串的字节数据。其含义是将表达式或表达式中所指定的字节数据存储到标号所指定的或从标号开始的连续一串程序存储器的存储单元中。语句中的标号为可选项,它表示字节数据存储到程序存储器的起始地址。例如:

HERE:DB 56H   ;将字节数据 56H 存入标号 HERE 所指定的存储单元中

     DB OA7H   ;将字节数据 OA7H 存入下一个存储单元中

     ⋮   ;连续若干数据存入连续的存储单元中

再如:

SECON:DB 02H,36H,74H,OB4H,OFFH,…

上例表示将一连串字节数据按顺序存储到以标号 SECON 为起始地址的程序存储器的连续存储单元中。

作为本语句的操作数部分的表达式或表达式串,可以是数据表达式、ASCII 码字符串、字节数据串,其中字节数据串长度限制在 80 个字节的数据行以内。

DEGB 与 DB 的含义和作用一样。

(2)定义字数据伪指令——DW 或 DEFW

格式:〈标号:〉DW〈表达式或表达式串〉

本语句的含义是将作为操作数部分的表达式或表达式串中的字数据(2 个字节的数据)或字数据串,存储到以标号所指定的存储单元或以标号为起始地址、顺序连续的存储单元(程序存储器)中。定义字数据为双字节数据。在执行汇编时,汇编程序会自动以高位字节在前、低位字节在后的顺序格式将字数据存储到程序存储器的存储单元中。例如:

ABC:DW 1234H,4567H,OA54CH,…

在执行汇编操作时,汇编程序会自动将第一个字数据的高位字节数 12H 存入标号 ABC 所指定的存储单元中,接着将低字节数 34H 存入到标号为 ABC+1(即按顺序)的存储单元中,其余类推,按顺序将后续字节数据存入到相应的程序存储器存储单元中。例如,设标号 ABC 被设定为 1000H,则上例汇编时,将第一个字数据的 12H 存放于 1000H 地址单元中,34H 存放于 1001H 地址单元中,第二个字数据的 45H 存放于 1002H 地址单元中,其余均按此规则和顺序依次存放。

上述两条语句(伪指令)主要用于存放源程序中的固定数据,如表格之类的数据等。

3)存储区说明伪指令——DS

格式:〈标号:〉DS〈表达式〉

其含义是以标号的值为起始地址,保留表达式所指定的若干字节存储单元空间作为备用。例如：

BASE:DS　0100H

源程序经汇编后,程序存储器将以标号 BASE 为起始地址,按顺序连续空余出 256 个字节存储单元空间,以备后用。

4）符号地址赋值伪指令

（1）位地址赋值伪指令——BIT

格式:〈符号地址:〉BIT〈表达式〉

其含义是将表达式内容赋予符号地址或位变量。其表达式可以是位符号地址或位变量。常用来定义新的符号地址或位变量。例如：

ATI:BIT　P1·5　　　　;定义 ATI 为 P1·5 位地址

　　⋮

　　　MOV C, ATI　　;将 P1·5 口中内容送 C(位累加器)

　　⋮

BIT 伪指令常用来定义位符号地址。经 BIT 伪指令定义过的位符号地址可出现在源程序中的位寻址操作。

（2）字节地址赋值伪指令——DATA

格式:〈符号地址:〉DATA〈表达式〉

其含义为将表达式中的数据寻址地址赋值给符号地址。例如：

ABT2:DATA　0100H　　　　;将外部数据存储器地址 0100H 赋值

　　⋮　　　　　　　　　　　给符号地址 ABT2

　　　MOV　DPTR, ABT2　;将符号地址 ABT2 内容送 DPTR

5）程序起始地址伪指令——ORG

格式:ORG〈表达式〉

其含义是指明在本语句后面的源程序经汇编后的目标程序的起始地址为 ORG 伪指令的表达式值。表达式常为一个双字节程序存储器地址码。例如：

　　　ORG　0100H

START：MOV　A，♯00H;

　　　⋮

经汇编后,从 START 标号开始的目标程序代码,将存储在起始地址为 0100H 开始的程序存储器存储单元中。由于表达式 0100H 为立即型地址码,即隐含地指明该目标程序的起始地址属绝对地址段。

在一个源程序中可能会有多处设置了程序段的起始地址,因此,所设置的地址空间应从低位地址端向高位地址端延伸,不能重叠,否则将会出错。若程序段前无 ORG 伪指令设置,则汇编后的目标程序代码将从程序存储器的 0000H 地址单元或紧接前段程序之后进行存储。若 ORG 中的表达式为浮动程序段已定义过的标号,则由该标号所设定的目标程序段首地址也随之浮动。

6）汇编结束伪指令——END

END 伪指令是源程序汇编结束标志。源程序在汇编过程中凡执行到 END 结束伪指令,就立即结束和停止汇编操作。对处于 END 结束伪指令之后的任何源程序,汇编程序均不予汇编和处理。因此,一个完整的源程序,在源程序末尾必须要有 END 结束伪指令,指明在源程序进行汇编至此时立即停止并结束汇编。为调试程序方便,可根据程序段的调试需要进行灵活设置。没有 END 结束的源程序汇编时必将进入死循环。

汇编结束伪指令有两种格式:

格式 1:〈标号:〉END〈表达式〉

格式 2:〈标号:〉END

其中标号不是必须的,应视程序流向的需要。有无表达式的区别在于:格式 1 在结束汇编后立即转向由表达式所指定的起始地址开始执行程序。因此,只需在程序运行的入口处和 END 后的表达式以同一个标号设置,当汇编完源程序后就立即自动转向由该标号指定的程序入口处开始执行。表达式也可以是程序入口处的绝对地址;格式 2(没有表达式)则汇编执行到 END 结束伪指令,便结束汇编并立即停机。通常的用法是既不带标号,也不带表达式。

以上是 MCS-51 系列单片机源程序汇编时最常用的伪指令。不同机型所配置的汇编程序所设置的伪指令不尽相同,这里就不详述了。

8.2　汇编语言程序设计基础和举例

一个单片机应用系统的汇编语言源程序,无论其系统功能的要求是简单还是复杂,其源程序的组成结构总是由简单程序、分支程序、循环程序、子程序、查表程序等结构化程序段、块为基础有机组合而成。为此,本节将逐一进行简要叙述。

8.2.1　简单结构程序

简单结构程序,其最大特点是按顺序执行,故而又称为顺序执行结构程序。这是汇编语言程序设计中最基本、最单一,也是最基础的程序结构,在整个程序设计中所占比例最大,是程序设计的基础。这里所定义的简单结构程序是指无分支的、按照逻辑操作顺序,从第一条指令开始逐条、顺序地往下执行,直到执行完最后一条指令为止。可见,简单结构程序的组成结构简单,程序运行的逻辑流向是一维(单向)的,但程序的具体内容并不一定简单。在实际编程中,如何正确选择指令,合理分配工作寄存器,节省存储单元等相关资源,是编写好程序的基本功。现举例说明如下。

例 1　拆字程序段

将一个字节的 BCD 码(两位十进制数)拆开并转换成相应的 ASCII 码,再存放在两个片内 RAM 字节单元中。

设一个字节的两位 BCD 码已存放在片内 RAM 的 30H 单元中,变换后的两个 ASCII 码中,高位 ASCII 码存放于 31H 单元,低位 ASCII 码存放于 32H 单元中。十进制数 0~9 所对应的 ASCII 码为 30H~39H,完成拆字变换只需将一个字节的 BCD 码拆开后分别存放于另外两个存储单元的低 4 位,再分别加 30H,即将高 4 位变成 0011 即可。拆字程序段清单如下:

```
MOV     R0，#32H        ;将 32H 单元地址送 R₀
MOV     @R0，#00H       ;将 32H 单元清 0
MOV     A，30H          ;将 30H 单元中的 BCD 码送 A
XCHD    A，@R0          ;将低位 BCD 码送 32H 单元
ORL     32H，#30H       ;完成低位 BCD 码变换成 ASCII 码
```

```
        SWAP    A                       ;将高位 BCD 码交换到低位
        ORL     A，♯30H                 ;完成原高位 BCD 码的变换
        MOV     31H，A                   ;将高位 ASCII 码存于 31H 单元
```

该程序段完成将一个字节的两位 BCD 码变换成 ASCII 码的功能,共需占用程序存储器的 15 个字节单元,用 9 个机器周期执行完毕。

例 2 双字节加法程序段

设被加数存放在片内 RAM 的 31H、32H 两单元中,低位字节存放在 31H 单元中,加数存放于 34H、35H 两单元中,同样低位字节在前,相加结果和数存于 31H、32H、33H 单元中。同样,低位字节在前,其程序清单如下:

```
START:PUSH    A                       ;将 A 内容进栈保护
        MOV     R0，♯31H                ;
        MOV     R1，♯34H                ;⎬将地址码送 R₀ 和 R₁
        MOV     33H，♯00H               ;将 33H 单元清 0,以备存放和的最高字节数
        MOV     A，@R0                   ;将被加数低字节送 A
        ADD     A，@R1                   ;两低字节数相加
        MOV     @R0，A                   ;低字节和存于 31H 单元
        INC     R0                      ;
        INC     R1                      ;⎬地址数分别加 1
        MOV     A，@R0                   ;被加数高字节数送 A
        ADDC    A，@R1                   ;带进位两高字节数相加
        MOV     @R0，A                   ;高字节和存于 32H 单元
        MOV     A，♯00H                  ;将 A 清 0
        ADDC    A，♯00H                  ;求高字节求和的进位
        INC     R0                      ;R₀ 指针指向 33H 单元
        MOV     @R0，A                   ;将高字节和产生的进位存 33H 单元
        POP     A                       ;将原 A 内容出栈
```

简单结构程序的执行顺序,亦即程序的编写顺序,与具体算法的逻辑顺序密切相关,即相一致,不同的执行顺序将产生不同的运行结果。其次,简单结构程序是构成整个程序的主干、基础。因此,这部分程序设计的优劣,将直接影响整个程序的质量和效率,在编程中必须引起足够的重视。

8.2.2 分支结构程序

很多复杂的实际问题,总是伴随逻辑判断或者条件选择,要求运行时能根据给定的条件或逻辑要求判断,以选择不同的程序处理路径,即程序的走向,从而使计算机的处理具有某种实现智能化功能的基础。

分支结构程序的主要特点是,程序的流向为一个进入口,有两个或两个以上的流出口,根据给定的条件或逻辑要求进行判断,选择并确定其中的一个出口作为程序的流向。编程的关键是根据功能或算法要求,确定判断或选择的条件、逻辑要求,以及选择合适的分支指令。MCS-51 系列单片机提供了极其丰富的、功能很强的多种分支指令,特别是比较跳转和

位判跳指令等,为完成复杂的功能要求,尤其为测控系统实现智能化、自动化要求的程序设计提供了方便。

分支结构程序又称复杂程序。一个源程序如果包含有多个、或者很多个分支,每个分支均有不同的流向、路径和处理程序段,分支中还可能包含有分支,而且伴随着条件的判断、成立与否,这就使程序的流向和处理变得十分复杂。因此,在程序设计时必须借助程序流程图,把复杂的程序流向和处理展现在平面图上,使之清晰、一目了然。为减少源程序的过于复杂性,应尽量少用分支结构程序。

1) 单分支结构程序

单分支结构程序在程序设计与编程中应用得最多、最广,拥有的单分支指令也最多、功能也较强,其结构一般为一个入口,两个出口。常用的流程图如图 8.1 所示。

单分支结构程序的选择条件(或逻辑要求)一般由此前的运算结果或检测设置的状态标志等提供,编程时应选用合适的跳转指令来实现和完成。其中箭头表示程序的流向。

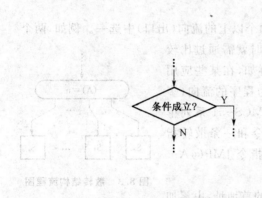
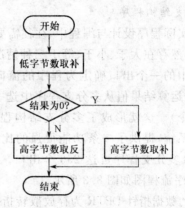

图 8.1 单分支结构程序流程图　　　图 8.2 双字节数求补流程图

例 3 双字节数求补码程序段

将存放于片内 RAM 区的 addr1 和 addr1+1 两个单元中的双字节数据进行读出并求补运算后,再存入 addr2 和 addr2+1 两单元中。其中高字节数存于高地址单元。图 8.2 所示为本例双字节数求补流程图。

8 位字长的单片机对于双字节(16 位)数求取补码需分两次进行,首先对低字节数取补,并判别其结果是否为 0? 若为 0,则需对高字节数取补运算;若不为 0,则对高字节数取反运算。双字节求取补码程序段如下:

```
START:MOV  R0, #addr1        ;原码低字节数地址送 R0
      MOV  R1, #addr2        ;补码低字节数地址送 R1
      MOV  A, @R0            ;原码低字节数送 A
      CPL  A                 ;
      INC  A                 ;   低字节数取补:取反+1
      MOV  @R1, A            ;低字节数补码送 addr2 单元
      INC  R0               ;R0、R1 内容分别加 1
      INC  R1               ;
      JZ   ZERO             ;判(A)=0? (A)=0,则转 ZERO
      MOV  A, @R0           ;原码高字节数送 A
```

```
        CPL    A                    ;取反
        MOV    @R1,A                ;高字节数补码存 addr2+1 单元
        SJMP   LOOP1                ;转结束
ZERO:   MOV    A,@R0                ;高字节数送 A
        CPL    A                    ;对高字节数取补
        INC    A                    ;
        MOV    @R1,A                ;高字节数补码存于 addr2+1 单元
LOOP1：END                          ;结束
```

MCS-51 系列单片机的条件判跳指令均属相对寻址方式,其相对偏移量(rel)是一个带符号的 8 位二进制数,常以补码的形式出现在指令代码中,其寻址范围为 $-128\sim +127$,字节的最高位为符号位,其余 7 位为有效数字位。在源程序中,均采用标号(符号地址)。在源程序进行汇编时会自动代真,即自动计算出偏移量值,代真在目标指令代码中。

2) 多分支结构程序

在很多实际程序设计与编程中,往往需要从两个以上的流向(出口)中选一。例如,两个数相比较,必然存在大于、小于、等于三种情况,这时就需通过比较结果选择其中的一个出口确定为程序的流向。再如,在某些应用场合,需根据运算结果值从多分支程序中选一作为程序的流向(多分支跳转指令)。这就形成了多分支结构程序。MCS-51 系列单片机的指令系统,提供了一条功能很强的比较指令和一条散转指令,其散转的多分支程序可达 256 个出口。散转指令 JMP@A+DPTR,其程序流程图如图 8.3 所示。

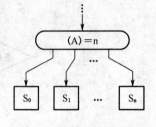

图 8.3　散转结构流程图

指令中的数据指针 DPTR 为存放散转指令串的首地址,由累加器 A 的内容动态选择对应的转移指令。A 中内容可以是 $0\sim255$,理论上可以有多达 $0\sim255$ 共 256 个分支口,但实际上由于组成散转指令串的转移指令都为双字节或三字节指令。因此,实际散转出口数应视选用哪种跳转指令而定,而在实际应用中也并不需要用到这么多出口。

由累加器 A 在动态运行中给出的结果值选择对应的转移指令,其理论上的对应关系是:A 的内容为 0,则转向分支处理程序 0(S_0);A 内容为 1,应转向分支处理程序 1(S_1)……A 内容为 n 时,转向分支处理程序 n(S_n)。

一般散转指令串的转移指令均为无条件转移指令。MCS-51 系列单片机指令集所提供的无条件转移指令有两条:AJMP 和 LJMP,前者为双字节的绝对无条件转移指令,后者为三字节的长无条件转移指令。因此,需视选用哪一条转移指令来对累加器 A 中值作相应的变换。例如,选用 AJMP 指令,则需将 A 中值变换成偶数值(将 A 中内容乘 2);如选用 LJMP 指令,则需将 A 中值变换成奇数值(A 中内容乘 3)。这个散转指令串。相当于一个中转站,通过它无条件转向各自对应、独立的分支处理程序。

例 4　散转程序段

```
START：MOV    DPTR,#addr16         ;转移指令串首地址送 DPTR
       CLR    C                    ;清 0C
       RLC    A                    ;将 A 值变换成偶数
       JNC    TABEL                ;判(C)=0? 为 0 则转 TABEL
       JNC    DPH                  ;(C)=1,则 DPH 内容加 1
```

```
TABEL：  JMP    @A+DPTR          ;散转
         ⋮
ADDR16： AJMP LOOP0              ;
         AJMP LOOP1             ;
         ⋮                        } 无条件转移指令串
         AJMP LOOPn             ;
         ⋮
LOOP0：  …                       ;分支程序段 0
         ⋮
LOOP1：  …                       ;分支程序段 1
         ⋮                              ⋮
LOOPn：  …                       ;分支程序段 n
         ⋮
```

由于在本例中，散转指令串选用的是双字节绝对转移指令 AJMP，因此必须将累加器 A 中变换成偶数值。变换成偶数的方法可以将 A 内容乘 2 来实现，而本例中是采用将累加器 A 中内容左移一位的方法来实现的。如果 A 中内容大于 128，则左移一位将产生最高位进位（移位到 C 中），将此进位值加到 DPH（DPTR 的高 8 位）中去，这等于将散转指令串的地址范围延伸了 256 个存储单元，同时也使散转指令串数扩大到 256 个，即可保证分支程序段在 0～255 个中任选。为此，在本例程序段中对 C 内容进行 3 检测判跳。

如果选用三字节的长跳转 LJMP 指令，则对累加器 A 中内容需进行乘 3 的变换处理，可将乘积的高位字节值加到 DPH 中去。一般，DPTR+A 的最终值不应超过 64KB。

3) 分支结构程序的组成形式

单分支选择结构程序可以有多种组成形式，图 8.4 列举了三种典型的组合形式。

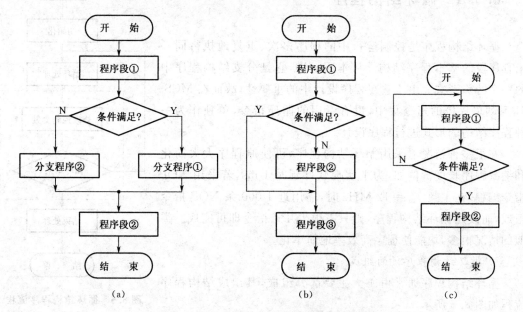

图 8.4 单分支结构程序典型组成形式框图

图中(a),条件成立则走向分支程序①执行,否则执行分支程序②,两者选一,然后走向程序段②执行;图(b),条件成立,则跳过程序段②,转向程序段③往下执行,条件不成立,则顺序往下执行程序段②和③;图(c),条件成立,则顺序往下执行程序段②,条件不成立,则返回程序段①重复执行,直至条件成立,终止返回程序段①执行,顺序往下执行程序段②。

图 8.4(c),其判断条件可以是需要重复执行的次数,也可以是一个变量,直至变化到设定值,停止重复执行,也可以是一个状态标志,等待状态条件的成立。重复执行的次数不定,一旦条件成立,立即停止重复,程序顺序往下执行;也可在条件不满足时程序转向该判跳指令自身,一旦条件满足(成立),立即停止跳转,程序顺序往下执行。这相当于程序原地踏步,等待某种被检测的状态或条件成立。例如:

LOOP:JB　P1·X, LOOP;

这条指令的含义是在等待 P1·X 端口(引脚)上的电平发生从"1"(高电平)→"0"(低电平)的负跳变时,结束程序的自循环等待,程序开始顺序往下执行。

分支结构程序允许嵌套,即一个分支程序中又含有分支程序,形成树形式的多级分支程序结构。汇编语言源程序本身并不限制这种嵌套的层次数,但过多的嵌套层次将使源程序结构变得十分复杂和臃肿,以致造成逻辑上的混乱和错误,也给后期的调试带来困难,因而应尽量避免。

一个复杂的应用系统,其对应的汇编语言源程序,总是包含有多个、很多个分支程序,由于不同功能要求,组成的分支程序结构也会多种多样,为防止分支程序及其流向的混乱和复杂化,一是应尽量采用规范的程序设计方法,二是采用完整而粗细相结合的程序图,具体标明每个分支程序的确切条件、算法和流向,把整个程序设计思路和具体实施步骤,详细展示在平面流程图上,以便于思考、检查与修改,并作为编程的依据。

8.2.3　循环结构程序

循环结构程序是控制运行中的程序多次、重复地执行同一个程序段的基本程序结构。从本质上讲,它是分支结构程序中的一个特殊形式。由于它在程序设计中的重要性,故而在 MCS-51 系列单片机的指令集中,设有专用的循环指令,单独作为一种程序结构的形式进行程序设计。

在很多种情况下采用循环结构程序,可使原程序大大简化和缩减程序长度。例如,为了实现软件延时 1 ms,若采用 NOP 指令编程,在主频 $f_{osc}=12\,MHz$ 时,需用近 1 000 条 NOP 指令组成,而改用循环结构程序,则只需很少几条指令即可完成。类似的情况很多,均能使程序高效率地简单化。

1) 循环结构程序段的组成

循环结构程序通常由 4 大主要部分组成,其组成结构程序流程如图 8.5 所示。

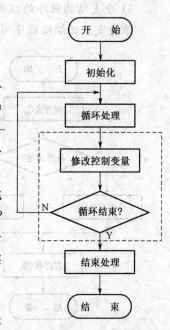

图 8.5　循环结构程序流程

(1) 循环程序初始化

在主程序进入循环处理程序之前,需设置某些循环条件,如循环次数,工作单元清 0、相关变量设置、地址指针等,均需事先进行初始化设置。

(2) 循环处理程序段

循环处理程序部分又称循环体,是循环结构程序的主体、核心,是通过这部分循环程序的执行完成和实现某种功能的主要部分。

(3) 循环控制

在重复执行循环处理程序的过程中,需不断修改和判别循环变量直到符合或满足结束循环的条件,控制程序结束循环。

循环控制变量,可以是循环递减(不断减 1 计数)或某种条件控制。前者每执行一次循环处理,将初始化时设置的循环次数计数值不断减 1,循环次数计数值减 1 为 0 时则结束循环;后者为一变量,当计算结果达到某设定值或满足给定条件时结束循环。这时的循环次数是不固定的。

(4) 结束循环处理

这部分是用于对循环程序全部执行完、结束循环后,对某些结果进行分析、处理或存储等善后工作。

2) 循环结构程序举例

MCS-51 系列单片机的指令集,设有两条功能极强的循环跳转指令:

DJNZ　Rn, rel　　　　;以工作寄存器 Rn 作为循环控制计数器

DJNZ　direct,rel　　;以直接寻址单元作为循环控制计数器

由这两条基本指令可以派生出很多条不同的循环控制计数器的循环跳转指令,大大扩充和丰富了应用范围以及多重循环的循环层次。

循环控制计数器的计数方式一般均为不断减 1 计数,即每循环一次,计数器自动减 1 计数,并判断减 1 计数后计数值是否为 0,若不为 0,则继续执行循环程序;若为 0,则结束循环程序的执行,顺序往下执行。循环计数初值(循环次数)在初始化程序中预置,预置的计数初始范围为 1~255,如果超越此计数范围,可采用多重循环的设计方式,原则上不受限。

除上述两条专用的循环指令外,也可采用条件跳转指令、比较跳转指令以实现条件控制循环结构程序。

例 5 采用循环程序实现软件延时,采用软件延时可实现任意延时要求,但需牺牲主机(CPU)的工作。

```
        MOV  40H,  #data ;设置计数初值
AGIN：   NOP              ;
        NOP              ;
        DJNZ 40H,  AGIN  ;当(40H)-1≠0,继续执行循环
         ⋮
```

本例每执行一次循环需 4 个机器周期,可根据总延时要求,在已选定的主频 f_{osc} 的条件下,计算出具体的计数初值(计数次数值),40H 为片内 RAM 存储单元,以 40H 单元作为循环控制计数器。

例 6 数据块搜索

设外部 RAM 从 BLOOK 地址单元开始存储有一个无符号数据块,数据块长度(字节数)存于 LEN 单元中,编写一程序段,搜索出数据块中数值最大的数,并将其存入内部 RAM 的 MAX 单元中。

在一串数据块中搜索最大值的方法很多,最常用、最基本的方法逐一比较和交换依次进行,即先读取出第一个数和第二个数进行比较,并把第一个数作为基准。比较结果,若基准数大,则不进行交换,再读取下一个数据进行比较;若基准数小,则将大数取代原基准数,即进行一次交换,然后再用新的基准数与下一个读取的数进行比较,直至全部数据比较完,基准数始终保持为最大值。

图 8.6 所示为数据块搜索(求最大值)程序流程图。设工作寄存器 R_1 存放基准数,R_3 中存放数据块长度,即字节数数量,R_2 中存放每次从外部 RAM 中读取出的数据。程序段中的符号地址(标号)均已定义过。其循环程序段如下:

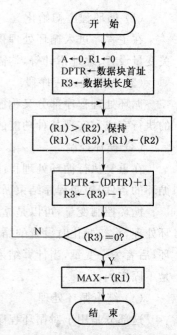

图 8.6 数据块搜索程序流程图

```
START:CLR    A              ;累加器 A 清 0
      CLR    R1             ;工作寄存器 R1 清 0
      MOV    DPTR,♯BLOCK    ;数据块首地址送 DPTR
      MOV    R3,LEN         ;数据块长度送 R3 用做控制循环计数
LOOP: MOVX   A,@DPTR        ;读数据块数据
      INC    DPTR           ;地址加 1
      MOV    R2,A           ;读取的数据送 R2
      CLR    C              ;C 清 0
      MOV    A,R1           ;基准数送 A
      SUBB   A,R2           ;基准数减读出数
      JNC    NEXT           ;(C)＝0,即(A)≥(R2),跳转
      MOV    A,R2           ;(C)＝1,即(A)＜(R2),交换
      MOV    R1,A           ;大数送 R1,作为基准
NEXT: DJNZ   R3,LOOP        ;判断搜索完否
      MOV    MAX,R1         ;最大数据存入 MAX 单元
      END                   ;结束
```

例 7 工作单元清 0

在程序设计中往往需对一连串的工作单元清 0。

设工作寄存器 R_1 中存放需清 0 的单元首地址,R_3 中存放清 0 单元数,其循环程序段如下:

```
START:MOV    R1,addr        ;清 0 单元首地址送 R1
      MOV    R3,♯data       ;需清 0 单元数送 R3
      CLR    A              ;A 清 0
LOOP: MOV    @R1,A          ;指定单元清 0
```

```
        INC      R1              ;指向下一个单元
        DJNZ     R3，LOOP         ;(R₃)－1≠0 转 LOOP
        END                      ;结束
```

3) 多重循环结构程序

对某些较复杂的问题,或者循环的次数超过 256 等,则可采用多重循环结构程序,即循环程序中包含循环程序或一个大循环程序中包含有多个小循环程序,称为多重循环结构程序,又称为循环嵌套。循环的重数不限,但必须每重循环的层次分明,不能有相互交叉!

例 8 双重循环软件延时程序

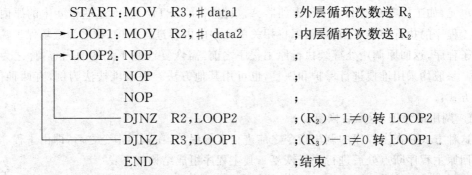

```
        START：MOV   R3，#data1     ;外层循环次数送 R₃
        LOOP1：MOV   R2，# data2    ;内层循环次数送 R₂
        LOOP2：NOP                  ;
              NOP                  ;
              NOP                  ;
              DJNZ  R2，LOOP2       ;(R₂)－1≠0 转 LOOP2
              DJNZ  R3，LOOP1       ;(R₃)－1≠0 转 LOOP1
              END                  ;结束
```

此例为典型的二重循环嵌套程序结构,其执行顺序是由内向外逐层展开,在内层循环每执行完一次,转向外层执行一次循环,依次类推。设内层循环次数为 M,外层循环次数为 N,则内层总的执行循环次数为 M×N 次。

多重循环嵌套程序组成结构可有多种形式,但必须严格遵守循环嵌套规则。

8.2.4 子程序结构

在实际应用中常会遇到带有通用性的功能或问题。例如,不同数制间的转换、浮点运算或者某一功能程序块等,而且在同一个源程序中可能需多次被调用,这就可把它单独设计编写成通用子程序,供随时调用。这样,可使源程序结构紧凑,缩短源程序长度,调试方便。但从执行情况看,每调用一次子程序需附加断点保护,重要参量进栈保护、出栈恢复等开销。

1) 子程序结构

能供调用的子程序,其结构应具备:

• 必须标明子程序的入口地址,又称首地址,即存储在程序存储器的该子程序的首地址,以便于主程序的调用。

• 必须以返回指令 RET 结束子程序,以正确返回主程序原断点处继续原程序的执行。

在汇编语言源程序中调用子程序,一般需注意两个问题:参数传递和现场保护。

(1) 参数传递

在使用调用子程序时,有关参数的相互传递需由程序设计者通过程序进行安排和设置。一般常采用以下方法:

① 传递数据参数。将需要传递的数据参量通过工作寄存器或累加器 A 等传递给子程序,即在调用子程序指令之前,先将子程序中所需要的数据参量存入指定的工作寄存器组的

$R_0 \sim R_7$ 或累加器 A 中,在执行子程序时供子程序读取,或者将数据参量在子程序调用前压入堆栈,进入子程序后再从堆栈中弹出。反之亦然,即在子程序执行中需传递给主程序的相关参数,仍可按上述方法进行传递。

② 传递地址量参数,有时要传递的数据参量存放在数据存储器中,这就需进行地址参量的传递。这时可将存储数据参量的地址参量通过工作寄存器 R_0 或 R_1,或者数据指针 DPTR 进行传递,以便子程序在执行中读取相关的数据参量。反之亦然。

(2) 现场保护与恢复

子程序(包括中断服务子程序)是个独立的程序段,在调用子程序的过程中,常需暂停并中断主程序的执行顺序,转去执行单独的子程序。而在子程序的执行过程中,同样常需用到通用单元,如工作寄存器 $R_0 \sim R_7$、累加器 A、数据指针 DPTR 等,而这些单元中的原内容在后续主程序的执行中仍有用,故而需将相关单元中的内容进行保护,称之为现场保护。在执行完子程序,返回原调用处继续执行原主程序之前,需恢复这些单元的原内容,称之为现场恢复。一般均采用堆栈进行保护和恢复,也可用其他方法。现以堆栈法为例,有两种保护/恢复方式:

① 调用前保护,返回后恢复

这种方式是在主程序的调用指令之前进行现场保护,在调用指令之后,即由子程序执行完返回原主程序断点处后进行现场恢复。其主程序组成结构如下:

主程序

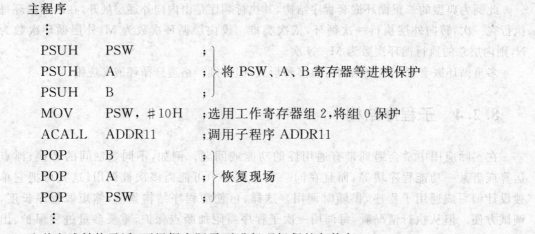

```
        PSUH    PSW       ;
        PSUH    A         ;  将 PSW、A、B 寄存器等进栈保护
        PSUH    B         ;
        MOV     PSW,#10H  ;选用工作寄存器组 2,将组 0 保护
        ACALL   ADDR11    ;调用子程序 ADDR11
        POP     B         ;
        POP     A         ;  恢复现场
        POP     PSW       ;
```

这种方式结构灵活,可根据实际需要进行现场保护与恢复。

② 调用后在子程序中保护,返回前恢复

这种方式是在调用子程序的开始部分进行现场保护,在子程序的结束部分、返回指令之前恢复现场。其子程序结构如下:

子程序

```
ADDR0: PUSH    PSW       ;
        PUSH    A         ;  现场保护 PSW、A、B 等
        PUSH    B         ;
        :
        MOV     PSW,#10H  ;选用工作寄存器组 2
        :                 ;子程序主体
```

```
POP    B      ;  ┐
POP    A      ;  ├ 恢复现场 B、A、PSW
POP    PSW    ;  ┘
RET           ; 返回
```

这种结构通常保护内容基本固定,但子程序结构规范、清晰。在实际应用中,可将上述两种结构相结合,达到各自优缺点互补。

2) 子程序的特性

随着程序设计技术的发展,子程序的应用设计愈显重要、广泛。因此,对子程序的设计应有特定的要求,除通常在子程序设计中应遵循的原则外,还应具备以下特性。

(1) 子程序的通用性

为了能使子程序适应各种不同程序、场合和条件下的调用,面向同一机型的汇编语言源程序,子程序应具有较好的通用性。

有些子程序的公用性很强,如数制转换、浮点运算、标准算法等,应具有较好的通用性。即使某些专用的功能模块子程序,只适用于对应的应用系统主程序的调用需要,亦应尽量做到在对应的主程序的范围内通用。很多应用系统,随着科学技术、市场需求的发展,不断升级、更新、换代,同样需要相关的子程序具有良好的通用性。

子程序中某些可变的量称为变量或参量,这些参量在子程序的定义中称为"哑变量",占用一定的变量存储单元,每次调用均需由实际变量或数据给以赋值。因此,一个子程序可以对不同的变量或参数进行处理。为了使子程序具有较好的通用性,在子程序设计编程时要解决的一个重要问题,就是要确定哪些变量作为参量,以及如何传递参量。有关子程序传递参量的方法已于前述,设计时应结合实际进行选择。

(2) 子程序的可浮动性

可浮动性是指子程序段可设置在程序存储器和任何地址区域。因此,在子程序中应避免选用绝对地址。

(3) 子程序的可递归和可重入性

子程序具有自己调用自己和同时被多个任务(或多个程序)调用的特性,分别称之为子程序的可递归性和可重入性。这类子程序常在庞大而复杂的程序中应用,在嵌入式单片机应用程序设计中较少用到,这里就不作详述了。

(4) 子程序说明文件

对于通用子程序,为便于各应用程序的选用,要求在子程序设计、调试完成之后,应提供一个使用说明文件。其内容一般应包含:

• 子程序名。标明子程序功能的名称。

• 子程序功能。简要说明子程序的主要功能。包括主要算法、参量要求,以及有关存储单元的配置等。

• 子程序调用。指明本子程序中还需调用哪些子程序。

• 附子程序功能算法、程序流程图及程序清单。

由于子程序结构在源程序的设计中应用极为普遍,因此,在计算机的指令集中均设有子程序的调用指令。在 MCS-51 系列单片机的指令集中,考虑到程序存储器存储容量的限制和存储单元的节省,特置了绝对调用和长调用两条指令,供实际编程时选择。

3) 子程序举例

子程序的设计与编程,除它本身的特殊性外,其余完全与典型程序设计要求相同,只是其功能单一、程序量小、结构简单、易于编制与调试。通常子程序总是只完成某一个单一而独立的、又需被多次调用的部分功能程序段。现举一实例供参考。

例 9 将 4 位 BCD 码整数转换成二进制码整数

入口参数:BCD 码字节地址指针 R_0,位数存于 R_2 中。

出口参数:二进制码数存于 R_3R_4 中。

算法:$A = a_3 \times 10^3 + a_2 \times 10^2 + a_1 \times 10 + a_0$

图 8.7 为 4 位 BCD 码数转换成 16 位二进制码数的程序流程图。子程序清单如下:

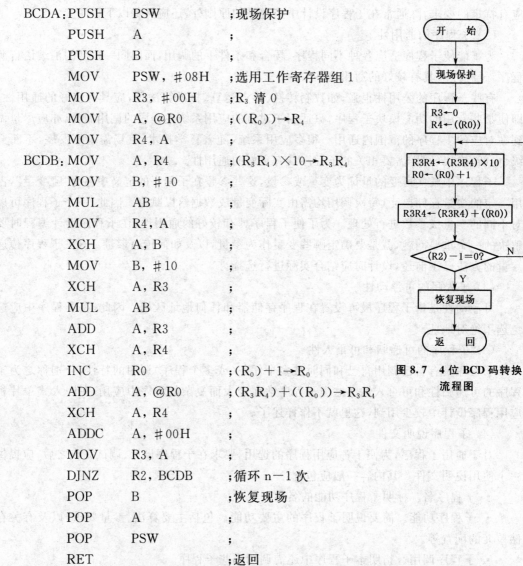

图 8.7 4 位 BCD 码转换流程图

BCDA:	PUSH	PSW	;现场保护
	PUSH	A	;
	PUSH	B	;
	MOV	PSW, #08H	;选用工作寄存器组 1
	MOV	R3, #00H	;R_3 清 0
	MOV	A, @R0	;$((R_0)) \rightarrow R_4$
	MOV	R4, A	;
BCDB:	MOV	A, R4	;$(R_3R_4) \times 10 \rightarrow R_3R_4$
	MOV	B, #10	;
	MUL	AB	;
	MOV	R4, A	;
	XCH	A, B	;
	MOV	B, #10	;
	XCH	A, R3	;
	MUL	AB	;
	ADD	A, R3	;
	XCH	A, R4	;
	INC	R0	;$(R_0) + 1 \rightarrow R_0$
	ADD	A, @R0	;$(R_3R_4) + ((R_0)) \rightarrow R_3R_4$
	XCH	A, R4	;
	ADDC	A, #00H	;
	MOV	R3, A	;
	DJNZ	R2, BCDB	;循环 $n-1$ 次
	POP	B	;恢复现场
	POP	A	;
	POP	PSW	;
	RET		;返回

本例中,工作寄存器 R2 中所存内容为 BCD 码的位数 n,在本例中,$n=3$,即二个字节共 4 位长的 BCD 码数,在本例中采用循环程序结构,循环次数为 $n=3$。

在本例中采用乘 10 的运算方法,也可采用除 2 的运算方法。

例 10 多字节十进制数加法子程序

入口参数:将以工作寄存器 R_0 为指针的内部 RAM 中 n 个字节的 BCD 码作为被加

数,与以 R_1 为指针的内部 RAM 中 n 个字节的 BCD 码为加数进行相加运算，R_2 中存放字节数 n。

出口参数：相加结果的 BCD 码和数存放于 R_0 为指针的内部 RAM（原被加数）存储单元中。

图 8.8 所示为多字节 BCD 码加法子程序流程图。子程序清单如下：

BCDADD:	PUSH	PSW	;现场保护
	PUSH	A	;
	MOV	PSW, #08H	;选用组 1
	MOV	A, R0	;从低字节开始
	ADD	A, R2	;求低字节首地址
	MOV	R0, A	;
	DEC	R0	;
	MOV	A, R1	;加数首地址
	ADD	A, R2	;低字节首地址
	DEC	R1	;
	CLR	C	;C 清 0
ADDA:	MOV	A, @R0	;两数相加
	ADDC	A, @R1	;
	DA	A	;调整
	MOV	@R0, A	;存和
	DEC	R0	;指向上一个单元
	DEC	R1	;
	DJNZ	R2, ADDA	;判加完否?
	JNC	ADDB	;若(C)=0,则转 ADDB
	MOV	A, #00H	;A 清 0
	ADDC	A, #00H	;
	MOV	@R0, A	;将最高字节进位存入被加数首地址前一个单元
ADDB:	POP	A	;恢复现场
	POP	PSW	;
	RET		;返回

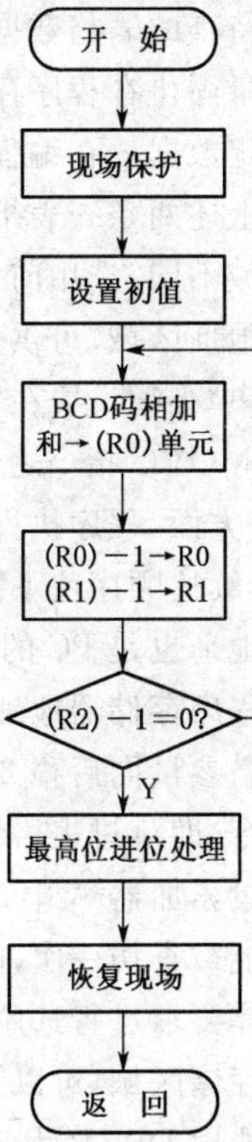

图 8.8 多字节 BCD 码加法子程序流程图

在本例中,两数均按高位字节数存放在内部 RAM 的低地址单元,而相加运算则从低位字节数开始相加运算。但 R_0、R_1 指针在运算前均指向最高位字节数的地址,故而需进行转换成最低位字节数的地址,然后进行相加运算。运算结果,如果最高位字节数相加后产生进位,则将最高进位数存放于被加数的最高字节单元的前一个单元中。

8.2.5 查表结构程序

在很多场合或情况下,直接通过查表方式求得的变量值,要比通过运算求得要简单、方便得多,而且有很多数据或变量还必须通过查表求得。例如,8 段显示编码与显示数值之间

的转换,必须通过查表程序来实现。为此,MCS-51 系列单片机的指令集中,专门提供了如下两条查表指令:

MOVC   A,@A+DPTR   ;

MOVC   A,@A+PC   ;

待查的表格数据一般都是有规律、按顺序排列的一串固定常量,因此,常需将这些固定的常量固化在程序存储器的固定数据区,MOVC 类指令是专用于访问程序存储器表格之类的固定数据。在编程时可通过 DB 或 DW 伪指令把固定数据固化在程序存储器设定的区域内。上述两条查表指令的差别仅在于表格类参量(固定数据串)固化在程序存储器的具体地址区域不同:选用前一条,以 DPTR 为首地址时表格参量可以固化在 64KB 范围内的任何合适的地址区域,可供无限次查表;如选用后一条,以 PC 的当前值为首地址的表格参量(固定数据串)必须设置在紧跟 MOVC 指令之后的程序存储器地址区域内,因为 PC 的当前值是指向 MOVC 指令之后的下一条指令的第一个字节,这样就会产生两种代码存储重迭的矛盾:一方面,程序执行 MOVC 类指令,去读取表格类数据之后,程序仍需从 PC 的当前值开始,继续按顺序往下执行程序,因此,在 MOVC 指令之后应存放后续指令代码;而表格参量的首地址也是 PC 的当前值,表格参量必须以 PC 当前值为首地址进行存储。在同一个首地址的程序存储器地址区域内存储两种不同性质的代码显然是错误的、矛盾的,解决的办法是将表格参量向后移 2 或 3 个存储单元,将移空出来的 2 或 3 个存储单元安置一条无条件跳转指令,即跳过表格参量区域,以继续执行程序,将后移 2 或 3 个字节单元的地址数加到动态变量累加器 A 中,这样就妥善地解决了两种代码重迭的矛盾。以这种方式存储的表格参量只能被查访一次,因为 PC 的当前值永远指向新的访问指令的地址。在实际编程时应根据具体要求进行选用,一般以 DPTR 为基址指针的查表指令,表格参量可以设置在任意合适的存储区域,可以无限次查表操作,灵活、简单、方便。

选用 DPTR 为基址的查表指令时,其操作可分三步进行:一是将待查访的表格参量的首地址(入口地址)置入 DPTR 基址寄存器;二是将具体待查找的表格数的位置(项数或顺序排列数)数置入动态变量累加器 A 中;三是执行指令,将 DPTR 中的首地址+动态变量 A 中项数作为查表地址,读取表格数,并存于累加器 A 中。

选用以 PC 的当前值为基址的查表指令时,由于前述的原因,表格参量串必须整体后移 2 或 3 个字节单元,因此必须将表格参量串后移的字节地址数加到变址寄存器 A 中,所以需在查表指令(MOVC A,@A+PC)之前增加一条指令:

ADD   A,♯data   ;

动态变址寄存器 A 中是经动态运算后得到的(或预置的)具体待查表格数在表格参量串中排列的项数,data 为表格参量串后移的字节地址数,亦即从 PC 的当前值到经后移的表格参量串的首地址之间的距离。显然,这个距离不宜过远,以免影响表格参量串的有效长度,因为以 PC 当前值为首地址,表格参量串的字节长度不能超过 256 个字节单元地址,亦即后移数加表格参量串字节数之和不能超过 256 个字节单元地址。采用这条查表指令,一般只用于一次性查表。由于有以上麻烦,选用时应谨慎。

例 11   应用系统采用 LED 8 段显示器,可将 BCD 码或十六进制码,或者某些符号通过查找对应的 LED 显示编码,实现显示输出。

常用的 LED 显示器有 8 段和"米"字段之分,这种显示器分为共阴极或共阳极两种,如图 8.9 所示,每一段由一个发光二极管组成。

不同结构的 LED 显示器,其对应的显示编码是不同的,共阳极 LED 显示器是位控端低电平有效,共阴极则是高电平有效。

LED 显示器的显示编码不是有序码,即显示编码无一定规律可循,一般可根据各自方便和实际要求进行排列。例如,用于十六进制码显示,则可按 0,1,2,…,9,A,B,…,F 的顺序进行列表排列。

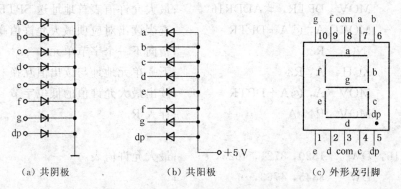

（a）共阴极　　　　　　　　（b）共阳极　　　　　　　　（c）外形及引脚

图 8.9　8 段 LED 显示器结构与外形排列

为了能显示数字或符号,要为 LED 显示器提供对应的代码信号,使各段的发光二极管亮或暗,从而显示出不同的字型或符号,故而称之为段码。8 段 LED 显示器的段码正好为一个字节码。因此,各段与段码字节中各代码位的对应关系如下:

代码位	7	6	5	4	3	2	1	0
显示段	dp	g	f	e	d	c	b	a

例如,设共阳极 LED 显示器,则十六进制数码与显示器的段码关系:"0"的显示段码为 01000000B,即 40H;"1"的显示段码为 01111001B,即 79H;"2"的显示段码为 24H,等等。不用小数点"."则 dp 位为 1。对需要用到的符号可自行设计,并列出对应的显示段码(显示编码)。所用的显示段码表应按一定的规律顺序排列。在进行显示操作时通过查表程序进行显示与编码(即段码)之间的转换。与 LED 显示有关的程序段如下:

```
            ⋮
MOV    DPTR, #LEDA      ;显示器编码表格首地址送 DPTR
MOVC   A, @A+DPTR       ;查表读出对应的显示编码
            ⋮            ;进行 LED 显示
LEDA:DB   40H, 79H, 24H, 30H, …
     DB   …
```

通过伪指令 DB 把 LED 显示段码按设定的顺序存储(固化)在程序存储器的某一存储区域内。对于这类问题,一般均选用 DPTR 数据指针作为基址寄存器的查表指令。这样,显示段码表可设置在程序存储器的 64KB 存储空间的任何合适的地址段,并可实现任意次查表操作。

例 12　设有一个巡回检测报警装置,需对 16 路输入进行控制,每路有一个最大允许值,是一个双字节数。具体控制时需根据测量的路数,找出其最大允许值,检测其输入值是否大于设定的最大允许值,如大于就进行报警。根据这一功能要求,编制一个查表程序段。

设：路数 n＝0～15，M 为最大允许值，存放于程序存储器的最大值表格串中，在进入查表程序前，待查路数存于 R₂ 中，查表所得最大允许值存放于 R₃R₄ 中，则查表程序段如下：

```
START：  MOV   A，R2              ;待查路数 n 送 A
         ADD   A，R2              ;待查路数 n×2，转换成偶数
         MOV   R3，A              ;保存指针
         MOV   DPTR，♯ADDR16      ;最大允许值表首地址送 SPTR
         MOVC  A，@A＋DPTR         ;查表读出对应项最大允许值高位字节
         INC   R3                ;指向下一个字节单元
         XCH   A，R3              ;下一单元地址与读出值互换
         MOV   A，@A＋DPTR         ;读出最大允许值的低位字节
         MOV   R4，A              ;存入 R₄
          ⋮
ADDR16： DW   1520，3721，4625，…   ;最大允许值表
         DW   3845，4763，…        ;
```

以上阐述了汇编语言源程序设计与编程中典型的基本结构程序，在嵌入式单片机应用系统，不管其应用程序如何复杂，都是由这些基本结构程序有机组合而成。在充分而熟练地掌握上述基本结构程序的基础上，结合具体功能要求和实际算法，就能很好地设计和编写出符合要求的、正确可靠的、具有较高水平和质量的优秀程序。

8.3　源程序的基本格式

由于不同类型的单片机系列，所具有的功能资源及其地址空间分配的差异，因而其各自对应的应用源程序的基本格式也各不相同。对于 MCS-51 系列单片机而言，由于其中断矢量被设置在程序存储器的 0003H～0033H 固定的存储地址区域，而源程序中的主程序起始地址又必须从 0000H 存储单元地址处开始，亦即主程序的首条指令必须被设置在程序存储器的 0000H～0002H 地址处开始，亦即主程序的首条指令必须被设置在程序存储器的 000H～0002H 这三个字节地址单元中，亦即主程序必须从程序存储器的 0000H 地址单元开始执行。这是因为 MCS-51 系列单片机的指令集中，没有启动程序开始运行指令，而是系统复位后，程序指针 PC 被复位为 0000H，并立即启动，从 0000H 地址单元开始执行主程序，而程序存储器的 0003H～0033H 这段存储区域固定为中断矢量所占用，迫使主程序必须无条件地跳过这段中断矢量存储区域。因此，必须在程序存储器的 0000～0003 三个地址单元中存放一条无条件跳转指令，使主程序无条件跳过中断矢量专用区。转移到指定的主程序起始地址处，真正的主程序是从这里开始执行。这就是 MCS-51 系列单片机因硬件结构所决定的源程序基本组成格式。

在中断矢量存储区段，由于分配给每个中断源的中断服务程序存储地址空间只有 8 个字节单元，一般情况下是不够用的。因此，在实际应用中常常安排一条跳转指令，从中断矢量入口地址处无条件转移到指定的中断服务程序入口地址处开始执行对应的中断服务程序。所以，实际的中断服务程序通常均被安置在程序存储器的高地址端(主程序后)空余而合适的地址区域。

一般应用系统，常有一些固定的表格之类的参量需固化在程序存储器中，供主程序随时

查用。这类参量一般也都安置在主程序之后的适当存储区域。

因此,MCS-51 系列单片机的应用系统,其应用软件(汇编语言源程序)对程序存储器的存储空间基本可划分为:源程序起始单元、中断矢量区域、主程序区域、子程序和中断服务子程序区域,固定表格参量区域、其他部分区域。其中除源程序起始单元和中断矢量区域是固定不变、且必须严格遵守之外,其余均可视程序量大小,运行是否方便等因素任意分配合适的地址空间,其顺序也不受此限。

MCS-51 系列单片机的应用软件源程序的基本格式及其对应的地址

```
            ORG  0000H
            LJMP START              ;转向主程序
            ORG  0003H
            LJMP INTIE0             ;转向外部中断 0(INT0)服务程序
            ORG  000BH
            LJMP INTTF0             ;转向定时/计数器 0 服务程序
              ⋮
            ORG  0050H
START：     MOV  A,＃00H            ;主程序从 0050H 单元开始
            MOV  R0,＃data          ;
              ⋮
            MOV  R1,＃08H           ;
LOOP0：     MOV  @R1,A              ;内部 PAM 从 08H～××H 单元清 0
            INC  R1
            DJNZ R0,LOOP0；
              ⋮
            ORG  3100H
A0：        ⋯                      ;子程序 A。
              ⋮
            ORG  3200H
A1：        ⋯                      ;子程序 A₁
              ⋮
            ORG  4500H
INTIE0：    ⋯                      ;外部中断 0(INT0)服务程序
              ⋮
            ORG  4600H
INTTF0：    ⋯                      ;定时/计数器 0 中断服务程序
              ⋮
            ORG  6000H
DBLO：      DB  43H,64H,⋯          ;⎫
            DB  23H,74H,0A3H,⋯     ;⎬表格参量
              ⋮
            RED                     ;结束
```

上述地址分配是为了便于示例,在实际应用中应根据具体情况进行安置。起始单元、中断矢量地址区段是固定不变的,必须遵循其规定的格式要求。主程序是整个源程序的核心、主体部分,其他程序段均从属于它,其他程序段可根据具体要求灵活安置。

由于嵌入式单片机应用系统特定的应用场合与环境,其应用软件源程序一旦设计定型并付诸实际应用后就不再会改变,而且一般均是周而复始地运行。因此,其应用软件均被固化在程序存储器中,这是与典型微机系统所不同的。

8.4 软件抗干扰技术简介

很多嵌入式单片机应用系统的工作现场环境恶劣。各种干扰严重。为了使应用系统能稳定、安全、可靠地工作与运行,除了要求应用系统的硬件部分具有高性能、抗干扰能力强之外,软件设计也应采取相应的抗干扰措施,以确保软件的可靠性。

8.4.1 嵌入式测控系统软件的基本要求

在嵌入式单片机测控系统的应用中,应用软件的稳定性、可靠性与硬件系统的设置同等重要。应用软件程序的设计除了要求正确、稳定、可靠外,还必须符合以下基本要求:

(1) 易理解性、易维护性

这是指应用软件易于阅读和理解,易于发现和纠正错误,易于进行修改和补充。由于生产过程或产品的自动化、智能化要求不断改进和提高,从而使得应用系统的组成结构日趋复杂化,研制周期不断缩短,某些算法的独特性,有些隐患,常会在运行的过程中才逐步暴露等等。这就要求设计软件具有较好的易读、理解和修改性,为后期的排除隐患、修改、技术更新提供方便。

(2) 实时性

实时性是嵌入式单片机测控应用系统的普遍要求,即要求系统能及时响应或检测到外部事件、状态的发生,并能及时作出处理和得出结果。近年来,由于硬件的集成度和速度不断提高,配合相应的软件,实时性的要求也不断能得到满足。在应用软件设计与编程序时,应多加注意具体实时性的要求,采用汇编语言编程的实时性强于高级语言,且结构灵活、紧凑、节省资源。

(3) 容错性

在很多重要应用领域,嵌入式单片机测控应用系统所处的工作环境较为恶劣,常存在严重干扰,造成检测到的信息(数据)不可靠、控制失灵或程序运行失常等。当这些错误或故障出现或发生时,能及时鉴别,使测控系统软件能够不受影响,并从错误或故障中及时恢复正常,保证系统的正常工作与运行。近年来,在高可靠的应用系统中,常采用容错技术,甚或容错机。

(4) 可测试性

测控系统的可测试性具有两方面的含义:比较容易地制订出测试准则,并根据这些准则对应用软件进行测定;软件设计完成后,首先在模拟环境下试运行,经静态分析和动态仿真运行,证明符合要求、正确无误后,方可投入实际应用和运行。

(5) 准确性和可靠性

准确性对测控系统极为重要,也是最基本的要求。应用系统常需进行大量的运算,算法的正确性和精确度对测控系统具有直接影响。因此算法选择、数据字长(位数)的确定等均应符合和满足设计要求。可靠性是测控系统应用软件最重要的指标之一。其要求有两个方面:首先是运行参数环境发生变化时(诸如温度漂移等)软件能可靠运行,并能给出正确结果,也就是要求软件具有较好的自适应性;其次是在恶劣环境下干扰严重,软件能保证可靠运行。这对要求较高的测控系统尤为重要。

上述 5 项基本要求,应视具体情况,在程序设计与编程中认真加以考虑,并采取相应的技术措施。有些措施应软、硬并重,密切配合。

8.4.2 软件抗干扰的特点及其前提条件

1) 软件抗干扰的特点

由于软件抗干扰的特殊性,嵌入式单片机测控系统的软件抗干扰技术与硬件相比有着较大的不同。其主要有以下几个方面:

(1) 软件抗干扰有两个作用:为了提高应用系统的效能,节省硬件成本,用软件功能去替代硬件;用软件功能解决硬件不能解决的问题。在这两种情况下需要软件具有良好的抗干扰能力。

严重的干扰源虽然不能造成对硬件的破坏,但能使系统工作不稳定,信息不可靠,运行失常,程序跑飞,严重时可造成系统控制失灵,发生严重故障,甚至会造成某种破坏性等等。一些不稳定的因素往往隐藏于运行的全过程中。实时测控系统通常均 24 小时连续不断地工作,有的不允许中间停电、停运检测。这些令测控系统大受困扰的问题往往不是硬件所能解决的,因为这些干扰信号往往是瞬间存在或产生的,而且是随机性的,时间间隔不确定,传播途径不清楚。对于这类捉摸不定的干扰,很难定向或定性排除,只能以提高系统抗干扰能力为主要方法。近年来,单片机的集成度愈来愈高,很多功能元件集成在单片机内部,特别是单一供电工作电源可以在很宽的供电范围内(3~6 V)保证应用系统正常工作。因此,因干扰造成的浪涌电压、欠压、过压、瞬间漂移、波动等均可得到有效防范。所以,单片机自身的抗干扰能力较强,应用系统软件受此影响也较小。

(2) 软件抗干扰是一项低成本、灵活、方便的防范措施。纯软件抗干扰措施不需要硬件资源,不改变硬件的环境、设置,不需要对干扰源精确定位,不需要定量分析,应用灵活、方便,可有效提高应用系统的可靠性。

(3) 软件抗干扰,首先需搞清楚干扰的种类、性质和受影响的重要部位,然后对症下药,确定软件抗干扰的方法,同时还需注意具体实施的时间开销和空间开销等问题。例如,采用备份的方法抗干扰,实际是用软件完成判别与转换,要付出硬件备份设施,等于用增加设备空间来换取工作的可靠性;用软件数字滤波来代替硬件滤波,用重复取数、比较来判断输入、输出数据的正确性,这实际是牺牲时间换取抗干扰。对于所付出的时间或空间开销,必须要考虑到应用系统能否承受的问题。

2) 软件抗干扰的前提条件

采用软件抗干扰是属于应用系统自身的防御行为。采用软件抗干扰设计的最根本的前提条件是:应用系统的抗干扰软件本身不会因干扰而受到损坏。在嵌入式单片机应用系统中,由于应用软件程序和一些重要固定常数均固化在程序存储器中,这就为软件抗干扰造就

了良好的前提条件。因此,采用软件抗干扰的前提条件可概括为以下三个方面:

(1) 应用系统受到干扰时,硬件设置不会受到任何影响或损坏,易损坏部分设置有检测状态可供查询。

(2) 程序区域不会因干扰而受到侵害,亦即应用系统的应用软件程序和重要常数等不会因干扰的侵入而发生变化,受到破坏。这对于嵌入式单片机应用系统而言,这一条是充分满足的,而对于随机存取存储器 RAM 中运行应用软件的典型微机系统,就无法满足这一条件。对于这类采用典型微机作为主机的应用系统,在因干扰而造成运行失常或应用程序受到破坏时,只能在干扰消失后,重新向 RAM 中调入应用程序。

(3) RAM 区中的重要数据不被破坏,或虽被破坏但能及时重新建立。通过重新建立的数据,应用系统重新运行时不会出现不可允许的状态。例如,在一些测控应用系统中,RAM 中大部分内容是用于进行分析、比较等暂时存放的随机变量,即使有一些不允许丢失的数据也只占极小部分,这些数据即使因干扰而受到破坏后,往往也只引起较小的、短暂时间的波动或影响,系统能较快恢复正常,这类系统也可采用软件恢复。

不同的应用系统,因功能要求、资源的不同,其软件抗干扰的前提条件也不尽相同,应视具体情况进行具体分析,但总的原则如上所述。

8.4.3 常用软件抗干扰方法

嵌入式单片机应用系统所出现的干扰频谱往往很宽,且具有随机性,采用硬件抗干扰措施,成本高,往往只能抑制某些干扰,仍有一些干扰会侵入系统而引起系统不时地出现一些功能性故障。例如,程序运行中突然出现溢出形成死机、控制失灵、产生误动作等等。由于干扰、故障的特点是暂时、间隙和随机的,采用硬件措施一般效果差,较困难。因此,对于嵌入式单片机应用系统而言,除了采用必要的硬件抗干扰措施以外,还有必要采取软件抗干扰措施,两者密切配合。

叠加在被检测的模拟输入信号上的噪声干扰,会导致较大的测量误差。由于这些噪声的随机性,可以通过软件滤波法剔除虚假信号,去伪存真。对于输入的数字量信号,可以采用重复多次的检测方法,将随机干扰引发的虚假信号排除掉。当应用系统受到干扰,使可编程的输出端口上的状态信息发生变化时,可通过反复向这些端口定期重写(诸如控制字,状态字等),来维持既定的输出端口上的状态信息。

当跑飞的程序被拦截,或程序摆脱"死循环"后,迫使运行的程序重又纳入正常运行轨道(顺序),转向指定的程序入口。为了确保程序被干扰后能恢复到所要求的控制状态,就需对被干扰后的程序能自动恢复入口实施正确的设置。因此,程序自动恢复入口的方法,也是软件抗干扰设计的一项极为重要的内容。

软件抗干扰技术是指当应用系统软件程序受到干扰后使之能恢复正常运行,或者输入信号受到干扰后能去伪存真的一种用软件实现的辅助、补救方法。因此,软件抗干扰方法是一种防范、被动的措施。由于软件抗干扰设计灵活多样、节省硬件资源、成本低等特点,因而越来越引起设计者的关注和重视。在嵌入式单片机测控应用系统中,只要认真分析应用系统所处环境的干扰来源及可能的传播途径,采用软、硬件相结合的抗干扰措施,就能保证应用系统长时间稳定、可靠地运行、工作。

目前,软件抗干扰技术发展很快,可采用的方法、措施也越来越多。由于是采用软件编程方法,具体设计就可非常灵活,各尽所能,也可创造性地发挥。下面仅从总体、概念性地阐述较典型的几个方面的软件抗干扰设计技术。

1) 指令冗余技术

冗余技术是多方面的,包含的内容可以很广。从总体上可以是硬件冗余和软件冗余。

从软件方面考虑,正在正常运行中的应用系统,受到某种干扰后往往会破坏指令的操作规律,将指令中的操作数误作操作码来执行,其结果必然会造成软件执行错误。MCS-51 系列单片机的指令集,其指令长度分有单字节、双字节、三字节三种指令。如何区别指令中的操作码还是操作数,完全取决于对操作码的分析和读取指令的顺序,而读取指令的操作顺序完全受程序指针 PC 的当前值控制,一旦 PC 的当前值因受干扰出现了错误,即改变了 PC 的当前值,导致程序脱离了正常运行的顺序,出现了程序乱飞。乱飞意味着失去控制、乱来!当程序乱飞到多字节指令的第二或第三个字节时,就会把操作数错误地当做操作码来分析、执行,产生指令操作的错误,如果乱飞到单字节指令处,程序仍能自动纳入正轨,不能把整个程序的执行搅乱。

为了能使乱飞的程序在程序区域迅速自动纳入正轨,在程序的关键部位人为地插入一些单字节的"NOP"指令,或将有效单字节指令重写。把这种方法称之为指令冗余。

(1) NOP 指令的应用

NOP 指令是不作任何操作的空操作指令。它的功能是经一个机器周期后顺序往下执行。在多字节指令之后人为插入两条 NOP 指令,可保证其后的指令不被拆散。因为乱飞的程序即使落到操作数上,由于 NOP 指令的存在,也不会将其当做操作数执行,而是顺序往下执行,从而使程序纳入正轨。

对程序的运行流向有着关键作用的指令,如 RET、RETI、ACALL、LCALL、SJMP、AJMP、LJMP、JZ、TNZ、JC、JNC、JB、JNB、JBC、CJNZ、DJNZ 等带有改变程序流向的指令,或者对应用系统工作状态有着重要作用的指令,如 SETB、EA 之类的指令前也可插入两条 NOP 指令,以保证程序能够被正确执行。

在程序存储器空余未用的存储区域、单元,均用 NOP 指令填满,并适当安插一些跳转指令,一旦程序跑飞到这些区域,程序仍能正常运行,并能及时转移到指定的程序入口继续运行。

(2) 重要指令的冗余

对程序运行走向起着决定性或很重要的指令(如上所述的一些指令),可在其后重复设置这些指令,以确保这类指令能被正确执行。

采用软件冗余技术使 PC 纳入正确运行轨道的条件是:跑飞的 PC 值必须指向程序运行区域,而且必须能执行到冗余指令。

采取软件指令冗余技术措施可以减少程序跑飞的次数及其产生的严重性,能使跑飞的程序及时纳入正常的运行轨道,但不能排除在程序失控期间不出差错,不干坏事,更不能保证在程序被纳入正常运行轨道后就太平无事了。当程序从一个功能模块或一个程序段跑飞到另一个功能模块或程序段(区域)后,虽然程序能很快纳入正轨、安定下来,但程序已跑飞了(或跳跃了)一段正常顺序区域,做了它当前不该做的事,特别是跑飞出当前必须执行的关键部位。这就必须要及时采取补救的措施或办法。目前这类办法已有很多,如返回设定的入口重新启动,重要功能模块、关键部位设置标志,供程序跑飞纳入正轨后进行查询,使程序该执行而未被执行处继续执行等等。这里就不一一详述。

2) 软件陷阱技术

采用软件指令冗余技术使跑飞的程序能及时纳入正常运行轨道是有条件的。其条件已于前述。如果跑飞的程序跳到非有效程序区,诸如程序存储器未被编程区域(空余的地址空间)而又未填入 NOP 指令,或者固定的数据表格区域等等,或者跑飞的程序在没有执行到冗余指令之前已陷入了死循环,这时的冗余指令就无能为力了。对于前一种情况,可采取软件陷阱技术;对于后一种情况则需建立程序运行监时器,即 Watch Dog(看门狗)措施。

(1) 软件陷阱

所谓软件陷阱,就是用一段引导指令,强行将捕捉的跑飞程序引导到一个指定的地址入口,执行一段专门针对因程序跑飞而出错需进行处理的程序,然后使跑飞的程序转入指定的入口处,执行正常运行的程序。软件陷阱常用的有以下三种方式,如表 8.2 所示。

表 8.2   软件陷阱形式

程序形式	软件陷阱格式	对应程序入口形式
方式 1	NOP NOP LJMP 0000H	0000H:LJMP START ;转主程序 ⋮
方式 2	LJMP 0202H LJMP 0000H	0000H:LJMP START ;转主程序 ⋮ 0202H:LJMP 0000H ; ⋮
方式 3	LJMP ERR	ERR:处理错误程序入口

根据乱飞程序落入陷阱区域位置的不同,可选择转向 0000H、0202H 或转向错误处理程序入口处。使程序纳入正常运行轨道,并指定运转到预设的位置。

方式 1 的指令代码(机器码)为:00H、00H、02H、00H、00H;方式 2 的指令代码为:02H、02H、02H、02H、00H、00H;方式 3 的指令代码为:02H、XXH、XXH。

(2) 软件陷阱的安置

软件陷阱一般可安置以下几个部位。

① 未被使用的中断矢量区域。MCS-51 系列单片机共有 516 个中断矢量区设置在程序存储器的 0003H~0033H 这段存储区域,主程序的执行均需跳过这一区域。对应用程序中未被使用的中断矢量存储区域,应设置软件陷阱,以防止激活错误的中断。软件陷阱的程序格式如下。

```
NOP                    ;空操作
NOP                    ;
NOP                    ;
POP        direct1     ;将断点地址弹出堆栈
POP        direct2
LJMP       0000H       ;转向 0000H 重新开始执行主程序
```

也可改成以下形式:

```
NOP                    ;空操作
NOP                    ;
POP        direct1     ;弹出断点地址
```

```
        POP        direct2      ;
        PUSH       00H          ;将 00H 入栈
        PUSH       00H          ;
        RETI                    ;返回到 0000H 单元
```

上述 direct1、direct2 为主程序中未被使用的片内 RAM 某单元,实际上弹出的断点地址是无用的,使其失效。

② 未被使用的、空余的程序存储器存储空间。随着集成技术的发展,集成度不断提高,程序存储器的容量不断扩大,一般应用系统的程序存储器不会全部用完,总有空余。这些空余的非程序区域,可每隔一段设置一个软件陷阱,当乱飞的程序落入这一区域,便会及时而自动地进入正常运行轨道转入预设的处理程序。

③ 非设置的程序存储器空间。MCS-51 系列单片机,其程序存储器可寻址的地址空间为 64KB,而很多应用系统实际只配置了 8KB、16KB 或 32KB 的程序存储器,还有很大一部分的存储空间空着未配置。当程序指针 PC 受干扰而指向未配置程序存储器的空间时,程序就跳空,读不到任何代码,或者出现乱七八糟的数码,其结果必然造成死机。防止此类情况的产生,可采用看门狗(监时器)或硬件措施。图 8.10 所示为采用硬件措施的方法之一。

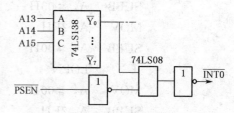

图 8.10　非程序存储器区域陷阱示意图

图中 74LS138 为应用系统地址译码器,74LS08 为 4 位"与逻辑"门。应用系统配置的是 8KB 程序存储器,通过 74LS138 的 $\overline{Y_0}$ 进行选通。当程序指针 PC 的当前值因受干扰而寻址码超过 8KB 时,74LS138 的 $\overline{Y_0}$ 译码输出变成高电平,而访问外部程序存储器的选通信号 $\overline{PSEN}$ 变成低电平有效,即自动转向访问外部程序存储器,如果配置的 8KB 程序存储器属外部扩展的,则 $\overline{PSEN}$ 自然是低电平输出有效。$\overline{PSEN}$ 输出低电平经反相逻辑门反相后变成高电平,$\overline{Y_0}$ 和反相后的 $\overline{PSEN}$ 两个同为高电平,相"与"后的高电平经反相变成低电平,去激活外部中断 $\overline{INTO}$,向主机请求中断处理。而 INTO 的中断服务程序设置为软件陷阱或类似故障处理程序。这样可将乱飞的死程序及时、迅速地拉回正轨,并得到快速处理。但采用此法需占用一个外部中断源或类似的其他资源。不同的应用系统,设计方法不尽相同,本方法仅供参考。

目前,在很多应用系统中已较普遍地采用时间监视器(看门狗)。它可克服多种程序跑飞错误。除硬件看门狗外。还可采用软件编程实施时间监视功能。也可采取软硬相结合实施更好的时间监视。不少单片机系列,已将看门狗集成在单片机内部,应用设计就更加方便。总之,实施时间监视的技术、方法已有多种,这里就不一一详述了。

④ 程序运行区域内。如前所述,乱飞的程序落入应用程序运行区域内,采用指令冗余、软件陷阱法,能有效地抑制程序的乱飞。近年来,很多应用程序常采用模块化结构,即按系统功能要求,将程序划分成若干个功能模块进行总体设计。这样,各个功能模块之间带有若干空余的存储单元,可将软件陷阱设置在这些空余单元,程序正常运行时不会执行到这些陷阱指令,当程序因受干扰一旦落入到这些陷阱里,立时就可将跑飞程序纳入正轨运行。这种方法很有效。

⑤ 中断服务程序区。MCS-51 系列单片机的中断服务程序区,一般均从对应的中矢量区跳转而来。在运行过程中产生正常的中断请求,主机响应中断的断点地址必然是在整个程

序的有效区域内。假设整个程序有效区域在 addr₁～addr₂ 之间。若在这个有效程序区域之外发生了中断请求，亦即程序跑飞，落入 addr₁～addr₂ 区域之外而发生的中断请求。为防止这类错误的发生，可采用在中断服务程序中对断点地址 addr$_x$ 进行比较判别的方法：若断点地址 addr$_x$ 超越了程序有效区域，即 addr$_x$〈addr₁ 或〉addr₂，这说明该中断请求是由程序跑飞产生的，应使程序及时纳入正轨。设 addr₁＝0030H，addr₂＝2000H，片内 RAM 2FH 单元存放断点高端字节地址，2EH 单元存放断点低端字节地址。编写中断服务程序如下。

```
        POP     2FH             ;将断点地址弹入 2FH 单元
        POP     2EH             ;
        PUSH    2EH             ;现恢复断点地址入栈
        PUSH    2FH             ;
        CLR     C               ;清 0C
        MOV     A，2EH           ;断点低字节地址与下限地址比较
        SUBB    A，＃03H         ;
        MOV     A，2FH           ;断点高字节地址与下限地址比较
        SUBB    A，＃00H         ;
        JC      LOPN            ;若断点地址小于下限地址则转 LOPN
        MOV     A，＃00H         ;断点低字节地址与上限地址比较
        SUBB    A，2EH           ;
        MOV     A，＃20H         ;断点高字节地址与上限地址比较
        SUBB    A，2FH           ;
        JNC     LOPN            ;若超越上限地址，则转 LOPN 处理
        ⋮                       ;正常中断处理
        RETI                    ;返回
LOPN：  POP     2FH             ;将跑飞程序恢复到 0000H
        POP     2EH             ;
        MOV     A，＃00H         ;将 0000H 压栈，实现复位到 0000H
        PUSH    A               ;
        PUSH    A               ;
        RETI                    ;返回
```

在本例中，采用带借位减法指令和判 C 跳转指令进行比较判别。当发生上述程序跑飞错误时，这里采用复位到 0000H 程序存储器的起始单元，重新启动程序运行，当然也可强制返回到设定的程序段进行处理。

⑥ 外部 RAM 中数据保护的条件陷阱

当应用系统外部扩展了数据存储器 RAM 并存储有大量数据时，这些数据的写入需用 MOVX@DPTR，A 类指令来完成。当因干扰而被非法执行这类指令时，就会改写外部 RAM 中原存的数据信息，造成外部 RAM 中原存数据信息被丢失。为了减少这种事故的发生，可在对外部 RAM 进行写操作指令之前设置条件陷阱，不满足条件，则不允许执行写操作指令，并转入出错处理。参考程序形式如下。

```
        MOV     A，＃NNH          ;
        MOV     DPTR，＃××××H    ;
```

```
          MOV     6EH，#55H       ；
          MOV     6FH，#0AAH      ；
          LCALL   WRDP           ；
          RET                    ；
WRDP：    NOP                    ；
          NOP                    ；
          NOP                    ；
          CJNE    6EH，#55H，XJ   ；若 6EH 中内容不为 55H，则转出错处理
          CJNE    6FH，#0AAH，XJ  ；若 6FH 中内容不为 0AAH，则转出错处理
          MOVX    @ DPTR，A       ；属正常情况，将 A 内容写入外部 RAM
          NOP                    ；
          NOP                    ；
          NOP                    ；
          MOV     6EH，#00H       ；将 6EH、6FH 单元清 0
          MOV     6FH，#00H       ；
          RET                    ；返回
XJ：      NOP                    ；出错处理
          NOP                    ；
          SJMP    rel            ；转写操作指令，重写
```

在本例中，凡进行对外部 RAM 的写操作，均需对写操作的合法性进行判别，而且是通过子程序的调用来完成，不允许在主程序中直接进行对外部 RAM 的写操作，用以提高外部 RAM 中数据信息的稳定性，但要以增加软件和时间开销为代价，孰重孰轻需视具体要求进行选择。

由于软件陷阱一般均设置在正常情况下程序有效运行中执行不到的地址区域，故不会影响正常程序的执行和效率。在程序存储器容量较为富余的情况下，迅速捕获跑飞程序的效果是较为明显的，只是在阅读和检查源程序时显得可读性和条理性较差，以及编程较烦琐，这可在原始程序或源程序仿真调试完成之前不加设指令冗余和软件陷阱部分，在付诸使用或进入现场调试、考机前再进行加设，并保留有加设前的原始程序清单。

当然，当程序跑飞到一个临时构成的或者局部的死循环中时，上述指令冗余和软件陷阱均将无能为力，应用系统可能完全瘫痪！这时只有强制系统复位，以摆脱死循环。近年来，普遍采用的程序运行监时器（俗称看门狗），它能单独工作，基本不依赖主机（CPU），忠于职守，一旦程序掉入跑飞或死循环（死锁）之中时能较及时发觉，并转入处理程序或系统复位。目前已有多种单片机系列把看门狗（监时器）集成在单片机内部，给应用设计带来了方便，大大提高了软件应用系统运行的稳定性和可靠性。

8.4.4　故障自动恢复处理程序

嵌入式单片机应用系统因受干扰而失控，导致运行中的程序跑飞、死循环甚至使中断无故激活或某些中断被关闭等。采用上述指令冗余、软件陷阱或看门狗等技术措施，迫使系统尽快摆脱失控状态并转入入口 0000H 处，重新启动应用程序的执行。但有些应用系统不希望或不允许中途被迫从 0000H 处重新启动、从头开始执行，而是要求转入相应的处理程序

段、功能模块处继续原程序的执行。由于程序跑飞,可能会破坏数据存储器 RAM 中某些重要数据信息,需进行检查、补救之后方可使用。应用系统的复位程序从 0000H 处开始执行,一般可分为两种情况:一种是应用系统正常启动,上电复位使程序从 0000H 地址单元开始执行;另一种则是因干扰或故障造成软件复位或人工干预硬件复位。对于后者因故复位,特别是因干扰或故障引起的软件复位,有进一步研究、分别处理的必要。

1) 上电复位标志的设置

MCS-51 系列单片机的应用程序总是从 0000H 地址单元开始执行,即启动应用系统开始运行。进入 0000H 地址单元,启动应用程序开始运行的方式有两种:应用系统上电复位并启动,又称为冷启动;人工干预硬件复位或因干扰、故障引起的软件复位,即再次启动,又称热启动。冷启动的特点是启动后系统进入全方位的初始化,系统的应用程序从头开始执行;热启动的特点是不需要全方位、彻底的初始化,应用程序不必从头开始执行,而是从设定的、合适的部位,或是从故障部位开始,即运行过程从故障部位开始重新执行。如何区别冷、热启动?这是应用程序复位后从 0000H 地址单元开始执行后首先遇到的问题,亦即对上电复位标志的判别。

MCS-51 系列单片机的复位对 PC、PSW、SP 等特殊功能寄存器均有影响,设置上电复位标志,一般有以下几种方式。

(1) 选用 PSW・5 位(即 F0)设置上电复位标志

MCS-51 系列单片机中的 PSW・5 位是供用户选用的用户标志 F0,可通过软件编程进行具体设置,并提供位检测。图 8.11 所示为选用 PSW・5 位作为上电复位标志进行软件检测的程序流程图。

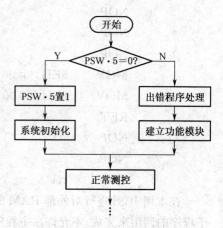

图 8.11　PSW・5 位上电标志位置

对应的程序段如下:

```
            ORG    0000H
            LJMP   START          ;转主程序
            ⋮
START:      MOV    C,PSW・5        ;
            JC     LH0            ;判 F₀,如为 1 则转向出错处理
            SETB   PSW・5          ;如为 0,则置 F₀ 为 1
            LJMP   START0         ;转向正常初始化主程序
LH0:        NOP                   ;
            LJMP   START1         ;转向出错处理程序
START0:     …                    ;正常初始化主程序
            ⋮
```

上述方法(设置 PSW・5 为 0)仅适用于因干扰造成程序跑飞而重新纳入正轨,转向 0000H 地址单元重新开始执行的软件复位。

(2) 采用 SP 建立上电标志

MCS-51 系列单片机的应用系统,在正常的上电复位,启动应用程序开始运行主程序之前,堆栈指针被复位为07H,经初始化后,SP应重新定义为某一个适当值,一般设置在片内RAM的某一段存储区域。根据这一特点,可将SP值作为上电复位标志进行判别。其判别程序段如下:

```
              ORG    0000H
              LJMP   START              ;转主程序
              ⋮
START:        MOV    A,SP               ;主程序
              CJNE   A,#07H,LOOP1       ;判SP值为07H吗? 否,则转出错处理
              LJMP   START0             ;SP值为07H,则转正常初始化主程序
LOOP1:        …                         ;出错处理
              ⋮
START0:       …                         ;正常初始化主程序
              ⋮
```

(3) 采用片内 RAM 设置上电标志

可选用片内 RAM 某存储单元或某可位寻址单元作为上电标志。在本例中,选用片内RAM 中5FH、5EH 两个字节单元作为上电标志设置单元,分别设置55H、0AAH作为标志值。其相应程序段如下:

```
              ORG    0000H
              LJMP   START              ;转主程序
              ⋮
START:        MOV    A,5EH              ;读出5EH单元内容
              CJNE   A,#55H,LOOP1       ;判5EH内容为55H? 否,则转出错处理
              MOV    A,5FH              ;再读出5FH单元内容
              CJNE   A,#0AAH,LOOP1      ;判5FH单元内容为0AAH? 否,则转出错处理
              LJMP   START0             ;均相等,则转正常初始化主程序
LOOP1:        MOV    5EH,#55H           ;再置标志值
              MOV    5FH,#0AAH          ;
              LJMP   START1             ;转出错处理程序
START0:       …                         ;正常初始化主程序
              ⋮
```

根据设置上电标志的设计思想,具体的方法还有很多,可根据实际需要而选择合适的方法。

2) 程序失控后恢复运行方法

在某些应用场合,要求应用系统有严格的执行逻辑顺序,当程序运行失控后不希望、甚或不允许中途返回0000H地址单元,重新开始执行应用程序,并要求从失控部位或失控的那个功能模块程序处恢复并重新开始执行。

一般说来,一个单片机应用系统,其应用程序总是由若干个功能模块程序段或若干运行阶段程序有机组合而成。因此,可在每个重要功能模块程序段或重要程序段的入口处设置相应的标志,系统因故障复位后,可查询这些标志位,便可确定程序失控的具体部位,从而实施重新进入那个部位继续程序的执行。例如,某一个流程控制应用系统,必须按工艺要求逐个并顺序执行;再如某系统有若干个重要功能模块程序段,必须按一定的逻辑顺序进行执行

等等。为防止程序失控后标志位受到破坏,可采用标志冗余法进行保护和纠错。例如,每个功能模块程序段设置 3 个标志,然后以 3 中取 2 法进行识别等。当系统因干扰、故障而复位后,在出错处理程序中首先检查和恢复 RAM 中重要数据,然后再检查功能模块程序段的标志位,以确定转入对应的模块程序入口。

综上所述,嵌入式单片机应用系统,由于受到严重干扰导致程序跑飞,陷入死循环,以及中断被关闭或错误激活等故障,应用系统采用指令冗余、软件陷阱等技术,以及看门狗等硬件设施,迫使程序纳入正规,转入 0000H 地址重新启动程序或指定的故障处理程序段,进行一系列的相关检测和补救措施,从而使失控的程序恢复正常的运行。图 8.12 所示为故障处理程序流程图。以上述设计思想为基础,可根据具体情况、实际要求,可创造性地发挥,设计出多种多样、行之有效的处理程序。图 8.12 所示仅供参考。

采用软件抗干扰诸措施后,通常需通过热启动方式来恢复应用系统的正常运行。但在热启动处理过程中,如果出现应用系统遭受破坏过于严重,所能采用的软件手段均不能正确恢复,这时就只能转向冷启动。

一般热启动的过程与步骤如下:

① 为使热启动过程顺利进行,首先要关闭全部中断,对堆栈中相关内容进行处理。由于热启动过程可能是由软件复位引起的,这时的中断系统仍有可能未被妥善关闭,尤其是已被激活的中断请求标志未被清除,也许正好有中断请求排队,等待主机的响应,所以必须立即关闭全部中断。一般采用冷、热启动均编制成子程序的方式,而子程序的调用需要堆栈的密切配合才能正确返回,在这之前堆栈指针 SP 之值可能是不正确的,因此应对堆栈指针 SP 进行调正,并重新选择 PSW 特殊功能寄存器的状态。

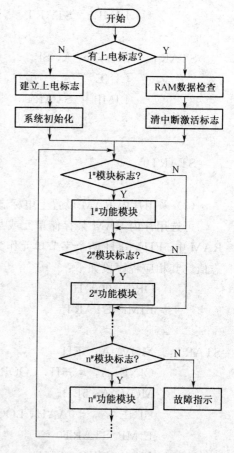

图 8.12　出错处理程序流程图

② 将所有 I/O 设备设置成安全状态,封锁 I/O 操作,以免事态的扩大。具体处理程序应由应用系统的具体配置决定。

③ 对残留信息进行恢复。一般应用系统受干扰后,RAM 中的信息可能会遭到不同程度的破坏。通常 RAM 中存有以下几种信息:状态信息,如状态变量,各类软件标志等,它们将决定应用系统正在做什么和该做什么;数据和各种参数,它们程序运行中的原始资料、成品或半成品;程序执行后残留内容等。应用系统恢复程度如何,关键在于第一种信息,恢复不好将使系统出现扰动。第二种信息中有不少是重要信息,它们是应用系统正常运行的依据,有些则无关紧要。第三种信息可忽略、不予理睬。因此,应用系统的恢复实质上是对状态信息和重要数据信息的核查,如发现有错,应尽力纠正之。如何实施重要信息的核查、恢复等,这里就不详述了。敬请参考有关资料。

④ 系统状态的重入。关键信息恢复后,再配合一些其他必要的准备工作,如外部、外围

设备的重新设置,补充必需的相关信息后,即可转入应用系统的正常运行环境了。

随着各类单片机的开发,应用领域日益广泛,并逐渐向高层次推进,对应用系统的稳定性、安全性、高可靠性的要求也愈显重要,已不断引起专家、学者的广泛关注,将会不断推出新的技术措施。

8.5 常用功能模块程序设计举例

MCS-51 系列单片机的指令系统功能强、丰富,硬件系统结构灵活、功能强,能设计成各种不同的应用系统,因而其应用领域、范围均十分广泛。不同的应用系统,其功能要各异,对应的应用软件程序也大不相同,即使同一个应用系统,也可有多种程序设计方法,这也正是汇编语言程序设计的重要特征之一——灵活性。

为便于举例,这里仅以常用的功能模块程序设计为例,简要论述其汇编语言程序设计的基本思路、方法和相关技巧,并以此作为本章的小结。

8.5.1 算术运算程序段设计

算术运算是单片机应用系统中用得最多、最广泛的运算方法。为此,MCS-51 系列单片机的指令集中设有功能强而齐全的算术运算类指令,为保证各种不同的算术运算功能要求提供了方便。

加、减法运算比较简单,这里举例说明乘、除法运算程序段的设计。

例 13 两个 16 位(双字节)数相乘

设被乘数的高、低字节数分别记为 X_H、X_L,乘数的高低字节数分别记为 Y_H 和 Y_L,则两者相乘的算式为:

$$(X_H \cdot 2^8 + X_L) \times (Y_H \cdot 2^8 + Y_L) = (X_H \cdot 2^8 + X_L) \times Y_H \cdot 2^8 + (X_H \cdot 2^8 + X_L) \times Y_L$$

根据上式,两个 16 位数相乘可化为乘数的高、低字节数分别与被乘数相乘,两个乘积错位一个字节相加,其和即为两个 16 位数相乘的结果。对应的程序段可组成二重循环结构,其内循环完成 8 位数与 16 位数相乘,并将乘积累加和送结果单元。计算结果积需占用地址连续的 4 个字节单元。

入口时,以下标号的 4 个暂存单元应装入相应的指定内容,即

RLADR 单元:乘积的最低字节;

XLADR 单元:被乘数最低字节单元地址;

XLADR-1 单元:存放乘数高字节;

YDH 单元:存放乘数高字节数据;

YDL 单元:存放乘数低字节数据。

程序段清单如下:

```
DMUL：  MOV    R4, YDL          ;乘数低字节送 R4
        MOV    R3, #2           ;外循环控制参数送 R3
DMUL1： MOV    R2, #2           ;内循环参数送 R2
        MOV    R1, RLADR        ;结果低字节地址送 R1
```

```
              MOV      R0, XLADR          ;被乘数最低字节地址送 R0
DMUL2:        MOV      A, @R0             ;被乘数字节内容送 A
              MOV      B, R4              ;乘数字节内容送 B
              MUL      AB                 ;两个单字节数相乘
              ADD      A, @R1             ;积的低字节数存入结果单元
              MOV      @R1, A
              DEC      R1                 ;R1 指向积的高一个字节单元
              MOV      A, B               ;积的高字节内容送 A
              ADDC     A, @R1             ;积的高字节内容与结果单元内容
              MOV      @R1, A             ;相加,和存结果单元
              DEC      R1                 ;R1 指向高一个字节结果单元
              CLR      A                  ;A 清 0
              ADDC     A, @R1             ;将产生的进位存入结果单元
              MOV      @R1, A             ;
              INC      R1                 ;结果单元地址加 1
              DEC      R0                 ;R0 指向乘数的高一个字节单元
              DJNZ     R2, DMUL2          ;判内循环次数为 0?
              MOV      R4, YDH            ;乘数高字节内容送 R4
              DEC      RLADR              ;RLADR-1
              DJNZ     R3, DMUL1          ;判外循环次数为 0?
                ⋮
```

无符号双字节数相乘相对较简单,有多种编程方法。例如,可采用竖式算法原理,分别相乘,然后对应字节数值相加,求得最后的乘积值。这种方法较直观,程序结构简单,设计简易。

设被乘数存于 $R_2 R_3$ 中,乘数存于 $R_6 R_7$ 中,所得乘积存于 $R_4 R_5 R_6 R_7$ 中。即 $(R_2 R_3) \times (R_6 R_7) \rightarrow (R_4 R_5 R_6 R_7)$,可列出竖立式算法为:

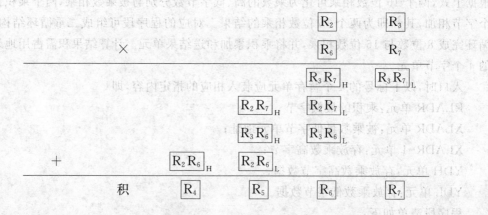

竖式中的 $\boxed{R_3 R_7}_L$ 表示 $(R_3) \times (R_7)$ 积的低位字节, $\boxed{R_3 R_7}_H$ 为积的高位字节。按此算法可选用指令集中的乘法和加法指令来实现,中间的部分积可暂存在某些单元中,然后进行相加。注意相加时和数的进位处理。请读者以此作为编程练习。

对于较复杂的功能模块,应先进行算法设计,然后再进行程序设计。

例 14 多字节除法程序段设计

对于两个单字节（8 位）无符号数相除，可直接选用除法指令来完成。多字节无符号数的除法运算相对复杂，一般常采用一系列的相减和移位操作来实现。这种"移位—相减"法与算术竖式法相似，每做一次"移位—相减"操作求得一位商，当余数够减时得商"1"，否则得商"0"。循环此步骤，直到被除数的所有位均处理完为止。在上商前要先进行被除数（或余数）与除数相比较，根据比较结果以确定上商为"1"还是"0"，并且只有当比较结果为被除数（或余数）大于除数时，才上商为"1"并执行减法操作。所以称此法为比较法。根据此算法，可画出其程序流程图如图 8.13 所示。

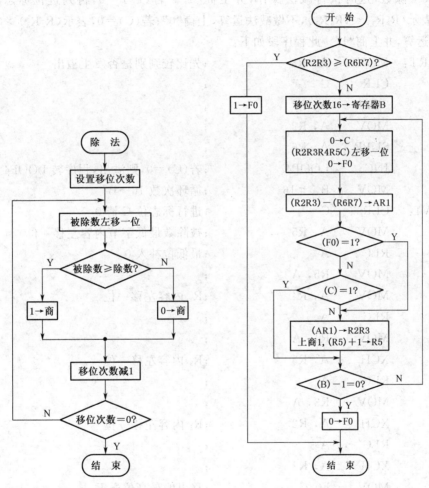

图 8.13 比较除法程序流程图   图 8.14 4/2 字节除法程序流程图

一般在计算机中，被除数均为除数的双倍字长，即如果除数和商为双字节数，则被除数为 4 字节数。由于商为单字（双字节）长，如果在除法运算中发生商大于单字长（双字节），则称为溢出。因此，在做除运算前应先检验是否会发生溢出。一般可在进行相除运算前，先判别被除数的高位字与除数，如果判别出被除数的高位字内容大于或等于除数，必然出现商溢出，应置位溢出标志，不执行除法操作。

现列举无符号 4 字节被除数和双字节除数的除法运算。

设 $(R_2R_3R_4R_5)$ 为被除数，商存于 (R_4R_5) 中，余数存于 (R_2R_3) 中。

功能：$(R_2R_3R_4R_5) \div (R_6R_7) \xrightarrow{\text{商}} (R_4R_5)$，余数存$(R_2R_3)$中。

图 8.14 所示为其除法运算程序段流程图。可知在开始除法运算前,先进行(R_2R_3)与(R_6R_7)内容的比较,若$(R_2R_3) \geqslant (R_6R_7)$,则为产生溢出,置位用户标志位 F0,不执行除法运算,程序转向结束。若$(R_2R_3) < (R_6R_7)$,则采用比较法求商,并清 0 F0 标志位。比较采用减法操作来实现,只是先不回送相减结果,而是保存在累加器 A 和寄存器 R_1 中,在需要执行减法时才回送结果。这里寄存器 B 用做循环控制计数器,初值置成 16,即移位 16 次。进行左移操作时,将移出的最高位保留在用户标志位 F_0 中。若$(F_0) = 1$,则表示被除数(或部分除数)大于除数,这时执行减法操作,并上商"1"。若$(F_0) = 0$,再判进位标志位 C,若$(C) = 1$,表示$(R_2R_3) < (R_6R_7)$,不做减法运算,上商"0";若$(C) = 0$,表示$(R_2R_3) > (R_6R_7)$,则做减法运算,并上商"1"。此程序段如下:

```
START:  MOV    A, R3           ;先比较判别是否发生溢出
        CLR    C               ;
        SUBB   A, R7           ;
        MOV    A, R2           ;
        SUBB   A, R6           ;
        JNC    LOOP4           ;若(C)=0,则溢出,程序转 LOOP4
        MOV    B, #16          ;循环次数 16→B
NDIV1:  CLR    C               ;进行标志位 C 清 0
        MOV    A, R5           ;被除数最低字节内容左移一位
        RLC    A               ;最低位补入 0
        MOV    R5, A           ;
        MOV    A, R4           ;R4 内容左移一位
        RLC    A               ;
        MOV    R4, A           ;
        XCH    A, R3           ;R3 内容左移一位
        RLC    A               ;
        MOV    R3, A           ;
        XCH    A, R2           ;R2 内容左移一位
        RLC    A               ;
        XCH    A, R2           ;
        MOV    F0,C            ;移出的最高位送 F0
        CLR    C               ;
        SUBB   A, R7           ;(R3)-(R7)
        MOV    R1, A           ;差值送 R1
        MOV    A, R2           ;(R2)-(R6)
        SUBB   A, R6           ;
        JB     F0,NDIV2        ;判(F0)=1? 若为 1 则转 NDIV2
        JC     NDIV3           ;判(C)=1? 若为 1,不够减,转 NDIV3
NDIV2:  MOV    R2, A           ;回送相减结果
```

```
              MOV      A, R1           ;
              MOV      R3, A           ;
              MOV      R5             ;上商"1"
NDIV3：DJNZ     B, NDIV1        ;循环 16 次完否?
              CLR      F0             ;清 0F₀,运算结束
DIVEND：END                      ;结束
LOOP4：SETB     F0             ;F₀ 位置 1,表示溢出
              SJMP     DIVEND         ;转结束
```

本例程序由于重复进行减法运行,故而运算速度较慢。当主频为 12 MHz 时平均执行时间为 450 μs。可见四则运算中多字节除法运算是最费时间的。要实现快速的多字节除法运算,可采用重复乘法来实现。读者可自行练习。

8.5.2 数制转换程序段设计

在计算机中最常用的数是二进制数码、BCD 码和 ASCII 码,而计算机本身只能识别和处理二进制数码。因此,常需进行不同数制之间的转换。现举例说明常用的数码程序段的设计。

1）二进制数码与 BCD 码之间的转换

在计算机中常用以二进制数为基础的 BCD 码表示十进制数,由于两者进位制不同,必须进行二—十进制的转换。BCD 码是用四位二进制码表示一位十进制数。四位二进制码可以表示 0、1、2、…、8、9、A、…、E、F,把其中的 A、B、…、E、F 共六位定义为非法码被剔除。余下的十位被定义为有效的十进制数码。由于这两种数码的基础均为二进制码,因而两者相互之间的转换就较为简单。MCS-51 系列单片机的指令集中,就设置有专门的二—十进制（BCD 码）转换指令,在进行十进制的 BCD 码加法运算时,可直接采用二—十进制调正指令进行调正。除此之外,均需进行相互转换。

例 15 双字节二进制码数转换成 BCD 码程序段设计

设双字节二进制数存于 $R_2 R_3$ 中,转换成压缩型 BCD 码存于 $R_4 R_5 R_6$ 中。其程序段如下:

```
START：CLR      A              ;清 0A
              MOV      R4, A          ;清 0R₄、R₅、R₆
              MOV      R5, A          ;
              MOV      R6, A          ;
              MOV      R7, ♯16        ;循环计数初值送 R₇
BITBCD：CLR      C              ;清 0C
              MOV      A, R3          ;R₃ 内容左移一位
              RLC      A              ;
              MOV      R3, A          ;
              MOV      A, R2          ;R₂ 内容左移一位
              RLC      A              ;
              MOV      R2, A          ;
              MOV      A, R6          ;(R₆)+(R₆)+C,和进行
              ADDC     A, R6          ;BCD 码调整后存于 R₆ 中
```

```
        DA      A                   ;
        MOV     R5, A               ;(R5)+(R5)+C,和进行 BCD
        MOV     A, R5               ;码调整后存于 R5 中
        ADDC    A, R5               ;
        DA      A                   ;
        MOV     R5, A               ;
        MOV     A, R4               ;(R4)+(R4)+C,和进行 BCD
        ADDC    A, R4               ;码调整后存于 R4 中
        DA      A                   ;
        MOV     R4, A               ;
        DJNZ    R7, BITBCD          ;判循环完?
        END                         ;结束
```

另一种方法是将二进制数分别除以 1 000、100、10 等 10 的各次幂,所得商即为千、百、十位数,余数即为个位数。这种方法在需转换的数较大时,需进行多字节除法运算,因而运算速度慢,程序设计复杂且通用性差。本例中,对二进制数进行左移,然后 BCD 码数自身相加(相当于乘 2),再进行二—十进制调整,分离出相对应的 BCD 码。这样程序设计简单,且具有较好的通用性。一般将二进制数转换成 BCD 码后,BCD 码的长度要比原二进制数长 1 字节。

例 16 多位压缩型 BCD 码转换成二进制码数程序段设计

本例采用子程序结构。

入口:BCD 码高位字节地址指针为 R0 寄存器,BCD 码字节数存于 R7 中(字节数 n)。

出口:二进制数的低位字节地址指针为 R1 寄存器。

算法:设 BCD 码为 $a_n a_{n-1} \cdots a_1 a_0$,则相应二进制数为

$$(\cdots((a_n \times 10 \times a_{n-1}) \times 10 + a_{n-2}) \times 10 \cdots) \times 10 + a_0$$

图 8.15 所示为多位 BCD 码转换成二进制数的程序流程图。

程序清单如下:
```
START:  PUSH    PSW     ;现场入栈保护
        PUSH    A       ;
        PUSH    B       ;
        NOP             ;空操作
        NOP             ;
        MOV     A, R1   ;二进制低位字
                        ; 节地址指针
        MOV     R6, A   ;送 R6 保存
```

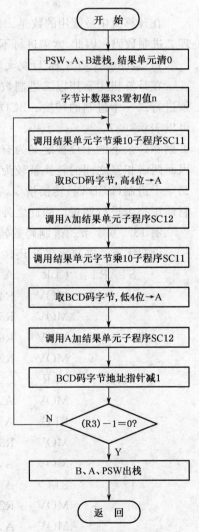

图 8.15 多位 BCD 码转换成二进制数的程序流程图

```
            MOV    A，R7         ;BCD 码字节数 n 送 R3
            MOV    R3，A         ;
            CLR    A            ;A 清 0
LOOP10：     MOV    @R1，A        ;结果单元清 0
            INC    R1           ;
            DJNZ   R3，LOOP10    ;
            MOV    A，R7         ;BCD 码字节数 n 送 R3
            MOV    R3，A         ;
LOOP11：     ACALL  SC11         ;调用结果单元字节乘 10 子程序
            MOV    A，@R0        ;读取 BCD 码字节内容
            ANL    A，#0F0H      ;取高 4 位
            SWAP   A            ;高、低 4 位互换
            ACALL  SC12         ;调用 A 加结果单元子程序
            ACALL  SC11         ;调用结果单元字节乘 10 子程序
            MOV    A，@R0        ;读取 BCD 码字节内容
            ANL    A，#0FH       ;取低 4 位
            ACALL  SC12         ;调用 A 加结果单元子程序
            DEC    R0           ;指针指向下一个 BCD 码字节
            DJNZ   R3，LOOP11    ;判转换结束否？
            POP    B            ;恢复现场
            POP    A            ;
            POP    PSW          ;
            RET                 ;返回
子程序 SC11：
SC11：      MOV    A，R7         ;BCD 码字节数 n 送 R4
            MOV    R4，A         ;
            MOV    A，R6         ;将二进制低位字节地址指针
            MOV    R1，A         ;由 R6 送 R1
            CLR    C            ;C 清 0
            MOV    R2，#00H      ;清 0 R2
LOOP14：     MOV    A，@R1        ;二进制字节内容送 A
            MOV    B，#0AH       ;10 送 B
            PUSH   PSW          ;PSW 入栈
            MUL    AB           ;(A)×(B)
            POP    PSW          ;PSW 出栈
            ADDC   A，R2         ;积的低字节内容＋R2 内容
            MOV    @R1，A        ;和数送 R1 指针所指向单元
            MOV    R2，B         ;积的高字节内容送 R2
            INC    R1           ;R1 指针加 1
            DJNZ   R4，LOOP14    ;判处理完否？
```

```
                RET                    ;返回
    子程序 SC12：
    SC12：     MOV    R5，A           主程序中 A 内容送 R5
                MOV    A，R6           ;R6 内容送 R1
                MOV    R1，A           ;
                MOV    A，R7           ;R7 内容送 R4
                MOV    R4，A           ;
                MOV    A，R5           ;(R5)+((R1))→(R1)
                ADD    A，@R1          ;
                MOV    @R1，A          ;
                INC    R1             ;R1 指针加 1
                DEC    R4             ;R4 内容减 1
                JNZ    LOOP15         ;(A)≠0 则转 LOOP15
                AJMP   LOOP16         ;(A)=0,则转 LOOP16
    LOOP15：   MOV    A，@R1          ;((R1))+(C)→(R1)
                ADDC   A，#00H         ;
                MOV    @R1，A          ;
                INC    R1             ;(R1)+1→R1
                DJNZ   R4，LOOP15      ;判(R4)≠0,则转 LOOP15
    LOOP16；   RET                    ;返回
```

2）二进制码数与 ASCII 码之间的转换程序段设计

在不少计算机的外部设备中，例如:打印机,需将计算机的二进制码数据转换成 ASCII 码送打印机打印输出;大键盘输入的 ASCII 码,需转换成二进制码数据输入给计算机进行数据处理,等等。因此,在单片机应用系统中亦常需进行二进制码与 ASCII 码之间的互相转换程序设计。

ASCII 码具有一定的规律可循。例如,用四位二进制码表示的十进制数 0~9,只需加 30H,即为对应的 ASCII 码;反之,ASCII 码的 0~9,只需减去 30H,即转换成对应的二进制码表示的 0~9;对于大于 9(即 A~F)的四位二进制码,只需加、减 37H 即可实现相互之间的转换。

在单片机应用中主要涉及 0~F 十六进制数与 ASCII 码之间的转换。下面列举转换程序段的设计。

例 17 十六进制数 ASCII 码转换成四位二进制数码

入口:ASCII 码存放于 R2 中

出口:4 位二进制数码结果存放于 R2 中。

子程序清单如下:

```
    SUBB1:PUSH    PSW            ;PSW、A 入栈
           PUSH    A              ;
           MOV     A，R2           ;十六进制的 ASCII 码送 A
           CLR     C              ;C 清 0
           SUBB    A，#30H         ;ASCII 码减 30H
```

	MOV	R2，A	;结果存于 R₂ 中
	SUBB	A，♯0AH	;结果减 10
	JC	SB10	;若(C)=1,则转 SB₁₀
	XCH	A，R2	;(A)与(R₂)互换
	SUBB	A，♯07H	;值大于 9,则再减去 7
	MOV	R2，A	;4 位二进制数存于 R₂
SB10：	POP	A	;恢复现场
	POP	PSW	;
	RET		;返回

例 18　一位十六进制数转换成 ASCII 码

入口:十六进制数存于 R₂ 中。

出口:转换后的 ASCII 码存于 R₂ 中。

子程序清单如下:

	ASCB1：	MOV	A，R2	;取出低 4 位二进制数
		ANL	A，♯0FH	;
		PUSH	A	;将低 4 位二进制数入栈
		CLR	C	;C 清 0
		SUBB	A，♯0AH	;4 位二进制数减 10
		POP	A	;弹出原 4 位二进制数
		JC	LOOP	;判(C)=1? 若为 1,该数小于 10,转 LOOP
		ADD	A，♯07H	;该数大于 9,则加 37H
LOOP：		ADD	A，♯30H	;小于 10,则加 30H
		MOV	R2，A	;结果 ASCII 码存于 R₂ 中
		RET		;返回

例 19　多位十六进制数转换成 ASCII 码

入口:十六进制数低位字节地址指针 R₀，R₂ 中存放字节数 n。

出口:转换结果 ASCII 码的地址指针(高位)R₁。

程序清单如下:

BASC1：	MOV	A，@R0	;取十六进制数的低 4 位
	ANL	A，♯0FH	;
	ADD	A，♯16	;16 为表格偏移值
	MOVC	A，@A+PC	;查表读取 ASCII 码值
	MOV	@R1，A	;查得的 ASCII 值存于 R₁ 指针单元中
	INC	R1	;R₁ 指针加 1
	MOV	A，@R0	;取十六进制数的高 4 位
	SWAP	A	;
	ANL	A，♯0F0H	;
	ADD	A，♯07H	;查表偏移值
	MOVC	A，@A+PC	;查表读取 ASCII 码值
	MOV	@R1，A	;将查得的 ASCII 码值存入 R₁ 指针单元

```
        INC     R0              ;指向下一个单元
        INC     R1              ;
        DJNZ    R2，BASC1        ;(R₂)＝0？ 否,则转 BASC1
        RET                     ;返回
BASC2：DB      …              }存放 0~F 对应的 ASCII 码表
        DB      …
```

本例采用查表法直接从表格中查得对应的 ASCII 码,程序直观、简单。由于选用 PC 作为查表指令的基础寄存器,所以需将 ASCII 码表下移。如果采用 DPTR 作为基址寄存器,则程序更简单、方便,且可多次查表。

例 20 8 位(一个字节)二进制数转换成 BCD 码

功能:将一个字节的 8 位二进制数(0~FFH)转换成 BCD 码(0~255)。

入口:(A)为二进制数。

出口:(R_0)为压缩型 BCD 码地址指针。

程序清单如下:

```
START：  MOV     B，♯100
         DIV     AB              ;(A)÷100,结果 A 中内容为百位数
         MOV     @R0，A           ;BCD 码的百位数存入 R₀指针单元
         INC     R0              ;指向下一个单元
         MOV     A，♯10           ;
         XCH     A，B             ;将 B 中的余数与 A 中的 10 互换
         DIV     AB              ;余数除 10,商为十位数,余数为个位数
         SWAP    A               ;高、低 4 位互换
         ADD     A，B             ;将十位数、个位数合并到 A 中
         MOV     @R0，A           ;
         RET                     ;返回
```

从以上举例可清晰地看出,同一个功能模块,其程序设计的算法可以有多种,所编制的程序可能完全不同,但最终完成的功能、任务是完全相同的。因此,采用汇编语言进行程序设计,其设计思路要宽广,算法要灵巧,程序要精练。这也是汇编语言程序设计的最大特点之一。

8.5.3　数字滤波程序段设计

在单片机应用系统中,其输入信号常会包含有各种噪声或干扰,它们可能来自于被测信号本身、传感器、外界干扰等。为了能检测到真实、正确的信息和实施可靠的控制,必须有效消除被测信号中的噪声或干扰。噪声可分两大类:一类为周期性的;另一类则为不规则的。前者的典型代表为 50 Hz 的工频干扰,对于这类干扰,常采用积分时间为 20 ms 的整数倍双积分型 A/D 转换器进行 A(模)/D(数)转换;后者多为随机性干扰信号,一般可采用数字滤波方法予以削弱或滤除。数字滤波,即在一个采样点附近,连续采样多次,然后通过一定的算法或判断程序等处理方法,以减小干扰信号在被测有用信号中的比重,以得到一个可信度较高的、接近真实的采样值。这种从数据系列中提取逼近真实数据信息的软件算法,通常又

称之为数字滤波算法及其程序设计。所以数字滤波实际上是程序滤波,它具有硬件的功效,但不需要硬件投资。由于软件设计与算法的灵活性,其效果往往是硬件滤波电路所不及的,其不足之处就是要增加主机(CPU)的开销。

数字滤波克服了模拟滤波的不足,它具有如下优点:

• 数字滤波是通过软件程序实施的,不需增加硬件设备,所以成本低、稳定性好、可靠性高。

• 数字滤波可以对频率很低(如 0.01 Hz)的信号实施滤波,克服了模拟滤波的缺陷。

• 数字滤波可以根据不同的信号,采用不同的滤波方法或滤波参数,具有灵活、方便、功能强的特点。

由于数字滤波具有以上优点,所以在嵌入式单片机应用系统中得到了广泛的应用。

1) 程序判别滤波

在实际应用中,很多物理量的变化是有一定的规律和需要一定的时间的,相邻两次采样值之间的变化也是有一定的限额。为此,可根据经验数据,拟订出一个最大可能的变化范围,每次采样值与上次采样有效值相比较,如果变化幅度在有效范围之内,即变化幅度没有超出设定的限值,则确认本次采样有效,否则就将本次采样值视为受干扰而弃之,并以上次采样值为准,取代本次采样值。为加快判断速度,将设定的限额值取反后以立即数形式编程,用加法运算取代比较(或减法)算运,实现一条指令即可完成判断的目的。其程序流程图如图 8.16 所示。程序段清单如下:

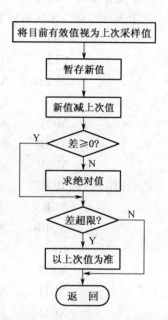

图 8.16 程序判断滤波流程图

```
FILT1:    MOV    30H,30H      ;当前有效值送 30H 单元
          LCALL  LOAD         ;调用采样新值子程序
          MOV    31H,A        ;新采样值送 31H 单元
          CLR    C            ;C 清 0
          SUBB   A,30H        ;求与上次采样值的偏差
          JNC    FILT11       ;判差值≥0?
          CPL    A            ;将新采样值取反
          INC    A            ;取反值加1,即求得该数补码
FILT11:   ADD    A,♯××H       ;判断超限否?
          JNC    FILT12       ;不超限,本次采样有效
          MOV    31H,30H      ;超限,以上次采样值为准
FILT12:   RET                 ;返回
```

程序中"××H"为限额值的反码值。例如,相邻两次采样值的最大变化范围(即限额值)不超过 02H,则其反码后即为 0FDH,将 0FDH 以立即数方式编程。

上述程序执行后,31H 单元中即为当前有效采样值。本例运用于慢变化物理参数的采样过程,如温度、湿度、液面等。这里采样值为单字节(8 位)数。

2) 中值滤波

对目标参数连续进行若干次采样,然后将这些采样值进行排序,选取中间位置的采样值作为采样有效值,称为取中值算法。连续采样的次数常选取奇数次,例如 3 次或 5 次,对于变化较慢的参数,也可增加次数。对于变化较为剧烈的参数,则不宜采用此算法。

现以采样 3 次为例,3 次采样值分别存放于 R_2、R_3、R_4 中,经对采样值排序后,中值存放于 R_3 中,作为本次有效采样值。具体程序段如下:

```
FILT2：   MOV    A，R2        ;判(R₂)<(R₃)?
          CLR    C           ;
          SUBB   A，R3        ;
          JC     FILT21      ;若(C)=1,则(R₂)<(R₃),转 FILT21
          MOV    A，R2        ;(C)=0,(R₂)≥(R₃)
          XCH    A，R3        ;R₂、R₃ 内容互换
          MOV    R2，A        ;大数存于 R₃,小数存于 R₂ 中
FILT21：  MOV    A，R3        ;判(R₃)<(R₄)?
          CLR    C           ;
          SUBB   A，R4        ;
          JC     FILT22      ;若(C)=1,则(R₃)<(R₄),排序结束
          MOV    A，R4        ;(C)=0,(R₃)≥(R₄),互换
          XCH    A，R3        ;
          XCH    A，R4        ;
          CLR    C           ;
          SUBB   A，R2        ;再判 R₂ 和 R₃ 的大小
          JNC    FILT22      ;若(C)=0,则(R₃)≥(R₂)排序结束
          MOV    A，R2        ;若(C)=1,则 R₂ 即为中值内容
          MOV    R3，A        ;中值存于 R₃ 中
FILT22：  RET                ;返回
```

当采样次数为 5 次或 5 次以上时,排序程序就较为复杂,这时可采用其他几种常用的排序算法,例如冒泡算法等。这里就不作详述了。

3) 去极值平均滤波

一般选用平均滤波算法进行程序设计时,常需考虑消除较为明显的脉冲干扰,即将远离采样值进行剔除,不参加平均值的计算,从而使平均值更接近采样真实值。具体算法如下:连续采样若干(n)次,将其累加求和,同时找出其中的最大值和最小值,并从累加和中减去最大值和最小值,再按 $n-2$ 个采样值求得平均值,即为本次采样有效值。为了使平均滤波计算简单、方便,采样次数选取偶数次为好,例如 n 取 4、6、8 等。这样,求取平均采样值的算法可采用右移指令来完成,避免了麻烦的除法运算。具体设计时有两种处理方法:对于变化较慢的参数,可一边采样,一边处理,可不必在数据存储器 RAM 中开辟参数暂存区;对于变化较快的参数,则先连续采样 n 次,然后再集中处理。这就需在 RAM 中开辟 n 个参数存储单元。现以 $n=10$ 次采样为例,采用边采样边处理的程序设计方法。图 8.17 所示为对应的程序流程图。

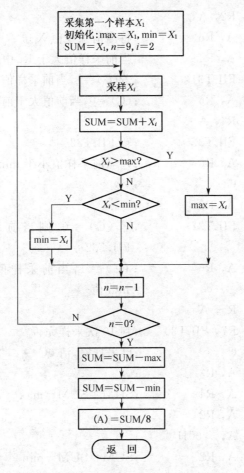

图 8.17 去极值平均滤波程序流程图

去极值平均滤波程序段清单如下：

FILT3：	PUSH	PSW	;原 PSW 进栈保护
	MOV	PSW，#10H	;定义工作寄存器组 2
	PUSH	A	;原累加器 A 内容进栈保护
	LCALL	INPUT	;调用采样子程序进行采样
	MOV	R3，A	;采样值送 R_3
	MOV	A，#00H	;清 $0R_4$、R_5
	MOV	R4，A	;max=X_i
	MOV	R5，A	;min=X_i
	MOV	R7，#09H	;设置采样次数送 R_7
FILT30：	LCALL	INPUT	;继续采样 X_i
	MOV	R6，A	;当前采样值存 R_6 中
	ADD	A，R3	;累加和 SUM=SUM+X_i
	MOV	R3，A	;累加和存 R_2、R_3 中
	CLR	C	;
	ADDC	A，R2	;

```
        MOV     R2, A           ;
        MOV     A, R6           ;将当前采样值 Xᵢ送 A
        SUBB    A, R4           ;当前采样值大于 R₄ 中的 max?
        JC      FILT31          ;若(C)＝1,当前采样值小于 max,转 FILT31
        MOV     A, R6           ;(C)＝0,当前值大于前 max,则更新 max 值
        MOV     R4, A           ;
        SJMP    FILT32          ;转 FILT32
FILT31: MOV     A, R6           ;判当前采样值小于 min?
        CLR     C               ;
        SUBB    A, R5           ;
        JNC     FILT32          ;若(C)＝0,则当前采样值大于前 min,转
                                 FILT32
        MOV     A, R6           ;(C)＝1,当前采样值 Xᵢ 小于前 min,更新
                                 min 值
        MOV     R5, A           ;
FILT32: DJNZ    R7, FILT30      ;判 10 次采样完否?
        CLR     C               ;已采样完,清 0C
        MOV     A, R3           ;
        SUBB    A, R4           ;SUM＝SUM－max
        XCH     A, R2           ;
        SUBB    A, ♯00H         ;
        XCH     A, R2           ;SUM＝SUM－min
        SUBB    A, R5           ;
        MOV     R3, A           ;
        MOV     A, R2           ;
        SUBB    A, ♯00H         ;
        SWAP    A               ;(R₂R₃)/8
        RL      A               ;
        XCH     A, R3           ;
        SWAP    A               ;
        RL      A               ;
        ADD     A, ♯80H         ;四舍五入
        ANL     A, ♯1FH         ;
        ADDC    A, R3           ;
        MOV     B, A            ;结果在 B 中
        POP     A               ;出栈恢复原 A、PSW 内容
        POP     PSW             ;
        RET                     ;返回
```

4) 滑动平均值滤波

上述平均值滤波法,每计算一次采样值,均需连续进行 n 次采样,这对于采样速度较慢

或要求获取有效采样值速度较高的实时应用系统,就不适宜采用。而滑动式平均值滤波法,每个采样点只需进行一次检测,就可获得一个新的算术平均值,称之为滑动式平均值滤波。

滑动式平均值滤波法采用队列作为采样数据存储器,队列长度设定为 n,每进行一次新的采样,就将采样到的有效值存放在队尾,而将原队首的一个采样值丢弃,始终保持队列中 n 个采样值进行平滑的平均计算后获得一个新的采样点的平均采样值。这样,每个采样点只需进行一次采样检测,就可求得一个新的采样点算术平均采样值。

滑动式平均值滤波法中的队列,一般采用循环队列来实现,也可采用其他队列法。由于具体算法及编程与上例相似,故而这里就不举例详述了。

以上列举的数字滤波算法中,均以 8 位 A/D 转换器为代表的单字节定点算法,对于大于 8 位的 A/D 转换器或多量程浮点 A/D 转换系统,其算法原理基本相同,只是数据结构、程序设计方法和类型略有不同而已。

随着单片机在嵌入式系统中的广泛应用,数字滤波法也在不断更新、发展,方法已是多种多样,难以一一详述。在实际应用中,应视具体应用环境和功能要求选择合适的方法。希能在上述列举的基础上,深刻理解其基本算法和设计思想,举一反三,即可在实践中设计出更好、更符合实际要求的源程序。

任何一个以 MCS-51 系列单片机为主机的嵌入式应用系统,采用汇编语言进行程序设计和编程的源程序,都是由上述各种基本结构程序有机组合而成。所以认真学好本章内容是熟练设计好汇编语言应用程序的基础。

任何一个单片机汇编语言应用源程序设计、编程完成以后,还必须进行最后一个环节——仿真调试。只有在仿真调试、考机通过以后,才能宣告嵌入式单片机应用系统的应用软件程序设计与编程工作、任务完成。

有关单片机汇编语言应用软件源程序的汇编与仿真调试等相关内容,将在下一章论述。

思考题与习题

1. 什么是伪指令?它在汇编语言源程序设计中有何作用?MCS-51 系列单片机有哪些常用伪指令。

2. 何谓汇编语言、汇编语言源程序、汇编程序、汇编和汇编语言目标程序?汇编的功能和作用是什么?

3. 汇编语言和 C 语言各有何特点?在单片机应用中如何正确、合理选用?

4. 请对下列程序段进行手工汇编:

```
           ORG    0100H
           CLR    C              ;
START:     MOV    R2,#03H        ;
LOOP:      MOV    A,@R0          ;
           ADDC   A,@R1          ;
           MOV    @R0,A          ;
           INC    R0             ;
           INC    R1             ;
```

```
                DJNZ      R2，LOOP        ；
                JNC       NEXT           ；
                MOV       @R0，#01H       ；
                STMP      LOOP1          ；
        NEXT：   DEC       R0             ；
        LOOP1：  SJMP      LOOP1          ；
```

（1）设（R_0）＝20H，（R_1）＝25H，若（20H）＝80H，（21H）＝90H，（22H）＝0A0H，（25H）＝0A0H，（26H）＝6FH，（27H）＝76H，则上述程序段执行后其结果为何？

（2）若 27H 单元内容改为 6FH，则结果有何不同？

5. MCS-51 系列单片机，其应用程序结构有何特殊要求？程序存储器 0000H～0002H 三个字节单元有何特殊用途？何谓中断矢量？如何正确编程？

6. 何谓循环程序结构？它由哪几部分组成？它在用法上与子程序结构有何本质区别？多重循环要注意什么？请编写延时 20 ms 的延时程序段，设 f_{cos}＝12 MHz。

7. 何谓子程序结构？在什么情况下适宜选用子程序结构程序？编写子程序应注意些什么？请编写下列多项式子程序段。

$$\rho_n = (x) = a_n \cdot x^n + a_{n-1} \cdot x^{n-1} + \cdots \alpha_1 \cdot x^1 + \alpha_0$$
$$= (\cdots(\alpha_n x + \alpha_{n-1}) \cdot x + \cdots + \alpha_1) \cdot x + \alpha_0$$

并画出程序流程图。

8. 设从外部数据存储器的首地址 1000H 单元开始，连续存放 200 个无符号字节数据，请编写查找其中的最大值（或最小值），结果存放于 1100H 单元的程序段，并画出其程序流程图。

9. 设从片外 RAM 的 1000H 单元开始连续存放一组带符号的单字节数据，其符号数的个数存放于片内 RAM 的 2FH 单元中，要求统计出其中大于 0、等于 0、小于 0 的符号数个数，并将统计结果存入片内的 RAM 2AH（大于 0）、2BH（等于 0）和 2CH（小于 0）单元中。请编写上述统计程序段，并画出对应的程序流程图。

10. 何谓指令冗余法、软件陷阱法？试比较其各自的优缺点。

11. 何谓硬件复位、软件复位、冷启动、热启动？一般有哪几种故障处理方案？若某应用系统，在故障处理中不允许从 0000H 单元开始重新执行（包括初始化在内的）主程序，该怎么办？

12. 何谓数字滤波？它主要应用在什么场合？请您设计并编写一个滑动式平均值滤波程序段，并画出其程序流程图。功能要求及相关条件请自行设定。

9 应用系统的开发、设计与调试

前面 8 章已对 MCS-51 系列单片机的系统结构,基本功能原理及其应用方法与特点,作了完整而全面的、由浅入深的详细论述,并进行应用举例。本章则在前 8 章的基础上具体阐述应用系统的开发、设计与调试,作为对前 8 章内容的总结和实际应用,也是学习和应用单片机技术最后一个重要环节。

9.1 应用系统的开发与设计

嵌入式单片机应用系统是指以单片机为核心,配置一定的外部扩展功能元件和外围电路、设备及应用软件,能完整地实现某种或多种功能,通常由硬件和软件两大部分组合而成。一般说来,应用系统所要完成的功能、任务不同,相应的组成结构(硬件和软件配置)也不尽相同。因此,嵌入式单片机应用系统的开发与设计主要包括硬件和软件的开发与设计。一般应考虑以下几方面内容。

9.1.1 开发应用系统项目的确定

通常根据市场的需求、科学技术的发展,或者原系统(或产品)的更新、换代,提出并立项开发新的应用系统研制项目。根据立项所拟订的应用系统内容、功能和技术要求,首先应开展如下工作。

(1) 项目的技术与可行性调研

针对立项的应用系统所拟订的内容进行广泛、深入的调研。通过调研,首先明确目前国内外有无同类型或相似产品(或系统),在技术和性能上达到何等水平、级别,采用了哪些先进或比较先进的技术和设备等。如果经调研尚未发现有同类型产品(或系统),那就需进行可行性调研:立项所拟订的要求是否有科学依据、能否实现,所提出的要求、技术指标高了还是低了,是否适宜。这些应充分利用高科技手段(如网上查询等)进行调研,也可召开调研会、专家座谈会等征询多方意见。力争制订一个高水平而又可行的确定方案。对于一些常用或较普通的应用项目,亦需进行一些相关的调查研究,充分吸取国内外先进的技术与经验,充实和提高所立项目的水平。

(2) 拟订合适的技术指标

功能和技术指标是两个不同的概念。同一个功能要求,可以确立不同的技术指标,由于技术指标不同,构成的系统可能千差万别,如果不切实际的过高要求技术指标,就有可能造成系统无法实现。拟订一个合理的技术指标,必须从实际出发,对市场能提供的技术、设备条件、成本等诸因素进行综合权衡、考虑。

（3）工作现场环境调研

嵌入式单片机应用系统多数工作在现场，而实际的现场工作环境各有不同，有室内、有室外，不同地区环境差别也很大，有些现场环境恶劣，干扰严重。因此，必须对工作环境进行充分调研。例如，某应用系统，工作现场是南海舰队潜艇轮机室，夏天温度常在 70～80℃ 以上，湿度也很大，震动很强烈等。这些情况，必须通过现场调研，了解清楚。

通过详细而具体的调研，在此基础上进行科学的分析、研究和论证，从而制订出切实可行的开发应用系统项目的任务书，明确任务的各项要求，需完成并达到的目标、开发经费和完成日期等。

1) 应用系统(项目)的总体规划与设计

应用系统(项目)开发、研制任务的执行者(包括具体研制、设计者)必须对任务以及任务书所提出的各项内容进行认真、细致的分析、研究，并进行综合化、具体化。因为任何一个嵌入式单片机应用系统，无论其规模大小，功能和技术要求高还是低，它作为一个系统整体，组成的硬件、软件，以及各个功能元件之间都密切相关连，这就是它的综合性。各个部分又有其特殊性、独立性，所以又必须对各个部分进行具体化。因此，研制任务的具体执行者(包括设计者)，必须从整体到局部、从上到下、从粗到细详尽地分析、研究应用系统的各项功能要求、技术指标、应用范围、工作场合与环境等。这是应用系统进行具体设计的依据和出发点！从而进入应用系统总体方案的拟订和设计。

（1）总体方案的拟订

在上述基础上，一个嵌入式单片机应用系统的开发、研制任务明确之后，即可着手对设计目标、系统功能要求、处理方案、测控对象、主机的字长与速度、存储容量、硬件配置、软件设计等，提出符合实际要求的相关参数，从而拟订出完整的总体方案和设计任务书。

在拟订出总体方案和设计任务书后，还应对测控对象的物理过程和数处理进行全面、仔细的分析、并从中抽象出具体算法、数学表达式，或者相应的数学模型。这里所谓的算法是广义的，形式是多样的，可以是一系列的数学表达式，可以是数学推理与判断，也可以是一系列的运行状态的模拟。总之，它将是把一个物理变化过程转变成一个计算机可执行的运行过程的具体描述。作为一个单片机应用系统的开发、研制、设计者，必须完整而全面地了解和掌握应用系统运行的全过程，甚至对每一个细节、变化过程中的拐点等，都必须十分清楚地了解和掌握。这也正是单片机应用中的难点、重点之处。

数学表达式或数学模型要能真实地描述客观的物理变化过程，要精确而又简单。只有精确才具有实际意义，只有简单(经过的简化)才能便于设计和计算机的执行。因此，拟订和建立一个好的、符合实际应用要求的数学表达式、算法或数学模型也是有一定难度的。由于较复杂的建模工作，在具体单片机应用中较少出现，故在这里就不作详述了。

（2）总体设计

总体设计是在上述基础上的延续，是上述工作的进一步具体化，是进入具体系统设计的第一步。总体设计中需重点完成以下几方面的工作。

① 根据上述总体方案的要求，选择性能价格比合理的、符合系统总体要求的单片机型。目前市场上提供的单片机有很多种系列、各种机型，有字长为 8 位、16 位、32 位的单片机等。在进行机型选择时应考虑：所选机型各项性能必须符合总体要求，且应留有余地，以备后期更新；开发、调试方便，具有良好的开发工具(开发系统、开发器)和环境；市场资源(包括配套的外部功能扩展元件、外围设备等)富足，且在较长时期内(若干年)后备充分；设计人员对所

选机型的系统结构、功能原理以及开发技术等均已掌握或比较熟悉,技术资料丰富,这些均有利于开发与设计,缩短研制周期,有利于把握技术关键。

②　慎重选择传感器。因为测控系统中所需各类传感器至今仍是影响系统性能、技术指标的瓶颈。一个设计合理的测控系统,常因传感器选择不当或受精度和环境条件的制约而达不到预期的设计指标。

近年来,随着单片机的广泛应用,各类传感器的发展成为一枝独秀。集成化、智能化、数字化之类的传感器发展很快,层出不穷。合理选用先进的、性能稳定可靠的传感器,能简化应用系统的设计,使功能要求、技术指标及稳定可靠性均可得到较好地保证。当然,性能价格比也是合理选用传感器的重要因素。

系统的总体设计包含硬件和软件两部分的综合、协调设计,统观硬件和软件功能的有机划分,单片机应用系统的重要特点是硬、软件紧密结合。例如,在某些情况下可能要从硬件角度对软件提出一些特定的要求相配合;在另一种情况下,可能要以软件考虑为主,对硬件结构提出一定的要求或制约;在某些情况下,硬件和软件具有一定的互换性,有些原本可以由硬件来完成或实现的功能,也可改由软件来实现或完成,反之亦然;目前大量的可编程元件,更离不开软件的配合等等。由硬件来实现或完成某些功能,一般可提高速度,减少软件工作量和主机的开销,但需增加研制成本;由软件来实现或完成的某些功能,可简化电路设计,降低研制成本,但需增加软件工作量和主机开销,影响速度。所有这些,均应根据应用系统的实际情况和需要,全面综合地考虑硬、软件功能的划分与配合。这些均应在总体设计中考虑成熟,明确规定下来。

为保护研制成果的合法权益,可对应用系统实施加密,应综合考虑是采用硬件加密,还是由软件实施加密,或者软、硬件结合。在总体设计中均应明确具体要求和实施措施。

在上述基础上构制出应用系统硬件组成结构总体逻辑框图和软件结构流程图。

在应用系统总体结构设计的基础上,就可进行具体的硬件和软件设计。

2) 硬件配置与组成设计

应用系统总体方案确定之后,应用系统的硬件配置规模和软件框架也就基本确定。单片机应用系统的硬件和软件是两个重要的、紧密配合的两大部分,硬件是基础,是依托,软件是关键。两者是可以互惠互补,甚至可以互为转化的。为了提高应用系统的可靠性、降低成本,应在满足系统功能、精度、速度等要求的前提下,尽量把由硬件实现的功能改由软件来完成。

在系统总体方案已确定硬件结构框架的前提下,应进一步细化硬件配置与具体的电路设计。对主机的资源按实际需要进行合理分配。例如,I/O端口、中断源、定时/计数器、串行通信等。对需要通过外部扩展的功能元件以及相关的外围设备,均需认真、合理地进行选择,必须能与主机相匹配,接口简单,电路设计方便。主频振荡器和电源的配置也很重要。

硬件设计中一个重要的问题就是如何提高系统的抗干扰能力,提高硬件系统的稳定性和可靠性。在总体方案论证中,对应用系统的工作现场和环境已经作了认真、细致的研究、分析,提出了符合实际情况与要求的方案,而在系统的硬件电路设计中应采取相应的措施和选择为相应的硬件配置(如光电隔离器、定时监视器、屏蔽技术等),使之融合在整个硬件系统电路的设计中。

对某些重要功能、关键部位,应尽可能事先进行局部的模拟试验。如传感器→放大器→A/D或D/A转换器→驱动与控制或检测等,可在开发系统上进行某些模拟试验,以取得第一手确切的实验数据以及相关的技术资料,审核是否符合和满足设计要求,或者采取改进措施,修正软、硬件的配合,以避免在设计已定型后发现问题再改的诸多麻烦。

对于系统中出现的性能误差,必须定性地综合分析整个系统对产生误差的影响,最后所形成的实际误差是否在系统所允许的范围之内。

在上述基础上进行应用系统硬件电路的整体设计,画出功能原理图和逻辑电路图,绘制供调试用样机印制板。在调试中进行局部修改是必然的,因此,在绘制样机电路板时,对有可能进行调正或修改的部位,留有余地,为在调试中进行修改提供方便。特别是在软、硬件综合调试过程中,还常常有可能对硬件系统电路进行新的修改或补充,这也在所难免。

经综合调试正确,考机通过后,再绘制新的、符合要求的应用系统硬件电路原理图和逻辑电路结构图,绘制并加工新的、标准应用系统印制板,经加工组装,测试正确,运行稳定、可靠,即可付诸流水加工、组装、生产,硬件电路设计宣告完成。

3) 应用软件设计

在应用系统总体方案与设计定型之后,即可分工进入下一步工作,应用系统的硬件电路与应用软件可同时展开,进行分工设计。当然也可先进行系统硬件电路的设计,后进行应用软件的设计,也可两者兼而顾之。但一般硬件电路设计总是要先走一步。

应依据应用系统总体方案和设计所制订的要求,在充分了解和掌握硬件系统的组成结构、功能资源配置的基础上,着手进行应用软件的具体设计。

一个应用系统全部功能的实现,是在系统硬件为基础的支撑下,由应用软件来具体实施和完成的。可见,应用软件的优劣,将直接影响应用系统功能的完善、质量与水平的高低。

应用软件系统的设计,包括应用软件总体方案的制订,绘制应用软件程序流程图、编制应用程序、检查、调试,以及编写有关文件资料等。

(1) 应用软件的总体设计

应用软件的总体方案与设计是指以应用系统总体方案为依据,从应用软件的角度考虑程序的组成结构、数据结构形式与参数和实现系统功能的算法与手段。应用软件的总体设计包括制订总体设计方案、确定数据结构与算法,程序的组成结构和绘制程序流程图等。

在制订应用软件总体方案时,应根据实际应用系统的组成及功能的复杂程度、信息量的大小、程序量等,选择合理的程序结构与设计方法。目前,应用软件程序结构与设计方法极其灵活、多样。首先是选用单片机语言:汇编语言、C(C51)高级语言;程序组成结构:模块化结构、子程序结构、自顶向下逐步求精结构、普通的结构化程序设计等,应根据应用系统的实际,选用合适的程序组成结构。

为了便于调试、运行与维护,往往还需加入系统的自检程序、必要的显示和人工控制按键(人机对话)等。

在总体设计中,关键问题的算法是十分重要的。只有算法正确,程序才能正确运行,实现预期的要求。采用汇编语言实施算法是十分灵活的,同一个问题可以有多种算法与编程方法,设计中应选用优者。在调试中出现问题较多的,常归结到算法上考虑不周等。这是应多加注意的。

数据结构、参数选择、资源分配等都需在总体设计中考虑周到、明确制订。

在上述基础上,根据应用系统的总任务和功能要求,按照拟订的应用软件总体设计方案,绘制应用程序的总体方框图,以描述应用软件的总体结构。

在总体方案框图的基础上,结合应用程序的组成结构、功能算法,设计并绘制应用程序流程图。关键而复杂的模块或程序段,应在程序流程图中加以细化。

(2) 应用程序的编制

经过上述步骤,并绘制完应用程序流程图后,整个应用程序的组成结构以及算法,思路基本确定,这时就可统筹考虑和合理安排一些相关的全局性问题。例如,地址空间的合理分配、数据结构、参数、端口地址、输入/输出格式等进一步的具体化。采用汇编语言编程序时,应重视功能性指令的合理选用,特别是一些重要部位,如涉及功能、算法之类的程序段,以及实时性要求较高的程序段等,均应细致、认真编写。

应用软件的可靠性必须要引起足够的重视,如采用指令冗余、软件陷阱、软件监时等措施,以提高软件的抗干扰能力,防止软件死机或程序跑飞等故障。这些均应统筹考虑、合理安排。

有少数程序设计者,不愿对前期工作进行认真、细致的考虑,而是边思考、边设计、边编程,认为这样能节省时间,能加快应用程序的设计与编程速度。实践证明,欲速则不达,这样编程,在调试阶段吃足了苦头,整个程序被修改得千疮百孔,面目全非,严重者甚至只好推翻重来,这是深刻的教训。

只要程序设计者既熟悉所选主机(单片机)的组成原理、功能特点和指令系统、外部扩展的部器件、外围设备的功能特点,又非常清楚系统功能的具体要求,掌握一定的程序设计与编程的技巧与方法,严格按照程序设计的步骤与流程操作,就一定能设计和编制出优质、较高水平的应用程序。

(3) 程序的检查与修改

一个实际的应用程序设计与编写完成后,往往会有不少疏忽、遗漏甚至潜在的隐患或错误,这是在所难免、不足为奇的。为此,在应用程序编写好之后,进入仿真调试之前,必须进行仔细、认真地检查和修改,使明显的、浮在面上的不正确或错误得以修改和纠正,做好仿真调试的准备。

对照程序总体设计与流程图,自上而下地进行静态检查,往往会减少整个程序调试过程中的折腾,大大加快仿真调试的进程。

4) 应用系统的调试、运行和维护

应用程序的上机仿真调试是检验整个应用系统、特别是应用软件的正确性、稳定性和可靠工作的一个重要手段,设计者应给予足够的重视。

上机仿真调试包括分调与联调两部分。

单片机应用系统的上机仿真调试,一般均应借助对应的开发系统(仿真器)才能进行。所有单片机本身均不具备开发、仿真调试的功能,这也正是单片机应用不方便之处。所谓"仿真",就是借助开发系统(仿真器)使应用系统能模仿真实情况进行调试、运行。

一个设计编制好的应用程序,首先应在系统计算机(PC机之类)上进行编辑,亦即按编制好的源程序清单输入系统机中,再通过汇编,将汇编语言源程序汇编成机器语言目标程序,以供仿真调试用。在汇编过程中检验源程序中出现的语法错误,经改正后再汇编,往往会返复多次,直至汇编通过。保证源程序无语法错误。有些参数也会在汇编中自动求真,例如偏移量,标号值等。当然,系统机中必须装有对应的编辑程序和汇编程序。

应用程序的分块调试,是在开发系统(仿真器)上,根据所调程序的功能模块(包括子程序)的入口地址、参量或变量初值等,编写一个供调试用的程序段,连同被调试的功能块程序段,形成一个局部完整而又独立的、针对某一功能模块的调试程序,经编辑、汇编后,在开发系统(仿真器)上进行调试,检查程序运行情况和执行结果是否正确,是否与设定的要求相一致,若出现问题或错误,可借助开发系统(仿真器)提供的调试手段,查找出错误所在及其出错的原因,进行排除纠正之。经多次运行、调试与排错,直至运行正常,达到原设计要求为止。按上述方法逐个对各功能模块程序段,包括各子程序、中断服务程序等进行局部运行和调试。也可将已调试正确的功能模块程序段,加入到新的调试模块中一并调试,逐个扩大,直到全部功能模块调试完毕。

另一种方法是将整个应用程序划分成若干段,从起始段开始,调试好一段延伸一段,逐段扩大,直到调试完毕。

由于分调所涉及的范围小、功能单一、程序量小,程序结构不会太复杂,对暴露出的问题或错误,较易分析原因或找出问题所在,容易排除和纠正。所以对较复杂、功能较多的应用系统,均应先进行分调。

在完成分调的基础上,即可进入联调。将专供调试用的附加程序部分撤除,恢复原程序的整体。有些外围设备在现场,不便搬运到实验室(或调试现场)的,可采用适当的模拟措施或暂不连接上这部分程序(或设备)进行运行和调试。在联调过程中,一般会出现各模块之间相连接或相互关联、影响、衔接上的问题,或某些支路上功能模块程序因受种种因素、条件或制约而出现的问题,也可能因综合因素造成部分性能、指标的波动,或者因综合干扰的加大而出现某些错误或故障等等,均有可能出现或暴露。调试中应关注的重点是在整体条件下可能出现或暴露的问题。浮在面上的问题,一般在分调中已被排除,较深层次的问题一般在联调中才可能暴露。调试的目的,就是要想尽一切办法,使存在、隐藏的问题被发现、暴露出来,得以纠正、排除,并检验各种功能、各项技术指标是否符合原设计要求。所以在一般调试正常之后,还需模拟各种条件(包括周边条件,甚至极限条件),制造恶劣环境进行运行和检验,在此基础上还需进行 24 小时连续运行若干时日,或者脱离开发系统(仿真器),让应用系统完全独立全程运行一段时间,对整个系统进行全方位的观察与检验,以验证应用系统是否满足和达到原设计要求,是否达到预期的效果、目标,包括各项技术指标、稳定性和可靠性。

在联调过程中,主要涉及软件问题,也可能涉及硬件系统的设计问题,或者由软件透过硬件表露出来的问题,此时应从整个应用系统全盘、综合考虑。在整个调试过程中要有正确的心态,正视客观事实。出现或暴露出来的问题是客观存在的,绕是绕不过去的,必须予以彻底纠正、排除,马虎交差是不行的。因为调试的目的就是要尽一切努力、想尽一切办法排除整个应用系统所存在和可能存在的隐患与错误。

经联调通过之后,还需完全以整个应用系统的状态进行全过程的试运行,并在工作现场真实环境下进行一段时间的考机。因为少数隐藏较深的问题往往需在特定的条件下会有可能暴露出来,而这些问题往往具有一定的严重性,所以试运行和考机是必需的。

由于嵌入式单片机应用系统很多用于重要的实时测控场合,多数需要长时间运行且不允许中途停机或出现故障,故而全程调试更显重要,必须想尽一切办法发现、排除一切可能存在的错误或隐患。这是一切调试的宗旨。

图 9.1 所示为嵌入式单片机应用系统从开发、设计研制到仿真调试全过程的示意图,供参考。

一个嵌入式单片机应用系统,经过严格的调试、考机和试运行获得全面通过之后,即可付诸实际应用。同时还需建立一套完整的、健全的维护制度,以确保系统的正常工作。

最后还需整理、编写整套的技术文件资料,以便存档。

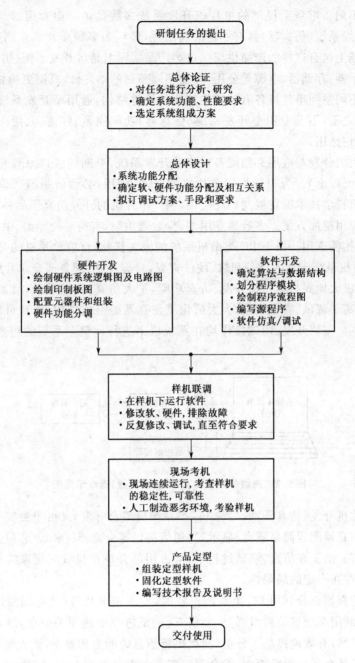

图 9.1　单片机应用系统开发过程示意图

9.1.2　单片机开发仿真系统及其应用

　　单片机的开发、应用,必须要具备一个条件,即必须配备相应的开发系统(仿真器)。因为单片机只是一块高度集成的芯片,不具备可供开发、调试的条件、手段和相关设备,如键盘、显示器、开发软件等。

　　单片机的开发系统(仿真器)一般是面向机器的,即不同的单片机系列,其对应的开发系统(仿真器)也不同。市场上提供的单片机开发系统多数是单一而专用的。为克服这一缺点,能使一台开发系统(仿真器)具有一定的通用性,即可为多种单片机系列提供开发、仿真调试功能。市场上已有这样的产品供应。这类产品实际上是将开发系统(仿真器)的硬件部分,如键盘、显示器、存储器、电源等公用,开发不同系列的单片机,只需更换相对应的软件即可。由于各种不同系列单片机各有独特的功能和硬件结构,通用型开发系统(仿真器)无法照顾周全,相比之下,不及专用型开发系统(仿真器)功能完整、好使、方便。所以两者各有优、缺点。应酌情选用。

由于单片机的开发与应用必须配备对应的开发系统,早期的进口原装开发系统十分昂贵(约需一万美元以上)。为积极推广单片机的开发、应用,必须研制国产单片机开发仿真器。随着单片机科学技术的发展与广泛应用,国产单片机的开发仿真器品种也越来越多,功能齐全,开发、应用越加方便。多数属专用型,少数通用型,有简易价廉型、中档型、少数高档型,可任凭用户按需选用。由于 PC 类微机系统的极大普及,目前单片机的开发仿真系统大多借用 PC 类微机系统丰富的设备和软、硬件资源,只需开发、配置部分单片机专用软、硬件资源,从而可以极大地提高单片机开发、仿真功能,扩大仿真、调试手段,增加跟踪、追查、诊断能力,大大提高了调试、查错效率,大大简化了仿真器的组成结构,而且可以做得很小巧,大大降低了成本。一切开发、调试操作均在系统机上进行。整个系统的组成结构如图 9.2所示。

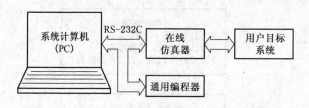

图 9.2 典型单片机开发系统(仿真器)组成示意图

另一类单片机开发、仿真器,既可与 PC 类系统机组合开发,又可单独实施开发,仿真调试。这类开发仿真器配置简易键盘、显示器、通信接口等全套器件和设备。这类普及型开发仿真器售价便宜。由于在仿真、调试过程中,需占用部分单片机或应用系统资源,因而在开发、调试过程中存在一定的局限性。

高档开发仿真器充分利用 PC 类系统机资源,不占用单片机(或应用系统)资源,仿真、调试功能齐全,利用系统机的窗口资源,使仿真、调试过程中的相关信息,尽显窗口屏幕上,使调试者一目了然,有效地提高了分析、捕捉出错信息的能力和效率,大大加快了开发、调试的进程。有的还具有运行跟踪能力,能全程跟踪运行路径并进行记录,便于查找、分析更深层次的隐患。

编程器,又称固化器,也是单片机开发应用所必备的。经严格调试通过的应用程序,在汇编成目标程序码后,必须通过编程器将目标程序代码固化到应用系统的程序存储器中,才能供应用系统的主机访问运行。编程器也有多种类型,简易型功能单一,万能编程器可读出或固化多种类型的程序和多种类型的程序存储器,售价各异。

与单片机开发系统(仿真器)配套使用的 PC 类系统机,应配置相应的编辑软件,才能将设计、编写好的源程序按程序清单经编辑输入到系统机中,对源程序的语法错误,可以通过编辑程序进行修改。汇编、反汇编、仿真调试等软件由开发仿真器厂商提供,组装在系统机中备用。

单片机开发系统(仿真器)的显著特点是具有在线仿真功能。在线仿真功能是通过在线仿真器实现的。所谓仿真,是对目标系统而言的,是指仿真器把它的硬件和软件资源(诸如CPU、存储器、调试软件、参数等),通过仿真器插头、座,暂时出借给目标系统,使之成为目标系统的部分或全部硬件和软件的组成部分,这样,在单片机仿真器上实施对仿真器硬件和软件的调试,就好像是在对仿真器仿真插头、座上的目标系统的硬件和软件进行调试一样。因为仿真器上的CPU所控制的硬件环境正是目标系统的硬件环境,而仿真器上的软件程序就成为在目标系统环境下运行的程序,即目标系统的应用软件。如果把和仿真器接插件相连接的目标系统设置于实时工程环境下,就成为实时的在线仿真,仿真器上的硬件和软件也就成为实时工程环境下目标系统的硬件和软件(亦就是开发研制的应用系统的硬件和软件),在这种情况下,仿真器上的CPU当然同样也可以接收来自目标系统的I/O和中断请求、响应等信息。这就是开发仿真的基本理念。

在线仿真器的仿真功能主要表现在以下两个方面。

1) CPU仿真

CPU仿真是指单片机的开发系统(仿真器),把它自身的CPU资源出借给目标系统。当然,目标系统也有自己的CPU,但在进行仿真调试过程中,目标系统不用自己的CPU,而是将仿真器的CPU通过连接插头、座,插入目标系统的CPU(主机)插座上,即目标系统的CPU(主机)芯片已从插座上被拔除,被仿真器的CPU(主机)所取代,这样,整个目标系统便受仿真器的CUP(主机)所控制。经仿真调试正确,通过后,再拔去仿真插头,将目标系统的CPU(主机)芯片插入该插座,恢复目标系统自己CPU(主机)的控制。由于两个系统的CPU(主机)同属一个机型(一切均相同),显然运行效果也是完全一样的。

开发系统(仿真器)的仿真调试软件(监控程序)在仿真调试过程中操纵和管理着仿真器的各种调试、运行程序的手段,从而可以方便地进行程序的调试,例如单步执行、断点运行、窗口信息跟踪显示等。

2) 存储器仿真

存储器仿真是指目标系统的主机(CPU)所执行的是存储在仿真器内部存储器中的目标程序和相关参数。也就是说,将仿真器中的存储器出借给了目标系统,而在仿真器的存储器中存储着目标系统程序和相关参数。这样,就可用目标系统的主机(CPU),以及整个目标系统硬件设施,通过存储在仿真器中的目标系统软件对程序进行运行、调试与修改。

一般开发系统(仿真器)大多采用主机(CPU)仿真。在调试过程中,目标系统软件(应用程序)存放在仿真器中专供调试用的数据存储器RAM中,以便在调试过程中随时进行修改和补充。一般的开发系统(仿真器)既可运行和调试存储在开发系统(仿真器)中的目标应用程序,也可运行存储在目标系统存储器中的目标应用程序。两者可以根据需要进行选择和调试。

由于存储在开发系统(仿真器)RAM中进行调试的目标应用程序,一旦停电,原存信息将被丢失。因此,在重新开始进行调试前,必须将需调试的目标应用程序重新通过汇编,将汇编完成后的目标程序代码灌入开发系统(仿真器)中指定的调试程序存储区(RAM)中,然后再重新进行调试运行。

除上述软、硬相结合的开发仿真器外,近来还推出一种纯软件的模拟开发系统。这是一种完全依靠软件手段以模拟方式进行调试的开发系统。它与应用系统的硬件设置无任何联系。这类开发软件,通常在 PC 类系统机上进行模拟运行。

纯软件模拟开发系统的工作原理是:利用模拟开发软件在 PC 类系统计算机上实现对单片机的硬件结构模拟、指令集的模拟、运行状态模拟等等,从而完成应用软件开发的全过程。单片机的相应输入端口由通用键盘相应的键所设定,输出端的状态则出现在 CRT 显示器所指定的窗口区域。在模拟开发软件的支持下,通过指令模拟,亦可方便地进行编程、单步执行、断点设置、修改等软件调试工作。在调试过程中,运行状态、各寄存器中信息、各端口状态等都可以在 CRT 指定的显示屏相关窗口区域中显示出来,以确定程序运行是否正常,有无错误。

模拟调试软件不需任何在线开发系统或仿真器,也不需要用户开发的应用系统(或样机),就可以在 PC 类系统计算机上开发、调试应用软件程序。将调试完成的应用软件程序汇编成目标代码进行固化,直接装载在应用系统(或样机)上进行试运行,以完成一次初步的调试工作。经这样的几次反复模拟调试及试运行后,从而确定应用软件的正确性。

好的模拟调试软件功能较强,基本上可包含在线仿真器的单步执行、断点设置、跟踪、检查、修改等多种功能,并能模拟产生各种中断和 I/O 口等应答过程。但其最大缺点是不能对应用系统硬件设施进行调试与诊断以及实时在线仿真。因此,这种模拟调试是不全面完整的,不彻底的,仅能对应用软件程序进行初步的调试与评估,对于应用系统的早期调试,特别是对应用软件程序的初步诊断和评估有较好的作用。

9.1.3 应用系统(样机)硬件部分的检验与调试

应用系统(样机)硬件部分的加工、组装大都是在设计好的印制板上进行。做好各种准备之后,即可开始对应用系统硬件部分进行加工、组装。并做好各项检测和调试。

1) 静态测试

对应用系统进行硬件部分的加工、组装与调试,首先应进行各项静态测试,排除各种明显的硬件故障。

对外加工的印制电路板进行认真、仔细的检测,防止出现断线或短接,特别是排列密集的金属孔,以及从金属孔之间通过的连接金属走线,检查是否会引起短接,设计上有无遗漏或错误,甚或布局或排列不尽合理的地方等等。以防一旦焊接、加工好以后,在动态检测中发现这类问题,这样会给修改带来较大麻烦。

焊接、加工完的应用系统(样机)印制电路板,在插入功能器、部件(芯片)和上电之前,均需对功能插座逐个仔细检测一遍,特别是电源部分,要检查各重要元器件的型号、规格和安装是否正确、符合要求,特别是整个电源系统的检测,以防止电源短路或极性差错,还需重点检查三芯线系统以及有关的选通、控制线是否正确无误。仔细检查焊接工艺水平与质量,防止虚焊。

在完成上述检测的基础上进行上电检查,一般可分以下几个步骤。

第一步:电源上电检查。先不插上主要元件(芯片),通上电源。目前单片机应用系统均为单一＋5 V 电源,检查所有电源相关点的电压是否正常,极性是否相符,电压是否稳定,接地点是否正常。

第二步:各功能元件(芯片)逐个插上常电检查。在上述电源检查正常情况下,可借助 CPU 仿真型仿真器进行观察检查。将仿真器的仿真插头插入目标系统电路板(样机)的主机插座上，上电后开发仿真器运行正常，则表示主机（单片机）部分正常、无问题，反之必然存在问题，必须检查并排除之。按此法，逐个插入功能元件芯片，全部通过则表示硬件系统电源供电正常，无明显硬件故障出现。

第三步：检查功能元件（芯片）的逻辑功能。通常采用静态电平测试法，即在其输入端加载一个相应的电平信号，检测其对应的输出电平信号是否正确。由于单片机应用系统大都为数字逻辑电路，使用电平测试法可以首先检查出逻辑关系是否正确，从而检验硬件逻辑设计是否正确，选用的逻辑元器件是否符合要求，逻辑关系是否匹配，正确，各元器件之间连接关系是否符合设计要求等。

2）联机仿真，在线动态调试

在上述静态检测、调试中，对目标系统（样机）硬件只能排除一些面上的、明显的静态故障或存在的问题，而一些内部的、功能性的问题，必须通过联机，结合应用软件程序、动态地仿真调试，才能验证其正确性。

通过静态检测、调试后的目标系统（样机），在开发系统（仿真器）的配合下，就可进入联机仿真调试。

上述应用系统硬件部分的静态检测，只能是目标系统（样机）进入联机动态调试前的准备工作，在综合联机动态调试中，硬件部分和应用软件程序必须紧密配合，软件程序的运行必须以硬件环境为支撑，而硬件功能必须在软件程序的运行、操作下才能实现。因而许多硬件存在的功能性错误或故障，往往需在联机调试过程中被发现并暴露出来加以修改和纠正。

在正式进入综合联调之前，还可通过编写部分简短的实验调试程序，针对相应的功能硬件，进行局部的检验，看硬件部分是否正常、正确。例如：

（1）检测各地址译码输出

通常，MCS-51 系列单片机应用系统进行外部功能扩展时，大都采用 74LS138 进行 3-8 译码，其译码输出为 $\overline{Y_0} \sim \overline{Y_7}$，低电平有效。因此，当选通某一路功能器件（芯片）的片选信号时可以用测电笔或示波器等测试仪器检测译码输出是否正确，相关片选信号是否到位等。

例 1 设 MCS-51 系列单片机嵌入式应用系统，外部扩展 RAM6264（8 K×8）一片，其片选信号端口 $\overline{CE1}$ 与 74LS138 译码器的译码输出 $\overline{Y_1}$ 相连接，因此其寻址范围为 2 000 H～3FFFH，只要 16 位地址总线的最高 3 位（P2·7、P2·6、P2·5）为 001，6264RAM 芯片即被选通，$\overline{Y_1}$ 输出为低电平有效。因此可编写一段访问外部 RAM6264 的测试程序段如下：

```
        MOV   DPTR ♯2000H        ;访问 6264 地址送 DPTR
        MOV   A，♯0AAH            ;写入 6264 数据 0AAH 送 A
LOOP：  MOVX  @DPTR，A            ;将 0AAH 写入外部 RAM
        INC   DPTR               ;指向下一单元
        SJMP  LOOP               ;转向 LOOP
```

上述检测程序段可采用单片执行调试手段，查看译码输出以及访问地址是否正确。如果采用连续执行方法，则可在译码输出端口 $\overline{Y_1}$ 和片选 $\overline{CE1}$ 输入端口上观测一连串等间隔的负脉冲。对其他外部功能扩展元件（芯片）地址译码与寻址采用相同或相似方法进行检测。

（2）检测外部 RAM 存储器

仍以外部扩展的 6264 为例，编制读/写检测程序段如下：

```
          MOV     DPTR，♯2000H          ;外部 RAM6264 首地址选 DPTR
          MOV     A，♯0AAH             ;写入 RAM 数据送 A
LOOP：    MOVX    @DPTR，A             ;写操作
          MOV     R0，A                ;写入数据保存在 R₀ 中
          MOVX    A，@DPTR             ;读操作
          CLR     C                    ;清 0C
          SUBB    A，R0                ;写入数减读出数
          JNZ     LOOP1                ;相减结果不为 0，则出错，转 LOOP1
          INC     DPTR                 ;读/写正确，指向下一单元
          MOV     A，R0                原写入内容送 A
          AJMP    LOOP                 ;继续下一单元的读/写测试
LOOP1：   SJMP    LOOP1                ;出错暂停
```

如出现错误，应查出出错原因。如果每个单元都出错，则可能地址、读/写控制信号等有错；时对时错，可能读/写等某控制信号不稳定或 RAM 本身质量有问题等，可换一块 RAM 芯片再试。采用排除法，最后找出出错原因。

（3）其他可编程功能元件（芯片）的检测

对于其他可编程功能（或多功能）元件（芯片）的检测，可分成以下几个小步骤进行：检查译码输出、片选信号是否正确、稳定；按可编程功能元件进行初始化检查；在初始化的基础上进行具体功能检测等。

例 2 MCS-51 系列单片机应用系统，外部扩展一片多功能 I/O 器件 8155H 芯片，其片选信号端口 $\overline{CE}$ 与主机的 3-8 译码器输出端口 $\overline{Y_5}$ 相连接，因此，地址总线的最高 3 位（P2·7、P2·6、P2·5）的选中信号为 101，这就决定了 8155H 的寻址空间为 A000H～BFFFH。多功能的 8155H 内设 256 个字节单元的 RAM，共 22 位（PA、PB、PC）I/O 口和一个 14 位字长的定时/计数器，通过编写的命令字进行定义各操作功能。

设：8155H 的功能选择端口 $IO/\overline{M}$ 与主机地址总线 P2.0 位相连接。

定义：PA 口为通用基本输入方式，PB 口为通用基本输出方式，PC 口为通用基本输入方式，14 位定时/计数器的计数初值为 1000H，单个脉冲输出。求得定义命令字为 C2H，定时/计数器命令字为 9000H。

8155H 的初始化程序段为：

```
INIT0：MOV   DPTR，♯0A000H      ;8155H 命令字地址送 DPTR
       MOV   A，♯0C2H          ;8155H 命令字送 A
       MOVX  @DPTR，A          ;写入 8155H 命令字
       MOV   DPTR，♯0A004H     ;定时/计数器低 8 位地址
       MOV   A，♯00H           ;定时/计数器低 8 位计数常数送 A
       MOVX  @DPTR，A          ;写入低 8 位计数常数
       INC   DPTR              ;指向高 8 位定时/计数器
       MOV   A，♯90H           ;高 8 位常数送 A
       MOVX  @DPTR，A          ;写入高 8 位常数
```

检查 8155H 256 个字节单元 RAM 读/写程序段。

```
       MOV   A，♯55H           ;写入 8155H RAM 数据
```

```
          MOV   R0，#00H        ;访问 RAM 地址送 R₀
          MOV   P2，#0AEH       ;访问 8155H 高 8 位地址送 P2 口
LOOP0：MOVX  @R0，A          ;将数据写入 RAM
          MOV   R1，A           ;将写入的数据保存于 R₁ 中
          MOVX  A，@R0          ;将写入的数据读出
          CLR   C               ;清 0 C
          SUBB  A，R1           ;读出数减写入数
          JNZ   LOOP1           ;两数不等则出错,转 LOOP1 暂停
          INC   R0              ;指向下一个单元
          MOV   A，R1           ;保存的写入数送 A
          AJPM  LOOP0           ;转 LOOP0,继续下一单元读/写
LOOP1：SJMP  LOOP1           ;出错暂停
```

本例没有用数据指针 DPTR,而是改用 R0,因此需先将高 8 位地址送 P2 口,然后以低 8 位地址访问 8155H 中的 RAM。

检测 8155H 的 I/O 口,上述命令字已定义 PB 口为通用基本输出方式,为简单举例,现以 PB 口的通用基本输出进行检测。这时的 IO/$\overline{M}$ 选择端口应加载为 1(高电平),因此,访问 8155H I/O 口的高 8 位地址(P2 口)应为 AFH(或 A1H),低 8 位的地址(P0 口)为 02H(或 FAH),设输出数据为 AAH,则可编写 PB 口通用基本型输出方式检测程序段为:

```
          MOV    DPTR，#0A102H     ;访问 8155H I/O 口地址送 DPTR
          MOV    A，#0AAH          ;输出数据送 A
          MOVX   @DPTR，A          ;将数据送入 8155H PB 寄存器
LOOP：SJMP   LOOP             ;暂停
```

"LOOP：SJMP LOOP"是暂停指令。这时可检查 8155H PB 口引脚上的输出电平是否为 AAH。

输入方式的检测这些就不一一举例了。

其他功能部分,包括功能元件(芯片),均可通过编写局部检测程序逐个进行检测、调试,在进入应用系统软、硬综合调试之前对硬件系统进行全面检测、调试,以确认应用系统硬件部分:电路设计,功能元件,设备等的基本正确,为应用软件的调试、综合调试提供正确的基础。

9.1.4 应用系统(样机)应用软件程序的调试

在上述应用系统(样机)硬件部分检测、调试通过的基础上,即可开始着手进行应用软件程序的开发、调试工作。因为应用软件程序的全程开发与调试必须在硬件系统正确的环境与支撑下进行。

1) 应用软件程序的编辑与汇编

根据前述已开发,设计好的应用软件程序,在付诸调试前应认真、仔细地对照着总体设计方案与要求和程序流程图进行逐一而且严格的审查,对重要功能模块的流程、编程及其具体算法再次严格审查一遍,因为在集中精力编写源程序的过程中出错或疏漏在所难免。

编写好的应用软件源程序必须按规定的格式输入 PC 类通用系统计算机并进行编辑。

所谓编辑,即通过编辑软件,可以对输入的源程序进行修改、调正、补充和增删等操作。所以PC类通用系统计算机上配置有相应的编辑软件,必须在编辑环境和支持下才能对源程序进行输入和编辑操作。

将输入、编辑完成的汇编语言源程序在支持汇编程序的环境下进行汇编。在汇编过程中,边汇编边自动进行汇编语言语法检查,并作记录,汇编结束后会列出语言错误明细表,根据列出的错误清单逐条进行修改、纠正,然后再次汇编,通常会反复进行多次才能获得通过,这时经汇编自动生成的目标程序代码,就可灌入开发系统(仿真器)存储器,供调试用。在调试过程中发现或暴露出来的、属于软件方面的错误,仍需回到编辑环境下对源程序进行修改,经汇编后,再次灌入开发系统(仿真器)进行仿真调试,直到全部调试通过为止。

调试过程中的源程序应及时复制到硬盘中保存,以便随时提供调试用。

2) 应用系统综合调试

将汇编通过的应用系统软件目标程序代码灌入开发仿真系统中后,就可进行应用系统的综合调试。所谓综合,即对整个应用系统的全部进行周密、严格的仿真调试,尽一切努力排除应用系统中存在的隐患和故障,全面检测应用系统的功能及其相关技术要求。这是综合调试的最终目的和要求。由于嵌入式单片机应用系统的硬件结构和应用软件,两者是密不可分的,都属综合调试范围,出现问题均应从两方面分析、找原因。

嵌入式单片机应用系统的调试必须借助相应的开发系统(仿真器),所有的单片机开发仿真系统都会提供以下常用的调试手段。

(1) 单步执行方式

单步执行是每按一次单步执行键完成一条程序指令的操作,并将执行的结果以及相关的信息(如累加器A、B寄存器、工作寄存器、RAM中存储单元等)均显示在各自相应的窗口中,供查阅和分析。从而可以分析、判断该指令被执行后的情况。采用这种单步执行手段,可以按程序的流向、顺序逐条边执行、边检查,观测每条指令执行后的情况、状态与结果,确定指令执行的结果正确与否。单片执行方式常用于估计可能出现不符合要求或错误的一段程序,以便检查出具体出错的指令、位置及其出错的原因。

单步执行中的宏单步方式,可以将调用指令(CALL类指令)以连续、快速运行方式一步执行完被调用子程序,可以一步执行完整个循环程序等。以节省单步执行的时间和麻烦。

(2) 断点运行方式

所谓断点,即主机以全速或非全速运行到程序设定的断点处,立即停止程序的运行。一般断点常设置在估计有可能出现问题的程序段的起始处。当断点设置好后,程序按正常运行方式执行到断点处,立即停止程序的运行,并停留在断点处,然后改用单步或宏单步执行方式,逐条或逐段指令进行检查、分析,以便查找出错误所在的指令及其原因,进而纠正、排除之。

一次可设置多个断点(一般可一次设置5个断点),可按顺序一个断点、一个断点地执行。断点运行可选择全速或非全速运行方式,全速运行是按应用系统所设定的主频运行,可以正确反映实时性。在调试过程中,有可能会出现非全速运行时,系统运行正常,而全速运行时却出现运行不正常的现象,这就不是一般的程序或指令的问题,需深入分析才能找出其原因。

在断点运行时有可能因断点选择不合适或程序有错、硬件出现故障等原因而出现程序运行不能到达设定的断点处,这时只能退出断点运行状态,不断将断点前移,找出问题程序段,分析问题所在和原因,并纠正排除之。

单步、宏单步、断点设置三种调试方式的有效配合,是调试应用程序中最基本、也是最有效的手段。

(3) 连续执行方式

在程序调试的过程中常常需要连续运行某一段程序,然后转入其他运行操作方式进行程序的调试。为此可以是:

- 先输入需要连续执行的程序段起始地址,然后启动连续执行方式;
- 从现行程序地址(即 PC 的当前值),启动连续出现方式。

在连续执行过程中,遇到所设置的断点,则会在断点处自动停止运行,并在显示屏上显示出断点地址、操作码等相关信息,等待下一个新的命令输入。此外,可通过启/停键随时控制连续运行的启/停,为应用程序的运行与调试提供方便。

(4) 运行路径跟踪、记录方式

中、高档单片机开发系统(仿真器)一般都设有运行路径跟踪和记录功能,但不同的开发系统(仿真器),其跟踪、记录的方式、功能也不完全相同。较高档的开发系统(仿真器)设置有较大存储容量(为 32 KB)的路径跟踪记录缓冲器,将有关跟踪执行的信息(如路径地址、数据以及相关状态等),记录在缓冲器中,从而可以查看程序运行过程中的路径信息,提供给调试时查询,分析程序运行、执行情况。一般用于捕捉深层次的、潜在的、或者意外发现的问题,为查找、分析、排除隐患提供信息依据。

其他调试手段与方式,如程序段、数据块的移动、比较、插入以及反汇编等功能,不同类型的开发系统(仿真器)所配置的其他调试功能不尽相同,这里就不一一详述了,请详读有关使用说明书。

有关应用系统的调试方案与步骤,如调试的检测、分调、联调、考机、试运行等,已于前述,这里就不再赘述了。

通过前面的论述,可以很清楚地认识到,一个新开发的应用系统,必须经过最后严格的调试,并获得通过。调试的最终目的,就是要通过调试,找出并排除一切可能存在的隐患、错误和故障,保证应用系统稳定、可靠、符合设计地正常工作,也是对前期工作的全面检验和把关。只有通过了最后这一关,所开发、设计的应用系统才算获得成功,所设计的应用软件才具有实际意义!这也正是调试工作的重要含义。

最后调试工作是否顺利,能否获得满意的通过,与前期工作是否每走一步,每个开发、研制阶段都很严谨、层层把关、严格要求有着密切关系,也是对前期工作进行总的验证。

9.2 典型单片机开发仿真系统(仿真器)简介

单片机价格十分低廉,功能极强,体积小,使用十分方便,可以用以组成十分灵巧的各种应用系统,从一开始就备受青睐,其应用领域越来越广,几乎已渗透到各个方面,特别是应用类、实时测控等领域,更是无所不包。但对一个首次开发的应用系统,经过周密的设计,并制作了应用系统的硬件电路和应用程序后,如何将经汇编后的源程序目标代码写(固化)到单片机应用系统的程序存储器中去?写(固化)得对不对?怎样运行应用程序?如何发现错误、错在哪里、原因是什么?如何进行修改……所有这些,单片机本身无能为力,因为单片机自身无开发、调试能力。必须借助其他仪器、设备来解决。将此类专用的工具称为单片机开发系统。

二十多年来,国内单片机的应用越来越广泛,单片机的系列、型号、机种也越来越多,而且单片机的开发、应用必须配备相应的开发仿真系统,这就有力地推动了单片机开发仿真系统(器)的快速发展。

1)原配型开发系统

一般单片机系列生产厂商均配备有原装型单片机开发系统,其开发功能强,调试手段与方式齐全,调试、查错便捷。但其售价昂贵(几千美元一台),显然不适宜于中国的国情,所以在国内基本无市场。

2)单板机型开发仿真器

原装单片机开发系统售价太贵,国内用户无法承受,而单片机的巨大优越性能,吸引着国内的广大用户,所以国内从一开始就自行开发设计,研制出简易型开发仿真器(称不上开发系统水平),从而为国内单片机的开发应用创造了条件,提供了方便。

在典型的单片机开发系统中,一个主要的部分是在线仿真器,而单片机在线仿真器本身就是一台单片机系统,它具有与所要开发的单片机应用系统相同的单片机型号。把单片机开发仿真器系统硬件组装在一块印制电路板上,并配有功能按键和 8 段显示器,再配备开发应用监控程序,就构成了一台可单独进行开发、调试、运行的单片机开发仿真器。只要把源程序的目标代码灌入(输入)开发仿真器的存储器中,在监控程序的管理下就可进行单片机的开发仿真操作。由于整个硬件系统组装在一块印制板上,形同 Z-80 时代的单板计算机,故称之为单板机型单片机开发仿真器。

当一个单片机应用系统全部设计、组装完成后,将应用系统(样机)电路板上的单片机芯片拔下,插上在线仿真器提供的仿真插头,使得单片机应用系统与在线仿真器共用一个单片机,当操作者在单片机开发仿真器上通过仿真插头调试单片机应用系统时,就像使用应用系统自己的单片机一样,并不感觉到这种"替代",但它又具有各种开发、调试的操作方式与手段。这就是在线仿真的含义。

所谓仿真,就是用在线仿真器具有"透明性"和"可控性"的单片机来取代应用系统中的单片机,通过开发仿真器控制这个"透明的"、"可控制的"单片机的运行,并能方便地观察其运行的结果和存在的问题。

在线仿真器除了"出借"自己的单片机资源外,还可"出借"存储器。在应用系统调试阶段,其印制板上的程序存储器芯片也可以拔掉,在线仿真器把自己的一部分存储器"变换"成应用系统的存储器,用于存放待调试的应用程序。使用在线仿真器中这部分存储器就仿佛在使用应用系统中的程序存储器一样。

所谓在线就是仿真器中单片机运行和控制的硬件环境与应用系统单片机的实际环境完全一样。在线仿真的作用,就是使单片机应用系统在实际的运行环境中,在实际的外围设备环境下,用开发仿真器进行仿真与调试。因此,经调试通过的稳定、可靠的应用程序,完全符合实用要求。为了使调试方便,调试中的程序存储器用在线仿真器中的 RAN 代替,调试通过、结束后,再将仿真器 RAM 中的程序(目标程序)固化到 EPROM(程序存储器)中。

这类单片机开发仿真器除了能独立地完成在线仿真、开发调试、EPROM 写入(固化)外,其另一个特点是一般都留有通信接口,以便能与通用型(PC 类)计算机相连,在通用型计算机的支持下,对应用系统进行开发,从而极大地提高它们的开发能力。

这类单片机开发仿真器成本低、售价便宜,又能胜任一般单片机开发应用的需要,因而极大地推进了单片机在国内的推广应用。

这类单板机型(又称独立型)开发仿真器,目前机型、种类繁多,功能也有了极大地改进与提高,用户可合理选用。

3) 组合型开发仿真系统

所谓组合型单片机开发仿真系统是指装有仿真控制板和仿真接插件,以及其他配件的主机,通过通信接口(打印机接口)与 PC 类通用计算机相连,组成单片机开发仿真系统。

开发仿真系统的主机,主要承担仿真控制和整个仿真处理的任务,安装有仿真内存,为连接其他配件接口,装有连接器:

- 提供与通用计算机(PC 类)通信用的 25 针打印口插头、座;
- 一组 AC 转 DC 电源适配器;
- 用于主机与应用系统相连接的仿真电缆和仿真头,仿真头上装有连接应用目标系统的接头。

其他全部借用通用(PC 类)计算机系统软、硬件资源,如系统机的操作系统(DOS、Windows)、标准键盘、显示屏、通信接口等。由于通用(PC 类)计算机系统的资源极其丰富,这就大大增强了这类开发仿真系统的开发、调试功能与手段。

这类开发仿真系统中,最具代表性的是中晶公司(中国台湾)生产的 EasyPack®/E 8052F 仿真器开发系统。目前已有多种同类型、开发仿真功能相近的开发仿真系统,可供用户具体选择。详细内容请查阅相关应用手册。

4) 通用型开发仿真系统

通用,意即一台开发仿真系统可以开发仿真多种型号的单片机系列,以及多种机型。开发仿真不同机型的单片机应用系统只需更换开发仿真系统上的同一机型的单片机及其仿真插头即可。其他所有资源通用(公用)。

较早推出这类单片机开发仿真系统的是南京伟福实业有限公司。近期推出的伟福 E6000 系列仿真器,具有以下特点:

- 配置不同的仿真头,可以仿真多种机型的单片机;
- 直接位于用户目标板上方,降低噪声,提高稳定性和仿真频率;
- 40 通道,每通道 32 K 深度,20 M 采样频率,可以向用户目标板上注入多达 8 路可编程的复杂波形,为设计人员提供多种数字信号源;
- 32 K 深度,最高跟踪速度为 50 ns,配合事件触发器,可以进行条件跟踪,以捕捉指定条件下程序执行的轨迹,了解程序动态执行过程,以机器码、反汇编、源程序显示;
- 在运行复杂结构的程序时,可以实时地了解程序的执行情况,也可以动态地观察到指定条件下,某段代码是否被执行了;
- 在用户程序运行时可以观察外部存储器内容的变化,操作者无需停止程序运行,也能直观、实时监视外部数据的变化;
- 可以静态地设置数据总线、地址总线、ALE、PSEN、RD、WR 等总线控制信号,从指令的最底层执行,去控制、分析电路的工作状态,可以准确方便地检测到电路中的深层次、隐蔽错误或故障;
- 可以设置地址条件、数据条件、控制条件、外部信号条件,以及它们的任意组合,事件触发可以控制仿真运行,同时也可以控制逻辑分析仪、跟踪器的启/停;
- 可以测量到电路上的电平状态、脉冲频率,可以测量 5 V 以下的直流电压,是一种方便实用的分析工具(可以逻辑笔为选件)。

开发仿真软件的特点是:

- 伟福/KEIL 双平台;
- 真正的集成调试环境,集成了编辑器、编译器和调试器;
- 具有多种软、硬件调试手段,包括逻辑分析仪、跟踪器、逻辑笔、波形发生器、影子存储器、计时器、程序时效分析、数据时效分析、硬件调试仪、事件触发器;
- 所有类型的单片机集成在一种调试环境下,支持汇编、C、PL/M 源程序的混合调试,在线直接修改、编译、调试源程序,错误指令定位;
- 支持软件模拟、项目管理、点屏功能,直接点击屏幕就可以观察变量的值,方便快捷;
- 众多、方便的观察窗口,支持所有的数据类型,树形结构展示,一目了然。

长沙菊阳微电子公司推出的 JY 仿真器,有通用和专用两种类型的开发仿真器。

通用型开发仿真器可以全面支持具有类似的 EA、ALE、PSEN 等引脚的 400 多种单片机,不需要更换仿真头;真实仿真所有标准资源、增强资源,零资源占用;用户单片机直接用做仿真芯片;能以 33 MHz 的频率稳定仿真外部数据存储器。

通用型和专用型开发仿真系统各有千秋,很难加以评说,用户应视具体情况加以选择。

5) 其他类型的开发仿真系统

随着单片机应用领域的日益广泛和单片机技术的飞速发展,市场上推出的单片机系列及各种机型越来越多。为满足广大用户的需要,市场上同样推出了各种类型、不同性能价格比的单片机开发仿真系统(开发器)。有价廉的简易型、价格适中功能较强的中档型、价格较贵功能强的高档型等。除上述几种典型的开发仿真系统(开发器)外,还有诸如纯软件的开发仿真系统软件、评价系统等,不胜枚举。这里就不一一详述了。

作为单片机的开发应用,除了必备单片机开发仿真系统(开发器)外,还需配备编程器,用于读/写(固化)程序。目前市场上编程器也是类型繁多,有简易型、普通型、万能型等,性能价格比差异很大。有些开发仿真系统(开发器)本身就带有编程器,这就不需另外配置了。

进行单片机的开发应用,单片机本身品种多、功能强、价格低廉。但在起步阶段,必须配备单片机开发应用环境,即购置单片机的开发仿真系统(开发器)、编程器等。这就需要一笔启动资金。这是单片机开发、应用美中不足之处。

9.3 嵌入式单片机应用简介

随着单片机技术的飞速发展,其功能越来越强,性能不断提高,其应用领域几乎包揽了实时测控系统的全部,是实现自动化、智能以及通信的必需。现简述应用领域的概况。

1) 单片机在仪器、仪表中的应用

由于单片机具有体积小、功耗低、价格低廉、测控功能强等独特优点,特别适合在各类仪器、仪表中应用。

(1) 单片机在智能仪器、仪表中的应用

智能仪器、仪表,又称微机化仪器、仪表。这是单片机较早就进入的应用领域,并逐步实现了这一领域的自动化、智能化发展。在这类智能化仪器、仪表中,其测控、处理的核心部分基本上已全由单片机所取代。据有关资料介绍,由于单片机的注入,可使各类仪器、仪表的生产劳动量减少 80%～90%,成本下降 50%～80%,可靠性提高 4～9 倍,外形尺寸和功耗降低 90%左右,而且产品的功能、质量、技术水平等都有了质的飞跃,并为产品提供了十分有效的安全、保密措施。近年来,很多仪器、仪表,与网络技术相结合,大大方便了相关单位、部门的查询,为重大决策提供了方便。

仪器、仪表所包含的内容十分广泛,是单片机应用领域的一大主流。

(2) 单片机在医疗仪器中的应用

随着医学技术的发展,特别是单片机进入医疗仪器领域,有力地促进了医疗仪器的快速发展,大大提高了医疗仪器的自动化、智能化水平。采集和保存各类数据,分析、处理大量复杂的数据信息,越来越成为医疗工作者诊治病人的有力依据,大大提高了医疗水平和质量,有力地推动着医疗卫生事业的发展。

随着 SOC(System On Chip,片上系统)的发展与成熟,不久的将来,可将医用 SOC 芯片植入人体内,随时监测人体有关健康参数,使人们及时了解身体健康状况并得到及时的诊治。

(3) 单片机在航空仪表中的应用

现代的航空飞机全部是自动导航,一架先进的民航客机,其整个导航系统,全部由单片机自动监控的各类航空仪表连成一个整体,由一台高档计算机(或单片机)统一管理和进行数据、事务处理。所以,一架现代的航空飞机里面就用了几十块单片机。

可以这样说,所有自动化仪器、仪表,几乎都采用了单片机实现自动化、智能化。

2) 单片机在家用电器中的应用

随着电器技术的发展,各种家用电器如雨后春笋般推陈出新,大大丰富了市场的需求。从彩电、空调、冰箱到电饭煲等,无不是单片机所独霸的领域。

现代新兴的智能住宅楼,已把每家每户的所有家用电器等连成网络,实现远距离操纵。例如上班族在下班前可以通过通信工具,启动家里的电饭煲开始煮饭、微波炉开始热菜、电热水器加温洗澡水……回到家就可立即用餐、洗澡……目前已有不少新型住宅楼实现了智能化,估计 5 年内将普遍实施。

随着科学技术的发展,将模糊控制等技术与单片机相结合,大大提高了自动化、智能化水平,达到控制更合理、更节能,是今后发展的一个方向。单片机与网络技术相结合,实现远距离控制和管理已是发展的必然趋势。

3) 单片机在工业测控领域中的应用

单片机最初设计的应用目标是,面向实时测控系统,因此其系统结构具有 I/O 端口多、丰富的位操作及其指令、很强的逻辑操作能力,特别适用于各类实时测控系统的应用。其整体结构既能作为单机控制,也可用于多机测控系统中的前端处理机,或者多机测控系统;既可单片组成较简单的应用系统,又可经外部功能扩展组成较为复杂或相当复杂的应用。应用系统的组成结构可以非常灵活、方便。这是单片机原设计的初衷,是单片机应用的主要领域。

单片机在工业实时测控领域中的应用,按其典型的应用场合可分为以下几个方面。

• 过程控制,如电镀工艺加工过程的控制,生产、加工过程控制等。

• 数据采集和处理。在工业应用中需要进行大量的数据采集和处理,如锅炉运行数据采集控制系统、电厂运行数据采集控制系统等,以实现实时、自动化、智能化测量与控制。

• 由单片机组成各类功能模块板、单板、STD、微控制器等,并由其组成多层次或分布式的集散系统控制网络,从而构成上、下级机型、多机系统型或各种专用机型。例如,在高级轿车中采用几十台单片机组成集散控制与管理系统。

- 各种非标准设备、各类生产线、流水线的监视与控制。
- 旧设备、传统工艺技术改造。这里所指的技术改造包括原设备,大量的传统工业设备等。

例如,将原手工操作机床改造成数控机床,原生产线改造成全自动生产线等。再如,过去国内采用 Z-80 单板机或其他通用型微机组成的控制系统,至今已基本上改用单片机控制,从而大大提高了实时性、可靠性,缩小了体积,降低了成本,增强了功能等。

近年来,不仅在工业上,而且在农业、文化体育、教育、商业、生活等各个领域都广泛采用单片机,大大推动了全社会的电气化、自动化、智能化的发展。

4) 单片机在通信技术中的应用

近几年来,通信技术,无论是有线还是无线,其发展均异常迅猛,其中不乏单片机的广泛应用。诸如微波通信(卫星通信、微波接力、散射通信等)、短波通信、载波通信、光纤通信、程控交换、BP 机与手机、广播、电视设备等领域,单片机均发挥着极其重要的作用,而且大有进一步发展的趋势。

5) 单片机在军事装备中的应用

单片机较早就进入了军事装备领域。近代的战争,已经是数字化、电子技术的战争,快速的、闪电式的电子数字信息战争。这其中计算机,特别是单片机发挥着举足轻重的主导作用。就整个系统而言,除了巨型机、系统机外,大量的单片机发挥着巨大的基本作用。

6) 单片机在计算机辅助设备中的应用

早期的计算机外围、辅助设备,都由主机进行管理和控制,严重地影响了主机的处理速度和工作效率,大大增加了主机的开销。现在的外围、辅助设备均单独配置单片机进行独立的自动控制和智能化管理。诸如智能打印机,智能软、硬盘驱动器,智能键盘,CRT 监视器等,从而实现了主机与各种外部设备等并行工作,大大提高了主机的工作能力、效率和速度。

以上简述了大的应用领域,而实际上单片机的应用已覆盖了各个方面。所以,单片机及其应用技术的应用领域十分广阔,学好它会大有用武之地。

9.4 MCS-51 系列单片机开发、应用举例

9.4.1 人工气候箱的研制

人工气候箱是由东南大学计算机系与南京农业大学合作,结合国家科研任务研究的课题。

人工气候箱是把无法控制的大自然环境搬进实验室,实现人为地通过计算机实施模拟自然环境中与生物生长、发育有关的温度、湿度和光照三大主要因素,创造局部人工气候,以寻求各种农作物的最佳生长条件,探索其生长、发育的规律,培养新品种,获取优质、稳产、高产的新技术。在计算机辅助农业生产技术中,人工气候箱是农业科学研究的有效工具。

1) 总体方案论证

(1) 总体功能要求与技术指标

① 温度。模拟自然环境中一天 24 小时温度变化规律,如图 9.3 模拟曲线所示。

图中,T_{max} 为一天中最高温度,对应的时间为 t_2。经测试,一般 t_2 固定在下午 14 点钟,

T_{min} 为一天中最低温度,对应的时间为 t_1,是一天的凌晨,具体时间一年四季不同。$T_{min} \sim T_{max}$ 可设置在 $0 \sim 50℃$ 之间。误差为 $\pm 0.5℃$。

图中曲线是经修正的,实际变化曲线要复杂得多。

② 湿度。给出测定值,误差:10%。

③ 光照。采用模拟光,可按要求(春、夏、秋、冬)设定光照时间。照度按模拟自然规律变化。

④ 温度越限时报警并切断电源。

⑤ 显示要求:时间,标准温度、湿度,实测温度、湿度,实验天数。

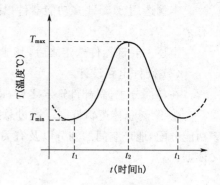

图 9.3 一天中温度变化规律

⑥ 定时或随机打印,打印内容同显示。

(2) 根据总体功能要求,拟定相应的实现措施

① 因整个过程均与时间有关,系统需设置实时时钟,并作为测、控过程的时间依据。

② 在测得环境温度与标准温度相比,差值越过 $\pm 0.3℃$ 时,执行加热/制冷,实现反馈控制。

③ 采用 $1 \sim 3$ 组,每组设有若干灯源进行组合,按设定时间开/关各组光源,模拟自然光由弱→强→弱→暗→弱→……周而复始。

④ 环境湿度超过一定值,进行加/去湿措施。

⑤ 越限报警:当温度超越 $\pm 2℃$ 时,声、光报警;当湿度超越 $\pm 5℃$ 时声、光报警,并切断电源(气候箱动力电源)。

⑥ 传感器失灵报警。当若干次连续采样值(温度)不变时报警,报警延续若干时间则切断动力电源。一旦切断电源后,应排除故障,重新启动、自动闭合电源。

⑦ 4×4 按键:$0 \sim 9$ 数字键和命令操作键。6 位 LED 显示、分时显示 4 组内容:时间(日、时、分);标准温湿度(二位湿度、四位温度,其中二位小数);实测温、湿度;实验天数(四位有效数)。打印记录:按设定时间定时打印或随机打印(按键)。

⑧ 设置备用电源:掉电时保护有关数据。

经过上述总体论证和功能分析、技术措施之后,即可进入硬件系统总体和电路设计。

2) 硬件系统设计

经过上述过细工作之后,即可着手硬件系统的设计。因为硬件系统是应用系统的基础、软件设计的依据,理应先行一步。

(1) 主机与主要部器件的选择

目前国内市场上能够采购到的单片机,不仅各厂家系列多,而且同一系列有很多机种,应根据总体功能要求,进行综合考虑(如字长、运算速度、定时器/计数器、I/O 口、中断源等)外,还应考虑质量好、可靠性高、价格合理、具备开发条件、外围配置器件丰富、技术熟悉的主机。本例选用 MCS-51 系列的 8031 为主机,能满足上述功能要求和选择条件,且结构灵活、设计方便。

外部程序存储器(EPROM)扩展。根据总体功能要求,估算容量(应考虑留有余量)以及技术指标。本例选用 2732(后改用 2764)。数据存储器除片内设有 128B 外,外部 8155H 中有 256B,已是够用。

对外部模拟量(温度、湿度)采样,本例选用 ADC0809 完全能满足要求,且价格便宜。

本例选用 8155H 多功能器件以配置 6 位 LED 显示和 4×4 按键,3 个 I/O 接口已足够有余。

上述主要部器件选定之后,其他配件可根据功能要求选用。

(2) 硬件电路设计

在各部分主、副部件选定之后,即进行硬件系统具体电路的设计。

① 绘制总体逻辑框图。通过总体逻辑框图,规划出硬件系统总体结构,并进行具体的功能分配,地址空间的划分以及有关技术措施的实现。如图 9.4 所示,作为具体电路设计的依据。

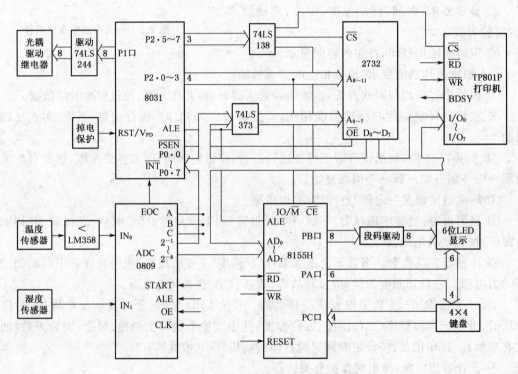

图 9.4　人工气候箱测控系统逻辑框图

② 硬件系统电路设计。本例中以 8031 为主机,外部扩展 EPROM 2764、多功能 I/O、RAM 片 8155H 等电路设计已于前章论述过,这里不再重复,仅将部分辅助电路作一简介。

· 模拟信号采集电路

本例有两个模拟信号:温度和湿度。将非电量温度和湿度通过传感器变成连续变化的模拟量。由于温度传感器输出量较小(mV 级),需经放大成 0～+5 V,再送 ADC0809 进行 A/D 转换,湿度传感器直接输出 0～+5 V,故而直接送 ADC0809 的另一路输入,进行 A/D 转换。本例采样放大电路如图 9.5 所示。

图中测温传感器 TP 选用热敏电阻,与 R_1、R_2、R_3 组成测量电桥,采样信号经 LM385 单电源、低功耗、双运放两级放大后,送 ADC0809 的 IN_0 路进行 A/D 转换。湿度传感器 RH 选用湿敏电阻,与 R_4 组成分压电路,湿度信号直接送 ADC0809 的 IN_1 路进行 A/D 转换。

ADC0809 与主机 8031 的接口电路已于前述。

· 键盘/显示电路

8031 主机通过扩展 8155H 配置了 6 位 LED 显示器和 4×4 按键,如图 9.6 所示。

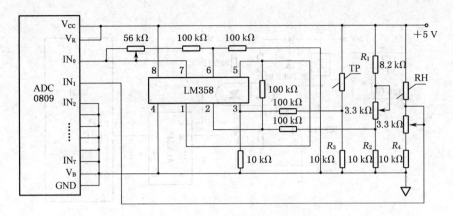

图 9.5　温度、湿度采样放大电路图

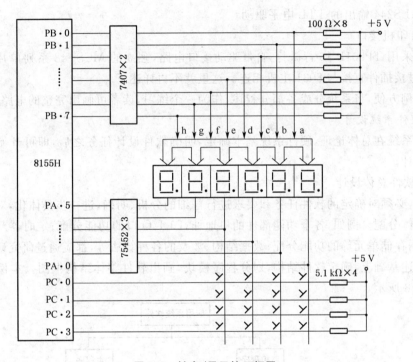

图 9.6　键盘/显示接口框图

　　显示选用共阴极 6 位 LED,由 8155H 的 PA·0～PA·5 进行阴极位选,称扫描口。由 PB·0～PB·7 控制各位显示器的字型段选,称段数据输出口,采用动态扫描显示方式。其中 100 Ω×8 电阻用于补偿电流,以增强显示器亮度,现在新产品高亮度 LED,可省去 8 个电阻。

　　4×4 键盘的列线(4 根)与 8155H 的 PA·0～PA·3 相连作为扫描信号输出,行线(4 根)与 PC·0～PC·3 相连,作为键状态扫描输入口。

　　具体操作由主机分时执行扫描软件来完成。

　　• 输出驱动电路

　　人工气候箱内的温度、湿度被采样,送主机进行处理后,再反馈输出相应的控制信号,定时控制灯光组,形成反馈控制系统。其驱动电路如图 9.7 所示。

　　控制信号从 P1 口输出,经 74LS244 驱动和光耦 TIL117 控制三极管 3DG12,使继电器动作,开/关冷、热源及灯光组。为提高可靠性,后改用固态继电器,省去了 +12 V 电源,可

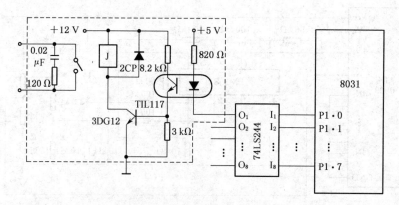

图 9.7　输出驱动开关电路框图

直接由 74LS244 输出的 TTL 电平驱动。

　　· 打印机接口

　　本例采用 TP801P 16 行微打,自带驱动接口电路,独立的 MCS-48 系列单片机单独控制,可通过接插件直接与 8031 主机相连。这里就不再详述了。

　　为举例方便,将系统分成各部分叙述,作为一个练习,读者可画出完整的电路原理图。

　　3) 软件系统设计

　　应用系统在总体论证,硬件系统基本确定,明确软件设计任务之后,即可开始应用系统软件的设计。

　　(1) 软件总体设计

　　首先,必须对确定的软件任务和要求进行仔细的分析、明确,进一步具体化,对计算机资源进行具体分配。例如,各个功能部件的口地址;P1 I/O 口的功能分配;定时器/计数器、中断源、数据存储单元等的功能分配;数据结构、涉及的各种算法等,都应通过研究确定下来。

　　在上述基础上,确定软件结构,划分程序模块,画出软件整体结构框图。本例的结构框图如图 9.8 所示。

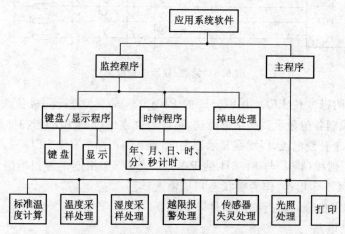

图 9.8　人工气候箱应用软件结构框图

　　(2) 模块化程序设计

　　在总体设计的基础上,根据划分的程序模块,进一步细化,明确各模块与主程序相连的方式,诸如采用中断服务程序,子程序调用或直接相连等,这就决定各模块程序的结构。画出模块程序的流程图。

图 9.9 为主程序流程框图。

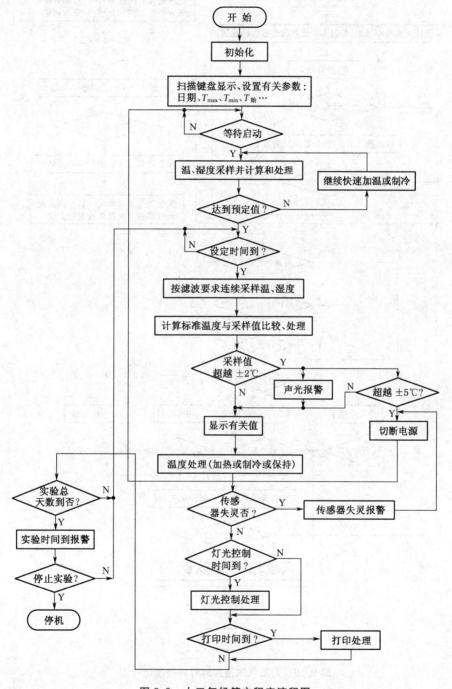

图 9.9　人工气候箱主程序流程图

因篇幅所限,主程序流程较粗,有关细节问题,这里就不再详述了。

图 9.10 为中断服务程序——实时时钟程序框图。

设主频为 6 MHz,则机器周期为 2 μs,定时时间为 100 ms。选用定时器/计数器 T_0 及

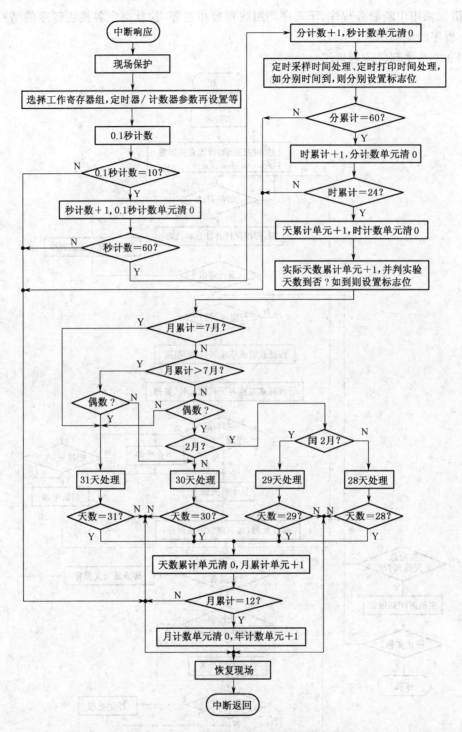

图 9.10 人工气候箱实时时钟程序流程图

其工作方式 1,可计算出定时时间常数 $T_1 = 15\,536$,求得 $TL_0 = B0H$,$TH_0 = 3CH$。每隔 100 ms 中断一次,10 次后即 1 秒,其余类推。

单元分配:年两个字节单元,月、日、时、分、秒、毫秒各一个字节单元,累计实验天数两个字节单元。定时采样时间一个字节单元,定时打印时间一个字节单元以及有关标志位等。

时钟程序的关键是月大(31 天)、月小(30 天)、二月和闰月。只要找出其规律也就能迎刃而解了。

在具体编写源程序时应注意算法的正确性及其优化。因为同一功能的实现,可能有多种算法,当然,不同算法其源程序的设计也不一样,应尽量设计好的算法,使编写的程序优化。

软硬件的调试实践性很强,应充分利用仿真开发器提供的调试功能与手段,不断提高分析问题、解决问题的能力,掌握科学的调试技术,提高调试效率,从而缩短应用系统的开发、研制周期。

本例还有其他模块和内容,这里就不一一叙述了。

9.4.2 单片机在双模最优控制器中的应用

所谓"双模"(Double modes)指的是系统在启动、控制和调速时,先进行时间最优控制,又称快速控制或"Bang-bang"控制,当系统即将进入稳态时,转入二次性能指标的最优控制,其控制原理如图 9.11 所示。

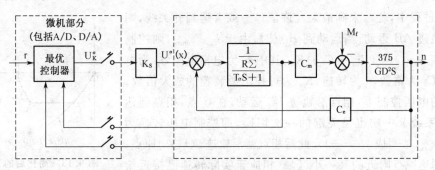

图 9.11　最优控制原理框图

在双模控制中,系统的被控对象部分是固定不变的,而控制规律的转换是由微型计算机的控制软件来实现的,即改变控制模式,只需命令微型计算机执行相应的程序。因此,本例的双模控制,就是把两种控制模式的控制程序存储在微型计算机中,而后根据控制模式要求,自动地进行转换。

图 9.12 为二次型最优控制原理框图。

关于"二次型性能指标"最优的论述。可见诸于一般的控制论文献。而"时间最优"控制,其采用的方法与一般方法略有不同,其差别在于把"开关线"进行了简化。因为调速系统的运动方程是标准的二阶方程,其对应的开发线较复杂,一般的微型计算机较难完成实时计算。为此,对开发线作了简化,简化后的开关线函数为:

$$h(\varepsilon, \dot{\varepsilon}, r) = \varepsilon + \frac{\varepsilon^2}{\frac{4\varepsilon}{T}m^* \text{sign}(\dot{\varepsilon}) + \frac{2}{T^2}[\text{sign}(\dot{\varepsilon}) - r]}$$

其中 T、m^* 均为常数,r、$\dot{\varepsilon} = \dfrac{d\varepsilon}{dt}$ 均为系统状态变量,r 是给定值,在 $0 \sim 1$ 中取值。其工作过程,结合图 9.13 作简要说明。

启动(或升速):在电机启动瞬间,相点 $A(r, o)$ 位于横坐标轴上,$\varepsilon = r$,这时的控制电压 $u^* = u_{\max}$(或写成 $u^* = +1$),电枢电流急剧增大(电枢电流 i_a 与 $\dot{\varepsilon}$ 相对应),转速 n 也开始上

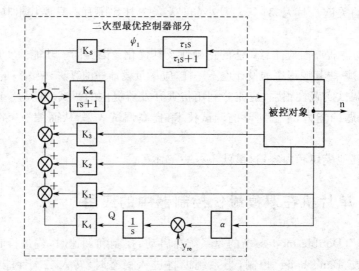

图 9.12　二次型最优控制原理框图

升。在此过程中,若 i_a 未到最大允许值 i_{amax} 或者遇到开关线,则相点沿轨迹 AB 运动。当运动到 B 点时,由于 $i = i_{amax}$,则控制电压 u 变成 $u^* = (Ri_a + C_0n)K_a$。其中 R 为电枢电阻,i_a 为电枢电流,C_0 为常数,n 为转速,K_a 为可控电源装置的放大倍数。在这时的电压控制下,相点沿轨迹 BC 运动。在 C 点,相点到达开关线,系统又一次也是关键的一次切换,即控制电压转换为 $u^* = -u_{max}$(或写成 $u^* = -1$)。此后相点就沿轨迹 CO 趋向原点。当相点到达原点附近的某一小区域(相应于实际转速已接近给定转速)时,系统就转换为另一个控制模式 —— 二次型性能指

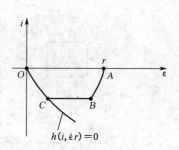

图 9.13　简化后的开关线函数曲线

标最优控制,即控制系统的结构也发生变化。当然,这种变化是由计算机系统自动完成的。

双模控制器的结构如图 9.14 所示。

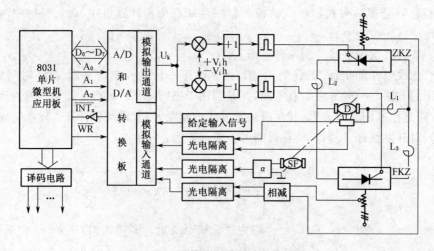

图 9.14　双模控制器硬件结构框图

从图 9.14 可见,系统采用 8031 单片机为核心,用于直流电机的调速。其调速方式为改

变电枢电压,而电枢电压的改变是由可控硅导通角的改变而产生的,而可控硅导通角的改变又是随 U_k 的变化引起的,所以整个控制过程为:按照人们所希望达到的转速给出 $U_给$,经过计算机的运算(双模最优控制算法)得出最佳的控制量 U_k,以改变可控硅的导通角,从而达到改变电枢电压的目的。

图 9.15 为简化的双模控制系统(部分)程序流程图。

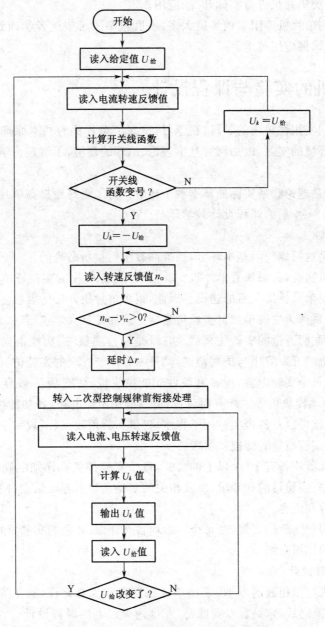

图 9.15　8031 双模控制部分程序流程图

上面简单介绍了两个应用实例。通过举例简略阐述了单片机开发、应用的实际过程,供参考。

近年来,单片机的开发、应用实在太广了,尤以 MCS-51 系列单片机以其灵活的结构、技术成熟而最受欢迎。除 Intel 公司自身不断推出新的 MCS-51 系列产品外,不少公司选用 MCS - 51 为主机内核结合各公司自身特点,推出 MCS-51 系列派生产品。例如,Philips 公司推出的 8051/80C51 系列:PCA80C31/80C51/80C552/80C562… PCB80C552/80C562/80C652/83C552… PCF80C31/80C552,美国 Atmel 公司推出的 AT89C51、AT89S51 系列等,完全同 Intel MCS-51 系列兼容。因此,掌握了 MCS-51 的基本原理、基本技术内容之后,都能选用这一类单片机进行实际开发、应用。

MCS-51 系列单片机应用实例实属太多,不胜枚举。希望读者学而致用,勇于实践,从实践中加深理解,掌握应用技术。

9.5 单片机的实验与课程设计

单片机是一门实用性很强的学科,在学习、掌握了单片机的基本原理之后,还必须进行单片机开发应用环境的实习,以加深对基本理论、原理的理解,了解理论学习、开发应用与设计、调试的全过程。

单片机实验,是理论联系实际的基本教学环节。为了更好地提高单片机开发、应用实际能力,一般应安排 2～4 周的课程设计教学环节。

1) 单片机实验

单片机实验是这门课程的基本环节,是提高教学质量所必需的。

要开设单片机实验,必须添置单片机实验设备,配备单片机实验环境。近些年来,各大专院校均十分重视单片机实验室的建设。因此,很多单片机开发仿真器生产厂商,纷纷推出以 8051 型单片机系列为主的单片机实验仿真器。例如复旦大学仪器厂、启东计算机厂等多家厂商,都推出了配套齐全的实验仿真器。它既是一台完整的、功能很强的开发仿真器,完全可以进行单片机的开发应用与仿真调试,又是一台配套齐全的实验仿真器,它是以开发仿真器为主体,按照每个实验内容,配备有硬件功能模块板,如键盘/8 段显示模板、指示灯模板、A/D、D/A、驱动模块板等。配有面包板,可以搭建实验电路,各功能模块板可以组合应用;配有专用实验软件以及各个实验用子程序,提供实验用数据、函数和子程序库,实验者可以自编或调用,为实验指导老师提供参考。

一般实验仿真器均备有 10 个以上的实验,每个实验都备有详细的硬件实验电路(或电路模板)、实验程序、实验目的和要求,以及相关的实验指导书等。供主讲老师根据课程安排进行选择实验次数和内容。

由于各种类型的实验仿真器,对每个实验均备有详细、齐全的实验资料,为此,这里就略去了对每个实验的详细介绍。

2) 单片机课程设计

一些与单片机应用相近的专业,常把单片机课程作为必修课,除了安排规定的实验之外,在课堂授课结束之后,常结合专业课题,安排两周以上的课程设计。课程设计的内容和规模,视专业对单片机课程的要求而定。一般课程设计可分成若干组,每组一个设计课题,要求每组按给定的课题要求,进行方案的论证、总体设计、硬件电路的设计与制作(包括绘制电路图、印制板的元器件组装焊接等)、软件设计、编程,最后进行调试,达到原设计要求。尽管课程设计课题内容较简单,功能较单一,但能使学习者得到开发、应用全过程的锻炼,为今后实际的开发、应用打下坚实的基础。

课程设计原则上以单片机基本内容为主,可以结合相应的专业方面的要求进行选题。

例如,某大学电子系的单片机课程设计选题是:以 8031 为主机,外部扩展一片多功能的 8155H 器件(芯片),通过 8155H 的 3 个 I/O 端口(PA、PB、PC)配置 4 位共阴极七段 LED 显示器和 16 位键盘。要求学生进行电路设计,画电路图,并在面包板上组装硬件电路板(有的采用印刷电路板进行组装);软件编程要求实现动态显示,可以一位一位地循环显示,也可以是一组一组地显示,键符可以根据要求进行定义。设计时间安排在假期,共两周。

也可选用专用键盘/显示器接口芯片 8279 实现多位键盘与七段 LED 显示。8279 是一种通用可编程键盘/显示器接口芯片,它能完成键盘输入和显示控制两种功能。键盘部分提供一种扫描工作方式,能对 64 个按键键盘不断扫描,自动消抖,自动识别出被按下的键并给出编码(键符),能对双键或 N 个键先后或同时按下进行识别和保护。显示部分为发光二极管或其他显示器(如 LED)提供扫描方式工作的显示接口,可显示多达 16 位的字符或数字。

也可以 8031 为主机,通过外部扩展 8255 可编程 I/O 接口芯片配置微型打印机的课程设计选题。但此选题的软件工作量较大,需编制软件字库,字库的容量可大、可小,需根据打印内容而定。因此,此选题难度较大,作为初学的学生,在课程设计时间不长的情况下恐难完成。如字库等已预先准备好备件,可供借用,也可考虑。

可供选择的基础课题很多,参加课程设计人员的学习成绩、动手能力各有差异,应合理安排和分组搭配,并做好辅导工作。

安排好单片机课程设计,是学好单片机基本理论、功能原理,理论联系实际,进行开发、应用的最好锻炼。在条件允许的情况下,应安排课程设计这一最高环节,切实提高教学质量。

思考题与习题

1. 何谓单片机嵌入式应用系统? 一般单片机嵌入式应用系统的开发与设计应包含哪些主要的开发与设计任务?

2. 简述单片机嵌入式应用系统开发与设计的主要过程。为什么要考虑总体设计方案?

3. 在单片机嵌入式应用系统设计中,软、硬件分工设计的原则是什么? 对应用系统结构有何影响?

4. 单片机的开发应用为什么必须配备相应的开发仿真系统? 何谓在线仿真?

5. 为什么必须对设计好的单片机嵌入式应用系统样机进行调试? 调试的目的是什么? 何谓分调、联调和考机? 常用的调试方法与手段有哪些?

6. 目前市场上有哪些类型单片机开发仿真系统(器)? 如何合理选购适用的开发仿真系统(器)及编程器?

附　录

A.　指令系统中常用符号说明

常用符号	说　　　　明
A(A_{CC})	累加器
B	寄存器。存放第二操作数、乘积的高位字节、除法的余数字节。其他可作中间结果暂存寄存器
Rn	工作寄存器。当前选用的 $R_0 \sim R_7$
@Ri	间接寻址寄存器。规定 i = 0 或 1。@为间接寻址前缀符号
PSW	程序状态字。它是一个 8 位寄存器,寄存当前指令执行的状态
SFR	特殊功能寄存器
DPTR	16 位数据指针。用以存放 16 位地址,可分开使用(DPH, DPL)
TMOD	定时器方式控制寄存器。用以程控定时方式
TCON	定时器控制寄存器。用以程控定时器和外部中断操作格式
T_2MOD	定时器 2 方式控制寄存器。用以定时器 2 再装入计数方式选择
T_2CON	定时器 2 控制寄存器。用以程控定时器 2 和外部中断操作格式
SCON	串行口控制寄存器。用来程控串行口的工作方式和状态标志
IE	中断允许/禁止寄存器。用以程控中断的允许/禁止
IP	中断优先级寄存器。用以程控中断源的优先级
PCON	节电控制寄存器。用以程控波特率加倍和节电方式
SBUF	串行口数据缓冲器
P0～P3	P0～P3 并行 I/O 口锁存器
TH_0 , TL_0	定时器/计数器 0 高、低位字节
TH_1 , TL_1	定时器/计数器 1 高、低位字节
* $RCAP_2H$	定时器/计数器 2 陷阱寄存器高位字节(8052/8032 单片机有)
* $RCAP_2L$	定时器/计数器 2 陷阱寄存器低位字节(8052/8032 单片机有)
* TH_2	定时器/计数器 2 高位字节(8052/8032 有)
* TL_2	定时器/计数器 2 低位字节(8052/8032 有)
SP	栈指针。指向栈顶地址
direct	直接寻址方式。指令中直接给出 8 位地址值,可直接寻址内部 RAM 或特殊功能寄存器
addr	16 位或 11 位转移地址。常用于 CALL 或 JMP 指令中
#data	16 位或 8 位立即数,#为立即数前缀符号
data	8 位内部数据存储器单元地址。这个单元可以是内部 RAM 单元,或是特殊功能寄存器单元
rel	带符号的 8 位相对偏移量(常以 2 的补码表示)。用于相对转移指令。转移范围为相对于当前 PC 值为起始的 −128～+127 字节单元
bit	位寻址单元地址
/bit	位地址单元内容的反码
PC	程序计数器。是一个 16 位程序地址计数器
( )	单元内容
(( ))	间接寻址。以单元内容为地址的某单元内容
→	数据传送或程序流程的方向
⇄	互换。二个单元内容互相交换

B.　影响标志位设置的指令

指　　　令	影　响　的　标　志　位		
	C	AC	OV
ADD	1/0	1/0	1/0
ADDC	1/0	1/0	1/0
SUBB	1/0	1/0	1/0
MUL	−/0	1/0	1/0
DIV	−/0	1/0	1/0
DA	1/−	1/−	
CLR C	−/0		
CPL C	1/0		
ANL C, bit	1/0		
ANL C, /bit	1/0		
ORL C, bit	1/0		
ORL C, /bit	1/0		
RRC	1/0		
RLC	1/0		
SETB C	1/−		
MOV C, bit	1/0		
CJNE	1/0		

注：1. 1/0——表示可置 1 或清 0；

　　2. −/1, 1/−——表示总清 0 或总置 1；

　　3. 影响累加器 A 全"0"标志 Z 的指令较多,未列出。

C.　MCS－51 指令表

机器代码	助　记　符		字节数	机器周期
*1（　）	ACALL addr11	页 7 6 5 4 3 2 1 0 / * F D B 9 7 5 3 1	2	2
*1（　）	AJMP addr11	页 7 6 5 4 3 2 1 0 / * E C A 8 6 4 2 0	2	2
0 *	INC　　Rn	n 7 6 5 4 3 2 1 0 / * F E D C B A 9 8	1	1
1 *	DEC　　Rn		1	1
2 *	ADD　　A, Rn		1	1
3 *	ADDC　A, Rn		1	1
4 *	ORL　　A, Rn		1	1
5 *	ANL　　A, Rn		1	1
6 *	XRL　　A, Rn		1	1
7 *（　）	MOV　　Rn, #data		2	1
8 *（　）	MOV　　direct, Rn		2	2
9 *	SUBB　A, Rn		1	1
A *（　）	MOV　　Rn, direct		2	2
B *（　）（　）	CJNE　Rn, #data, rel		3	2
C *	XCH　　A, Rn		1	1
D *（　）	DJNZ　Rn, rel		2	2
E *	MOV　　A, Rn		1	1
F *	MOV　　Rn, A		1	1

机器代码	助	记 符	字节数	机器周期
24( )	ADD	A，# data	2	1
25( )	ADD	A，direct	2	1
26	ADD	A，@R0	1	1
27	ADD	A，@R1	1	1
34( )	ADDC	A，# data	2	2
35( )	ADDC	A，direct	2	2
36	ADDC	A，@R0	1	1
37	ADDC	A，@R1	1	1
52( )	ANL	direct，A	2	2
53( )( )	ANL	direct，# data	3	2
54( )	ANL	A，# data	2	2
55( )	ANL	A，direct	2	2
56	ANL	A，@R0	1	1
57	ANL	A，@R1	1	1
82( )	ANL	C，bit	2	2
B0( )	ANL	C，/bit	2	2
B2( )	CPL	bit	2	1
B3	CPL	C	1	1
B4( )( )	CJNE	A，# data，rel	3	2
B5( )( )	CJNE	A，direct，rel	3	2
B6( )( )	CJNE	@R0，# data，rel	3	2
B7( )( )	CJNE	@R1，# data，rel	3	2
C2( )	CLR	bit	2	1
C3	CLR	C	1	1
F4	CPL	A	1	1
E4	CLR	A	1	1
I4	DEC	A	1	1
I4( )	DEC	Rn	1	1
I5( )	DEC	direct	2	1
I6	DEC	@R0	1	1
I7	DEC	@R1	1	1
84	DIV	AB	1	4
D4	DA	A	1	1
D5( )( )	DJNZ	direct，rel	3	2
04	INC	A	1	1
05( )	INC	direct	2	1
06	INC	@R0	1	1

机器代码	助　记　符		字节数	机器周期
07	INC	@R1	1	1
A3	INC	DPTR	1	2
10( )( )	JBC	bit, rel	3	2
20( )( )	JB	bit, rel	3	2
30( )( )	JNB	bit, rel	3	2
40( )	JC	rel	2	2
50( )	JNC	rel	2	2
60( )	JZ	rel	2	2
70( )	JNZ	rel	2	2
73	JMP	@A+DPTR	1	2
02( )( )	LJMP	addr16	3	2
12( )( )	LCALL	addr16	3	2
74( )	MOV	A, #data	2	1
75( )( )	MOV	direct, #data	3	2
76( )	MOV	@R0, #data	2	1
77( )	MOV	@R1, #data	2	1
85( )( )	MOV	direct, direct	3	2
86( )	MOV	direct, @R0	2	2
87( )	MOV	direct, @R1	2	2
90( )( )	MOV	DPTR, #data16	3	2
92( )	MOV	bit, C	2	2
A2( )	MOV	C, bit	2	1
A6( )	MOV	@R0, direct	2	2
A7( )	MOV	@R1, direct	2	2
E5( )	MOV	A, direct	2	1
F5( )	MOV	direct, A	2	1
E6	MOV	A, @R0	1	1
E7	MOV	A, @R1	1	1
F6	MOV	@R0, A	1	1
F7	MOV	@R1, A	1	1
83	MOVC	A, @A+PC	1	2
93	MOVC	A, @A+DPTR	1	2
E2	MOVX	A, @R0	1	2
E3	MOVX	A, @R1	1	2
F2	MOVX	@R0, A	1	2
F3	MOVX	@R1, A	1	2
E0	MOVX	A, @DPTR	1	2

机器代码	助 记 符		字节数	机器周期
F0	MOVX	@DPTR，A	1	2
A4	MUL	AB	1	4
00	NOP		1	1
42( )	ORL	direct，A	2	1
43( )( )	ORL	direct，♯data	3	2
44( )	ORL	A，♯data	2	1
45( )	ORL	A，direct	2	1
46	ORL	A，@R0	1	1
47	ORL	A，@R1	1	1
72( )	ORL	C，bit	2	2
A0( )	ORL	C，/bit	2	2
D0( )	POP	direct	2	2
C0( )	PUSH	direct	2	2
03	RR	A	1	1
13	RRC	A	1	1
22	RET		1	2
32	RETI		1	2
23	RL	A	1	1
33	RLC	A	1	1
80( )	SJMP	rel	2	2
94( )	SUBB	A，♯data	2	1
95( )	SUBB	A，direct	2	1
96	SUBB	A，@R0	1	1
97	SUBB	A，@R1	1	1
D2( )	SETB	bit	2	1
D3	SETB	C	1	1
C4	SWAP	A	1	1
62( )	XRL	direct，A	2	1
63( )( )	XRL	direct，♯data	3	2
64( )	XRL	A，♯data	2	1
65( )	XRL	A，direct	2	1
66	XRL	A，@R0	1	1
67	XRL	A，@R1	1	1
C5( )	XCH	A，direct	2	1
C6	XCH	A，@R0	1	1
C7	XCH	A，@R1	1	1
D6	XCHD	A，@R0	1	1
D7	XCHD	A，@R1	1	1

注：将由指令中 addr8—10 所确定的页及工作寄存器 rrr 所确定的 n 对应的"＊"号值，代入机器代码中的"＊"中，即得该指令的机器代码。( ) 应填入指令的第二或第三字节 addr 或 data 值。机器代码均为十六进制数。

D.　内部 RAM 中 20H~2FH 的位地址表

字节地址	D7	……位地址……				D1	D0
2F	7F	7E	7D	7C	7B	7A	79	78
2E	77	76	75	74	73	72	71	70
2D	6F	6E	6D	6C	6B	6A	69	68
2C	67	66	65	64	63	62	61	60
2B	5F	5E	5D	5C	5B	5A	59	58
2A	57	56	55	54	53	52	51	50
29	4F	4E	4D	4C	4B	4A	49	48
28	47	46	45	44	43	42	41	40
27	3F	3E	3D	3C	3B	3A	39	38
26	37	36	35	34	33	32	31	30
25	2F	2E	2D	2C	2B	2A	29	28
24	27	26	25	24	23	22	21	20
23	1F	1E	1D	1C	1B	1A	19	18
22	17	16	15	14	13	12	11	10
21	0F	0E	0D	0C	0B	0A	09	08
20	07	06	05	04	03	02	01	00

E.　特殊功能寄存器地址表

D7	……位地址……					D1	D0	字节地址	SFR
P0·7	P0·6	P0·5	P0·4	P0·3	P0·2	P0·1	P0·0	80	P0
87	86	85	84	83	82	81	80		
								81	SP
								82	DPL
								83	DEH
								87	PCON
TF1	TR1	TF0	TR0	IE1	IT1	IE0	IT0	88	TCON
8F	8E	8D	8C	8B	8A	89	88		
								89	TMOD
								8A	TL0
								8B	TL1
								8C	TH0
								8D	TH1
P1·7	P1·6	P1·5	P1·4	P1·3	P1·2	P1·1	P1·0	90	P1
97	96	95	94	93	92	91	90		
SM0	SM1	SM2	REN	TB8	RB8	TI	RI	98	SCON
9F	9E	9D	9C	9B	9A	99	98		
								99	SBUF
P2·7	P2·6	P2·5	P2·4	P2·3	P2·2	P2·1	P2·0	A0	P2
A7	A6	A5	A4	A3	A2	A1	A0		
EA		ET2	ES	ET1	EX1	ET0	EX0	A8	1E
AF	—	—	AC	AB	AA	A9	A8		

续表 E

D7			位地址			D1	D0	字节地址	SFR
P3·7	P3·6	P3·5	P3·4	P3·3	P3·2	P3·1	P3·0	B0	P3
B7	B6	B5	B4	B3	B2	B1	B0		
		PT2	PS	PT1	PX1	PT0	PX0	B8	IP
—	—	BD	BC	BB	BA	B9	B8		
TF2	EXF2	RCLK	TCLK	EXEN2	TR2	C/$\overline{\text{T}}$	CP/RL2	C8	T₂CON
CF	CE	CD	CC	CB	CA	C9	C8	C9	T₂MOD
Cy	AC	F0	RS1	RS0	OV		P	D0	PSW
D7	D6	D5	D4	D3	D2	D1	D0		
								E0	A
E7	E6	E5	E4	E3	E2	E1	E0		
								F0	B
F7	F6	F5	F4	F3	F2	F1	F0		

F. MCS - 51 部分特性表

一、绝对最大额定值

偏置下的环境温度	$0 \sim 70 \ ℃$
存储温度	$-65 \sim +150 \ ℃$
各引脚相对于地(V_{SS})的电压	$-0.5 \sim +7 \ V$
功耗	$1 \ W$

注:超出上述"绝对最大额定值"的负荷,可能引起器件永久性损坏。这只是一个负荷额定值,而不包括超出操作规定条件的操作功能。长期在绝对最大额定值条件下工作,会影响器件的可靠性。

二、直流特性 ($TA = 0 \sim 70 \ ℃$，$V_{CC} = 4.5 \sim 5.5 \ V$，$V_{SS} = 0 \ V$)

符 号	参 数	最小	最 大	单位	测 试 条 件
VIL	输入低电平	-0.5	0.8	V	
VIH	输入高电平(除 RST，XTAL2 外)	2.0	$V_{CC} + 0.5$	V	
VIH1	输入高电平到 RST，XTAL2	2.5	$V_{CC} + 0.5$	V	XTAL1 到 V_{SS}
VOL	P1，2，3 口输出低电平		0.45	V	IOL = 1.6 mA
VOL1	P0 口，$\overline{\text{PSEN}}$输出低电平		0.45	V	IOL = 3.2 mA
VOH	P1，2，3 口输出高平电	2.4		V	IOH = $-80 \ \mu A$
VOH1	P0 口，ALE，$\overline{\text{PSEN}}$输出高电平	2.4		V	IOH = $-400 \ \mu A$
IIL	P1，2，3 口逻辑 0 输入电流		-800	μA	$V_{in} = 0.45 \ V$
IIL2	XTAL2 逻辑 0 输入电流		-2.5	mA	XTAL1 = V_{SS} $V_{in} = 0.45 \ V$
IIL1	P0 口，$\overline{\text{EA}}$输入漏电流		± 10	μA	$0.45 < V_{in} < V_{CC}$
IIH1	RST/V_{PP}输入强电流		500	μA	$V_{in} < V_{CC} - 1.5$
ICC	电源电流		125	mA	所有输出断开
CIO	1/0 缓冲器电容		10	pF	$f_C = 4 \ MHz$， $T_A = 25 \ ℃$

注:当 8501H/8031H 使外部电容快速放电时,VOL 递降。在地址/数据发送期间,AC 干扰最明显。当使用外部存储器时,应尽量使其锁存器或缓冲器接近主机。

三、输入输出口

输入/输出内容	发 送 口	I/O 线	VOL(最大峰值)
地　址	P0, P2 口	P1, P3 口	0.8 V
写 数 据	P0 口	P1, P3 口, ALE	0.8 V

四、外部时钟驱动特性(XTAL2)

符　号	参　数	可变时钟 f = 3.5 ~ 12 MHz		单位
		最　小	最　大	
TCLCL	振荡周期	83.3	286	ns
TCHCX	高电平延迟时间	20		ns
TCLCX	低电平延迟时间	20		ns
TCLCH	上升时间		20	ns
TCHCL	下降时间		20	ns

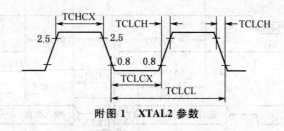

附图 1　XTAL2 参数

交流特性 (TA = 0 ~ 70 ℃, V_{CC} = 5 V ± 10%, V_{SS} = 0 V, P0, ALE, $\overline{PSEN}$ 输出的 C_L = 100 pF, 对其他所有输出 = 80 pF)。

五、外部程序存储器特性

符　号	参　数	12 MHz 时钟			可变时钟 1/TCLCL = 3.5 ~ 12 MHz		
		最小	最大	单位	最　小	最　大	单位
TLHLL	ALE 脉宽	127		ns	2TCLCL - 40		ns
TAVLL	地址有效到 ALE 撤销	43		ns	TCLCL - 40		ns
TLLAX	在 ALE 撤销后地址保持时间	48		ns	TCLCL - 35		ns
TLLIV	ALE 撤销到输入指令有效		233	ns		4TCLCL - 100	ns
TLLPL	ALE 撤销到 $\overline{PSEN}$ 撤销	58		ns	TCLCL - 25		ns
TPLPH	$\overline{PSEN}$ 脉冲宽度	215		ns	3TCLCL - 35		ns
TPLIV	$\overline{PSEN}$ 撤销到输入指令有效		125	ns		3TCLCL - 125	ns
TPXIX	$\overline{PSEN}$ 建立后输入指令保持时间	0		ns	0		ns
TPXIZ	在 PSEN 建立后输入指令浮空		63	ns		TCLCL - 20	ns
TPXAV	在 $\overline{PSEN}$ 建立后地址有效	75		ns	TCLCL - 8		ns
TAVIV	地址有效到输入指令有效		302	ns		5TCLCL - 115	ns
TAZPL	地址浮空到 $\overline{PSEN}$ 撤销	0		ns	0		ns

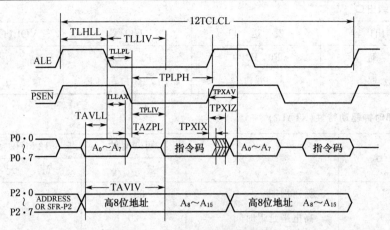

附图 2　外部程序存储器读周期

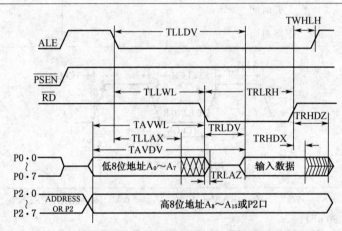

附图 3　外部数据存储器读周期

六、外部数据存储器特性

符　号	参　　　数	12 MHz 时钟			可变时钟 1/TCLCL = 3.5 ～ 12 MHz		
		最小	最大	单位	最　　小	最　　大	单位
TRLRH	$\overline{RD}$脉宽	400		ns	6TCLCL－100		ns
TWLWH	$\overline{WR}$脉宽	400		ns	6TCLCL－100		ns
TLLAX	ALE 撤销后地址保持时间	48		ns	TCLCL－35		ns
TRLDV	$\overline{RD}$撤销到数据输入有效		250	ns		5TCLC－165	ns
TRHDX	$\overline{RD}$建立后数据保持时间	0		ns	0		ns
TRHDZ	$\overline{RD}$建立后数据浮空		97	ns		2TCLCL－70	ns
TLLDV	ALE 撤销到数据输入有效		517	ns		8TCLCL－150	ns
TAVDV	地址有效到数据输入有效		585	ns		9TCLCL－160	ns
TLLWL	ALE 撤销到$\overline{RD}$或$\overline{WR}$撤销	200	300	ns	3TCLCL－50	3TCLCL＋50	ns

续表 F

符　号	参　　　数	12 MHz 时钟			可变时钟 1/TCLCL = 3.5 ~ 12 MHz		
		最小	最大	单位	最　　小	最　　大	单位
TAVWL	地址有效到 $\overline{WR}$ 或 $\overline{RD}$ 撤销	203		ns	4TCLCL − 130		ns
TWHLH	$\overline{DR}/\overline{WR}$ 高电平到 ALE 高电平	43	123	ns	TCLCL − 40	TCLCL + 40	ns
TDVWX	输出数据有效到 $\overline{WR}$ 有效	23		ns	TCLCL − 60		ns
TQVWX	在 $\overline{WR}$ 有效前数据设置	433		ns	7TCLCL − 150		ns
TWHQX	在 $\overline{WR}$ 有效后数据保持	33		ns	TCLCL − 50		ns
TRLA2	在 $\overline{RD}$ 撤销后地址浮空时间	0		ns	0		ns

对逻辑"1"用 2.4 V 而逻辑"0"用 0.45 V 驱动(测试期间的 AC 输入)。对逻辑"1"用 2.0 V 而逻辑"0"用 0.8 V 构成定时量度。为了定时,把在电压测试中 P0 口引脚吸流 3.2 mA 或放流 400 μA 的点规定为浮空状态。

以上是 8051/8031 部分特性参数及时序图。对于 8052/8032 其"绝对最大额定值"功耗为 2 W,比 8051/8031 大一倍;直流特性中的电源电流为 175 mA,比 8051/8031 大 50 mA,其余基本相等。

对于 8751H,8751 − 8,10,11 而言,从 V_{PP} 到 V_{SS} 电压为 21.5 V,功耗为 2 W,其直流特性为:

IIL　　P1,2,3 口的逻辑"0"输入电流为　　　　　500 μA

IIL1　　EA/V_{PP} 逻辑"0"输入电流　　　　　　　−15 mA

IL1　　P0 口漏电流　　　　　　　　　　　　　100 μA

IIH1　　为启动复位 RST/V_{PD} 输入电流　　　　500 μA

I_{OO}　　电源电流　　　　　　　　　　　　　　250 mA

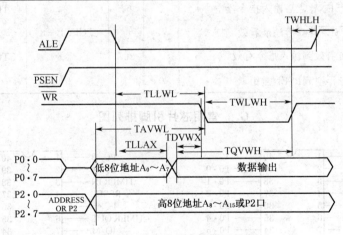

附图 4　外部数据存储器写周期

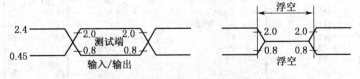

附图 5　AC 测试输入/输出、浮空波形

其他均相同。

外部程序存储器特性稍有不同(见下表)。

在外部数据特性中,只有:

TDVWX　数据有效到 $\overline{\text{WR}}$ 有效　13　TCLCL-70　ns

TWHLH　$\overline{\text{RD}}$ 或 $\overline{\text{WR}}$ 高电平到 ALE 高电平　33　133　TCLCL-50　ns

其他参数及波形基本相同。

七、8751H/8751-8,10,11 外部程序存储器特性

符　号	参　　数	12 MHz 主频		可　变　振　荡　器		单位
		最小	最大	最　　小	最　　大	
TCLCL	振荡周期			83.3	833.3	ns
TLHLL	ALE 脉宽	127		2TCLCL-40		ns
TAVLL	地址有效到 ALE 撤销	53		TCLCL-30		ns
TLLAX	在 ALE 撤销后地址保持时间	48		TCLCL-35		ns
TLLIV	ALE 撤销到输入指令有效		183		4TCLCL-150	ns
TLLPL	ALE 撤销到 PSEN 撤销	58		TCLCL-25		ns
TPLPH	$\overline{\text{PSEN}}$ 脉冲宽度	190		3TCLCL-60		ns
TPIV	$\overline{\text{PSEN}}$ 撤销到输入指令有效		100		3TCLCL-20	ns
TPXIX	在 $\overline{\text{PSEN}}$ 建立后输入指令保持时间	0		0		ns
TPXIZ	在 $\overline{\text{PSEN}}$ 建立后输入指令浮空		63		TCLCL-20	ns
TPXAV	在 $\overline{\text{PSEN}}$ 建立后地址有效	75		TCLCL-8		ns
TAVIV	地址有效到输入指令有效		267		5TCLCL-150	ns
TAZPL	地址浮空到 PSEN 撤销	0		0		ns

G. 常用芯片引脚排列图

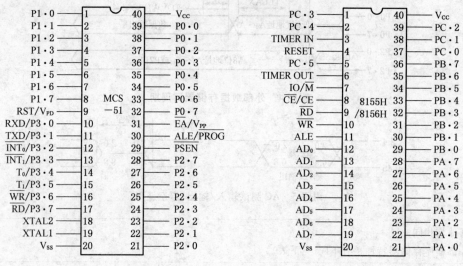

(a) MCS-51 引脚排列图　　　(b) 8155H/8156H 引脚图

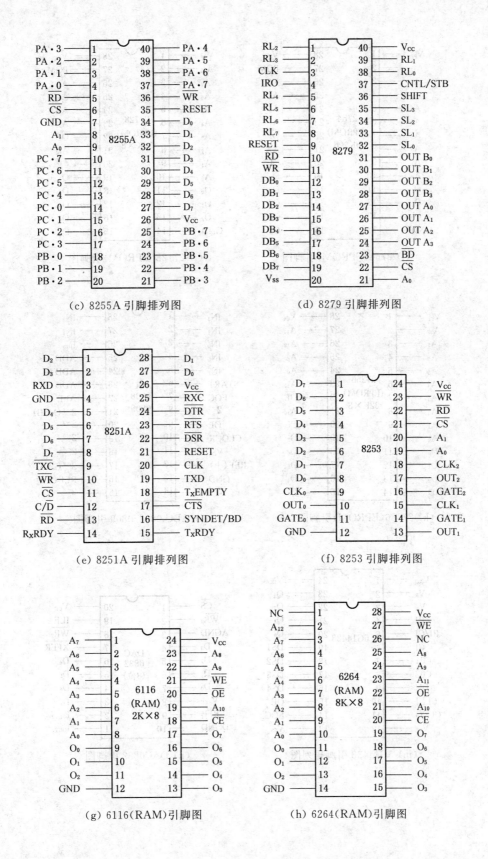

（c）8255A 引脚排列图　　　　　　　（d）8279 引脚排列图

（e）8251A 引脚排列图　　　　　　　（f）8253 引脚排列图

（g）6116(RAM)引脚图　　　　　　　（h）6264(RAM)引脚图

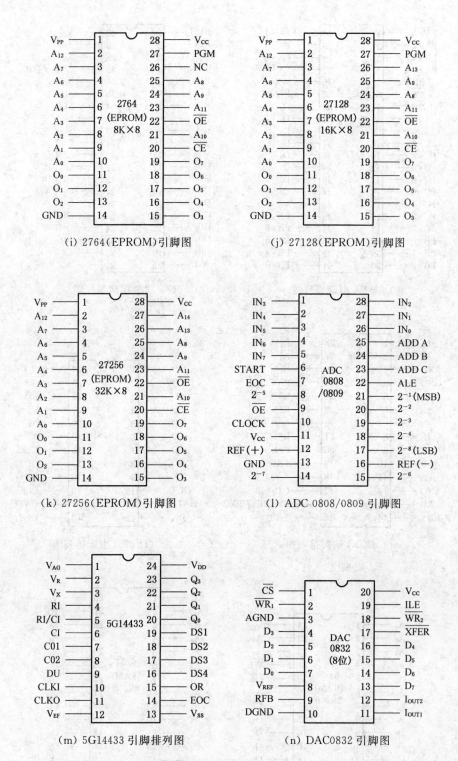

(i) 2764(EPROM)引脚图　　　　(j) 27128(EPROM)引脚图

(k) 27256(EPROM)引脚图　　　　(l) ADC 0808/0809 引脚图

(m) 5G14433 引脚排列图　　　　(n) DAC0832 引脚图

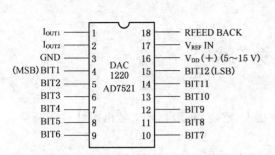

(o) DAC1220、AD7521(12 位 D/A)引脚图

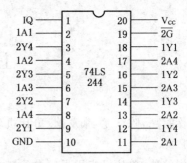

(p) 74LS244(八同相三态缓冲器/线驱动器)引脚图

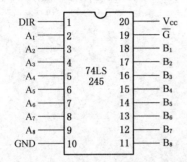

(q) 74LS245(八同相三态收发器)引脚图

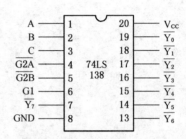

(r) 74LS138(3：8 译码器)引脚排列图

(s) 74LS138 真值表

输　　入						输　　出 ($\overline{Y_0} \sim \overline{Y_7}$)
译码控制			译码选择			
$\overline{G2A}$	$\overline{G2B}$	G1	C	B	A	
0	0	1	0	0	0	$\overline{Y_0} = 0$，其余为 1
0	0	1	0	0	1	$\overline{Y_1} = 0$，其余为 1
0	0	1	0	1	0	$\overline{Y_2} = 0$，其余为 1
0	0	1	0	1	1	$\overline{Y_3} = 0$，其余为 1
0	0	1	1	0	0	$\overline{Y_4} = 0$，其余为 1
0	0	1	1	0	1	$\overline{Y_5} = 0$，其余为 1
0	0	1	1	1	0	$\overline{Y_6} = 0$，其余为 1
0	0	1	1	1	1	$\overline{Y_7} = 0$，其余为 1

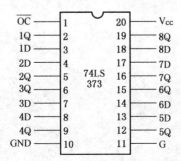

(t) 74LS373 八 D 锁存器(三态同相)引脚图

主要参考文献

［1］徐时亮，陈章尤，张友德.单片机软件设计技术.重庆:科学技术文献出版社重庆分社，
　　1988

［2］周航慈.单片机应用程序设计技术.北京:北京航空航天大学出版社,1991

［3］王幸之，王雷，霍成，等.单片机应用系统抗干扰技术.北京:北京航空航天大学出版社，
　　2000